装饰装修工程施工员培训教材

程红燕　主编

中国建材工业出版社

图书在版编目(CIP)数据

装饰装修工程施工员培训教材/程红燕主编.—北京:中国建材工业出版社,2010.6(2022.8 重印)

ISBN 978-7-80227-790-8

Ⅰ.①装… Ⅱ.①程… Ⅲ.①建筑装饰-工程施工-技术培训-教材 Ⅳ.①TU767

中国版本图书馆 CIP 数据核字(2010)第 093270 号

装饰装修工程施工员培训教材

程红燕 主编

出版发行:中国建材工业出版社

地 址:北京市海淀区三里河路 11 号

邮 编:100831

经 销:全国各地新华书店

印 刷:北京紫瑞利印刷有限公司

开 本:787mm×1092mm 1/16

印 张:16.5

字 数:444 千字

版 次:2010 年 8 月第 1 版

印 次:2022 年 8 月第 4 次

书 号:ISBN 978-7-80227-790-8

定 价:43.00 元

本社网址:www.jccbs.com.cn **网上书店**:www.kejibook.com

本书如出现印装质量问题,由我社网络直销部负责调换。电话:(010)57811387

对本书内容有任何疑问及建议,请与本书责编联系。邮箱:dayi51@sina.com

内容提要

本书根据装饰装修工程施工员岗位培训的要求编写，详细阐述了装饰装修工程施工员的工作职责要求及必备专业技术知识。本书主要内容包括装饰装修工程概述、装饰装修施工机具、装饰装修材料知识、墙柱面装饰施工技术、楼地面装饰施工技术、顶棚装饰施工技术、涂饰装饰施工技术、门窗装饰施工技术、住宅装饰中的特殊施工等。

本书内容浅显易懂，结构体例清晰，具有很强的实用性，可作为装饰装修工程施工员岗位培训的教材，也可供装饰装修工程施工现场管理人员工作时参考。

《装饰装修工程施工员培训教材》

编 写 组

主　编： 程红燕

副主编： 王秀文　夏春瑞

编　委： 刘秀南　李金敏　魏帅帅　李雪青
朱莉莉　杜兰芝　宋丽华　张丽霞
洪　波　曹美玲　刘新宇　张英楠
周濯蒙　王瑞敏　路　虹　陈海霞
顾　翼　张志勇　蒋梦云　方水林
罗　果　华克见　韩　轩　徐晓珍
李建钊

前　言

工程建设产品复杂多样，施工中需要投入大量人力、财力、物力、机具等，同时，需要根据施工对象的特点和规模、地质水文气候条件、图纸合同及机械材料供应情况等，充分做好施工准备、施工技术工艺、施工方法方案等，以确保技术经济效果，避免出现事故，这就对工程建设施工管理技术人员提出了较高的要求。

装饰装修工程施工员是完成装饰装修工程施工任务的最基层的技术和组织管理人员，是施工现场生产一线的组织者和管理者，要指挥、协调施工现场基层专业管理人员、劳务人员，负责分管工程施工现场的对外联系，控制分管工程施工生产和进度等工作，需要结合多变的现场施工条件，将参与施工的劳动力、机具、材料、构配件和采用的施工方法等，科学地、有序地协调组织起来，在时间和空间上取得最佳组合，取得最好的经济效果，保质保量保工期地完成任务。

装饰装修工程施工员的工作繁杂，任务沉重，除应具有良好的身体条件，高尚的职业道德外，还应掌握以下一些专业知识和业务技能：

（1）掌握装饰装修工程制图原理，具有一定的识图能力，掌握常用的工程测量方法，能够比较熟练地承担施工现场的测量、图纸会审和向工人交底的工作。

（2）掌握常用的装饰装修材料、施工机械的性能和选用方法。

（3）掌握本专业工程施工的标准、规范和施工技术，掌握施工计划的关键线路，保证施工进度。

（4）掌握一定的质量管理知识，能运用质量管理方法指导施工，控制施工质量。

（5）掌握一定的经济与经营管理知识，能编制施工预算，能进行工程统计和现场经济活动分析。

（6）掌握一定的施工组织和科学的施工现场管理方法，能有效地组织、指挥人力、物力和财力进行科学施工，取得最佳的经济效益。

（7）掌握一定的处理技巧，能根据工程的需要，协调工种、人员、上下级之间的关系，正确处理施工现场的各种社会关系，保证施工能按计划高效、有序地进行。

本培训教材以装饰装修工程施工技术为重点，详细讲解了装饰装修各分部分项工程的施工方法、施工工艺流程、施工要点、施工注意事项等知识，并囊括装饰装修工程施工图识读、测量操作、材料性能、机械使用、现场管理等基础知识，可满足装饰装修工程施工员现场工作的实际需要。

与同类图书相比，本培训教材具有以下特点：

(1) 内容精练、重点清晰、深入浅出、通俗易懂，以满足初中以上文化程度读者和农民工培训、自学的需要。

(2) 理论性与知识性相结合，技巧灵活，可操作性强。本书以透彻的论理方式，介绍了装饰装修工程施工员应掌握的施工技术和管理基础，并在每章之后都列有重点思考题目，以使读者达到学以致用的目的。

(3) 图文并茂，示例多样，为使读者加深对某些内容的理解，结合有关内容绘制了示意性图样，以达到以图代言的目的。在本培训教材编写过程中，我们参考了国内同行多部著作，部分高校老师给我们提供了很多宝贵意见，在此，对他们表示衷心的感谢！由于编写时间仓促，加之编者水平所限，书中不当之处恳请广大读者批评指正！

编 者

目　　录

第一章　装饰装修工程概述

第一节　施工图识读

一、施工图分类

施工图按专业分工不同分为：建筑施工图、结构施工图、给排水施工图、采暖通风施工图、电气施工图等，施工图可以反映房屋的平面形状、功能、布局、外貌特征、外形尺寸和构造做法。

二、建筑施工图识读

建筑施工图是由目录、设计说明、总平面图、建筑平面图、建筑立面图、建筑剖面图以及建筑详图等内容组成的，是房屋工程施工图中具有全局性地位的图纸，反映房屋的平面形状、功能布局、外观特征、各项尺寸和构造做法等，是房屋施工放线、砌筑、安装门窗、室内外装修和编制施工概算及施工组织计划的主要依据。

1. 图纸目录

除图纸的封面外，图纸目录安排在一套图纸的最前面，用来说明本工程的图纸类别、图号编排、图纸名称和备注等，以方便图纸的查阅和排序。

2. 设计说明

设计说明位于图纸目录之后，是对房屋建筑工程中不易用图样表达的内容而采用文字加以说明，主要包括工程的设计概况、工程做法中所采用的标准图集代号，以及在施工图中不宜用图样而必须采用文字加以表达的内容，如材料的内容、饰面的颜色、环保要求、施工注意事项、采用新材料、新工艺的情况说明等。

此外，在建筑施工图中，还应包括防火专篇等一些有关部门要求明确说明的内容。设计说明一般放在一套施工图的首页。

3. 总平面图

图 1-1 是某学校拟建教师住宅楼的总平面图。图中用粗实线画出的图形表示新建住宅楼，用中实线画出的图形表示原有建筑物，各个平面图形内的小黑点数表示房屋的层数。

(1)先查看总平面图的图名、比例及有关文字说明。由于总平面图包括的区域较大，所以绘制时都用较小比例，常用的比例有 1∶500、1∶1000、1∶2000 等。总图中的尺寸(如标高、距离、坐标等)宜以“米(m)”为单位，并应至少取至小数点后两位，不足时以“0”补齐。

(2)了解新建工程的性质和总体布局，如各种建筑物及构筑物的位置、道路和绿化的布置等。由于总平面图的比例较小，各种有关物体均不能按照投影关系如实反映出来，只能用图例的形式进行绘制。要读懂总平面图，必须熟悉总平面图中常用的各种图例。

在总平面图中，为了说明房屋的用途，在房屋的图例内应标注出名称。当图样比例小或图面无足够位置时，也可编号列表编注在图内。在图形过小时，可标注在图形外侧附近。同时，还要在图形的右上角标注房屋的层数符号，一般以数字表示，如 14 表示该房屋为 14 层，当层数不多时，也可用小圆点数量来表示，如“∷”表示为 4 层。

(3)看新建房屋的定位尺寸。新建房屋的定位方式基本上有两种：一种是以周围其他建筑物或构筑物为参照物。实际绘图时，标明新建房屋与其相邻的原有建筑物或道路中心线的相对位置尺寸。另一种是以坐标表示新建筑物或构筑物的位置。

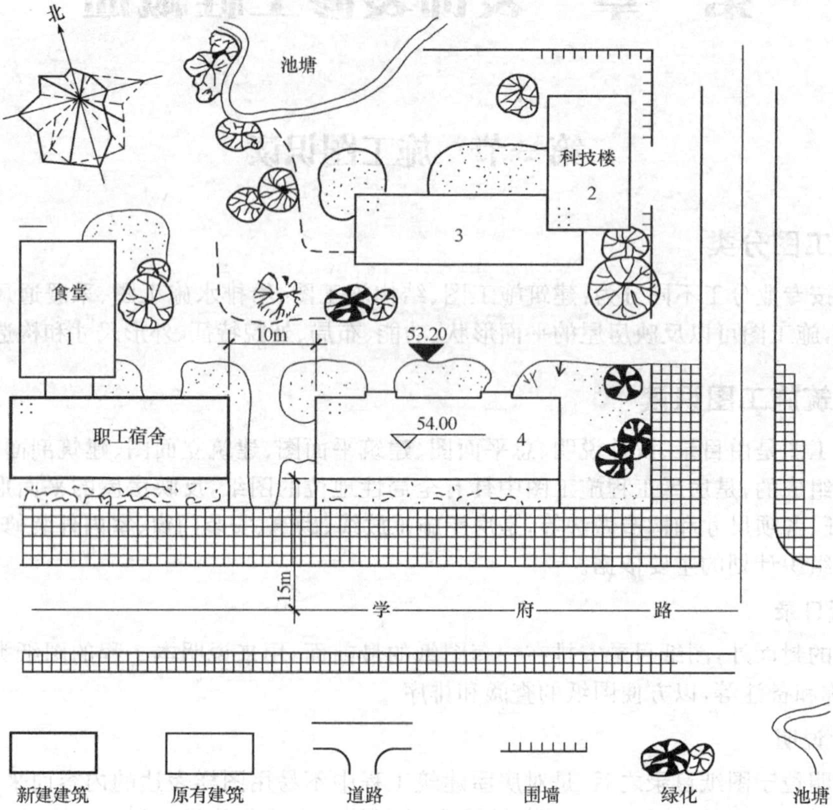

图 1-1 某学校拟建教师住宅楼总平面图

当新建建筑区域所在地形较为复杂时，为了保证施工放线的准确性，常用坐标定位。坐标定位分为测量坐标和施工坐标两种。

1)测量坐标。在地形图上用细实线画成交叉十字线的坐标网，南北方向的轴线为 X，东西方向的轴线为 Y，这样的坐标为测量坐标。坐标网常采用 100m×100m 或 50m×50m 的方格网。一般建筑物的定位宜注写其三个角的坐标，如建筑物与坐标轴平行，可注写其对角坐标，如图 1-2 所示。

2)建筑坐标。建筑坐标就是将建设地区的某一点定为"0"，采用 100m×100m 或50m×50m 的方格网，沿建筑物主轴方向用细实线画成方格网通线，垂直方向为 A 轴，水平方向为 B 轴，适用于房屋朝向与测量坐标方向不一致的情况。其标注形式如图 1-3 所示。

(3)了解新建建筑附近的室外地面标高，明确室内外高差。总平面图中的标高均为绝对标高，如标注相对标高，则应注明相对标高与绝对标高的换算关系。建筑物室内地坪，标准建筑图中±0.000 处的标高，对不同高度的地坪分别标注其标高，如图 1-4所示。

(4)看总平面图中的指北针，明确建筑物及构筑物的朝向；有时还要画上风向频率玫瑰图，来表示该地区的常年风向频率。风向频率玫瑰图的画法如图 1-5 所示。风向频率玫瑰图用于反映建筑场地范围内常年的主导风向和六、七、八三个月的主导风向(用虚线表示)，共有 16 个方向。风向是指从外侧刮向中心。刮风次数多的风，在图上离中心远，称为主导风。明确风向有助于建筑构造的选用及材料的堆场，如有粉尘污染的材料应堆放在下风向等。

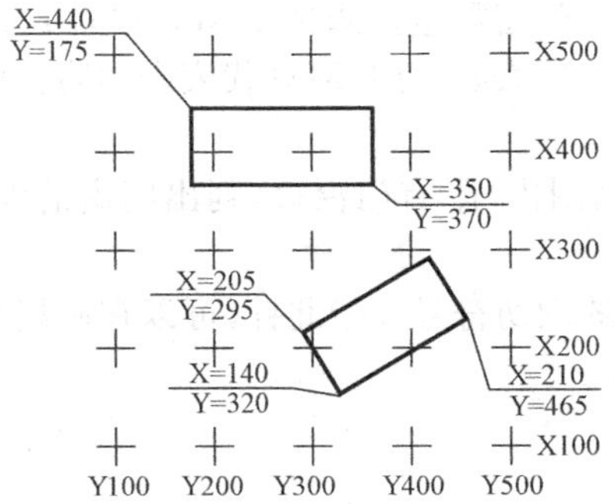

图 1-2 测量坐标定位示意图

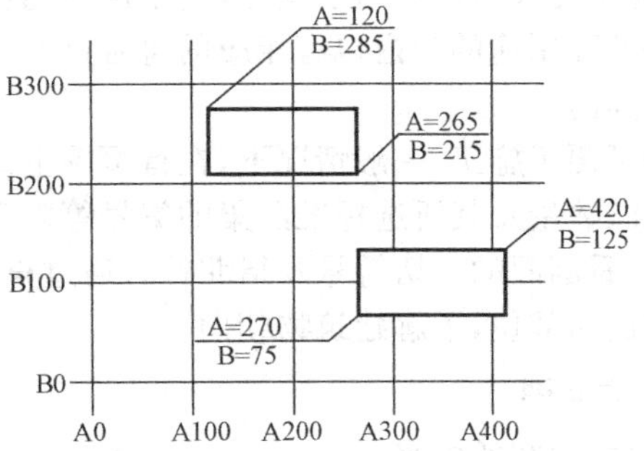

图 1-3 建筑坐标定位示意图

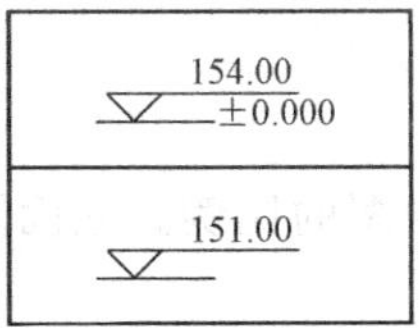

图 1-4 标高注写法

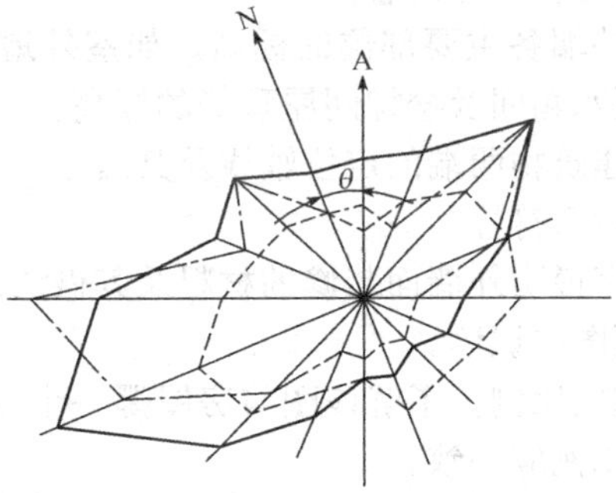

图 1-5 风向频率玫瑰图的画法

4. 平面图

(1)看图名、比例。首先,要从中了解平面图层次、图例及绘制建筑平面图所采用的比例,如1∶50、1∶100、1∶200。

(2)看图中定位轴线编号及其间距。从图中了解各承重构件的位置及房间的大小,以便于施工时定位放线和查阅图纸。定位轴线的标注应符合《房屋建筑制图统一标准》(GB/T 50001—2001)的规定。

(3)看房屋平面形状和内部墙的分隔情况。从平面图的形状与总长、总宽尺寸,可计算出房屋的用地面积;从图中墙的分隔情况和房间的名称,可了解到房屋内部各房间的分布、用途、数量及其相互间的联系情况。

(4)看平面图中的各部分尺寸。在建筑平面图中,标注的尺寸有内部尺寸和外部尺寸两种,主要反映建筑物中房间的开间、进深的大小、门窗的平面位置及墙厚、柱的断面尺寸等。

1)外部尺寸。外部尺寸一般标注三道尺寸,最外一道尺寸为总尺寸,表示建筑物的总长、总宽,即从一端外墙皮到另一端外墙皮的尺寸;中间一道尺寸为定位尺寸,表示轴线尺寸,即房间的开间与进深尺寸;最里一道为细部尺寸,表示各细部的位置及大小,如外墙门窗的大小以及与轴线的平面关系。

2)内部尺寸。用来标注内部门窗洞口和宽度及位置、墙身厚度以及固定设备大小和位置等,一般用一道尺寸线表示。

(5)看楼地面标高。平面图中标注的楼地面标高为相对标高,而且是完成面的标高。一般在平面图中地面或楼面有高度变化的位置都应标注标高。

(6)看门窗的位置、编号和数量。图中门窗除用图例画出外,还应注写门窗代号和编号。门的代号通常用“门”的汉语拼音的首字母“M”表示,窗的代号通常用窗的汉语拼音首字母“C”表示，并分别在代号后面写上编号，用于区别门窗类型，统计门窗数量。如M-1、M-2和C-1、C-2等。对一些特殊用途的门窗也有相应的符号进行表示，如FM代表防火门，MM代表密闭防护门，CM代表窗连门。

为了便于施工，一般情况下，在首页图上或在本平面图内，附有门窗表，列出门窗的编号、名称、尺寸、数量及其所选标准图集的编号等内容。

(7)看剖面的剖切符号及指北针。通过查看图纸中的剖切符号及指北针，可以在底层平面图中了解剖切部位，了解建筑物朝向。

5. 立面图

(1)立面图的内容。

1)画出室外地面线及房屋的勒脚、台阶、花池、门窗、雨篷、阳台、室外楼梯、墙柱、檐口、屋顶、落水管、墙面分格线等内容。

2)注出外墙各主要部位的标高。如室外地面、台阶顶面、窗台、窗上口、阳台、雨篷、檐口、女儿墙顶、屋顶水箱间及楼梯间屋顶等的标高。

3)注出建筑物两端的定位轴线及其编号。

4)标注索引符号。

5)用文字说明外墙面装修的材料及其做法。

(2)立面图的识读。

1)看图名、比例。了解该图与房屋哪一个立面相对应及绘图的比例。立面图的绘图比例与平面图绘图比例应一致。

2)看房屋立面的外形、门窗、檐口、阳台、台阶等的形状及位置。在建筑立面图上，相同的门窗、阳台、外檐装修、构造做法等可在局部重点表示，绘出其完整图形，其余部分只画轮廓线。

3)看立面图中的标高尺寸。立面图中应标注必要的尺寸和标高。注写的标高尺寸部位有室内外地坪、檐口、屋脊、女儿墙、雨篷、门窗、台阶等处的标高。

4)看房屋外墙表面装修的做法和分格线等。在立面图上，外墙表面分格线应表示清楚，应用文字说明各部位所用面材和颜色。

6. 剖面图

(1)剖面图的内容。

1)表示被剖切到的墙、柱、门窗洞口及其所属定位轴线。剖面图的比例应与平面图、立面图的比例一致，因此在1∶100的剖面图中一般也不画材料图例，而用粗实线表示被剖切到的墙、梁、板等轮廓线，被剖断的钢筋混凝土梁板等应涂黑表示。

2)表示室内底层地面、各层楼面及楼层面、屋顶、门窗、楼梯、阳台、雨篷、防潮层、踢脚板、室外地面、散水、明沟及室内外装修等剖到或能见到的内容。

3)标出尺寸和标高。在剖面图中，要标注相应的标高及尺寸，其规定如下：

①标高：应标注被剖切到的所有外墙门窗口的上下标高，室外地面标高，檐口、女儿墙顶以及各层楼地面的标高。

②尺寸：应标注门窗洞口高度、层间高度及总高度，室内还应注出内墙上门窗洞口的高度以及内部设施的定位、定形尺寸。

4)表示楼地面、屋顶各层的构造。一般可用多层共用引出线说明楼地面、屋顶的构造层次和做法。如果另画详图或已有构造说明（如工程做法表），则在剖面图中用索引符号引出说明。

(2)剖面图的识读。

1)看图名、比例。根据图名与底层平面图对照，确定剖切平面的位置及投影方向，从中了解该图所画出的是房屋的哪一部分的投影。剖面图的绘图比例通常与平面图、立面图一致。

2)看房屋内部的构造、结构形式和所用建筑材料等内容，如各层梁板、楼梯、屋面的结构形式、位置及其与墙(柱)的相互关系等。

3)看房屋各部位竖向尺寸。图中，竖向尺寸包括高度尺寸和标高尺寸。高度尺寸应标出房屋墙身垂直方向分段尺寸，如门窗洞口、窗间墙等的高度尺寸；标高尺寸主要是标注出室内外地面、各层楼面、阳台、楼梯平台、檐口、屋脊、女儿墙、雨篷、门窗、台阶等处的标高。

4)看楼地面、屋面的构造。在剖面图中表示楼地面、屋面的多层构造时，通常用通过各层引出线，按其构造顺序加文字说明来表示。有时将这一内容放在墙身剖面详图中表示。

7. 建筑详图

(1)建筑详图常用比例。建筑平面图、立面图、剖面图表达了建筑的外形、平面布局、墙柱楼板及门窗设置和主要尺寸，但因反映的内容范围大，使用的比例就较小，因此对建筑的细部构造就难以表达清楚。为了满足施工要求，对房屋的细部构造用较大的比例详细地表达出来，这样的图称为建筑详图，有时也叫做大样图。常用的比例有 1∶25、1∶20、1∶10、1∶5、1∶2、1∶1 等。

(2)建筑详图的类型。建筑详图可以是平、立、剖面图中某一局部的放大图，也可以是某一局部的放大剖面图。对于某些建筑构造或构件的通用做法，可采用国家或地方制定的标准图集(册)或通用图集(册)中的图纸，一般在图中通过索引符号注明，不必另画详图。

通常，建筑详图主要包括局部构造详图(如墙身、楼梯等详图)、局部平面图(如住宅的厨房、卫生间等平面图)，以及装饰构造详图(如墙面的墙裙做法、门窗套装饰做法等)。

(3)墙身详图。墙身详图应按剖面图的画法绘制，被剖切到的结构墙体用粗实线(b)绘制，装饰层轮廓用细实线($0.25b$)绘制，在断面轮廓线内画出材料图例。

1)墙身详图的形成。墙身详图也叫墙身大样图，实际上是建筑剖面图的局部放大图。它表达了墙身与地面、楼面、屋面的构造连接情况以及檐口、门窗顶、窗台、勒脚、防潮层、散水、明沟的尺寸、材料、做法等构造情况，是砌墙、室内外装修、门窗安装、编制施工预算以及材料估算等的重要依据。有时墙身详图不以整体形式布置，而把各个节点详图分别单独绘制，也称为墙身节点详图。有时，在外墙详图上引出分层构造，注明楼地面、屋顶等的构造情况，而在建筑剖面图中省略不标。在多层房屋中，若各层的构造情况一样，可只画墙脚、檐口和中间层(含门窗洞口)三个节点，按上下位置整体排列。由于门窗一般均有标准图集，为简化作图采用折断省略画法，因此，门窗在洞口处出现双折断线。

2)墙身详图的主要内容。

①表明墙身的定位轴线编号，墙体的厚度、材料及其本身与轴线的关系(如墙体是否为中轴线等)。

②表明墙脚的做法，墙脚包括勒脚、散水(或明沟)、防潮层(或地圈梁)以及首层地面等的构造。

③表明各层梁、板等构件的位置及其与墙体的联系，构件表面抹灰、装饰等内容。

④表明檐口部位的做法。檐口部位包括封檐构造(如女儿墙或挑檐)，圈梁、过梁、屋顶泛水构造，屋面保温、防水做法和屋面板等结构构件。

⑤图中的详图索引符号等。

(4)楼梯详图。楼梯详图主要表示楼梯的结构形式，构造做法，各部分的详细尺寸、材料，是楼梯施工放样的主要依据。通常，楼梯详图包括楼梯平面图、楼梯剖面图和踏步、栏杆(栏板)、扶手等详图。

1)楼梯平面图。楼梯平面图实际是建筑平面图中楼梯间部分的局部放大。假设用一水平剖切平面在该层往上引的第一楼梯段中剖切开，移去剖切平面及以上部分，将余下的部分按正投影的原理投射在水平投影面上所得到的图，称为楼梯平面图。其绘制比例常采用 1∶50。

楼梯平面图一般分层绘制，有底层平面图、中间层平面图和顶层平面图。如果中间各层中某层的平面布置与其他层相差较多，应专门绘制。需要说明的是，按假设的剖切面将楼梯剖切开，折断线本应该平行于踏步的折断线，为了与踏步的投影区别开，规定画为斜折断线，并用箭头配合文字“上”或“下”表示楼梯的上行或下行方向，同时注明梯段的步级数。

楼梯间的尺寸要求标注轴线间尺寸、梯段的定位及宽度、休息平台的宽度、踏步宽度以及平面图上应标注的其他尺寸。标高要求注写出楼面、地面及休息平台的标高。

现以图 1-6 住宅楼梯平面图为例，说明楼梯平面图的读图方法。

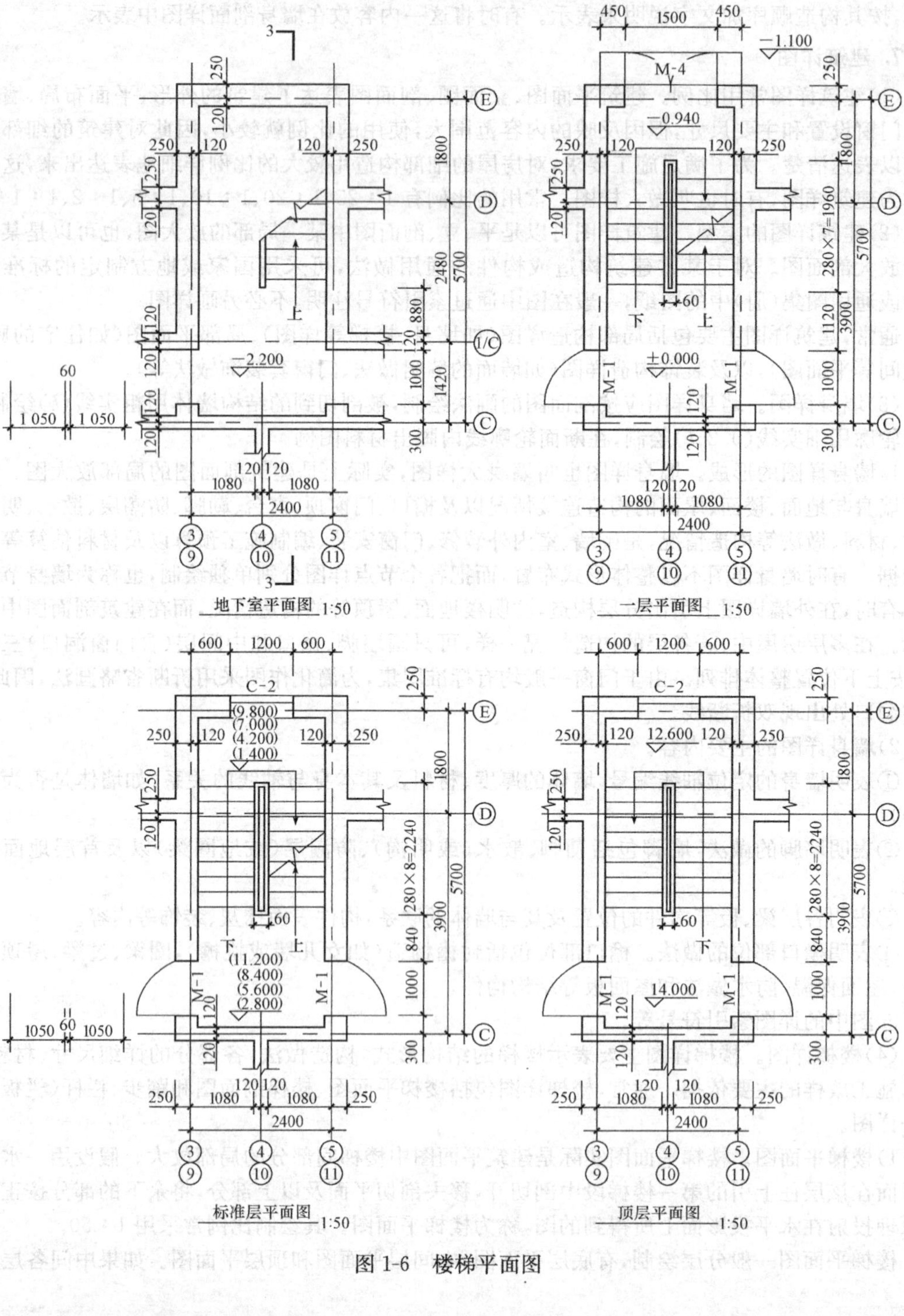

图 1-6　楼梯平面图

①了解楼梯或楼梯间在房屋中的平面位置。如图可知该住宅楼的两部楼梯分别位于横轴③～⑤与⑨～⑪范围内以及纵轴Ⓒ～Ⓔ区域中。

②熟悉楼梯段、楼梯井和休息平台的平面形式、位置，踏步的宽度和数量。

该楼梯为两跑楼梯。在地下室和一层平面图上，去地下室楼梯段有7个踏步，踏步面宽280mm，楼梯段水平投影长1960mm，楼梯井宽60mm。在标准层和顶层平面图上(二层及其以上)每个梯段有8个踏步，每个踏步面宽为280mm，楼梯井宽也为60mm。楼梯栏杆用两条细线表示。

③了解楼梯间处的墙、柱、门窗平面位置及尺寸。该楼梯间外墙和两侧内墙厚370mm，平台上方分别设门窗洞口，洞口宽度都为1200mm，窗口居中。

④看清楼梯的走向以及楼梯段起步的位置。楼梯的走向用箭头表示。地下室起步台阶的定位尺寸为800mm，其他各层的定位读者可自行分析。

⑤了解各层平台的标高。一层入口处地面标高为－0.940m，其余各层休息平台标高分别为1.400、4.200、7.000、9.800m，在顶层平面图上看到的平台标高为12.600m。

⑥了解楼梯剖面图的剖切位置。从地下室平面图中可以看到3—3剖切符号，表达出楼梯剖面图的剖切位置和剖视方向。

2)楼梯剖面图。楼梯剖面图是用假想的铅直剖切平面通过各层的一个梯段和门窗洞口将楼梯垂直剖开，向另一未剖到的楼梯段方向投影所作的剖面图。楼梯剖面图主要表达楼梯踏步、平台的构造与连接，以及栏杆的形式及相关尺寸，其常用比例一般为1∶50、1∶30或1∶40。

在楼梯剖面图中，应注明各层楼地面、平台、楼梯间窗洞的标高，每个梯段踢面的高度、踏步的数量以及栏杆的高度等。如果各层楼梯都为等跑楼梯，中间各层楼梯构造又相同，则剖面图可只画出底层、顶层剖面，中间部分可用折断线省略。

3)踏步、栏杆(栏板)、扶手详图。楼梯栏杆、扶手、踏步面层和楼梯节点的构造在用1∶50的绘图比例绘制的楼梯平面图和剖面图中仍然不能表示得十分清楚，还需要用更大比例画出节点放大图。

图1-7是楼梯节点、栏杆、扶手详图，它能详细表明楼梯梁、板、踏步、栏杆和扶手的细部构造。

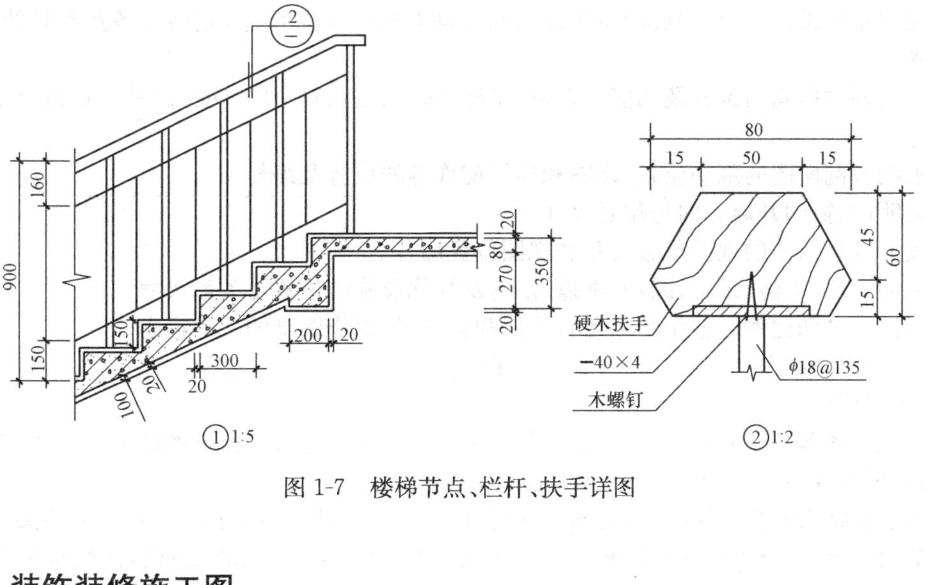

图1-7 楼梯节点、栏杆、扶手详图

三、装饰装修施工图

1. 施工图的形成和作用

装饰装修施工图是设计人员按照投影原理，用线条、数字、文字、符号及图例在图纸上画出的图样。用来表达设计构思和艺术观点，空间布置与装饰构造以及造型、饰面、尺度、选材等，并准确体现装饰装修工程施工方案和方法。

装饰装修施工图是装饰装修施工的“技术语言”，是装饰装修工程造价的重要依据；是建筑装饰工程设计人员的设计意图付诸实施的依据；是工程施工人员从事材料选择和技术操作的依据以及工程验收的依据。

2. 施工图的特点

(1)设计师与客户的共同结晶。

(2)按照投影原理，用点、线、面构成各种形象，表达装饰内容。

(3)套用了建筑设计的制图标准，如图例、符号等。

(4)涉及的做法多，选材广，必要时应提供材料样板。

(5)采用的图例符号尚未完全规范。

(6)大多数采用文字注写来补充图的不足。

3. 平面图识读

装饰装修平面图包括装饰装修平面布置图、地面材料标识图、综合顶棚图、顶棚造型及尺寸定位图、顶棚照明及电气设备定位图。

上述图纸，都是建筑装饰装修施工放样、制作安装、预算备料以及绘制有关设备施工图的重要依据。

(1)基本内容。

1)表明建筑物的平面形状与尺寸。建筑物在装饰装修平面图中的平面尺寸常分为三个层次。最外一层是外包尺寸，表明建筑物的总长度。第二层是房间的净空尺寸。第三层是门窗、墙垛、柱、楼梯等的结构尺寸。

2)表明装修装饰结构在建筑物内的平面位置以及与建筑结构的相互关系尺寸，表明装饰结构的具体形状和尺寸，表明装饰面的材料和工艺要求等。

3)表明室内设备、家具安放的位置以及与装饰布局的关系尺寸，表明设备及家具的数量、规格和要求。

4)表明各种房间的位置及功能。走道、楼梯、防火通道、安全门、防火门等人员流动空间的位置与尺寸。

5)表明各剖面图的剖切位置、详图和通用配件等的位置及编号。

6)表明门、窗的开启方向与位置尺寸。

7)表明各立面图的视图投影关系和视图位置编号。

8)表明台阶、水池、组景、踏步、雨篷、阳台及绿化设施的位置及关系尺寸。

9)标注图名和比例。整张图纸还有图标和会签栏，以作图纸的文件标志。

10)用文字说明图例和其他符号表达不足的内容。

(2)识读要点。

1)首先看图名、比例、标题栏，弄清是什么平面图。再看建筑平面基本结构及尺寸，把各个房间的名称、面积及门窗、走道等主要尺寸记住。

2)通过装饰面的文字说明，弄清施工图对材料规格、品种、色彩的要求，对工艺的要求。结合装饰面的面积，组织施工和安排用料。明确各装饰面的结构材料与饰面材料的衔接关系与固定方式。

3)确定尺寸。先要区分建筑尺寸与装饰装修尺寸，再在装饰装修尺寸中，分清定位尺寸、外形尺寸和结构尺寸(平面上的尺寸标注一般分布在图形的内外)。

4)平面布置图上的符号：通过投影符号，明确投影面编号和投影方向，并进一步查出各投影方向的立面图；通过剖切符号，明确剖切位置及其剖切方向，进一步查阅相应的剖面图；通过索引符号，明确被索引部位和详图所在位置。

(3)顶棚平面图。

1)表明墙柱和门窗洞口位置。顶棚平面图一般都采用镜像投影法绘制。采用镜像投影法绘制的顶棚平面图，其图形上的前后、左右位置与装饰装修平面布置图完全相同，纵横轴线的排列也与之相同。

2)表明顶棚装饰造型的平面形式和尺寸，并通过附加文字说明其所用材料、色彩及工艺要求。

3)表明顶棚所用的装饰材料及规格。

4)表明顶部灯具的种类、式样、规格、数量及布置形式和安装位置、空调风口、顶部消防与音响设备等设施的布置形式与安装位置、墙体顶部有关装饰配件(如窗帘盒、窗帘等)的形式和位置。

5)表明顶棚剖面构造详图的剖切位置及剖面构造详图的所在位置。作为基本图的装饰剖面图，其剖切符号不在顶棚图上标注。

4. 立面图识读

通常装饰平面图、剖面图只能表达建筑物、建筑空间与建筑构件的内部图像与断面形状，尚不能表达其外部的完整形象。而依照三向视图原理以正投影来反映建筑物外观墙面或建筑内部墙面与物体的图像，这就是装饰立面图。它所表现的图像大多为可见轮廓线所构成的外视图像，不见或少见到它将伴随剖面图或断面图同时出现。

(1)基本内容。

1)表明装饰吊顶顶棚的高度尺寸、建筑楼层底面高度尺寸、装饰吊顶顶面的迭级造型互相关系尺寸。

2)在立面图中，以室内地面为零点标高，以此为基准点来标明其他建筑结构、装饰结构及配件的标高。

3)表明墙面装饰造型和式样，用文字说明所需装饰材料及工艺要求。

4)表明墙面所用设备的位置尺寸、规格尺寸。

5)表明墙面与吊顶的衔接收口方式。

6)表明建筑结构与装饰结构的连接方式、衔接方式、相关尺寸。

7)表示门、窗、隔墙、装饰隔断物等设施的高度尺寸和安装尺寸。

8)表明楼梯踏步的高度和扶手高度以及所用装饰材料及工艺要求。

9)表明绿化、组景设置的高低错落位置尺寸。

(2)识读要点。

1)明确建筑装饰装修立面图上与该工程有关的各部分尺寸和标高。

2)弄清地面标高，装饰立面图一般都以首层室内地面为零点标高，高出地面者以正号表示，反之则以负号表示。

3)弄清每个立面图上有几种不同的装饰面，这些装饰面所用材料以及施工工艺要求。

4)立面图上各不同材料饰面之间的衔接收口较多，要注意收口的方式、工艺和所用材料。

5)要注意电源开关、插座等设施的安装位置和方式。

6)弄清建筑结构与装饰结构之间的衔接，装饰结构之间的连接方法和固定方式，以便提前准备预埋件和紧固件。仔细阅读立面图中文字说明。

(3)外视立面图。

建筑装饰立面图就是以建筑外视立面图为主体，结合装饰设计的要求，补充了图示的内容。

外视立面图多见于对建筑物与建筑构件的外观表现，任何物体外形均用外视立面图来表现的，它的使用范围很广泛。在建筑装饰装修工程中，外视立面图主要适用于室外装饰装修工程，其图示方法也适用于室内装饰立面图。

在三视图中外视立面图最富有感染力和空间存在感，任何人一看就能理解，用于建筑方案图上可以表现建筑造型和建筑效果。在建筑施工图中，建筑外视立面图表达了建筑外部做法，在建筑室外装饰装修工程施工图中表现了建筑装饰艺术。

5. 剖面图识读

剖面图的效果主要是为表达建筑物、建筑空间的竖向形象和装饰结构内部构造以及有关部件的相对关系。在建筑装饰装修工程中存在着极其密切的关联和控制作用。

(1)基本内容。

1)表示装饰面或装饰形体本身的结构形式、材料情况与主要支承构件的相互关系。

2)表现了内外墙、门窗洞、屋顶的形式，檐口做法，楼地面的设置，楼梯构造及室内外处理等。

3)表示装饰结构与建筑结构之间的衔接尺寸与连接方式。

4)表明剖切空间内可见实物的形状、大小与位置。

5)表示装饰面上的设备安装方式或固定方法，装饰面与设备间的收口收边方式。

6)表达了建筑物、建筑空间及装饰结构的竖向尺寸及关系。

7)表明图名、比例和被剖切墙体的定位轴线及其编号，以便与平面图对照阅读。

(2)识读要点。

1)看剖面图首先要弄清该图从何处剖切而来。分清是从平面图上，还是从立面图上剖切的。剖切面的编号或字母，应与剖面图符号一致，了解该剖面的剖切位置与方向。

2)通过对剖面图中所示内容的阅读研究，明确装饰装修工程各部位的构造方法、尺寸、材料要求与工艺要求。

3)注意剖面图上索引符号，以便识读构件或节点详图。

4)仔细阅读剖面图竖向数据及有关尺寸、文字说明。

5)注意剖面图中各种材料结合方式以及工艺要求。

6)弄清剖面图中标注、比例。

6. 详图识读

建筑装饰装修工程详图是补充平、立、剖图的最为具体的图式手段。建筑装饰施工平、立、剖三图主要是用以控制整个建筑物、建筑空间与装饰结构的原则性做法。但在建筑装饰全过程的具体实施中还存在着一定的限度，还必须加以深化和提供更为详细和具体的图示内容，建筑装饰的施工才能得以继续下去，以求得其竣工后的满意效果。所指的详图应包含“三详”：图形详、数据详、文字详。

(1)局部放大图。放大图就是把原状图放大而加以充实，并不是将原状图进行较大的变形。

1)室内装饰平面局部放大图以建筑平面图为依据，按放大的比例图示出厅室的平面结构形式和形状大小、门窗设置等，对家具、卫生设备、电器设备、织物、摆设、绿化等平面布置表达清楚，同时还要标注有关尺寸和文字说明等。

2)室内装饰立面局部放大图是重点表现墙面的设计，先示出厅室围护结构的构造形式，再对墙面上的附加物以及靠墙的家具都详细地表现出来，同时标注有关详细尺寸、图示符号和文字说明等。

(2)建筑装饰件详图。建筑装饰件项目很多，如暖气罩、吊灯、吸顶灯、壁灯、空调箱孔、送风口、回风口等。这些装饰件都可能要依据设计意图画出详图。其内容主要是表明它在建筑物上的准确位置，与建筑物其他构配件的衔接关系，装饰件自身构造及所用材料等内容。

建筑装饰件的图示法要视其细部构造的繁简程度和表达的范围而定。有的只要一个剖面详图就行，有的还需要另加平面详图或立面详图来表示，有的还需要同时用平、立、剖面详图来表现。对于复杂的装饰件，除本身的平、立、剖面图外，还需增加节点详图才能表达清楚。

(3)节点详图。节点详图是将两个或多个装饰面的交汇点，按垂直或水平方向切开，并加以放大绘出的视图。

节点详图主要是表明某些构件、配件局部的详细尺寸、做法及施工要求；表明装饰结构与建筑结构之间详细的衔接尺寸与连接形式；表明装饰面之间的对接方式及装饰面上的设备安装方式和固定方法。

节点详图是详图中的详图。识读节点详图一定要弄清该图从何处剖切而来，同时注意剖切方向和视图的投影方向，对节点图中各种材料结合方式以及工艺要求要弄清。

四、施工图审图

施工图纸详标了建筑物的形状、尺寸、做法、技术要求，明确规定将要建成一幢怎样的建筑。装饰装修除了专题审查装饰项目的图纸外，有时还要结合整个工程图纸看图，才能配合施工，不出差错。因此必须学会识图方法，才能收到事半功倍的效果。

1. 理清关系

审图时必须弄清每张图纸之间的相互关系。因为一张图纸无法详细表达一项工程各部位具体尺寸、做法和要求。必须需要多张图纸，从不同的角度表达某一个部位的做法和要求，这些不同部位的做法和要求，就是一个完整的建筑物的全貌。所以在一份施工图纸的各张图纸之间，都有着密切的联系。

在看图时，必须以平面图中的轴线编号、位置为基准，做到："手中有图纸，心中有轴线，千头又万绪，处处不离线"。

2. 进一步分析

(1)充分了解建筑物装饰概况、位置、标高、材料要求、质量标准、施工注意事项以及一些特殊的技术要求。

(2)看平面图。了解房屋的平面形状、开间、进深、柱网尺寸、各种房间的安排和交通布置，以及门窗位置，对建筑装饰物形成一个平面概念，为识读立面图、剖面图打好基础。

(3)看立面图。了解建筑物的朝向、层数和层高的变化，以及门窗外装饰的要求等。

(4)看剖面图。了解剖面部分的各部位标高变化和室内情况。

(5)看结构图。了解平、立、剖面图等建筑图与结构图之间的关系，加深对整个工程的理解。

3. 抓住重点

在看施工图时，必须抓住每张图纸中的关键。只有掌握住关键，才能抓住要害，少出差错。

(1)在平面图中，"门是里开外开，轴线是正中偏中，朝向是东南西北，墙厚是一砖几砖"。门在平面图中有开启方向，而窗则没有开启方向，必须查大样图才能确定。轴线在墙上是正中还是偏中，哪一层是正中，哪一层是偏中，必须弄清，才不会造成轴线错误，以免错把所有的轴线都当成中线。房屋的朝向，必须搞清楚，图上有指北针的以指北针为准。一般建筑物的平面图中，应符合上北下南，左西右东的规律。在对每一轴线、每一部位的墙厚时也要仔细查对清楚，如哪道墙是一砖厚，哪道是半砖墙，绝对不能弄错。

(2)在立面图中，应掌握门窗洞口的标高尺寸，以便在立皮数杆和预留窗台时不致发生错误。

(3)在剖面图中，应掌握楼层标高、屋顶标高。有的还要通过剖面图掌握室内洞口、内门标高、楼地面做法、屋面保温和防水做法等。

(4)在结构图中，应掌握基础、墙、梁、柱、板、屋盖系统的设计要求，具体尺寸，位置，相互间的衔接关系以及所用的材料等。

4. 图表对照

一份完整的施工图纸，除了包括各种图纸外，还包括各种表格。在施工图纸中有以下常见的表：

(1)室内、外做法表：主要说明室内外各部分的具体做法。

(2)门、窗表：表明一幢建筑全部所需的门、窗型号、高宽尺寸(或洞口尺寸)，以及各种型号门、窗的需用数量。

(3)构部件表：根据工程所需的石材、板材、玻璃的编号、名称，列出各类实物的规格、尺寸、型号、需要数量。

在看施工图时，最好先将自己看图时理解到的各种数据，与有关表中的数据进行核对，如完全一致，证明图纸及理解均无错误，要及时发现图、表中的错误。

5. 总结技巧

看图纸和从事其他操作一样，除了熟练以外，还有一些技巧。

(1)随看随记：看图时，应随手记下主要部位的做法和尺寸，记下需要解决的问题，并逐张看，逐张记，逐个解决疑难问题，以加深印象。

(2)先粗后细：先将全部图纸粗看一遍，大体形成一个主体概念，然后再逐张细看二至三遍。

(3)反复对照，找出规律：对图纸大体看到一遍后，再将有关图纸摆在一起，反复对照，找出内在的规律和联系，从而巩固对图纸的理解。

(4)图上标注，加强记忆：为了看图方便，加深记忆，可把某些图纸上的尺寸、说明、型号等标注到常用图纸上，如标注到平面图上等。

第二节　施工员实操工作

一、定位放线

1. 统一放线

装饰装修施工的工件配合协作、工序搭接的情况很多。每道工序都要有尺寸线，如果各种工种各自放线，必然会造成混乱，所以必须统一放线。装饰成品像是一块套色板，各种颜色都要一丝不差印在一张纸上，形成一幅色彩绚丽的艺术品。如何保证尺寸一致，互不错位，这就需要实行统一放线、验线。

2. 定位放线

(1)定位放线是一项工程进入施工阶段的先导。它是将设计落实到工程上的第一步，是施工的开局。开局顺利，往后会步步顺利。因此，施工员对放线定位工作要十分重视。

(2)统一放线可以检验设计图纸的尺寸与现有建筑空间是否一致，原建筑空间的几何尺寸是否规矩，还可以检验各工种，特别是安装工程的尺寸、设备尺寸是否统一。

(3)定位放线可以交劳务队执行。但施工员必须亲自验线，放线员、验线人都要实行签证，落实责任制。

二、特殊工艺

1. 洁净工艺

装饰施工“洁净”工艺，这是一项在各专业工种施工完成以后的收尾工作，一般当作清理卫生工作,不把它当作技术工作对待,这可能会导致前功尽弃。因此,在装饰施工工艺中一定要设立洁净工艺。在洁净作业中,常常会使用一些化工溶液,这要看被洁净的物品属哪类材料,从而确定选用的化工溶液。

洁净工艺是一门综合性、知识性和科学性很强的专业,涉及的面很广。如石材地面的洁净,要使用最先进的打磨技术。在卫生间做洁净作业时,不能用酸液擦拭,否则会使电镀退光。

2. 修补工艺

在整个施工完成后,发现某物品存在缺陷,已不可能撤换,这就要对缺陷部位进行修补,这是一项技术性很高的工作。比如木门框上发现有大节疤,那就要将节疤挖出来,找同样的材料进行镶嵌,然后打磨油漆。作为施工员,现场经常会出现一些意想不到的情况,有时候经过修凿,一个残品可能变成一件工艺品。

3. 结合工艺

装饰工程施工工艺除规范所列项目外,还经常会出现一些不规范的项目,不是某一个专业工种可以完成的。这就需要施工员亲自指导施工,要编写专项施工工艺。如有些结合部的施工,我们称之为"结合工艺":卫生间门框与墙面砖的结合;浴缸内侧檐口与墙面砖的结合;梳妆台镜面、墙面、灯罩、台面多部位的结合;吊顶与墙面的结合;吊顶与灯位的结合;踢脚板与墙面的结合;瓷砖、石材阳角对接等。

三、新工艺

1. 玻璃板工艺

装饰市场的新材料层出不穷,于是新工艺也随之产生。施工员要有敏锐的眼光,掌握新工艺的出现。有些新材料,施工员必须亲自试作业,获得经验后编写新工艺。

2. 悬空吊顶

有些新工艺是由设计带来的。比如在吊顶设计方案上,很多工程采用悬空式吊顶,也有叫磨盘形吊顶。既悬空,又是圆形,要用轻钢型材做龙骨,这就应该编写专项工艺方案,做样板,经过鉴定才能正式施工。

3. 乐池施工

剧场工程中舞台口有个乐池,这不仅有装饰工程,而且还有土建施工。在室内施工,不能用挖土机械,不能放坡。这也要编制专项施工方案。

作为施工员,要随时掌握装饰材料动态,还要深入了解室内设计动向。施工员必须与时俱进,不能只凭经验指挥施工。

四、编写施工日志

施工日志是竣工文件之一,记录着施工的全过程,是一部重要的施工资料。在项目部一般都设有资料员,负责收集记录每天的施工事件,文件来往。施工员作为一个项目施工的总管理者,必须有自己每天的施工日志。施工日志至少要记录以下内容:

1. 当天的天气情况

这似乎对施工员工作无大碍。但施工技术受环境因素,比如气候温湿度对施工的影响,雨天对施工的影响。把当天的天气情况记录下来,日后若发生质量事故,可以分析气候环境因素。

2. 当天的施工进展情况

前面分析过可能发生进度受阻。如果这样，日志上要将全过程记录下来，并将结果记上，还要写出第二天应该做的事情。

3. 劳务状况

劳务专业分包单位每天会发生意外。比如劳力不足，技术水平不佳，电动工具装备不足等，都可以影响施工进度。情况每天发生，应当及时处理。

4. 当天材料供应情况

材料供不应求是施工过程中经常发生的状况，要记下事件，要记下原因，要记下解决方案，要记下解决问题的责任人。

5. 每天发生的工程质量问题

每天发生的工程质量问题要详细记录，要会同监理工程师进行深入检查，分析事故原因，提出解决措施，落实到人，限定纠正时间，并要有责任人签字，以备检查。如有严重犯规情况，要作出处理办法，报上级备案。

6. 设计变更

(1)业主要求变更设计，经监理工程师核准后交设计部门设计。变更后的设计图经监理工程师核准后交项目部执行。这时项目部要办理变更洽商记录，有关方签字备案。

(2)由设计部门提出变更，经业主同意，监理核准转项目部执行，这时需做洽商记录。

(3)由施工方提出修改设计，报监理工程师后由设计单位交施工单位执行。不论哪一种，最终都要做洽商记录。洽商记录会有两种：一种是纯技术变更，不发生经济洽商；另一种是因设计变更而产生经济洽商。这种经济变更，必须是经业主、监理、施工三方同意后做洽商记录，作为工程结算的依据。

7. 每天发生的与施工有关的重大事件

每天发生的与施工有关的重大事件要记录在施工日志上。比如因社会原因影响施工，如交通事故、供货厂商供货不足等原因都会影响施工。

第三节　施工员应具备的条件

一、施工员地位

施工员是建筑施工企业各项组织管理工作在基层的具体实践者，是完成建筑安装施工任务最基层的技术和组织管理人员。

施工员是施工现场生产一线的组织者和管理者，在建筑施工过程中具有极其重要的地位，具体表现在以下几个方面：

(1)施工员是单位工程施工现场的管理中心，是施工现场动态管理的体现者，是单位工程生产要素合理投入和优化组合的组织者，对单位工程项目的施工负有直接责任。

(2)施工员是协调施工现场基层专业管理人员、劳务人员等各方面关系的纽带，需要指挥和协调好预算员、质量检查员、安全员、材料员等基层专业管理人员相互之间的关系。

(3)施工员是其分管工程施工现场对外联系的枢纽。

(4)施工员对分管工程施工生产和进度等进行控制，是单位施工现场的信息集散中心。

施工员的独特地位决定了他与相关部门之间存在着密切的关系，主要表现在以下几个方面：

(1)施工员与工程建设监理。监理单位与施工单位存在着监理与被监理的关系，所以施工员应积极配合现场监理人员在施工质量控制、施工进度控制、工程投资控制等三方面所做的各种工作和检查，全面履行工程承包合同。

(2)施工员与设计单位。施工单位与设计单位之间存在着工作关系，设计单位应积极配合施工，负责交代设计意图，解释设计文件，及时解决施工中设计文件出现的问题，负责设计变更和修改预算，并参加工程竣工验收。同时，施工员在施工过程中发现了没有预料到的新情况，使工程或其中的任何部位在数量、质量和形式上发生了变化，应及时向上反映，由建设单位、设计单位和施工单位三方协商解决，办理设计变更与洽商。

(3)施工员与劳务关系。施工员是施工现场劳动力动态管理的直接责任者，负责按计划要求向项目经理或劳务管理部门申请派遣劳务人员，并签订劳务合同；按计划分配劳务人员，并下达施工任务单或承包任务书；在施工中不断进行劳动力平衡、调整，并按合同支付劳务报酬。

二、施工员任务

在施工全过程中，施工员的主要任务是：结合多变的施工现场条件，将参与施工的劳动力、机具、材料、构配件和采用的施工方法等，科学地、有序地协调组织起来，在时间和空间上取得最佳组合，取得最好的经济效果，保质保量保工期地完成任务。

1. 施工准备工作

施工员在施工现场应做好的施工准备工作主要包括：

(1)技术准备。

1)熟悉审查施工图纸、有关技术规范和操作规程，了解设计要求及细部、节点做法，并放必要的大样，做配料单，弄清有关技术资料对工程质量的要求。

2)调查搜集必要的原始资料。

3)熟悉或制订施工组织设计及有关技术经济文件对施工顺序、施工方法、技术措施、施工进度及现场施工总平面布置的要求；并清楚完成施工任务时的薄弱环节和关键工序。

4)熟悉有关合同、招标资料及有关现行消耗定额等，计算工程量，弄清人、财、物在施工中的需求消耗情况，了解和制定现场工资分配和奖励制度，签发工程任务单、限额领料单等。

(2)现场准备。

1)现场“四通一平”(即水、电供应、道路、通讯通畅、场地平整)的检验和试用。

2)现场抄平、测量放线工作并进行检验。

3)根据进度要求组织现场临时设施的搭建施工；安排好职工的住、食、行等后勤保障工作。

4)根据计划和施工平面图，合理组织材料、构件、半成品、机具继续进场，并进行检验和试运转。

5)安排做好施工现场的安全、防汛、防火措施。

(3)组织准备。

1)根据施工进度和劳力需要量计划安排，分期分批组织劳动力的进场教育和各工种技术工人的配备等。

2)确定各工种工序在各施工段的搭接，流水、交叉作业的开工、完工时间。

3)全面安排好施工现场的一、二线，前、后台施工生产和辅助作业，现场施工和场外协作之间的协调配合。

2. 工程施工技术交底

(1)施工任务交底。向工人班组重点交代清楚任务大小、工期要求、关键工序、交叉配合关系等。

(2)施工技术措施和操作要领交底。交代清楚与工程有关的技术规范、操作规程和重点施工部位、细部、节点的做法以及质量和技术措施。

(3)施工消耗定额和经济分配方式的交底。交代清楚各施工项目劳动工日、材料消耗、机械台班数量、经济分配和奖罚制度等。

(4)安全和文明施工交底。提出有关的防护措施和要求,明确责任。

3. 有目标的组织协调控制

在施工过程中,依照施工组织设计和有关技术、经济文件以及当地的实际情况,围绕着质量、工期、成本等既定施工目标,在每一阶段、每一工序实施综合平衡、协调控制,使施工中的各项资源和各种关系能够配合最佳,以确保工程的顺利进行。为此,要抓好以下几个环节:

(1)检查班组作业前的各项准备工作。

(2)检查外部供应、专业施工等协作条件是否满足需要,检查进场材料和构件质量。

(3)检查工人班组的施工方法、施工操作、施工质量、施工进度以及节约、安全情况,发现问题,应立即纠正或采取补救措施解决。

(4)做好施工现场调度,解决现场劳动力、原材料、半成器,周转材料、工具、机械设备、运输车辆、安全设施、施工水电、季节施工、施工工艺技术及现场生活设施等出现的供需矛盾。

(5)监督施工中的自检、互检、交接检制度和工程隐检、预检的执行情况,督促做好分部分项工程的质量评定工作。

4. 技术资料的记录和积累

在施工过程中,施工员应做好每项技术的记录和积累,主要包括:

(1)做好施工日志,隐蔽工程记录,填报工程完成量,办理预算外工料的签订。

(2)做好质量事故处理记录。

(3)混凝土砂浆试块试验结果,质量"三检"情况记录的积累工作,以便工程交工验收、决算和质量评定的进行。

三、施工员应具备的性能

1. 施工员的专业知识

施工员应具备的专业知识具体应包括以下几个方面:

(1)掌握建筑制图原理、识图方法以及常用的建设工程测量方法。

(2)掌握常用建筑装饰材料(包括水泥、钢材、木材、砂石等)的性能和质量标准。

(3)掌握一般工业与民用建筑装饰施工的标准、规范和施工技术。

(4)了解一定的装饰机械知识。

(5)掌握一定的质量管理知识。

(6)掌握一定的经济与经营管理知识,能编制施工预算,能进行工程统计和现场经济活动分析。

(7)掌握一定的施工组织和科学的施工现场管理方法。

2. 施工员的工作能力

在实际工作中,施工员应具备的工作能力如下:

(1)能有效地组织、指挥人力、物力和财力进行科学施工,取得最佳的经济效益。

(2)能够对施工中的稳定性问题(包括缆风绳设置、脚手架架设、吊点设计等)进行鉴别,对安全质量事故进行初步的分析。

(3)能比较熟练地承担施工现场的测量、图纸会审和向工人交底的工作。

(4)能正确地按照国家规范进行施工,掌握施工计划的关键线路,保证施工进度。

(5)能根据施工要求,合理选用和管理装饰机具,具有一定的电工知识,科学管理施工用电。

(6)能运用质量管理方法指导施工,控制施工质量。

(7)能根据工程的需要,协调各工种、人员、上下级之间的关系,正确处理施工现场的各种社会关系，保证施工能按计划高效、有序地进行。

(8)能编制施工预算、进行工程统计、劳务管理、现场经济活动分析，对施工现场进行有效管理。

3. 施工员的职业道德

加强建筑行业职工道德建设，对于提高行业的质量和效益，树立行业新风，培养“有理想、有道德、有文化、有纪律”的建筑队伍，建设社会主义精神文明具有重要意义。

施工员作为建筑施工现场管理人员，应具备的职业道德可归纳为以下几点：

(1)施工员应以高度的责任感，对工程建设的各个环节根据技术人员的交底，做出周密、细致的安排，并合理组织好劳动力，精心实施作业程序，使施工有条不紊地进行，防止盲目施工和窝工。

(2)以对人民生命安全和国家财产极端负责的态度，时刻不忘安全和质量，严格检查和监督，把好关口。

(3)不违章指挥，不玩忽职守，施工做到安全、优质、低耗，对已竣工的工程要主动回访保修，坚持良好的施工后服务，信守合同，维护企业的信誉。

(4)施工员应严格按图施工，规范作业。不使用无合格证的产品和未经抽样检验的产品，不偷工减料，不在钢材用量、混凝土配合比、结构尺寸等方面做手脚，谋取非法利益。

(5)在施工过程中，要精打细算，降低能源和原材料的消耗，合理调度材料和劳动力，准确申报建筑材料的使用时间、型号、规格、数量，既保证供料及时，又不浪费材料。

(6)施工员应以实事求是、认真负责的态度准确签证，不多签或少签工程量和材料数量，不虚报冒领，不拖拖拉拉，完工即签证，并做好资料的收集和整理归档工作。

(7)做到施工不扰民，严格控制粉尘、施工垃圾和噪声对环境的污染，做到文明施工。

4. 施工员的特征

建筑施工的特性决定了施工员具有以下特征：

(1)施工员的工作场所在工地，施工员工作的对象是单位工程或分部分项工程。

(2)施工员从事的是基层专业管理工作，是技术管理和施工组织与管理工作。工作有很强的专业性和技术性。

(3)施工员的工作繁杂，在基层中需要管理的工作很多，项目经理和项目经理部各部门以及有关方面的组织管理意图都要通过基层施工员来实现。

(4)施工员的工作任务具有明确的期限和目标。

(5)施工员的工作负担沉重，条件艰苦，生活紧张。

本章思考重点

1. 建筑施工总平面图如何识读？
2. 建筑剖面图如何识读？
3. 装饰装修施工图的作用有哪些？
4. 装饰装修施工图的特点是什么？
5. 施工图识图的技巧有哪些？
6. 装饰装修施工员的特殊工艺有哪些？
7. 装饰装修施工员的特征有哪些？

第二章　装饰装修施工机具

第一节　气动类机具

一、空气压缩机

空气压缩机又称"气泵"，是用电力、汽油或柴油引擎带动的机器，它把空气从大气中吸入并用减体积增压力的方法输送压缩空气。必须按要求的气压和气量连续不断送至贮气罐备用。

射钉枪、喷枪、风动改锥、手风钻等都是以空气压缩机作为动力的装修装饰施工机具。

1. 分类

(1)按压缩机气缸个数分为单缸、双缸、多缸等。装修装饰工程施工中机具的工作压力一般不太大，多采用单缸、双缸空气压缩机。

(2)按传动方式分为皮带传动和直接传动。皮带传动方式，当压缩机过载时对电机损坏较少，但传递功率低；直接传动方式传递功率高，但压缩机过载会影响电机寿命。

(3)按空气压缩体积分为大、中、小、微型。大型一般用于集中供气的泵站等；中、小型一般用于现场移动式供气；微型多用于实验室或用气量很少的操作，如和绘画用喷笔配套使用的气泵。

2. 工作原理

曲轴、连杆、活塞等组成空气压缩机的动力机构。连杆安装在曲轴上，曲轴的两端由两个滚动轴承支承。电动机经皮带传动，使压缩机的曲轴作旋转运动，带动连杆使活塞作往复直线运动，导致气缸内压力变化。空气经过滤器，在气缸端部的吸排气组合阀的控制下进入气缸，在活塞作用下成为压缩空气，经排气管路通过单向阀进入储气罐。装饰装修施工气动机具即可通过空气压缩机排气口的减压阀和油水分离器，获得相应的恒压气体。

3. 使用要点

(1)使用环境。空气压缩机应安装在距墙壁 30cm 以上温度适宜，通风良好，环境干净、地面平整的室内空间内。它要便于检修和维护。空气压缩机使用环境，如图 2-1 所示。

(2)开机前的检查。

1)开机前应首先检查润滑油油标油位是否达到要求，如无油或油位到达下限，应及时按空气压缩机要求的牌号加入润滑油，防止润滑不良造成故障。油标油位，如图 2-2 所示。

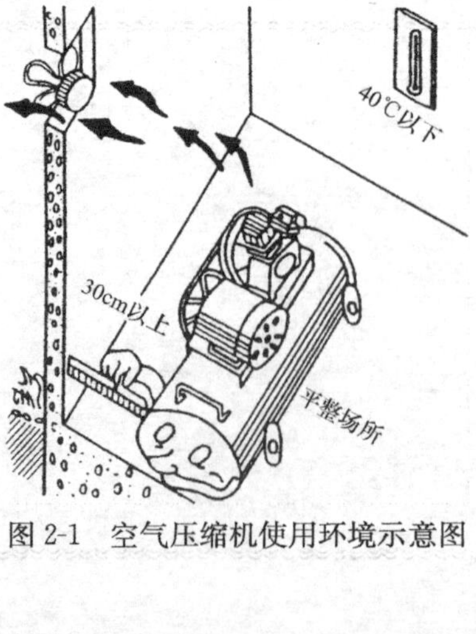

图 2-1　空气压缩机使用环境示意图

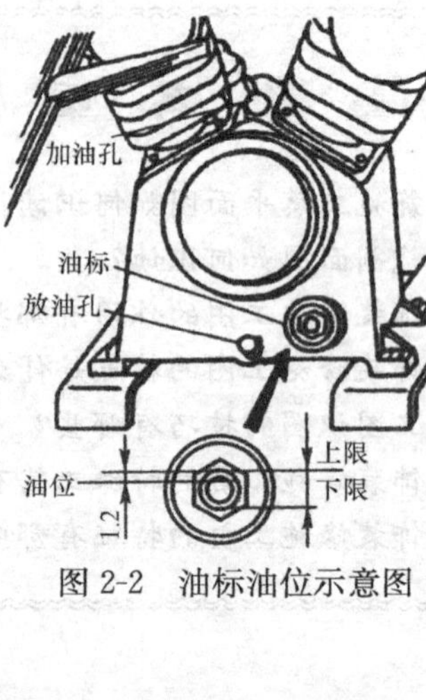

图 2-2　油标油位示意图

2)接通电源前,要检查要求电源和实际电源是否相符,没达到要求电源的不准接线开机使用。

3)空气压缩机运转前需用手转动皮带轮,如转动无障碍,打开放气阀,接通电源使压缩机空转,确认风扇皮带轮转动方向与所示方向一致。正式运转前应检查气压自动开关、安全阀、压力表等控制系统是否开启,自动停机是否正常。确认无误后方可投入使用。

(3)使用中的检查。使用中应随时观察压力表的指针变化。当储气罐内压力超过设计压力仍未自动排气时,应停机并将储气罐内气体全部排出,检查安全阀。注意:切勿在压缩机运转时检查。

空气压缩机在正常运转时不得断开电源,如因故障断电时,必须将储气罐中空气排空后再重新启动。

二、射钉枪

射钉枪,是一种直接完成型材安装紧固技术的工具。如图 2-3 所示。射钉枪是以弹内燃料为动力,将射钉打入钢铁、混凝土和砖砌体中的方法。

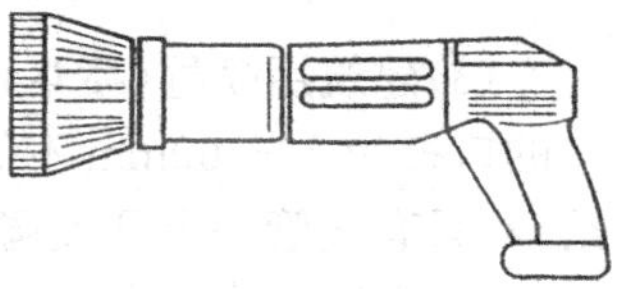

图 2-3 射钉枪

射钉枪直接将构件钉紧于需固定部位,如固定木件、窗帘盒、木护墙、踢脚板、挂镜线、固定铁件、铁板、钢门窗框、轻钢龙骨、吊灯等。

1. 构造

活塞、弹膛组件、击针、击针弹簧、钉管及枪体外套等组成射钉枪。轻型射钉枪有半自动活塞回位,半自动退壳。半自动射钉枪有半自动供弹机构。

2. 使用要点

(1)装钉子。将钉子装入钉管,借助通条将钉子推到底部。

(2)装射钉弹。把射钉弹装入弹膛,关于射钉枪,拉回前半部,顺时针方向旋转到位。

(3)击发。将射钉枪垂直地紧压于工作面上,扣动扳机击发,如有弹不发火,重新把射击枪垂直压紧于工作面上,扣动扳机击发。如两次均不发出子弹时,应保持原射击位置数秒钟,然后将射钉弹退出。

(4)在使用结束时或更换零件之前,以及断开射钉枪之前,射钉枪不准装射钉弹。

(5)退弹壳。转动射钉枪的前半部分,拉向前,断开枪射,弹壳自动弹出。

(6)射钉枪要专人保管使用,并注意保养。

三、喷枪

1. 用途

喷枪是装修装饰工程中面层装饰施工常用机具之一,主要用于装饰施工中面层处理,包括清洁面层、面层喷涂、建筑画的喷绘及其他器皿表面处理等。

2. 分类

由于工程施工中饰面要求不同,涂料种类不同,工程量大小各异,所以喷枪也有多种类型。按喷枪的应用范围,可分为标准喷枪、加压式喷枪、建筑用喷枪、专用喷枪及清洗用喷枪等。

(1)标准喷枪。主要用于油漆类或精细类涂料的表面喷涂。因涂料不同,喷涂的要求不同,出料口径不同,可根据实际需要选择。一般对精细料、表面要求光度高的饰面,口径选择应小些,反之应选择较大口径。如图 2-4 所示。

(2)加压式喷枪。加压式喷枪与标准式喷枪的不同之处在于,其涂料属于高黏度物料,需在装料容器内加压,使涂料顺利喷出。加压式喷枪外形,如图 2-5 所示。

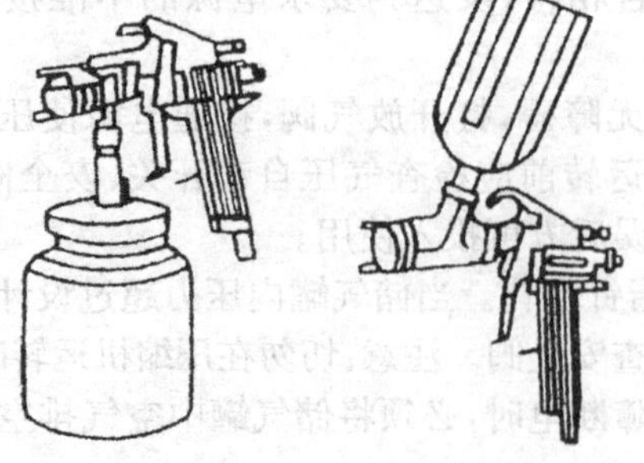

图 2-4 标准喷枪外形
(a)吸上式;(b)重力式

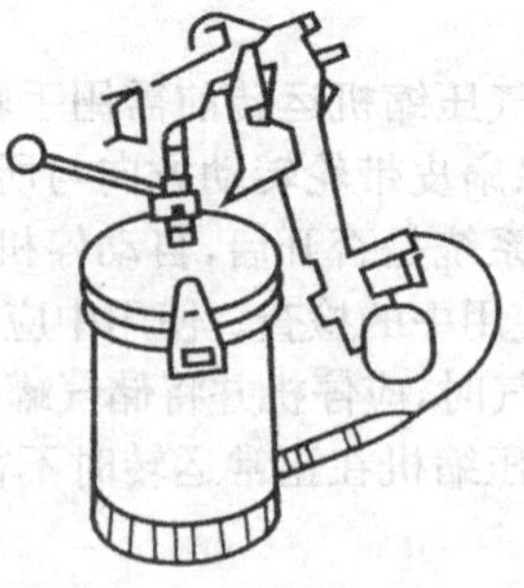

图 2-5 加压式喷枪外形

(3)建筑用喷枪(喷斗)。主要用于喷涂如珍珠岩等较粗或带颗粒物料的外墙涂料。其出料口的口径为 20～60mm 不等,可根据物料的要求和工程量的大小随时更换。供料为重力式,直通给料,只有气管一个开关调节阀门。建筑用喷枪外形,如图 2-6 所示。

(4)专用喷枪。主要以油漆类喷涂为主。美术工艺型用于装饰设计中效果图的喷绘。专用喷枪外形,如图 2-7 所示。

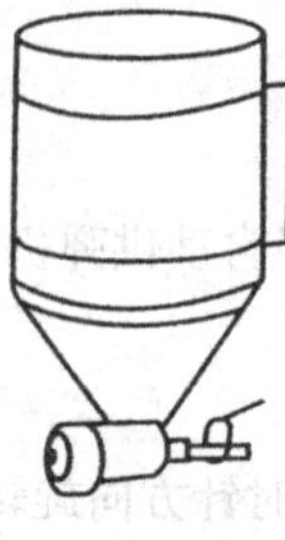

图 2-6 建筑用喷枪外形

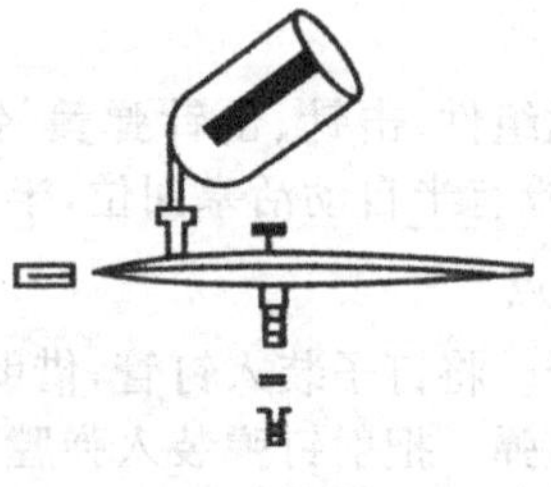

图 2-7 专用喷枪外形(美术工艺型)

(5)清洁用喷枪。有清洗枪、吹尘枪等喷枪,它们不是处理表面涂层而是清洁表面,采用高压气流或有机溶剂,清洗难以触及部位的污垢。

3. 工作原理

当手指扣紧扳手时,压缩空气由进气管经进气阀进入喷射器头部的气室中,控制喷料输出量的顶针也随着扳手后退,气室的压缩空气流经喷嘴,使喷嘴部位形成负压,储料罐内的涂料就被大气压力带进涂料上升管而涌向喷嘴,在喷嘴出口处遇到喷嘴两侧另一气室中喷出的气体,使涂料的粒度变得更细。

4. 使用要点

(1)喷枪的空气压力一般为 0.3～0.35MPa,如果压力过大或过小,可调节空气调节旋钮。向右旋转气压减弱,向左旋转气压增强。

(2)喷口距附着面一般为 20cm。喷涂距离与涂料黏度有关,涂料加稀释剂与不加稀释剂,喷涂距离有±5cm 的差别。

(3)喷涂面大小的调整。有的靠喷射器头部的刻度盘,也有的靠喷料面旋钮,原理是相同的。用刻度盘调节:刻度盘上刻度“0”与喷枪头部的刻度线相交,即把气室喷气孔关闭,这时两侧喷气孔中无空气喷出,仅从气室中间有空气喷出,涂料呈柱形;刻度“5”与刻度线相交,两侧喷气孔有空气喷出,此时喷口喷出的涂料呈椭圆形;刻度“10”与刻度线相交,则可获得更大的喷涂面。

(4)有些喷枪的喷射器头可调节,控制喷雾水平位置喷射或垂直位置喷射。

(5)除加压式喷枪之外，喷枪可不用储料罐，而在涂料上升管接上一根软管，软管的另一端插在涂料桶下端，把桶放在较高位置上，不用加料可连续使用较长时间，适用于大面积喷涂工作。

四、风镐

风镐，是直接利用压缩空气作介质，通过气动元件和控制开关，冲击气缸活塞，带动钎头（工作部件），实现钎头机械往复和回转运动，对基层面进行作业。由于风镐冲击力较大，被广泛用于修凿、开洞等作业。如图 2-8 所示。

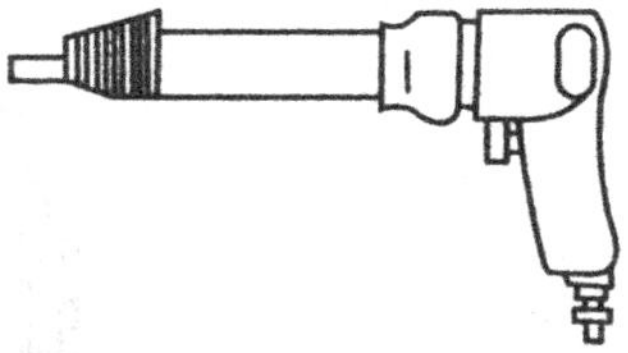

图 2-8 风镐

1. 构造

风镐主要由气缸、活塞、进排气机构、工作装置和壳体等部件组成。外接压缩空气胶管连接空气压缩机。

2. 使用要点

(1)使用前，要检查风镐各部分的零配件，螺栓有无松动，卡套和弹簧是否完整，压缩空气胶管连接是否良好等。

(2)操作中，必须精力集中，在指定修凿部位作业，通过眼看耳听，发现不正常声响和振动时，应立即停钻进行检查，排除故障。

(3)风镐使用时压缩空气的气量和气压应符合要求。

(4)操作时，风镐要扶稳，施压均匀。

(5)工作现场要有足够的照明。高空施工时，要有坚固可靠的工作架子。同时，做好碎块溅落伤人的防护措施。

五、打钉机

打钉机，用于木龙骨上钉各种木夹板、纤维板、石膏板、刨花板及线条的作业。所用钉子有直型和 U 形（钉书针式）等几种，打钉机动力有电动和气动。用打钉机安全可靠，生产效率高，劳动强度低，高级装饰板材可以最大充分利用。如图 2-9 所示。

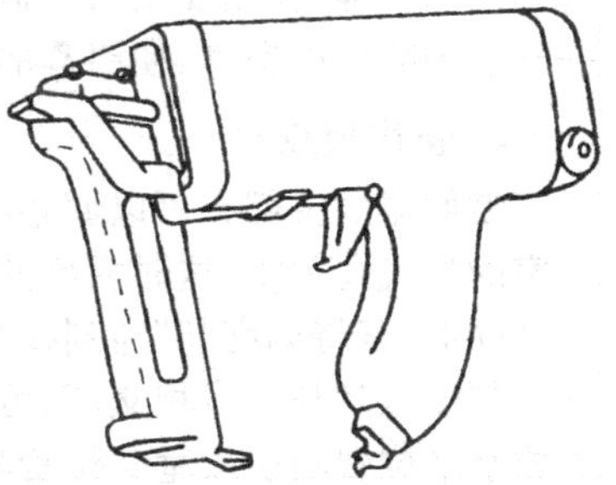

图 2-9 打钉机

1. 构造

气缸和控制元件组成气动打钉机。使用时，利用压缩空气（>0.3MPa）冲击缸中的活塞，实现往复运动，推动活塞杆上的冲击片，冲击落入钉槽中的钉子钉入工件中去。电动打钉机，接上电源直接就可使用。

2. 技术性能

(1)普通标准圆钉。直径 ϕ25×51mm；专用枪钉，常用 10mm、15mm、20mm、25mm 四种，使用气压 0.5～0.7MPa，冲击次数 60 次/min。

(2)U 形钉。U 形钉宽度 10mm，长度 6～14mm，冲击频率 30 次/min，机重 1.1kg。

六、喷漆枪

1. 构造

喷漆枪是油漆作业的常用工具，根据结构不同有小型和大型两种，如图 2-10 所示。

(1)小型喷漆枪在使用时一般以人工充气，也可以用机械充气，人工充气是把空气压入贮气筒内，供产品面积不大、数量较小的喷漆时使用。它包括贮气筒与喷漆枪两个部分，中间用输气胶管连接。

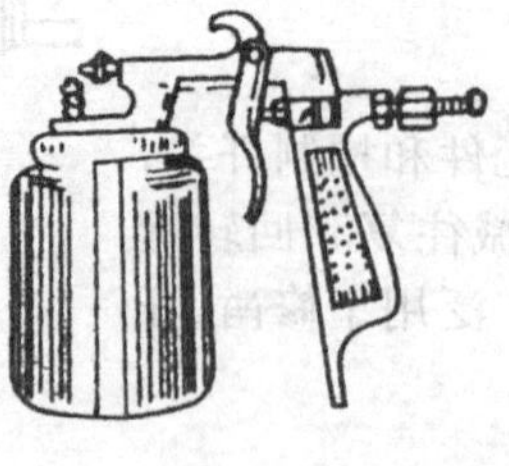

(a)

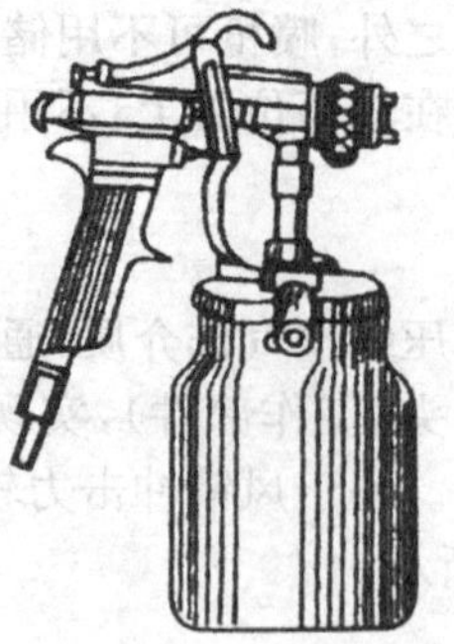

(b)

图 2-10 喷漆枪

(a)小型喷漆枪；(b)大型喷漆枪

(2)大型喷漆枪的内部构造比小型喷漆枪复杂得多，不能用手工打气来进行工作，它必须用空气压缩机的空气作为喷射的动力。

贮漆罐、握手柄、喷射器、罐盖与漆料上升管组成大型喷漆枪。盖上面有弓形扣一只及三翼形的紧定螺母一只。借三翼形紧定螺母的左转，将弓形扣顶向上方，于是弓形扣的缺口部分将贮漆罐两侧的铜桩头拉紧，使喷漆枪盖在贮漆罐上盖紧。控制喷漆输出量的顶针也随着扳手后退，气室的压缩空气流经喷嘴，使喷嘴部分形成负压。贮漆罐内的漆料就被大气压力压进漆料上升管而涌向喷嘴，在喷嘴出口处遇着压缩空气，就被吹散成雾状。漆雾一出喷嘴又遇到喷嘴两侧另一气室中喷出的空气，使漆雾的粒度变得更细。

2. 使用要点

喷射器的头部有可以调整喷射面积大小的刻度盘，刻度盘与喷枪头部的刻线相交时，就是把气室的喷气孔关闭，这时两侧的喷气孔中没有空气喷出，仅从气室的中间有空气喷出，所以漆雾呈圆柱形；若将刻度“5”与刻线相交时，两侧的喷气孔就有空气喷出，所以这时的漆雾呈椭圆形。如将刻度“10”与刻线相交，则可获得更大的喷漆面积。由于喷射器头可调节，还可使椭圆形的漆雾成水平位置喷射或垂直位置喷射。其空气压力约为 0.5MPa，贮漆罐可盛漆 1kg。这种喷漆枪如果不用贮漆罐，而在漆料上升管上接一根软管，软管一端接在较大的漆桶上，把漆桶放在较高位置，即可连续使用，适用于大面积喷漆面工作。

第二节 电动类机具

一、电锯

电锯，用于切割木材、纤维板、塑料和软电缆常用工具。便携式木工电圆锯，自重量轻，效率高，是装饰施工最常用的。如图 2-11 所示。

图 2-11 电圆锯

1. 构造

便携式木工电圆锯由电机、锯片、锯片高度定位装置和防护装置组成。选用不同锯片切割相应材料，可以大大提高效率。

2. 使用要点

(1)使用电锯时，锯割时不得滑动工件夹紧。在锯片吃入工件前，就要启动电锯，转动正常后，按画线位置下锯。锯割过程中，改变锯割方向，可能会产生卡锯、阻塞、甚至损坏锯片。

(2)切割不同材料，最好选用不同锯片，如纵横组合式锯片，可以适应多种切割；细齿锯片能较快地锯割软、硬木的横纹；无齿锯片还可以锯割砖、金属等。

(3)要保持右手紧握电锯，左手离开。同时，电缆应避开锯片，以免妨碍作业和锯伤。

(4)锯割快结束时，要强力掌握电锯，以免发生倾斜和翻倒。锯片没有完全停转时，人手不得靠近锯片。

(5)更换成片时，要将锯片转至正常方向(锯片上有箭头表示)。要使用锋利锯片，提高工作效率，也可避免钝锯片长时间摩擦而引起危险。

二、电剪刀

电剪刀，是用来剪切镀锌钢板、薄钢板等板材的有效机具。它能剪切1.5mm以下的金属板、塑料板等。剪切效率高，操作方便，使用安全，可以剪切各种几何形状的工件，修剪边角。如图2-12所示。

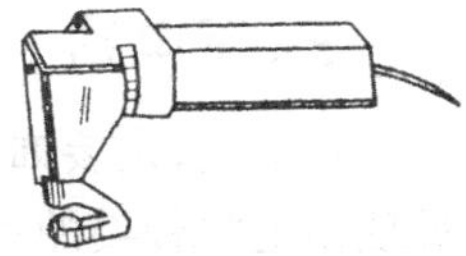

图2-12　电剪刀

1. 构造

电剪刀主要由单相串激电动机、偏心齿轮、外壳、刀杆、刀架、上下刀头等组成。

2. 工作原理

电动机的旋转运动，经过二级齿轮变速后，由偏心轴带动连杆做往复运动，使随连杆运动的上刀片与相对固定的下刀片之间作剪切运动。

3. 使用要点

(1)操作前先检查电源电压是否符合操作要求，剪切刀是否完整，一切正常后，方可使用。

(2)根据剪切工件的厚度，调整好刀头间隙量。表2-1为钢板厚度与刀头间隙量的关系，供调节时参考。

表2-1　钢板厚度与刀头间隙量　　mm

钢板厚	0.8	1	1.5	2
刀头间隙量	0.15	0.2	0.3	0.6～0.7

(3)使用前在往复运动部分添加润滑油。打开开关后，应空转1min，以使电动机达到额定转速。严禁带负荷启动。

(4)剪切时不能用力过猛，应平稳缓慢地向前推进，同时使电剪刀与切割面保持一定角度。

(5)剪刀片的拆装与间隙量调整。首先拔下电源插头，用内六角扳手取下固定上、下刀片的六角螺栓和螺母。将两片剪刀片各旋转90°，使刀片未磨损部分转到剪切面上，或换上新刀片。先装上剪刀片，用内六角扳手拧紧固定上剪刀片的六角螺栓和螺母。装好剪刀片后要检查上剪刀片与刀片夹之间是否紧密。

(6)上下剪刀片装好后要调节上下剪刀片的空隙。调节时，上剪刀片应处于较低的位置。首先稍微松动固定下剪刀片的六角螺母，按加工工件规定的间隙选择厚度尺(塞规)的厚度，然后将塞规插入间隙，调节下剪刀片上的六角螺母，以调节间隙，直至塞规不能移动为止。再拧紧固定下剪刀片的六角螺母。

4. 注意事项

(1)工作前应检查所有安全装置，确认无误，方可使用。

(2)使用前要调整好上下机具刀刃的横向间隙，刀刃的间隙是根据剪切板的厚度确定的，一般为厚度的7%左右。在刀杆处于最高位置时，上下刀刃仍有搭接，上刀刃斜面最高点应大于剪切板的厚度。

(3)要注意电动剪刀的维护,经常在往复运动中加注润滑油,如发现上下刀刃磨损或损坏,应及时修磨或更换,工具在使用完后应揩净,放在干燥处存放。

(4)使用过程中如有异常响声等,应停机检查。

(5)操作中不得用力过猛,遇到转速急剧下降时,应立即减小推力,防止过载。电剪刀突然停止运动,必须先拔下电源插头,再进行检修。

(6)剪切比较厚的板材时,必须将工件固定在工作台上,使工件不能移动。

三、手电钻

手电钻,是装饰装修作业中最常用的电动工具。它对金属、塑料、木材等进行钻孔作业。根据使用电源种类的不同,手电钻有单相串激电钻、直流电钻、三相交流电钻等,近年来更发展了可变速、可逆转或充电电钻。在形式上,也有直头、弯头、双侧手柄、枪柄、后托架、环柄等多种形式。如图 2-13 所示。

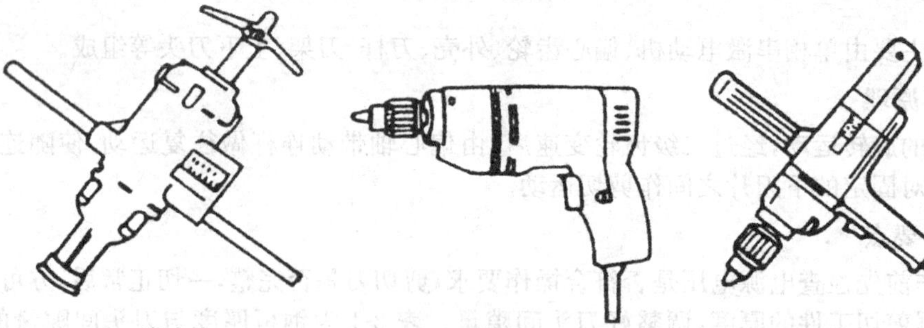

图 2-13　手电钻

1. 构造

手电钻结构简单,一般为单相电机直接带动钻卡头。直流电钻则配置电池盒。

2. 使用要点

(1)手电钻应在标准规定的环境条件下使用。

(2)使用前,检查电钻各部零件完好情况,特别是绝缘情况。电线、插头完好,钻头直径要与电钻钻孔能力相符。

(3)操作时,平稳进给,不得用力过猛过大。如遇钻机难以钻进或较大震动,立即停钻,退出钻孔检查。

(4)按使用说明书,定期保养,保持完好。

四、手提式电刨

手提式电刨,是用于刨削木材表面的专用工具。体积小,效率高,比手工刨削提高工效十倍以上。同时刨削质量也容易保证,携带方便。如图 2-14 所示。

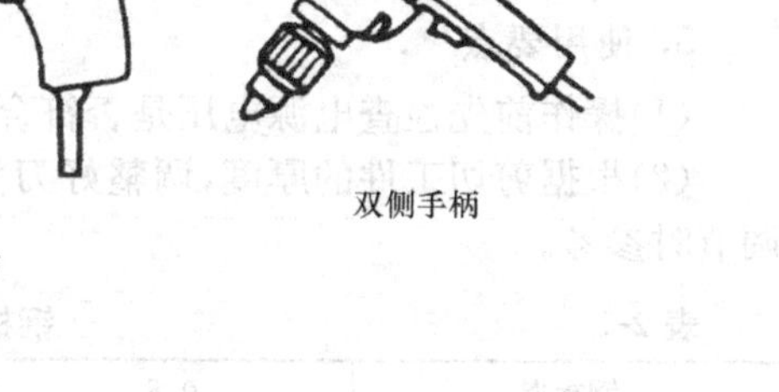

图 2-14　手提式电刨

1. 构造

手提式电刨由电机、刨刀、刨刀调整装置和护板等组成。

2. 使用要点

(1)使用前,要检查电刨的电绝缘情况,零部件是否完好,确认没有问题后,方可投入使用;

(2)根据电刨性能,调节刨削深度,提高效率和质量;

(3)双手前后握刨,推刨时平稳均匀地向前移动,刨到端头时应将刨身提起,以免损坏刨好的工作面。

(4)刨刀片用钝后即卸下重磨或更换。

(5)按使用说明书及时进行保养与维修,延长电刨使用寿命。

五、地板刨平机和磨光机

地板刨平机,用于木地板表面粗加工,保证安装的地板表面初步达到平整,如图 2-15 所示。地板磨光机是进一步磨光和装饰的机具,如图 2-16 所示。

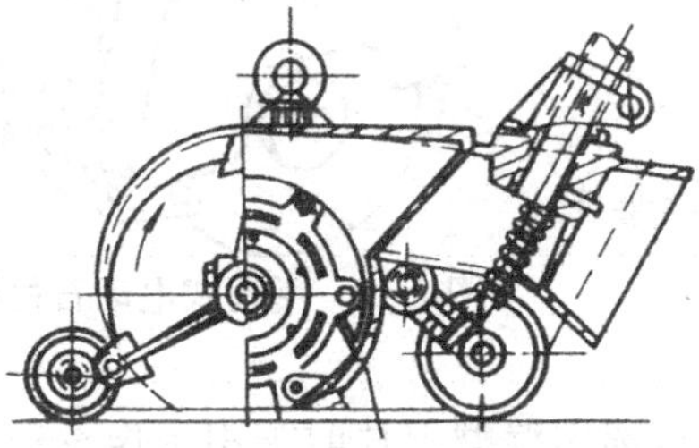

图 2-15 地板刨平机

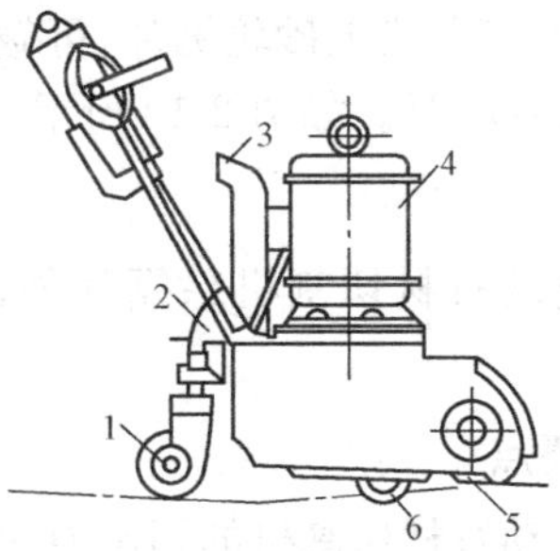

图 2-16 地板磨光机

1—后滚轮;2—托座;3—排泄管;4—电动机;5—磨削滚筒;6—前滚轮

1. 构造

地板刨平机和磨光机分别由电动机、刨刀滚筒、磨削滚筒、刨刀、机架等部分组成。

2. 使用要点

(1)使用前要检查机械各部紧固润滑等情况,尤其是工作机构滚筒、刨刀完好情况,保证刨刀完好锋利。

(2)刨平工作一般分两次进行,即顺刨和横刨。第一次刨削厚度 2~3mm,第二次刨削为 0.5~1mm左右。

(3)操作磨光机要平稳,速度均匀。高级硬木地板磨光时,先用带粗砂纸的磨光机打磨,后用较细的砂纸磨削,最后用盘式磨光机研磨。机械难以磨削的作业面,应使用手持磨光机进行打磨。

(4)工作结束后,要切断电源,及时擦拭保养机具。

六、石材切割机

石材切割机,用于切割大理石、花岗石等板材。小型切割机放置在板材粘贴现场,根据安装尺寸要求,随时切割半成品板、条料。较大型切割机,一般安装在室外,可以切割大块材料。如图2-17所示。

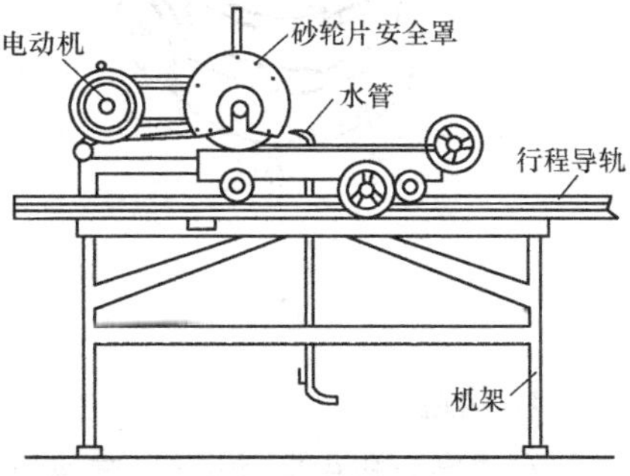

图 2-17 固定石材切割机

1. 构造

石材切割机由电动机、传动机构、切割头(锯片)和机架等部分组成。板材固定在移动平台上，通过自动或手动，达到板材平动，完成切割。

大块板材切割时，则把板材固定，切割机头平移切割。

2. 使用要点

(1)使用前，要检查机械各部完好情况，尤其是电气绝缘情况，因为切割时要用水冷却锯片，周围潮湿，必须绝缘良好。

(2)切割开始时，首先打开冷却水管，并保证水源不中断。

(3)随时注意切割口情况和板材紧固情况。

(4)工作结束后，对机器进行清扫保养。

七、手提电动石材切割机

手提式电动石材切割机，适用于瓷片、瓷板及水磨石、大理石等板材的切割，换上砂轮锯片，可做其他材料的切割，是装饰作业的常用机具。如图 2-18 所示。

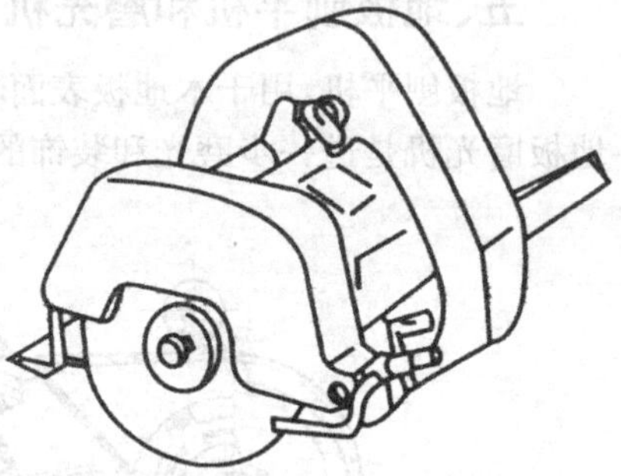

图 2-18　手提式电动石材切割机

1. 构造

手提式电动石材切割机除锯片外，其构造与电锯基本相同。

2. 使用要点

手提式电动石材切割机的切割刀片分为干湿两种，选用湿型刀片时需用水作冷却剂，为此，在切割工作开始前，要先接通水管，给水到刀口后才能按下开关，并匀速推进切割。

八、磨石机

磨石机，是修整石材地面的主要机械。根据不同的作业对象和要求，使用多种不同型式的磨石机，其中，盘式机主要用于大面积水磨石地面的磨平和磨光；小型侧卧式主要用于踢脚、踏步等小面积地方；手提式则对较难施工的角落等处磨光。如图 2-19 所示。

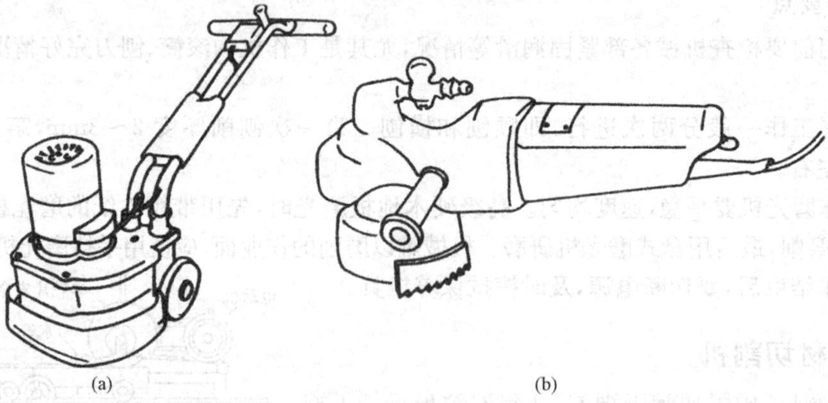

图 2-19　磨石机

(a)双盘式；(b)手提式

1. 构造

盘式磨石机由驱动电机、减速机构、转盘和机架组成。转盘转动时，磨石随转盘旋转，给水管喷注清水进行助磨和冷却，完成地面磨光作业。

2. 使用要点

(1)水磨石最佳磨削时机是当混凝土强度达到设计强度的 70%～80%时，当强度达到 100%时，虽能正常有效工作，但磨盘寿命会有所降低。

(2)使用前，要检查各紧固件是否牢固，并用木槌轻击砂轮，应发出清脆声音，表明砂轮无裂纹，方能使用。

(3)接通电源、水源，检查磨盘旋转方向应与箭头所示方向相同。

(4)手压扶把，使磨盘离开地面后起动电机，待运转正常后，缓慢地放下磨盘进行作业。

(5)作业时必须有冷却水并经常通水，用水量可调至工作面不发干为宜。

(6)更换新磨块应先在废水磨石地坪上或废水泥制品表面先磨 1～2h，待金刚石切削刃磨出后再投入工作面作业，否则会有打掉石子现象。

九、电动打蜡机

电动打蜡机，用于木地板，石材或锦面地板的表面打蜡。它由电机、圆盘棕刷(或其他材料)、机壳等部分组成。工作开关安装在执手柄上，使用时靠把手的倾、抬来调节转动方向。如图2-20所示。

地板打蜡分三遍进行，首先是去除地板污垢，用拖布擦洗干净，干透；接着上一遍蜡，用抹布把蜡均匀涂在地板上，并让其吃透；稍干后，用打蜡机来回擦拭，直至蜡涂后均匀、光亮。

意大利马首牌电动打蜡机(手提式)性能为：输入功率 800～1200W；无负载转速 1800～3000rpm；规格 ϕ170mm。

图 2-20　电动打蜡机

十、磨腻子机

磨腻子机，以电动或压缩空气作动力。如图 2-21 所示。

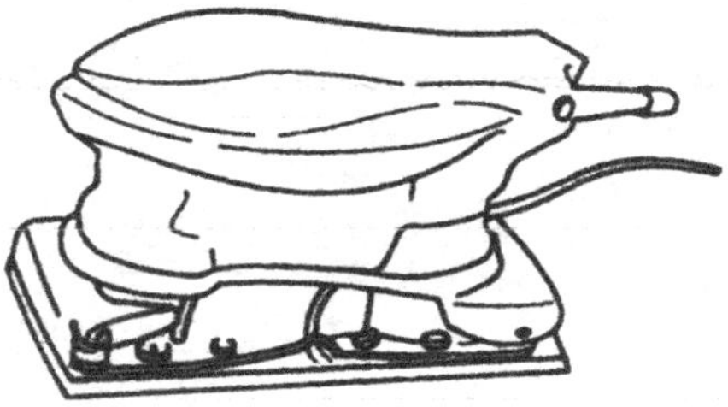

图 2-21　磨腻子机

适用于木器等行业产品外表腻子、涂料的磨光作业。特别适宜用于水磨作业。将绒布代替砂布则可进行抛光、打蜡作业。

1. 构造

当压下上盖时气门即开启，压缩空气经气门时入底座内腔，推动腔内钢球沿导轨做高速圆周运动，产生离心力，带动底座作平面有规则高速运动。底座下部装有由夹板夹持住的砂布，因而产生磨削效果。

2. 技术性能

磨削压力 20～50N；使用气压 0.5MPa；空载耗气量 0.24m^3/min；机重 0.70kg；气管内径

8mm;体积(长×宽×高):166mm×110mm×97mm(N07 型)。

十一、打砂纸机

打砂纸机,用于对高级木装饰表面进行磨光作业。以电力和压缩空气作动力,由马达带动砂布转动,使工件表面达到磨削效果。如图 2-22 所示。

砂纸机已经形成系列产品,机底座有不同规格,砂带宽度从 28mm 到 120mm,砂纸速度从 350～1000m/min,并配有吸尘装置,可以适应不同砂磨要求。

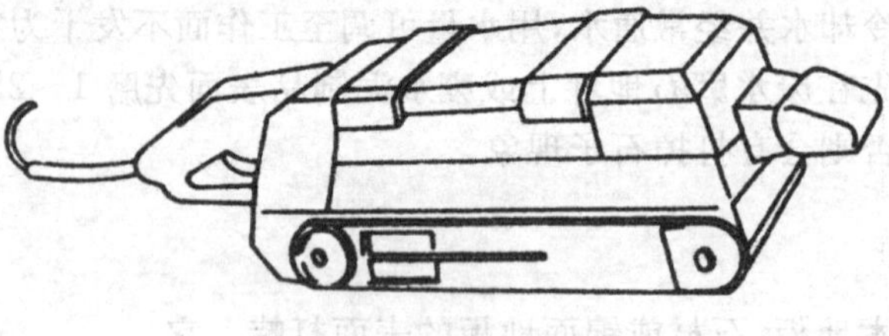

图 2-22　打砂纸机

本章思考重点

1. 简述空气压缩机的使用方法?
2. 射钉枪是如何使用的?
3. 喷枪按应用范围分有哪几类?
4. 电锯的使用方法有哪些?
5. 手电钻的使用要点是什么?
6. 电刨是如何使用的?
7. 磨石机是如何使用的?

第三章　装饰装修材料知识

第一节　木材类装饰材料

一、木材基本知识

1. 树木的特征和用途

我国的树木有7000多种，分为灌木和乔木两大类。按树叶的形状和大小不同，乔木通常分为针叶树和阔叶树两大类。针叶树的叶呈针形，平行叶脉，树干长直高大，纹理通直，一般材质较轻软，容易加工。阔叶树的叶呈大小不同片状，网状叶脉，大部分材质较硬，经刨削加工后表面有光泽，纹理美丽、耐磨。目前，木材在建筑工程中主要用于建筑装饰装修。

2. 木材的缺点

(1)虫眼。新砍伐的树木受到昆虫的蛀蚀而形成的孔眼，叫做虫眼。虫眼分为大虫眼、小虫眼、表皮虫沟三类。

1)大虫眼，指虫孔的最小直径在3mm以上的虫眼。

2)小虫眼，指虫孔的最小直径不足3mm的虫眼。

3)表皮虫沟，指昆虫蛀蚀木材的深度不足1cm的虫沟或虫害。

虫害不仅给树木和木材带来病害，影响木材的装饰性，而且降低木材的强度，因此必须加以防治。

(2)节子。由树干上的枯枝条或活枝条在树干长出处形成的，叫做节子，又名木节。根据节子质地及其与周围木材相结合的程度，分为漏节、活节、死节等。

1)漏节本身的木质构造已大部分破坏，而且已深入树干内部，和树干内部腐朽相连。

2)活节与周围木材全部紧密相连，质地坚硬，构造正常。严格地讲，活节实际不能称为木材的缺陷，它使木材纹理复杂，形成千变万化的花纹，如旋形、波浪形、皱纹形、山峰形、鸟归形，给建筑装饰装修带来特殊的效果。

3)死节与周围木材部分脱离或完全脱离，质地有的坚硬(死硬节)，有的松软(松软节)，有的本身已开始腐朽，但没有透入树干内部(腐朽节)。死节在板材中往往脱落而形成空洞。

节子会给木材加工带为困难，如锯材时遇到节子，进料速度要放慢，不然会损坏锯齿。节子会使局部木材形成斜纹，加工后材面不光滑，易起毛刺或劈楼，影响装饰木制品的美观。此外，节子还破坏木材的均匀性，降低强度。

(3)裂纹。因外力、温度、湿度的改变，使得木材纤维之间发生脱离的现象，叫做裂纹。根据开裂方向和开裂部位不同，分为干裂、轮裂、径裂等。

1)干裂，由于木材干燥不匀而引起的裂纹。一般都分布在木材身上，在断面上分布的亦与材身上分布的外露裂纹相连，一般统称为纵裂。

2)轮裂，在木材断面沿年轮方向开裂的裂纹。轮裂有成整圈的(环裂)和不成整圈的(弧裂)两种。

3)径裂，是在木材断面内部，沿半径方向开裂的裂纹。

(4)腐朽。受腐朽菌的侵蚀，使木材的颜色和结构发生了变化，严重时使木材变得松软，易碎，最后变成了干的或湿的软块，称之为腐朽。腐朽为外部腐朽和内部腐朽。

1)外部腐朽。分布在树干的外围，大多是由于伐倒木或枯立木受腐朽菌侵蚀而形成的。

2)内部腐朽。分布在树干内部，大多是由于立木受腐朽菌的侵蚀而形成。

初期腐朽对材质影响较小。腐朽后期，不但对材色、外形等装饰性有所改变，而且对木材的强度、硬度等有很大降低。因此，在承重结构中不允许采用带腐朽的木材。

(5)斜纹。斜纹即木材中由于纤维排列得不正常而出现的纵向倾斜纹。在圆木中斜纹呈螺旋状的扭转，在圆材的横断面上，纹理呈倾斜状。斜纹也可能人为所致。如由于下锯方法不正确，把原来为通直的纹理和年轮切断，通直的树干也会锯出斜纹来。人为斜纹与干材纵轴所构成的角度愈大，则木材强度也降低得愈多，因此在高级用材中对人为斜纹必须严格限制。

二、木材性能

1. 木材的含水率

(1)含水率的计算。木材中水分的重量与全干木材重量的百分比，称为木材含水率，按下式计算：

$$木材含水率=\frac{原材重-全干材重}{全干材重}\times 100\%$$

木材含水率测定方法是：锯取一块试样，锯下后立即称出重量，称为原材重，然后将试样放入烘箱中，先在低温下烘，逐步使温度上升到(100±5)℃，在试样烘干过程中每隔一定时间称它的重量，到最后连续两次所称得的重量相差很小，即认为达到恒重，称为全干材重。

木材中水分的多少，对于木材的密度、强度、干缩、湿胀、耐久性、燃烧值、液力渗透性、热和电的传导性等关系很大，在木材利用上须特别注意。木材的含水状态分为以下三种：自由水：存在于细胞间隙中的毛细管中的水分；吸附水：包含在细胞壁中的吸着水；化合水：构成细胞的化学成分的水。木材中的水分主要是自由水和吸附水，化合水的含量非常少。

木材的含水率是指木材所含水的重量与木材重量之比，用百分率(%)表示。其表示方法有四种：绝对含水率、相对含水率、平衡含水率、纤维饱和点含水量。

(2)绝对含水率。绝对含水率是指木材所含水的重量与木材的干燥(恒重)重量之比，称为绝对含水率。即：

$$W_j=\frac{G_q-G_h}{G_h}\times 100\%$$

式中 W_j——木材绝对含水率；

G_q——木材的湿重量(g)；

G_h——木材的干燥(恒重)重量(g)。

(3)相对含水率。相对含水率是指木材所含水的重量与木材湿重量之比，称为相对含水率。即：

$$W_x=\frac{G_q-G_h}{G_h}\times 100\%$$

式中 W_x——木材相对含水率；

G_q——木材的湿重量(g)；

G_h——木材的干燥(恒重)重量(g)。

(4)平衡含水率。潮湿的木材，会在干燥的空气中失去水分，木材蒸发水分的现象称为解湿，干燥的木材也会在空气中吸收水分，木材自外界吸收水分的现象称为吸湿。

当木材的含水率与空气的相对湿度已达到平衡而不再变化时，即不吸收水分，也不散去水分，此时木材的含水率称为平衡含水率。木材平衡含水率随着各地区、各个季节温度和相对湿度的变化而变化。木材平衡含水率与空气的相对湿度关系，见图 3-1 所示。我国平衡含水率平均为 15%(北方为 12%，南方为 18%)。

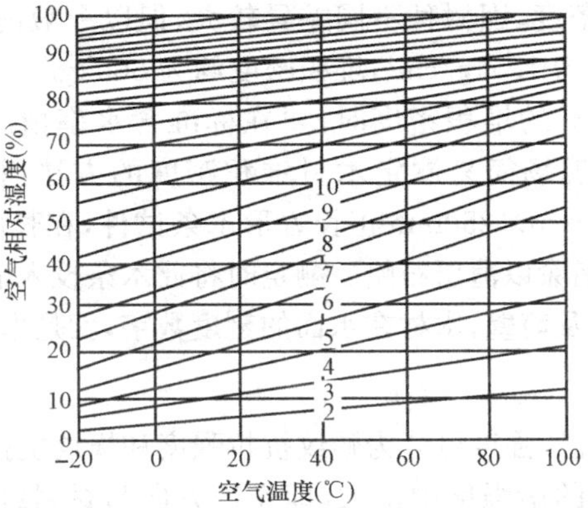

图 3-1　木材的平衡含水率

(5)纤维饱和点含水量。潮湿木材的干燥过程中，首先蒸发的是自由水，当自由水蒸发完毕而吸附水尚处于饱和状态时，或干材吸收水分后细胞壁中的吸附水达到饱和状态，这种吸附水的饱和状态，称为纤维饱和点，此时的含水量，称为纤维饱和点含水量(即吸附水的最大值)。由于木材品种不同，纤维饱和点含水量一般为 23%～33%。木材纤维饱和点是所有木材材性变化的转折点。若木材含水量在纤维饱和点以上，即使含水量改变，也不会影响木材的强度，因为当含水量超过纤维饱和点，细胞腔内水分的变化与细胞壁无关。当含水量在纤维饱和点以下，其强度随含水量减少而增加，这主要是由于水分减少、细胞壁物质变干而紧密，因而强度提高。反之，细胞壁物质软化、膨胀而松散，因而强度降低。

(6)木材的干缩与湿胀。木材干燥时，其尺寸、体积缩小，叫干缩；木材吸收水分时，其尺寸、体积增大，叫湿胀。木材的干缩与湿胀并不是在任何条件下都会产生，而是在纤维饱和点以下，水分的减少，木材逐渐收缩，一直到木材中的水分为零时，才不再收缩，这时木材体积最小；相反，木材吸收水分的增加，体积逐渐增大，一直到纤维饱和点才不再膨胀，这时木材体积最大，过了纤维饱和点，即使水分再增加，木材尺寸体积也不再变大，只能引起木材重量的增加。

木材的干缩和湿胀，因材种不同而异，即是一块木材也有纵向和横向胀缩的区别。横向又有径向和弦向之分。木材的纵向干缩最小(约为 0.1%)，可以忽略不计；弦向干缩大(约为 6%～12%)；径向干缩小(约为 3%～6%)。一般径向干缩为弦向干缩的 1/3～1/2。

木材干缩的差异，主要是因为木材是由许多细长的细胞组成。当细胞干缩时，其长度的缩短远不如截面的变细影响大。

木材的湿胀同干缩一样，纵向湿胀最小，弦向最大，径向次之。在水中纵向湿胀为 0.1%～0.8%，径向为 3%～5%，弦向为 6%～13%。

2. 木材的密度

(1)密度是指物质单位体积的质量。

(2)表观密度是指材料在自然状态下,单位体积的质量。木材单位体积的质量称为木材表观密度(过去称为容重)。由于木材含有的水分不同,表观密度差别很大。通常以含水率为15%的表观密度为标准。表观密度大的木材,它的细胞壁厚,孔隙小,组织致密,强度高;表观密度小的木材则细胞壁薄,孔隙大,组织疏稀,强度低。

(3)木材密度是指木材在绝对干燥状态下,单位体积的重量;木材堆积密度是指木材在自然状态下单位体积的重量。

(4)木材的密度和堆积密度,因树种不同差异较大,但以一般的针叶树和阔叶树计算,约为1.499~1.564g/cm^3,平均值为1.54g/cm^3,堆积密度约为500kg/m^3。堆积密度的大小与木材的种类和含水率有关,确定木材的堆积密度时,要在标准含水率情况下进行。当木材含水率为15%时,称为标准含水率。现场简易测定木材堆积密度的方法:将预测的木材制成10mm×10mm×90mm或45mm×45mm×250mm正长方形木条试件,在长的方向上分刻成相等的十等分及其以下的划分,木材周围涂以薄层石蜡。测定时将此木条投入适量的盛水的量筒内,使木材条能自然在水中浮漂而不触及筒壁,木材在水面的刻度数字,就是木材的堆积密度。

3. 木材的强度指标

(1)抗拉强度。木材的抗拉强度可分为顺纹抗拉强度和横纹抗拉强度。

1)顺纹抗拉强度在木材的诸强度中最大,即作用方向与材料纤维方向平行时的抗拉强度。当受拉破坏时,木材纤维往往未拉断,而只能产生纤维的撕裂和连接的破坏。

木材顺纹抗拉强度(当含水率为W%时)按下式计算,精确至0.1MPa。

$$\sigma_W=\frac{P}{ab}$$

式中 P——试样最大荷载(N);
a——试样厚度(mm);
b——试样宽度(mm)。

木材顺纹抗拉强度(σ_W),按下式换算为含水率15%时的抗拉强度(σ_{15})精确至0.1MPa。

$$\sigma_{15}=\sigma_W[1+0.015(W-15)]$$

2)横纹抗拉强度即拉力方向与木材纤维方向垂直时的强度。横纹拉力的破坏,主要是木材纤维细胞连接的破坏。横纹抗拉强度为顺纹抗拉强度的2%~5%,因此使用时应尽量避免木材横纹受拉。

(2)抗压强度。木材的抗压强度可分为顺纹抗压强度和横纹抗压强度。

1)顺纹抗压强度:即作用力(压力)的方向与木材纤维方向垂直时的抗压强度[图3-2(a)]。木材顺纹抗压强度是木材各种力学性质中的基本指标。这类受力在工程中使用最广,如柱、桩、桁架中的承重杆等。试样含水率为W%,木材顺纹抗压强度(σ_W)按下式计算,精确至0.1MPa。

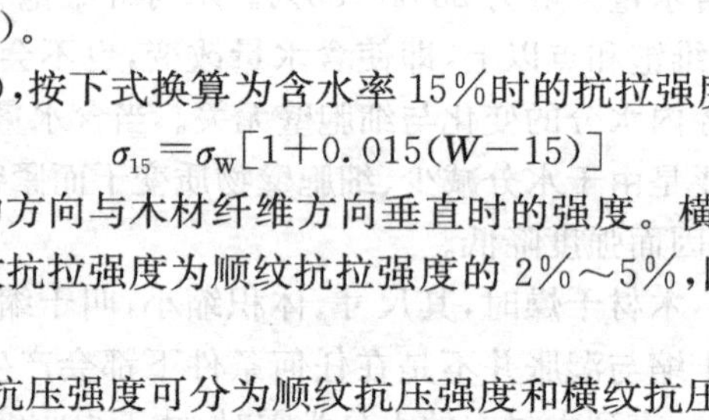

图3-2 木材受压示意图

(a)顺纹受压;(b)横纹径向受压;(c)横纹弦向受压

$$\sigma_W=\frac{P}{ab}$$

式中　P——试样最大荷载(N)；

a——试样厚度(mm)；

b——试样宽度(mm)。

木材顺纹抗压强度(σ_W)，按下式换算为含水率15%时的强度σ_{15}，精确至0.1MPa。

$$\sigma_{15}=\sigma_W[1+0.015(W-15)]$$

2)横纹抗压强度：即作用力与木材纤维方向垂直时的抗压强度。横纹抗压强度可分为径向与弦向两种[图3-2(b)、(c)]。当作用力与年轮垂直时，则为径向横纹抗压。当作用力与年轮相切时，为弦向横纹抗压。顺纹抗压强度比横纹抗压强度大，而横纹中径向抗压强度最小。

3)木材剪切强度。木材的剪切强度分为顺纹剪切强度、横纹剪切强度和纵纹剪切强度三种(图3-3)。

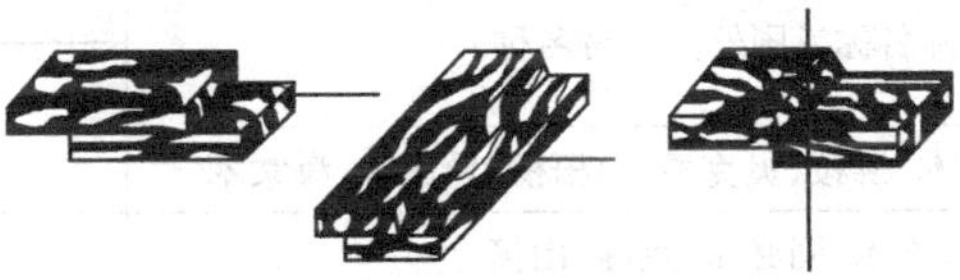

图3-3　木材的剪切

(a)顺纹剪切；(b)纵纹剪切；(c)横纹剪切

顺纹剪切即剪切方向与纤维方向垂直，而剪切面与纤维方向平行。横纹剪切即剪切方向与纤维方向垂直，其剪切面与纤维方向也垂直。纵纹剪切即剪切方向与纤维方向平行，而剪切面也与纤维方向平行。

4)木材抗剪强度。在建筑工程中木材常用于受弯构件，如梁、板、桁架等。木材受弯曲时产生复杂的应力。在梁的上部引起顺纹压力，在下部则为顺纹拉力，而在水平面和垂直面中则有剪切力，两个端部又承受横纹抗压。一般用20mm×20mm×300mm无疵点的木材作为标准试件进行抗弯试验。木材抗弯强度的大小与含水率及木材本身缺陷等因素有关。一般规定以含水率为15%时的强度作为标准，其他含水率时的强度应换算成含水率为15%时的强度；木材中的木节、斜纹等疵点对抗弯强度影响很大。所以，有纵向裂纹的木材不能作梁使用。

试样含水率为W%时的抗弯强度σ_W按下式计算，精确至0.1MPa。

$$\sigma_W=\frac{Pl}{bh^2}$$

式中　P——最大荷载(N)；

l——支座间跨距240mm；

b——试样宽度(mm)；

h——试样高度(mm)。

木材抗弯强度σ_W，按下式换算为含水率15%时的强度σ_{15}，精确至0.1MPa。

$$\sigma_{15}=\sigma_W[1+0.04(W-15)]$$

三、人造木质板材

1. 普通胶合板

胶合板用胶粘贴椴、杨、松、桦等木材单板而成。由奇数层薄片组成，故称之为多层板(或多夹板)，如:三合板、五合板、七合板、九厘板等。胶合板的特点是板材幅面大，易于加工，板材的纵向与横向抗拉强度和抗剪强度均匀，适应性强，板面平整，收缩性小，避免了木材的开裂、翘曲等缺陷，木材利用率高，常用于建筑室内及家具装饰的饰面和隔断材料。胶合板是目前用量较多，使用较广的人造板材之一。

(1)分类。普通胶合板分为三类。

1)Ⅰ类胶合板，即耐气候胶合板，供室外条件下使用，能通过煮沸试验。

2)Ⅱ类胶合板，即耐水胶合板，供潮湿条件下使用，能通过 63±3℃热水浸渍试验。

3)Ⅲ类胶合板，即不耐潮胶合板，供干燥条件下使用，能通过干状试验。

(2)物理力学性能。

1)各类胶合板的胶合强度指标值应符合表 3-1 的规定。

表 3-1　　胶合板的胶合强度指标值　　MPa

树种名称或木材名称或国外商品材名称	类别	
	Ⅰ、Ⅱ类	Ⅲ类
椴木、杨木、拟赤杨、泡桐、橡胶木、柳桉、奥克榄、白梧桐、异翅香、海棠木	≥0.70	≥0.70
水曲柳、荷木、枫香、槭木、榆木、柞木、阿必东、克隆、山樟	≥0.80	
桦木	≥1.00	
马尾松、云南松、落叶松、云杉、辐射松	≥0.80	

2)胶合板出厂时的含水率应符合表 3-2 的规定。

表 3-2　　胶合板出厂时的含水率值　　%

胶合板材种	Ⅰ、Ⅱ类	Ⅲ类
阔叶材料(含热带阔叶树材)	6～14	6～16
针叶树材		

(3)允许缺陷。

1)以针叶树材单板为表板的各等级普通胶合板外观分等的允许缺陷，见表 3-3。

表 3-3　　针叶树材普通胶合板外观分等的允许缺陷

缺陷种类		检量项目	面板			背板
			胶合板等级			
			优等品	一等品	合格品	
(1)针节		—	允许			
(2)	活节、半活节、死节	每平方米板面上总个数	5	8	10	不限
	活节	最大单个直径/mm	20	30(自 10 以下不计)	不限	
	半活节、死节	最大单个直径/mm	不允许	5	30(自 10 以下不计)	不限
(3)木材异常结构		—	允许			
(4)夹皮、树脂道		每平方米板面上个数	3	4 (自 10 以下不计)	10 (自 15 以下不计)	不限
		单个最大长度/mm	15	30	不限	

（续一）

缺陷种类	检量项目	面板			背板
		胶合板等级			
		优等品	一等品	合格品	
(5)裂缝	单个最大宽度/mm	不允许	1	2	6
	单个最大长度/mm		100	400	1000
(6)虫孔、排钉孔孔洞	最大单个直径/mm	不允许	2	6	15
	每平方米板面上个数		4	10(自3以下不计)	不呈筛孔状不限
(7)变色	不超过板面积/%	不允许	浅色10	不限	
(8)腐朽	—	不允许		允许有不影响强度的初腐象征，但面积不超过板面积的1%	允许有初腐
(9)树脂漏(树脂条)	单个最大长度/mm	不允许	150	不限	
	单个最大宽度/mm		10		
	每平方米板面上个数		4		
(10)表板拼接离缝	单个最大宽度/mm	不允许	0.5	1	2
	单个最大长度为板长/%		10	30	50
	每米板宽内条数		1	2	不限
(11)表板叠层	单个最大宽度/mm	不允许		2	10
	单个最大长度为板长/%			20	不限
(12)芯板叠离	紧贴表板的芯板叠离 单个最大宽度/mm	不允许	2	4	10
	紧贴表板的芯板叠离 每米板宽内条数		2	不限	
	其他各层离缝的最大宽度/mm		10		—
(13)长中板叠离	单个最大宽度/mm	不允许	10		—
(14)鼓泡、分层	—	不允许			—
(15)凹陷、压痕、鼓包	单个最大面积/mm^2	不允许	50	400	不限
	每平方米板面上个数		2	6	
(16)毛刺沟痕	不超过板面积/%	不允许	5	20	不限
	深度不得超过/mm		0.5	不允许穿透	
(17)表板砂透	每平方米板面上/mm^2	不允许		400	不限
(18)透胶及其他人为污染	不超过板面积/%	不允许	1	不限	

（续二）

缺陷种类	检量项目	面板 胶合板等级 优等品	一等品	合格品	背板
(19)补片、补条	允许制作适当且填补牢固的,每平方米板面上个数	不允许	6	不限	
	累计面积不超过板面积/%		1	5	不限
	缝隙不得超过/mm		0.5	1	2
(20)内含铝质书钉	—	不允许			
(21)板边缺损	自公称幅面内不得超过/mm	不允许		10	
(22)其他缺陷	—	不允许	按最类似缺陷考虑		

2)以阔叶树材单板为表板的各等级普通胶合板外观分等的允许缺陷,见表 3-4。

表 3-4 阔叶树材普通胶合板外观分等的允许缺陷

缺陷种类	检量项目	面板 胶合板等级 优等品	一等品	合格品	背板
(1)针节	—	允许			
(2)活节	最大单个直径/mm	10	20	不限	
(3) 半活节、死节、夹皮	每平方米板面上总个数	不允许	4	6	不限
(3) 半活节	最大单个直径/mm	不允许	15 （自 5 以下不计）	不限	
(3) 死节	最大单个直径/mm	不允许	4 （自 2 以下不计）	15	不限
(3) 夹皮	单个最大长度/mm	不允许	20 （自 5 以下不计）	不限	
(4)木材异常结构	—	允许			
(5)裂缝	单个最大宽度/mm	不允许	1.5 椴木 0.5	3 椴木 1.5 南方材 4	6
	单个最大长度/mm		200 南方材 250	400 南方材 450	800 南方材 1000
(6)虫孔、排钉孔、孔洞	最大单个直径/mm	不允许	4	8	15
	每平方米板面上个数		4	不呈筛状不限	

（续）

缺陷种类	检量项目	面板 胶合板等级 优等品	一等品	合格品	背板
(7)变色	不超过板面积/%	不允许	30	不限	
		注:1. 浅色斑条按变色计。 2. 一等品板深色斑条宽度不得超过 2mm,长度不得超过20mm。 3. 桦木除优等品板外,允许有伪心材,但一等品板的色泽应调和。 4. 桦木一等品板不允许有密集的褐色或黑色髓斑。 5. 优等品和一等品板的异色边心材按变色计			
(8)腐朽	—	不允许		允许有不影响强度的初腐象征,但面积不超过板面的1%	允许有初腐
(9)表板拼接离缝	单个最大宽度/mm	不允许	0.5	1	2
	单个最大长度为板长/%		10	30	50
	每米板宽内条数		1	2	不限
(10)表板叠层	单个最大宽度/mm	不允许		8	10
	单个最大长度为板长/%			20	不限
(11)芯板叠离	紧贴表板的芯板叠离 单个最大宽度/mm	不允许	2	8	10
	紧贴表板的芯板叠离 每米板宽内条数		2	不限	
	其他各层离缝的最大宽度/mm		10		—
(12)长中板叠离	单个最大宽度/mm	不允许	10		—
(13)鼓泡、分层	—	不允许			—
(14)凹陷、压痕、鼓包	单个最大面积/mm^2	不允许	50	400	不限
	每平方米板面上个数		1	4	
(15)毛刺沟痕	不超过板面积/%	不允许	1	20	不限
	深度不得超过/mm		0.2	不允许穿透	
(16)表板砂透	每平方米板面上/mm^2	不允许		400	不限
(17)透胶及其他人为污染	不超过板面积/%	不允许	0.5	30	不限
(18)补片、补条	允许制作适当且填补牢固的,每平方米板面上的数	不允许	3	不限	不限
	累计面积不超过板面积/%		0.5	3	
	缝隙不得超过/mm		0.5	1	
(19)内含铝质书钉	—	不允许			2
(20)板边缺损	自公称幅面内不得超过/mm	不允许		10	
(21)其他缺陷	—	不允许	按最类似缺陷考虑		

3）以热带阔叶树材（指橡胶木、柳桉、奥克榄、白梧桐、异翅香、海棠木、阿必东、克隆、山樟等）单板为表板的各等级普通胶合板外观分等的允许缺陷，见表3-5。

表3-5　　热带阔叶树材普通胶合板外观分等的允许缺陷

<table>
<tr><th colspan="2" rowspan="3">缺陷种类</th><th rowspan="3">检量项目</th><th colspan="3">面　板</th><th rowspan="3">背板</th></tr>
<tr><th colspan="3">胶合板等级</th></tr>
<tr><th>优等品</th><th>一等品</th><th>合格品</th></tr>
<tr><td colspan="2">（1）针节</td><td>—</td><td colspan="4">允许</td></tr>
<tr><td colspan="2">（2）活节</td><td>最大单个直径/mm</td><td>10</td><td>20</td><td colspan="2">不限</td></tr>
<tr><td rowspan="3">（3）</td><td>半活节、死节</td><td>每平方米板面上个数</td><td rowspan="3">不允许</td><td>3</td><td>5</td><td>不限</td></tr>
<tr><td>半活节</td><td>最大单个直径/mm</td><td>10
（自5以下不计）</td><td colspan="2">不限</td></tr>
<tr><td>死节</td><td>最大单个直径/mm</td><td>4
（自2以下不计）</td><td>15</td><td>不限</td></tr>
<tr><td colspan="2">（4）木材异常结构</td><td>—</td><td colspan="4">允许</td></tr>
<tr><td colspan="2" rowspan="2">（5）裂缝</td><td>单个最大宽度/mm</td><td rowspan="2">不允许</td><td>1.5</td><td>2</td><td>6</td></tr>
<tr><td>单个最大长度/mm</td><td>250</td><td>350</td><td>800</td></tr>
<tr><td colspan="2" rowspan="2">（6）夹皮</td><td>每平方米板面上总个数</td><td rowspan="2">不允许</td><td>2</td><td>4</td><td>不限</td></tr>
<tr><td>单个最大长度/mm</td><td>10
（自5以下不计）</td><td colspan="2">不限</td></tr>
<tr><td rowspan="4">（7）蛀虫造成的缺陷</td><td rowspan="2">虫孔</td><td>每平方米板面上个数</td><td rowspan="4">不允许</td><td>8
（自1.5以下不计）</td><td colspan="2" rowspan="4">不允许呈筛孔状</td></tr>
<tr><td>单个最大直径/mm</td><td>2</td></tr>
<tr><td rowspan="2">虫道</td><td>每平方米板面上个数</td><td>2</td></tr>
<tr><td>单个最大长度/mm</td><td>10</td></tr>
<tr><td colspan="2" rowspan="2">（8）排钉孔、孔洞</td><td>单个最大直径/mm</td><td rowspan="2">不允许</td><td>2</td><td>8</td><td>15</td></tr>
<tr><td>每平方米板面上个数</td><td>1</td><td colspan="2">不限</td></tr>
<tr><td colspan="2">（9）变色</td><td>不超过板面积/%</td><td>不允许</td><td>5</td><td colspan="2">不限</td></tr>
<tr><td colspan="2">（10）腐朽</td><td>—</td><td colspan="2">不允许</td><td>允许有不影响强度的初腐现象，但面积不超过板面积的1%</td><td>允许有初腐</td></tr>
<tr><td colspan="2" rowspan="3">（11）表板拼接离缝</td><td>单个最大宽度/mm</td><td colspan="2" rowspan="3">不允许</td><td>1</td><td>2</td></tr>
<tr><td>单个最大长度，相对于板长的百分比/%</td><td>30</td><td>50</td></tr>
<tr><td>每米板宽内条数</td><td>2</td><td>不限</td></tr>
<tr><td colspan="2" rowspan="2">（12）表板叠层</td><td>单个最大宽度/mm</td><td colspan="2" rowspan="2">不允许</td><td>2</td><td>10</td></tr>
<tr><td>单个最大长度，相对于板长的百分比/%</td><td>10</td><td>不限</td></tr>
</table>

（续）

缺陷种类	检量项目		面板			背板
			胶合板等级			
			优等品	一等品	合格品	
(13)芯板叠离	紧贴表板的芯板叠离	单个最大宽度/mm	不允许	2	4	10
		每米板宽内条数		2	不限	
	其他各层离缝的最大宽度/mm			10		—
(14)长中板叠离	单个最大宽度/mm		不允许	10		—
(15)鼓泡、分层	—		不允许			—
(16)凹陷、压痕、鼓包	单个最大面积/mm^2		不允许	50	400	不限
	每平方米板面上个数			1	4	
(17)毛刺沟痕	不超过板面积/%		不允许	1	25	不限
	最大深度/mm			0.4	不允许穿透	
(18)表板砂透	每平方米板面上/mm^2		不允许		400	不限
(19)透胶及其他人为污染	不超过板面积/%		不允许	0.5	30	不限
(20)补片、补条	允许制作适当且填补牢固的，每平方米板面上个数		不允许	3	不限	不限
	累计面积不超过板面积/%			0.5	3	
	最大缝隙/mm			0.5	1	2
(21)内含铝质书钉	—		不允许			—
(22)板边缺损	自公称幅面内不得超过/mm		不允许		10	
(23)其他缺陷	—		不允许	按最类似缺陷考虑，不影响使用		

注：1. 髓斑和斑条按变色计。

2. 优等品和一等品板的异色边心材按变色计。

4)从表板上可以看到的内层单板的各种缺陷不得超过每个等级表板的允许限度。紧贴面板的芯板孔洞直径不得超过 20mm，因芯板孔洞使一等品胶合板面板产生凹陷时，凹陷面积不得超过 $50mm^2$。孔洞在板边形成的缺陷，其深度不得超过孔洞尺寸的 1/2，超过者按芯板离缝计。

5)限制缺陷的数量，累积尺寸或范围应按整张板面积的平均每平方米上的数量进行计算，板宽度(或长度)上缺陷应按最严重一端的平均每米内的数量进行计算，其结果应取最接近相邻整数中大数。

6)普通胶合板的节子或孔洞直径系指最大直径的最小直径的平均值。节子或孔洞直径，按节子或孔洞轮廓线的切线间的垂直距离测定。

7)公称幅面尺寸以外的各种缺陷均不计。

2. 纤维板

(1)纤维板的分类。根据板材密度的不同,纤维板分成硬质纤维板(密度在 $0.8g/cm^3$ 以上)、半硬质纤维板(也称中密度板,密度在 $0.4\sim0.8g/cm^3$ 范围内)和软质纤维板(密度在 $0.4g/cm^3$ 以下)。硬质、半硬质纤维板强度大,适合于各种建筑装饰装修,制作家具。软质纤维板具有保温、隔热、吸声、绝缘性能好等特点,主要适用于建筑装饰装修中的隔热、保温、吸声等,并可用于电气绝缘板。中密度纤维板是近年来国内外迅速发展的一种新型的木质人造板,简称 MDF,具有组织结构均匀、密度适中、抗拉强度大、板面平滑、易于装饰等特点。

(2)纤维板的特点。

1)各部分构造均匀,硬质和半硬质纤维板含水率都在 20%以下,质地坚实,吸水性和吸湿率低,不易翘曲、开裂和变形。

2)同一平面内各个方向的力学强度均匀。硬质纤维板强度高。

3)纤维板无节疤、变色、腐朽、夹皮、虫眼等木材中通见的疾病,称为无疾病木材。

4)纤维板幅面大,加工性能好,利用率高。$1m^3$ 纤维板的使用率相当于 $3m^3$ 木材。纤维板表面处理方便,是进行二次加工的良好基材。

5)原材料来源广,制造成本低。

(3)硬质纤维板的特性。

1)各等级的薄型硬质纤维板的外观质量要求应符合表 3-6 的规定。

表 3-6　　薄型硬质纤维板的外观质量要求

缺陷名称	计量方法	允许限度		
		优等品	一等品	合格品
水渍	占板面面积的百分比/%	不许有	≤2	≤20
污点	直径/mm	不许有	不许有	≤15
	每平方米个数/(个/m^2)			≤2
斑纹	占板面面积的百分比/%	不许有	不许有	≤3
粘痕	占板面面积的百分比/%	不许有	不许有	≤1
压痕	深度或高度/mm	不许有	不许有	≤0.3
	每个压痕的面积/mm^2			≤20
	任意每平方米个数/(个/m^2)			≤2
分层、鼓泡、裂痕、水湿、炭化、边角松软	—	不许有	不许有	不许有

2)薄型硬质纤维板物理力学性能要求应符合表 3-7 的规定。

表 3-7　　薄型硬质纤维板物理力学性能要求

指标项目	名义厚度	单位	优等品	一等品	合格品
密度	—	g/cm^3	>0.80		
静曲强度	—	MPa	≥40.0	≥30.0	≥20.0
吸水率	小于 2.0mm	%	≤25.0	≤35.0	≤45.0
	大于等于 2.0mm,小于 2.5mm	%	≤20.0	≤30.0	≤40.0
含水率	—	%	3.0~10.0		

3)纤维板的规格尺寸和极限偏差应符合表 3-8 的规定。

表 3-8　　纤维板的规格尺寸和极限偏差　　mm

幅面尺寸	厚度	极限偏差		
		长度	宽度	厚度
610×1220 915×1830 1000×2000 1220×1830 1220×2440	小于 2.5， 大于等于 1.8	±5	±3	±0.20

注：1. 板面两对角线长度之差每米板长不大于 2.5mm，对边长度之差每米不大于 2.5mm。
2. 板边不直度每米板长不超过 1.5mm。
3. 边角破损的程度不能超过长度和宽度的极限偏差。
4. 名义厚度以合同值为准，可以生产其他规格。

3. 刨花板

(1)刨花板的特点。刨花板是利用木材加工过程中的刨花、锯末和一定规格的碎木做原料，加入一定量的合成树脂或其他胶结材料，如水泥、石膏、菱苦土拌合，再经铺装、入模热压、干燥而成的一种人造板材。

刨花板具有严整结实、物理力学强度高、纵向横向强度一致、板面幅度大等特点，适宜于各种建筑装饰装修及制作各种木器家具。

刨花板加工性能良好，可钉、可锯、可上螺钉、开榫打眼。根据厚度、密度和强度的不同，刨花板有多种类型。经过特殊处理的刨花板具有防火、防霉、隔声等性能，经过二次加工和表面处理后的刨花板具有更广泛的应用前景。

(2)刨花板的分类，见表 3-9。

表 3-9　　刨花板的分类

分类方法	名　　称
表面形状	平压板；模压板
刨花尺寸和形状	刨花板；定向刨花板
表面状态	未砂光板；砂光板；涂饰板；装饰材料饰面板
制造方法	平压法刨花板；辊压法刨花板
板的构成	单层结构刨花板；三层结构刨花板；多层结构刨花板；渐变结构刨花板
所使用的原料	木材刨花板；甘蔗渣刨花板；亚麻屑刨花板；麦秸刨花板；竹材刨花板；其他
用　　途	在干燥状态下使用的普通用板；在干燥状态下使用的家具及室内装修用板；在干燥状态下使用的结构用板；在潮湿状态下使用的结构用板；在干燥状态下使用的增强结构用板；在潮湿状态下使用的增强结构用板

(3)刨花板的特性。

1)刨花板的外观质量要求应符合表 3-10 的规定。

表 3-10　　刨花板的外观质量要求

缺陷名称	允许值
断痕、透裂	不允许
单个面积＞$40mm^2$ 的胶囊、石蜡斑、油污斑等污点	不允许
边角残损	在公称尺寸内不允许

2)刨花板对角线之差的允许值应符合表 3-11 的规定。

表 3-11　　刨花板对角线之差的允许值　　mm

板长度	允许值	板长度	允许值
≤1220	≤3	＞1830～2440	≤5
＞1220～1830	≤4	＞2440	≤6

3)刨花板在出厂时的共同指标应符合表 3-12 的规定。

表 3-12　　刨花板在出厂时的共同指标

序号	项目		指标
1	公称尺寸偏差	板内和板间厚度(砂光板)/mm	±0.3
		板内和板间厚度(未砂光板)/mm	－0.1，＋1.0
		长度和宽度/mm	0～5
2	板边缘不直度偏差/(mm·m^{-1})		1.0
3	翘曲度/%		≤1.0
4	含水率/%		4～13
5	密度/(g·cm^{-3})		0.4～0.9
6	板内平均密度偏差/%		±8.0
7	甲醛释放量(穿孔值)/(mg/100g)	E_1	≤9.0
		E_2	＞9.0～30

四、木质地板

1. 实木地板

(1)分类。实木地板分为榫接地板、平接地板、镶嵌地板。其中，镶嵌地板又分为铝丝榫接镶嵌地板、胶纸或胶网平接地板。

(2)实木地板的主要技术要求。

1)实木地板的外观质量要求，见表 3-13。

表 3-13　　实木地板的外观质量要求

缺陷名称	表面			背面
	优等品	一等品	合格品	
活节	直径≤5mm、长度≤500mm，不超过 2 个；长度＞500mm，不超过 4 个	5mm＜直径≤15mm、长度≤500mm，不超过 2 个；长度＞500mm，不超过 4 个	直径≤20mm，个数不限	尺寸与个数不限

（续）

缺陷名称	表面			背面
	优等品	一等品	合格品	
死节	不许有	直径≤2mm、长度≤500mm，不超过1个；长度>500mm，不超过3个	直径≤4mm，不超过5个	直径≤20mm，个数不限
蛀孔	不许有	直径≤0.5mm，不超过5个	直径≤2mm，不超过5个	直径≤15mm，个数不限
树脂囊	不许有		长度≤5mm、宽度≤1mm，不超过2条	不限
髓斑	不许有	不限		不限
腐朽	不许有			初腐且面积≤20%，不剥落，也不能捻成粉末
缺棱	不许有			长度≤板长的30%宽度≤板宽的20%
裂纹	不许有		宽度≤0.1mm、长度≤15mm，不超过2条	宽度≤0.3mm长度≤50mm条数不限
加工波纹	不许有		不明显	不限
漆膜划痕	不许有	轻微		—
漆膜鼓泡	不许有			—
漏漆	不许有			—
漆膜上针孔	不许有	直径≤0.5mm，不超过3个		—
漆膜皱皮	不许有	<板面积的5%		—
漆膜粒子	长度≤500mm，不超过2个；长度>500mm，不超过4个	长度不大于500mm，不超过4个；长度大于500mm，不超过8个		—

注：1. 凡在外观质量检验环境条件下，不能清晰地观察到的缺陷即为不明显。
2. 倒角上的漆膜粒子不计。

2）实木地板的物理力学性能，见表3-14。

表3-14　　实木地板的物理力学性能

项目	单位	优等品	一等品	合格品
含水率	%	7≤含水率≤中国各地区的平衡含水率		
漆板表面耐磨	g/100r	≤0.08且漆膜未磨透	≤0.10且漆膜未磨透	≤0.15且漆膜未磨透
漆膜附着力	—	0～1	2	3
漆膜硬度	—	≥1H		

3)尺寸偏差。

①实木地板的形状位置偏差,见表3-15。

表3-15　实木地板的形状位置偏差

名称		偏差
翘曲度	横弯	长度不大于500mm时,允许不大于0.02%;长度大于500mm时,允许不大于0.03%
	翘弯	宽度方向:凸翘曲度不大于0.2%,凹翘曲度不大于0.15%
	顺弯	长度方向:不大于0.3%
拼装离缝		平均值不大于0.3mm;最大值不大于0.4mm
拼装高度差		平均值不大于0.25mm;最大值不大于0.3mm

②实木地板的主要尺寸及偏差,见表3-16。

表3-16　实木地板的主要尺寸及偏差　mm

项目	偏差
长度	长度≤500时,公称长度与每个测量值之差的绝对值不大于0.5; 长度>500时,公称长度与每个测量值之差的绝对值不大于1.0
宽度	公称宽度与平均宽度之差的绝对值不大于0.3,宽度最大值与最小值之差不大于0.3
厚度	公称厚度与平均厚度之差的绝对值不大于0.3; 厚度最大值与最小值之差不大于0.4

注:1. 实木地板长度和宽度是指不包括榫舌的长度和宽度。
2. 镶嵌地板只检量方形单元的外形尺寸。
3. 榫接地板的榫舌宽度应≥4.0mm,槽最大高度与榫最大厚度之差应为0～0.4mm。

2. 实木复合地板

(1)分类。实木复合地板的分类,见表3-17。

表3-17　实木复合地板的分类

项目	内容
按面层材料	(1)实木拼板作为面层的实木复合地板。 (2)单板作为面层的实木复合地板
按结构	(1)三层结构实木复合地板。 (2)以胶合板为基材的实木复合地板
按表面有无涂饰	(1)涂饰实木复合地板。 (2)未涂饰实木复合地板
按甲醛释放量	A类实木复合地板(甲醛释放量≤9mg/100g)。 B类实木复合地板(甲醛释放量>9～40mg/100g)

(2)实木复合地板的主要技术要求。

1)外观要求。实木复合地板的外观质量应符合表3-18的要求。

表 3-18　　　　　　实木复合地板的外观质量要求

名称		项目	表面			背面
			优等品	一等品	合格品	
死节		最大单个长径/mm	不允许	2	4	50
孔洞(含虫孔)		最大单个长径/mm	不允许		2(需修补)	15
浅色夹皮		最大单个长度/mm	不允许	20	30	不限
		最大单个宽度/mm		2	4	
深色夹皮		最大单个长度/mm	不允许		15	不限
		最大单个宽度/mm			2	
树脂囊和树脂道		最大单个长度/mm	不允许		5(且最大单个宽度小于 1)	不限
腐朽		—	不允许			①
变色		不超过板面积/%	不允许	5(板面色泽要协调)	20(板面色泽要大致协调)	不限
裂缝		—	不允许			不限
拼接离缝	横拼	最大单个宽度/mm	0.1	0.2	0.5	不限
		最大单个长度不超过板长/%	5	10	20	
	纵拼	最大单个宽度/mm	0.1	0.2	0.5	
叠层		—	不允许			不限
鼓泡、分层		—	不允许			
凹陷、压痕、鼓包		—	不允许	不明显	不明显	不限
补条、补片		—	不允许			不限
毛刺沟痕		—	不允许			不限
透胶、板面污染		不超过板面积/%	不允许		1	不限
砂透		—	不允许			不限
波纹		—	不允许		不明显	—
刀痕、划痕		—	不允许			不限
边、角缺损		—	不允许			②
漆膜鼓泡		$\phi\leqslant0.5$mm	不允许	每块板不超过 3 个		—
针孔		$\phi\leqslant0.5$mm	不允许	每块板不超过 3 个		—
皱皮		不超过板面积/%	不允许		5	—
粒子		—	不允许		不明显	—
漏漆		—	不允许			—

注:凡在外观质量检验环境条件下,不能清晰地观察到的缺陷即为不明显。

① 允许有初腐,但不剥落,也不能捻成粉末。

② 长边缺损不超过板长的 30%,宽不超过 5mm;端边缺损不超过板宽的 20%,且宽不超过 5mm。

2)幅面尺寸。

①三层结构实木复合地板的幅面尺寸,见表 3-19。

表 3-19　　　　三层结构实木复合地板的幅面尺寸　　　　mm

长　度	宽　度		
2100	180	189	205
2200	180	189	205

②以胶合板为基材的实木复合地板的幅面尺寸。见表 3-20。

表 3-20　　　　以胶合板为基材的实木复合地板的幅面尺寸　　　　mm

长　度	宽　度			
2200	—	189	225	—
1818	180	—	225	303

3)尺寸偏差。实木复合地板的尺寸偏差。见表 3-21。

表 3-21　　　　实木复合地板的尺寸偏差

项　目	要　求
厚度偏差	公称厚度 t_n 与平均厚度 t_a 之差的绝对值不大于 0.5mm； 厚度最大值 t_{max} 与最小值 t_{min} 之差不大于 0.5mm
面层净长偏差	公称长度 $l_n \leqslant 1500$mm 时，l_n 与每个测量值 l_m 之差的绝对值不大于 1.0mm； 公称长度 $l_n > 1500$mm 时，l_n 与每个测量值 l_m 之差的绝对值不大于 2.0mm
面层净宽偏差	公称宽度 w_n 与平均宽度 w_a 之差的绝对值不大于 0.1mm； 宽度最大值 w_{max} 与最小值 w_{min} 之差不大于 0.2mm
直角度	$q_{max} \leqslant 0.2$mm
边缘不直度	$s_{max} \leqslant 0.3$mm/m
翘曲度	宽度方向凸翘曲度 $f_w \leqslant 0.20\%$；宽度方向凹翘曲度 $f_w \leqslant 0.15\%$； 长度方向凸翘曲度 $f_1 \leqslant 1.00\%$；长度方向凹翘曲度 $f_1 \leqslant 0.50\%$
拼装离缝	拼装离缝平均值 $o_a \leqslant 0.15$mm； 拼装离缝最大值 $o_{max} \leqslant 0.20$mm
拼装高度差	拼装高度差平均值 $h_a \leqslant 0.10$mm； 拼装高度差最大值 $h_{max} \leqslant 0.15$mm

4)理化性能。实木复合地板的理化性能。见表 3-22。

表 3-22　　　　实木复合地板的理化性能

检验项目	单　位	优等品	一等品	合格品
浸渍剥离	—	每一边任一胶层开胶的累计长度 不超过该胶层长度的 1/3(3mm 以下不计)		
静曲强度	MPa	≥30		
弹性模量	MPa	≥4000		
含水率	%	5～14		
漆膜附着力	—	割痕及割痕交叉处允许有少量断续剥落		
表面耐磨	g/(100r)	≤0.08，且漆膜未磨透		≤0.15，且漆膜未磨透
表面耐污染	—	无污染痕迹		
甲醛释放量	mm/(100g)	A 类：≤9；B 类：9～40		

五、木材防腐防火处理

1. 木材的防腐

在适当的温度、湿度、阳光和空气等条件下，木材内部很容易繁殖菌虫，木材在受潮容易腐朽。为了延长木构件的使用年限，保证木装修工程的质量，除了合理地保护、改善使用环境外，还应在建筑装饰装修工程施工前，对木材进行防腐、防虫处理。

木材的防腐、防虫处理是用毒药抑制菌虫的生存，有效防治菌虫寄生。

(1)防腐剂种类。

1)水溶性防腐剂，有氟化钠、硼铬合剂、硼粉合剂、铜铬合剂、氟砷铬合剂等。这类防腐剂无臭味，不影响油漆，不腐蚀金属，适用于一般建筑装修装饰木构件的防腐与防虫，其中氟砷铬合剂有剧毒，不应使用于经常与人直接接触的木构件。其处理方法可用常温浸渍、热冷槽浸渍、加压浸注等。

2)油类防腐剂，有混合防腐油、强化防腐油等。这类防腐剂有恶臭，木材处理后呈暗黑色，不能油漆，遇水不流失，药效持久，适用于直接与砌体接触的木构件防腐，露明构件不宜使用。其处理方法可用涂刷法、常温浸渍、加压浸注、热冷槽浸渍等。

3)油溶性防腐剂，有林丹、五氯酚合剂等。这类防腐剂几乎不溶于水，药效持久，不影响油漆，适用于易腐朽环境或虫害严重的木构件。其处理方法可用涂刷法、常温浸渍等。

4)浆膏防腐剂，如沥青浆膏。这类防腐剂有恶臭，木材处理后呈暗黑色，不能油漆，遇水不流失，药效持久，适用于含水率大于40%的木材以及经常受潮的装修木构件。其处理方法用涂刷法。

(2)防腐处理。

1)加压浸注，把木材放在密封的浸注罐里，注入药剂，施加压力，强迫药剂浸入木材内部。这种处理方法需要有机器设备，技术比较复杂，适用于木材防腐厂中大规模生产。

2)常温浸渍，将木材浸渍于防腐剂中一定时间，使其吸收量达到剂量的要求。这种方法适合于马尾松等易浸渍的木材。

3)热冷槽浸渍，用一个热槽、一个冷槽浸渍处理，把木材先放在热槽里煮，使木材中的空气变稀薄，然后放入冷槽里，木材中的空气因冷却而造成局部真空，吸收药剂，如此反复几次，药剂愈浸愈深，最后从热槽中取出，以排除多余的防腐剂。

4)涂刷法，用刷子将防腐剂涂于木材表面，涂刷1～3遍。这种方法简易可行，但药剂透入深度浅，使用时要选用药效高的防腐剂。

2. 木材的防火

木材系易燃物质，为使木作工程具有一定的防火性，必须要做好木构件的防火处理，远离火源、电源。木材防火处理，一般是将防火涂料喷或刷于木材表面，也可把木材放入防火涂料槽内浸渍。

防火涂料根据胶结性质可分油质防火涂料(内掺防火剂)、氯乙烯防火涂料、硅酸盐防火涂料和可赛银(酪素)防火涂料。油质防火涂料及氯乙烯防火涂料能抗水，可用于露天木构件上；硅酸盐防火涂料及可塞银防火涂料抗水性差，用于不直接受潮湿作用的木构件上，不能用于露天构件。

第二节 石材类装饰材料

一、石材概述

石材是指从沉积岩、岩浆岩、变质岩三大岩系的天然岩体中开采出的岩石，经过加工、整形而成板状、块状和柱状材料的总称。凡具有一定块度、强度、稳定性、可加工性以及装饰性能的天然岩石，均称为石材。

大理石是指具有装饰性、成块性及可加工性的各类碳酸盐或镁质碳酸盐的变质岩。如：大理岩、石灰岩、白云岩等。

花岗岩是指具有装饰性、成块性及可加工性的各类岩浆岩和以硅酸盐矿物为主的变质岩。如：花岗岩、闪长岩、辉长岩、玄武岩等。

板石是指具有板状构造，沿板理面可剥成片，可作装饰材料用的，经过轻微变质作用形成的浅变质岩。如硅质板岩、黏土质板岩、云母质板岩、粉砂质板岩等。

大理石、花岗石、板石统称为天然石料。天然石料目前主要用于装饰板材，用作装饰板材的天然石料必须具备一定的块度和强度，可加工性和装饰性。也就是说天然石料虽然花纹和颜色美观协调，富有装饰性，但没有一定的块度和强度，切不出可需要的荒料和板材，就不能称为饰面石材。反之亦然。

二、大理石

1. 定义

大理石是指以大理石为代表的一类装饰石材，包括碳酸盐岩和与其有关的变质岩，主要成分为碳酸盐矿物，一般质地较软，其晶粒细小，结构致密，抗压能力强，吸水率低、耐磨，易于加工成形。表面经磨光和抛亮后，色泽鲜艳，除单色外，大多具有美丽的天然颜色和花纹。大理石一般含有氧化铁、二氧化硅、云母、石墨等杂质，使大理石呈现红、黄、棕、绿、黑等各色斑驳纹理，纯净的大理石为白色，又称汉白玉。

2. 分类、等级

(1)普通型板(PX)：正方形或长方形的板材；圆弧板(HM)：装饰面轮廓线的曲率半径处处相同的饰面板材。

(2)按板材的规格尺寸允许偏差、平面度允许极限公差，角度允许极限公差，外观质量、镜面光泽度分为优等品(A)、一等品(B)、合格品(C)三个等级。

3. 技术要求

(1)外观质量。

1)同一批板材的色调应基本调和，花纹应基本一致。

2)板材正面的外观缺陷的质量要求应符合表 3-23 的规定。

表 3-23　　板材正面的外观缺陷质量要求

<table>
<tr><th>名　称</th><th>规　定　内　容</th><th>优等品</th><th>一等品</th><th>合格品</th></tr>
<tr><td>裂　纹</td><td>长度超过 10mm 的不允许条数/条</td><td colspan="3">0</td></tr>
<tr><td>缺　棱</td><td>长度不超过 8mm，宽度不超过 1.5mm（长度≤4mm，宽度≤1mm 不计），每米长允许个数/个</td><td rowspan="4">0</td><td rowspan="3">1</td><td rowspan="3">2</td></tr>
<tr><td>缺　角</td><td>沿板材边长顺延方向，长度≤3mm，宽度≤3mm（长度≤2mm，宽度≤2mm 不计），每块板允许个数/个</td></tr>
<tr><td>色　斑</td><td>面积不超过 $6cm^2$（面积小于 $2cm^2$ 不计），每块板允许个数/个</td></tr>
<tr><td>砂　眼</td><td>直径在 2mm 以下</td><td>不明显</td><td>有，不影响装饰效果</td></tr>
</table>

3）板材允许黏结和修补。黏结和修补后应不影响板材的装饰效果和物理性能。

（2）平面度允许公差。

1）圆弧板直线度与线轮廓度允许公差，见表 3-24。

表 3-24　　圆弧板直线度与线轮廓度允许公差　　mm

项　目		允许公差		
		优等品	一等品	合格品
直线度（按板材高度）	≤800	0.60	0.80	1.00
	>800	0.80	1.00	1.20
线轮廓度		0.80	1.00	1.20

2）普形板平面度允许公差应符合表 3-25 的规定。

表 3-25　　普形板平面度允许公差　　mm

板材长度	优等品	一等品	合格品
≤400	0.20	0.30	0.50
>400～≤800	0.50	0.60	0.80
>800	0.70	0.80	1.00

（3）角度允许公差。

1）普形板角度允许公差，见表 3-26。

表 3-26　　普形板角度允许公差　　mm

板材长度	允许公差		
	优等品	一等品	合格品
≤400	0.30	0.40	0.50
>400	0.40	0.50	0.70

2）普形板拼缝板材正面与侧面的夹角不得大于 90°。

3)圆弧板端面角度允许公差：优等品为 0.40mm，一等品为 0.60mm，合格品为 0.80mm。

4)圆弧板侧面角 α(图 3-4)应不小于 90°。

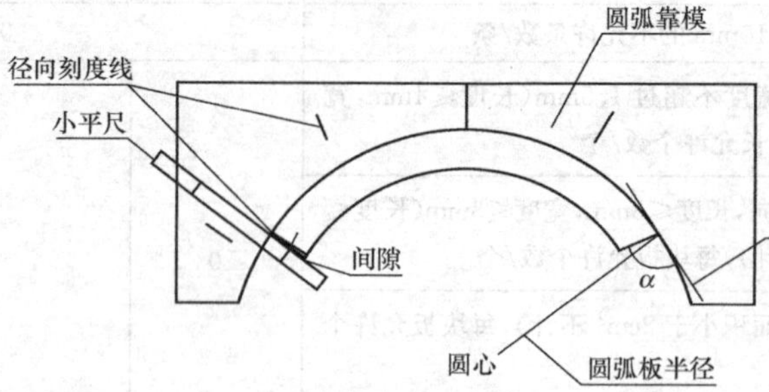

图 3-4 侧面角测量

(4)规格尺寸允许偏差。

1)圆弧板壁厚最小值应不小于 20mm，规格尺寸允许偏差，见表 3-27。圆弧板各部位名称，如图 3-5 所示。

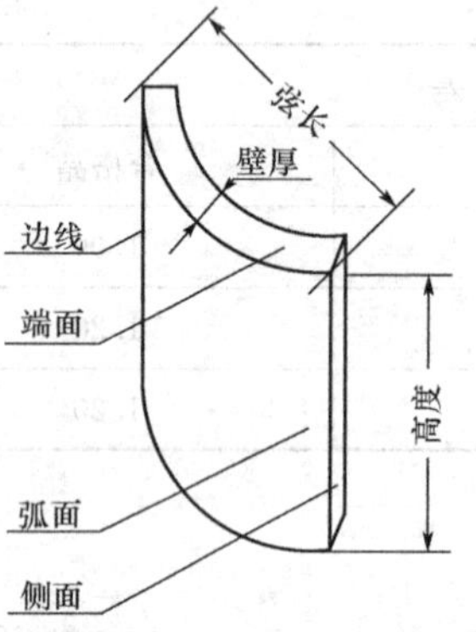

图 3-5 圆弧板各部位名称

表 3-27　　圆弧板规格尺寸允许偏差

项目	允许偏差		
	优等品	一等品	合格品
弦长/mm	0 −1.0		0 −1.5
高度/mm	0 −1.0		0 −1.5

2)普形板规格尺寸允许偏差，见表 3-28。

表 3-28　　普形板规格尺寸允许偏差

项目		允许偏差		
		优等品	一等品	合格品
长度、宽度/mm		0 −1.0		0 −1.5
厚度/mm	≤12	±0.5	±0.8	±1.0
	>12	±1.0	±1.5	±2.0
干挂板材厚度/mm		+2.0,0		+3.0,0

(5)物理性能。

1)镜面板材的镜向光泽值应不低于 70 光泽单位，若有特殊要求，由供需双方协商确定。

2)板材的物理性能指标应符合表 3-29 的规定。

表 3-29　　板材物理性能指标

项　　目		指　　标
体积密度/(g·cm^{-3})		≥2.30
吸水率/%		≤0.50
干燥压缩强度/MPa		≥50.0
干燥	弯曲强度/MPa	≥7.0
水饱和		
耐磨度/(1·cm^{-3})		≥10

注:为了颜色和设计效果,以两块或多块大理石组合拼装时,耐磨度差异应不大于 5,建议适用于经受严重踩踏的阶梯、地面和台阶使用的石材耐磨度最小为 12。

4. 用途

常用于室内墙面、地面、柱面、楼梯的踏步面、服务台台面、卫生间洗手池台面,新开发的石材拉手、扶手等。由于大理石质软、耐磨性差,故在人流较大的场所不宜作为地面装饰材料。

5. 包装、标志、贮存、运输

(1)包装。

1)包装不允许使用易染色的材料。

2)按板材品种、等级分别包装,并附产品合格证,其内容包括产品名称、规格、等级、批号、检验员、出厂日期。

3)包括应满足在正常情况下安全装卸、运输的要求。

(2)标志。

1)包装箱上应标明企业名称、商标、标记,须有"向上"和"小心轻放"的标志。

2)对安装顺序有要求的板材,应标明安装顺序号。

(3)贮存与运输。

1)板材应在室内贮存,室外贮存应加遮盖。

2)板材宜直立码放,应光面相对,倾斜度不大于 15°,层间加垫,高不超过 1.5m。

3)板材不应直接立在地面上,应有垫板,雨季应有排水,不允许积水。

4)按板材品种、规格、等级或安装部位的编号分别码放。

5)运输时应注意防潮,严禁滚摔、碰撞,应该轻拿轻放。

三、花岗岩

1. 定义

花岗石是指以花岗岩为代表的一类装饰石材,包括各类岩浆岩和花岗质的变质岩,其主要矿物成分为长石、石英及少量云母和暗色矿物。常呈现均粒状斑纹及发光云母微粒,其颜色主要有肉红色、花白色、灰色、灰红相间等,以深色花岗石较为名贵。花岗石构造致密、强度高、密度大、吸水率极低、材质坚硬、耐磨,属硬石材。

2. 分类

(1)按形状分。

1)普形板材(PX):正方形或长方形的板材。

2)圆弧板材(HM):装饰面轮廓线的曲率半径处处相同的饰面板材。

3)异型板材(YX):普型板和圆弧板以外的其他形状板材。

(2)按表面加工程度分。

1)镜面板(JM)。

2)亚光板(YG):饰面平整细腻,能使光线产生漫反射现象的板材。

3)粗面板(CM):指饰面粗糙规则有序,端面锯切整齐的板材。

(3)普形板材按板材规格尺寸偏差、平面度公差、角度公差、外观质量分为优等品(A)、一等品(B)、合格品(C)三个等级。弧面板按规格尺寸偏差、直线度公差、线轮廓度公差、外观质量分为优等品(A)、一等品(B)、合格品(C)三个等级。

3. 技术要求

(1)外观质量。

1)同一批板材的色调花纹应基本调和。

2)板材正面的外观缺陷质量要求应符合表 3-30 的规定。

表 3-30　　板材正面的外观缺陷质量要求

名称	规定内容	优等品	一等品	合格品
缺棱	长度不超过 10mm,宽度不超过 1.2mm(长度小于 5mm,宽度小于 1.0mm 不计),周边每米长允许个数/个	不允许	1	2
缺角	沿板材边长,长度≤3mm,宽度≤3mm<长度≤2mm,宽度≤2mm 不计,每块板允许个数/个			
裂纹	长度不超过两端顺延至板边总长度的 1/10(长度小于20mm的不计),每块板允许条数/条			
色斑	面积不超过 15mm×30mm(面积小于 10mm×10mm 不计),每块板允许个数/个		2	3
色线	长度不超过两端顺延至板边总长度的 1/10(长度小于40mm的不计),每块板允许条数/条			

注:干挂板材不允许有裂纹存在。

(2)平面度允许偏差。

1)圆弧板直线度与线轮廓度允许公差应符合表 3-31 规定。

表 3-31　　圆弧板直线度与线轮廓度允许公差　　mm

项目		亚光面和镜面板材			粗面板材		
		优等品	一等品	合格品	优等品	一等品	合格品
直线度(按板材高度)	≤800	0.80	1.00	1.20	1.00	1.20	1.50
	>800	1.00	1.20	1.50	1.50	1.50	2.00
线轮廓度		0.80	1.00	1.20	1.00	1.50	2.00

2)普形板平面度允许极限公差应符合表 3-32 的规定。

表 3-32　　普形板平面度允许极限公差

板材长度范围/mm	亚光面和镜面板材			粗面板材		
	优等品	一等品	合格品	优等品	一等品	合格品
≤400	0.20	0.35	0.50	0.60	0.80	1.00
>400~≤800	0.50	0.65	0.80	1.20	1.50	1.80
≥800	0.70	0.85	1.00	1.50	1.80	2.00

(3)角度允许极限公差。

1)普形板材的角度允许极限公差应符合表 3-33 的规定。

2)圆弧板角度允许公差:优等品为 0.40mm,一等品为 0.60mm,合格品为 0.80mm。

3)普形板拼缝板材正面与侧面的夹角不得大于 90°。

4)圆弧板侧面角应不小于 90°。

表 3-33　　普形板材角度允许极限公差

板材长度/mm	优等品	一等品	合格品
≤400	0.30	0.50	0.80
>400	0.40	0.60	1.00

(4)规格尺寸允许偏差。

1)普形板材规格尺寸允许偏差应符合表 3-34 的规定。

2)圆弧板壁厚最小值应不小于 18mm,规格尺寸允许偏差应符合表 3-35 的规定。

3)用于干挂的普型板材厚度允许偏差为-1.0~+3.0mm。

表 3-34　　普形板材规格尺寸允许偏差

分类		亚光面和镜面板材			粗面板材		
等级		优等品	一等品	合格品	优等品	一等品	合格品
长、宽度/mm		0~-1.0		0~-1.5	0~-1.0		0~-1.5
厚度/mm	≤12	±0.5	±1.0	+1.0~-1.5	—		
	>12	±1.0	±1.5	±2.0	+1.0~-2.0	±2.0	+2.0~-3.0

表 3-35　　圆弧板规格尺寸允许偏差　　mm

项目	亚光面和镜面板材			粗面板材		
	优等品	一等品	合格品	优等品	一等品	合格品
弦长	0~-1.0		0~1.5	0~-1.5	0~-2.0	0~-2.0
高度				0~-1.0	0~-1.0	0~-1.5

(5)物理性能。

1)镜面板材的镜向光泽度值应不低于 80 光泽单位,或按供需双方协议执行。

2)体积密度不小于 2.56g/cm³。

3)吸水率不大于 0.60%。

4)干燥压缩强度不小于 100.0MPa。

5)弯曲强度不小于 8.0MPa。

4. 用途

花岩石是建筑装饰材料中的贵重材料，多用于高档的建筑工程，如宾馆饭店、酒楼、商场的室内外墙面、柱面、墙裙、地面、楼梯、台阶、踢脚、栏杆、扶手、踏步、水池水槽、造型面、门拉手、扶手的装饰，还有吧台、服务台、收款台、展示台等。

5. 贮存运输

花岗岩应在室内贮存，室外贮存应加遮盖。花岗岩应按品种、规格、等级或工程料部位分别码放。花岗岩直立码放时，应光面相对，倾斜度不大于 15°，层间加垫，垛高不超过 1.5m；花岗岩平放时，应光面相对，地面必须平整，垛高不超过 1.2m。包装箱码放高度不超过 2m。花岗岩在运输过程中应防潮，严禁滚摔、碰撞。

四、板石

板石品种多按颜色而定，有黑板石、灰板石、绿板石、黄板石、红板石、紫板石、棕板石、铁锈红和铁锈黄板石等。板石的矿物成分复杂，多数由黏土类矿物组成，板石的颜色则由黏土类矿物所含杂质不同，而梁成不同颜色。纯净者色近青白色，有机质高呈黑色。板石的板理面上若有白云母则有繁星点点的感觉。

石材中常有锈斑、色斑、色线、空洞与坑窝等缺陷，影响石材的装饰价值。

(1)锈斑：是硫化物氧化产生土状褐铁矿与硫酸所致，它们降低了石材的强度，又影响美观。硫化物(主要为黄铁矿)呈团状、斑杂状、条带状分布时不能作饰面石材。呈细粒均匀散布，危害较小，但其含量一般应小于 4%。

(2)色斑：是由岩石中的析离体、残留体、捕虏体或不同成分的集合体所构成的。当它们无规律分布时则降低石材的观赏价值。

(3)色线：常由后成的细脉构成，如具可拼性时则无害，反之妨碍美观。

(4)空洞与坑窝：空洞一般是晶洞，也可是易溶矿物溶解后形成的砂眼、砂槽。坑窝可能是片状矿物或石英颗粒，因它们与周围的矿物硬度不同，加工时易剥落或崩落成凹坑，影响石材美观与强度。

五、人造石材

人造石材是指人造大理石和人造花岗石。人造的建筑装饰板块材料，属于聚酯混凝土或水泥混凝土系列。人造石的花纹、图案、色泽可以人为控制，是理想的装饰材料。它不仅质轻、强度高，而且耐磨蚀、耐污染、施工方便，这几年发展很快。

1. 水磨石

(1)分类。

1)按制品在建筑物中的使用部位分为墙面和柱面用水磨石(Q)；地面和楼面用水磨石(D)；踢脚板、立板和三角板类水磨石(T)；隔断板、窗台板和台面板类水磨石(G)。

2)按制品表面加工程度分为磨面水磨石(M)和抛光水磨石(P)。

(2)标记。

(1)标记方法。产品标记由牌号(商标)、类别、等级、规格和标准号组成。

(2)标记示例。规格为400mm×400mm×25mm的钻石牌一等品地面用抛光水磨石标记为:

钻石牌水磨石 DPB400×400×25　JC507。

(3)等级。水磨石按其外观质量、尺寸偏差和物理力学性能分为优等品(A)、一等品(B)和合格品(C)。

(4)技术要求。板材外观质量:尺寸允许偏差、平面度公差应符合表3-36和表3-37的规定。

表3-36　微晶板规格尺寸允许偏差　mm

等　级	优　等　品	合　格　品
长、宽度	0 −1.0	0 −1.5
厚　度	±2.0	±2.5

注:以干挂方式安装时参照《干挂饰面石材及其金属挂件》(JC 830.1～JC 830.2—2005)第1部分和第2部分,可将长、宽度数值调整为优等、一等(0,−1.0),合格(0,−1.5)。

表3-37　微晶板平面度公差　mm

长、宽度范围	优　等　品	合　格　品
≤(600×900)	1.0	1.5
(600×900)～(900×1200)	1.2	2.0
>(900×1200)	由供需双方商定	

2. 聚酯型人造石材

聚酯型人造饰面石材(简称人造大理石)是以不饱和聚酯为黏结剂,与石英砂、大理石、方解石粉等搅拌混合,在室温下固结成型,再经脱模、烘干、抛光后制成的一种人造石材。使用不饱和聚酯,产品光泽好、色浅、颜料省、易于调色。同时这种树脂黏度低、易于成型、固化快。成型方法有浇筑成型法、压缩成型法和大块荒料成型法。

聚酯型人造石材的主要特点是光泽度高、质地高雅、强度硬度较高、重量轻(比天然大理石轻25%左右)、厚度薄、耐磨、耐水、耐寒、耐热、耐污染、耐腐蚀性好、花色可设计性强,并有较好的可加工性,能制成弧形、曲面等形状,施工方便。缺点是填料级配若不合理,产品易出现翘曲变形。

聚酯型人造石材是模仿大理石、花岗岩的表面纹理加工而成,具有类似大理石、花岗岩的机理特点,色泽均匀、结构紧密。高质量的聚酯型人造石材的物理力学性能等于或优于天然大理石,但在色泽和纹理上不及天然石材美丽自然柔和。

聚酯型人造饰面石材其物理、化学性能好,花纹容易设计,有重现性,适用多种用途,比较常用。但价格相对较高。

3. 复合人造石材

这种板材底层用价格低廉而性能稳定的无机材料,面层用聚酯和大理石粉制作。无机材料可用各种水泥,有机单体可用甲基丙烯酸甲酯、醋酸乙烯、丙烯腈等。这些单体可以单独使用,可组合使用,也可以与聚合物混合使用。

4. 烧结人造石材

人造饰面石材可用于制造工艺品，如仿玉雕品、仿石雕等工艺艺术品，还能用于装饰室内墙面、地面、柱面、楼梯面板、服务台面等部位。

烧结人造饰面石材因耗能大，造价高，在实际中不常使用。烧结人造饰面石材，是将斜长石、石英、辉石、方解石粉和赤铁矿粉及部分高岭土按比例混合（一般配比为黏土 40%、石粉 60%），制备坯料，用半干压法成形，经窑炉 1000℃左右的高温焙烧而成。

因人造饰面石材原材料的影响，有不少室外工程的人造饰面石材效果不理想。主要表现是老化快、色彩变化大、光泽度变化大，使用一段时间后，饰面板就严重变形，四个角往上翘，有的工程不得不用膨胀螺栓将其固定。因此，人造饰面石材不宜大面积用于室外。

第三节　陶瓷类装饰材料

一、陶瓷概念

1. 陶器

陶器通常有一定吸水率，断面粗糙无光，不透明，敲之声粗哑，有的无釉，有的施釉。根据土质分为粗陶、精陶。粗陶不上釉，即建筑上常用的黏土砖、瓦。精陶一般分二次烧成，吸水率在 12%～22%，室内墙面用的釉面砖多属于此类。

2. 瓷器

瓷器的坯体致密，基本上不吸水，有一定的半透明性，有釉层，比陶器烧结度高。瓷器色洁白、强度高、耐磨性好，有一定的半透明性，其表面多施有釉层（某些特种砖不施釉，甚至颜色不白，但烧结程度很好），又分为粗瓷和细瓷两种。

3. 炻器

炻器制品是介于陶器与瓷器之间的一类产品，也称之为半瓷。我国科技文献中称其为原始瓷器。坯体气孔率很低，介于陶器和瓷器之间。

二、产品分类

1. 室内墙砖

主要适用于厨房、卫生间和医院等需要经常清洗的室内墙面。常用的品种有浅色、透明，也有选用深色或有浮雕的艺术砖及腰线等。

釉面内墙砖具有热稳定性好，防火、防潮、耐酸碱腐蚀、坚固耐用、易于清洁等特点。

(1)彩釉砖、炻质砖：吸水率在 6%～10%之间，干坯施釉一次烧成，颜色丰富，多姿多彩，经济实惠。

(2)釉面砖：分为闪光釉面砖、透明釉面砖、普通釉面砖、浮雕艺术砖、腰线砖（饰线砖）。

1)闪光釉面砖，分为结晶釉砖和砂金釉砖，其中砂金釉是釉内结晶呈现金子光泽的细结晶的一种特殊釉，因形状与自然界的砂金石相似而得名。

2)透明釉面砖，透明釉面砖是指釉料经高温熔融后生成的无定形玻璃体，坯体本身的颜色能够通过釉层反遇出来。

3)普通釉面砖,一般为白色分有光、无光两种。吸水率小于22%。

4)浮雕釉面砖,是釉上彩绘的一种。

5)腰线砖,用于腰间部位的长条砖。

(3)釉面砖应在干燥的室内贮存,并按品种、规格、级别分别整齐堆放。在施工铺贴前,一般要浸水2h以上,再取出晾干至无明水时,才可进行铺贴,否则,干砖粘贴后会吸走水泥浆中的水分,影响水泥的正常水化、凝结硬化,降低了黏结强度,从而造成空鼓、脱落现象的发生。

2. 外墙面砖

(1)陶瓷外墙面砖是指用于建筑外墙装饰的陶质或炻质类别的面砖。陶瓷外墙面砖一般同时具有结构致密、硬度大、抗冲击能力强、耐磨等地面砖的性质,大多数外墙面砖都可以作为室内外地砖使用,亦称墙地砖。但两者在使用要求上也不尽相同。

(2)陶瓷外墙面砖的色彩丰富,品种较多,按其表面上釉和不上釉分为彩釉砖和无釉砖。彩釉砖采用多种色釉进行着色,生产出各种色调的面砖。无釉面砖又称无光面砖,对于一次烧成的无釉面砖,可在泥料中加入各种金属氧化物进行人工着色,如白、灰、米黄、紫红、咖啡等色。

(3)陶瓷外墙面砖的表面有平滑或粗糙的不同质感,通过配料和改变制作工艺,可制成平面、麻面、毛面、磨光面、抛光面、纹点面、仿花岗石表面、压花浮雕表面、无光釉面、金属光泽面、防滑面、耐磨面等,以及丝网印刷、套花图案、单色、多色等多种制品。

(4)陶瓷外墙面砖由于受风吹日晒、冷热交替等自然环境的影响较严重,要求外墙面砖的结构致密,抗风化能力和抗冻性强,同时具有防火、防水、耐腐蚀等性能。为了增强面砖与基层的黏结力,背面一般要求做出凹凸状的沟槽。

3. 室内地面砖

应选择耐磨防滑的地砖,多为瓷质砖,也有陶质砖,经常选用以下几个品种:

(1)有釉、无釉各色地砖:有白色、浅黄、深黄等,色调要均匀,砖面平整、抗腐、耐磨。

(2)红地砖:吸水率不大于8%,具有一定的吸湿、防潮性,多用于卫生间、游泳池。

(3)瓷质砖:吸水率不大于2%,耐酸耐碱、耐磨度高、抗折强度不小于25MPa,适用于人流量大的地面。

(4)陶瓷锦砖:密度高、抗压强度高、耐磨、硬度高、耐酸、耐碱,多用于卫生间、浴室、游泳池和宜清洁的车间等室内外装饰工程。

(5)梯侧砖(又名防滑条):有多种色或单色,带斑点,耐磨、防滑,多用于楼梯踏步、台阶、站台等处。

三、陶瓷砖

1. 陶瓷砖的分类

(1)按成型方法分类。

1)挤压砖(A)。挤压砖是将可塑性坯料经过挤压机挤出成型,再将所成型的泥条按砖的预定尺寸进行切割。

2)干压砖(B)。干压砖是将混合好的粉料置于模具中于一定压力下压制成型的。

3)其他方法成型的砖(C)。用挤或压以外方法成型的陶瓷砖。

(2)按吸水率(E)分类。

1)低吸水率砖(Ⅰ类),$E \leqslant 3\%$。Ⅰ类干压砖可进一步分类：

①$E \leqslant 0.5\%$(BⅠa类)；

②$0.5\% < E \leqslant 3\%$(BⅠb类)。

2)中吸水率砖(Ⅱ类),$3\% < E \leqslant 10\%$。

①Ⅱ类挤压砖还可进一步分为：

(a)$3\% < E \leqslant 6\%$(AⅡa类)；

(b)$6\% < E \leqslant 10\%$(AⅡb类)。

②Ⅱ类干压砖还可进一步分为：

(a)$3\% < E \leqslant 6\%$(BⅡa类)；

(b)$6\% < E \leqslant 10\%$(BⅡb类)。

2. 陶瓷砖的性能要求

(1)挤压陶瓷砖。

挤压陶瓷砖的尺寸、表面质量、物理性能和化学性能要求应符合表3-38规定。

表3-38　挤压陶瓷砖技术要求($E \leqslant 3\%$,AⅠ类)

技术要求			
尺寸和表面质量		精细	普通
长度和宽度	每块砖(2条或4条边)的平均尺寸相对于工作尺寸(W)的允许偏差(%)	±1.0%,最大±2mm	±2.0%,最大±4mm
长度和宽度	每块砖(2条或4条边)的平均尺寸相对于10块砖(20条或40条边)平均尺寸的允许偏差(%)	±1.0%	±1.5%
长度和宽度	制造商选择工作尺寸应满足以下要求： a. 模数砖名义尺寸连接宽度允许在(3～11)mm之间[1]。 b. 非模数砖工作尺寸与名义尺寸之间的偏差不大于±3mm		
厚度 a. 厚度由制造商确定。 b. 每块砖厚度的平均值相对于工作尺寸厚度的允许偏差(%)		±10%	±10%
边直度[2](正面) 相对于工作尺寸的最大允许偏差(%)		±0.5%	±0.6%
直角度[2] 相对于工作尺寸的最大允许偏差(%)		±1.0%	±1.0%
表面平整度最大允许偏差(%)	a. 相对于由工作尺寸计算的对角线的中心弯曲度	±0.5%	±1.5%
表面平整度最大允许偏差(%)	b. 相对于工作尺寸的边弯曲度	±0.5%	±1.5%
表面平整度最大允许偏差(%)	c. 相对于由工作尺寸计算的对角线的翘曲度	±0.8%	±1.5%
表面质量[3]		至少95%的砖主要区域无明显缺陷	

（续）

技术要求			
物理性能		精细	普通
吸水率②，质量分数		平均值≤3.0%， 单值≤3.3%	平均值≤3.0%， 单值≤3.3%
破坏强度/N	a. 厚度≥7.5mm	≥1100	≥1100
	b. 厚度<7.5mm	≥600	≥600
断裂模数/MPa 不适用于破坏强度≥3000N 的砖		平均值≥23，单值≥18	平均值≥23，单值≥18
耐磨性	a. 无釉地砖耐磨损体积/mm^2	≤275	≤275
	b. 有釉地砖表面耐磨性④	报告陶瓷砖耐磨性级别和转数	
线性热膨胀系数⑤	从环境温度到 100℃	见《陶瓷砖》(GB/T 4100—2006)附录 Q	
抗热震性⑤		见《陶瓷砖》(GB/T 4100—2006)附录 Q	
有釉砖抗釉裂性⑥		经试验应无釉裂	
抗冻性⑤		见《陶瓷砖》(GB/T 4100—2006)附录 Q	
地砖摩擦系数		制造商应报告陶瓷地砖的摩擦系数和试验方法	
湿膨胀⑤/$(mm\cdot m^{-1})$		见《陶瓷砖》(GB/T 4100—2006)附录 Q	
小色差⑤		见《陶瓷砖》(GB/T 4100—2006)附录 Q	
抗冲击性⑤		见《陶瓷砖》(GB/T 4100—2006)附录 Q	
化学性能		精细	普通
耐污染性	a. 有釉砖	最低 3 级	最低 3 级
	b. 无釉砖⑤	见《陶瓷砖》(GB/T 4100—2006)附录 Q	
抗化学腐蚀性	耐低浓度酸和碱 a. 有釉砖 b. 无釉砖⑦	制造商应报告耐化学腐蚀性等级	制造商就报告耐化学腐蚀性等级
	耐高浓度酸和碱⑤	见《陶瓷砖》(GB/T 4100—2006)附录 Q	
	耐家庭化学试剂和游泳池盐类 a. 有釉砖 b. 无釉砖	不低于 GB 级 不低于 UB 级	不低于 GB 级 不低于 UB 级
铅和镉的溶出量⑤		见《陶瓷砖》(GB/T 4100—2006)附录 Q	

① 以非公制尺寸为基础的习惯用法也可用在同类型砖的连接宽度上。

② 不适用于有弯曲形状的砖。

③ 在烧成过程中，产品与标准板之间的微小色差是难免的。本条款不适用于在砖的表面有意制造的色差(表面可能是有釉的、无釉的或部分有釉的)或在砖的部分区域内为了突出产品的特点而希望的色差。用于装饰目的的斑点或色斑不能看作为缺陷。

④ 有釉地砖耐磨性分级可参照《陶瓷砖》(GB/T 4100—2006)附录 P 规定。

⑤ 表中所列“见《陶瓷砖》(GB/T 4100—2006)附录 Q”涉及项目不是所有产品都必检的，是否有必要对这些项目进行检验应按《陶瓷砖》(GB/T 4100—2006)附录 Q 的规定确定。

⑥ 制造商对于为装饰效果而产生的裂纹应加以说明，这种情况下，《陶瓷砖试验方法第 11 部分：有釉砖抗釉裂性的测定》(GB/T 3810.11)规定的釉裂试验不适用。

⑦ 如果色泽有微小变化，不应算是化学腐蚀。

(2)干压陶瓷砖。干压瓷质砖的尺寸、表面质量、物理性能和化学性能要求应符合表 3-39 的规定。

表 3-39　　干压陶瓷砖:瓷质砖技术要求($E\leqslant 0.5\%$,BⅠa类)

尺寸和表面质量		产品表面积 S/cm^2				
		$S\leqslant 90$	$90<S\leqslant 190$	$190<S\leqslant 410$	$410<S\leqslant 1600$	$S>1600$
长度和宽度	每块砖(2条或4条边)的平均尺寸相对于工作尺寸(W)的允许偏差(%)	±1.2	±1.0	±0.75	±0.6	±0.5
		每块抛光砖(2条或4条边)的平均尺寸相对于工作尺寸的允许偏差为±1.0mm				
	每块砖(2条或4条边)的平均尺寸相对于10块砖(20条或40条边)平均尺寸的允许偏差(%)	±0.75	±0.5	±0.5	±0.5	±0.4
	制造商应选用以下尺寸 a. 模数砖名义尺寸连接宽度允许在(2～5)mm之间①。 b. 非模数砖工作尺寸与名义尺寸之间的偏差不大于±2%,最大5mm					
厚度 a. 厚度由制造商确定。 b. 每块砖厚度的平均值相对于工作尺寸厚度的允许偏差(%)		±10	±10	±5	±5	±5
边直度②(正面) 相对于工作尺寸的最大允许偏差(%)		±0.75	±0.5	±0.5	±0.5	±0.3
		抛光砖的边直度允许偏差为±0.2%,且最大偏差≤2.0mm				
直角度② 相对于工作尺寸的最大允许偏差(%)		±1.0	±0.6	±0.6	±0.6	±0.5
		抛光砖的直角度允许偏差为±0.2%,且最大偏差≤2.0mm。 边长>600mm的砖,直角度用对边长度差和对角线长度差表示,最大偏差≤2.0mm				
表面平整度最大允许偏差(%)	a. 相对于由工作尺寸计算的对角线的中心弯曲度	±1.0	±0.5	±0.5	±0.5	±0.4
	b. 相对于工作尺寸的边弯曲度	±1.0	±0.5	±0.5	±0.5	±0.4
	c. 相对于由工作尺寸计算的对角线的翘曲度	±1.0	±0.5	±0.5	±0.5	±0.4
	抛光砖的表面平整度允许偏差为±0.2%,且最大偏差≤2.0mm。 边长>600mm的砖,表面平整度用上凸和下凹表示,其最大偏差≤2.0mm					
表面质量③	至少95%的砖其主要区域无明显缺陷					

物理性能		要求
吸水率⑧,质量分数		平均值≤0.5%,单值≤0.6%
破坏强度/N	a. 厚度≥7.5mm	≥1300
	b. 厚度<7.5mm	≥700

（续）

物理性能		要求
断裂模数/MPa 不适用于破坏强度≥3000N的砖		平均值≥35，单值≥32
耐磨性	a. 无釉地砖耐磨损体积/mm^3	≤175
	b. 有釉地砖表面耐磨性④	报告陶瓷砖耐磨性级别和转数
线性热膨胀系数⑤ 从环境温度到100℃		见《陶瓷砖》(GB/T4100—2006)附录Q
抗热震性⑤		见《陶瓷砖》(GB/T4100—2006)附录Q
有釉砖抗釉裂性⑥		经试验应无釉裂
抗冻性		经试验应无裂纹或剥落
地砖摩擦系数		制造商应报告陶瓷地砖的摩擦系数和试验方法
湿膨胀⑤/($mm \cdot m^{-1}$)		见《陶瓷砖》(GB/T4100—2006)附录Q
物理性能		要求
小色差⑤		见《陶瓷砖》(GB/T 4100—2006)附录Q
抗冲击性⑤		见《陶瓷砖》(GB/T 4100—2006)附录Q
抛光砖光泽度⑨		≥55
化学性能		要求
耐污染性	a. 有釉砖	最低3级
	b. 无釉砖⑤	见《陶瓷砖》(GB/T 4100—2006)附录Q
抗化学腐蚀性	耐低浓度酸和碱 a. 有釉砖 b. 无釉砖⑦	制造商应报告耐化学腐蚀性等级
	耐高浓度酸和碱⑤	见《陶瓷砖》(GB/T 4100—2006)附录Q
	耐家庭化学试剂和游泳池盐类	a. 有釉砖　不低于GB级 b. 无釉砖⑦　不低于UB级
铅和镉的溶出量⑤		见《陶瓷砖》(GB/T 4100—2006)附录Q

① 以非公制尺寸为基础的习惯用法也可用在同类型砖的连接宽度上。
② 不适用于有弯曲形状的砖。
③ 在烧成过程中，产品与标准板之间的微小色差是难免的。本条款不适用于在砖的表面有意制造的色差(表面可能是有釉的、无釉的或部分有釉的)或在砖的部分区域内为了突出产品的特点而希望的色差。用于装饰目的的斑点或色斑不能看作为缺陷。
④ 有釉地砖耐磨性分级可参照《陶瓷砖》(GB/T 4100—2006)附录P规定。
⑤ 表中所列"见《陶瓷砖》(GB/T 4100—2006)附录Q"涉及项目不是所有产品都必检的，是否有必要对这些项目进行检验应按《陶瓷砖》(GB/T 4100—2006)附录Q的规定确定。
⑥ 制造商对于为装饰效果而产生的裂纹应加以说明，这种情况下，《陶瓷砖试验方法　第11部分：有釉砖抗釉裂性的测定》(GB/T 3810.11)规定的釉裂试验不适用。
⑦ 如果色泽有微小变化，不应算是化学腐蚀。
⑧ 吸水率最大单个值为0.5%的砖是全玻化砖(常被认为是不吸水的)。
⑨ 适用于有镜面效果的抛光砖，不包括半抛光和局部抛光的砖。

四、陶瓷马赛克

1. 分类、规格、等级

陶瓷马赛克的分类、规格、等级，见表3-40。

表 3-40　陶瓷马赛克的分类、规格、等级

项　目	内　　容
分　类	(1)按表面性质分为有釉和无釉两种。 (2)按砖联分为单色、混色和拼花三种
规　格	单块砖边长不大于 95mm，表面面积不大于 $55cm^2$；砖联分正方形、长方形和其他形状。有特殊要求时可由供需双方商定
等　级	按尺寸允许偏差和外观质量分为优等品和合格品两个等级

2. 主要技术要求

(1)每联陶瓷马赛克的线路、联长的尺寸允许偏差应符合表 3-41 的规定。

表 3-41　每联陶瓷马赛克的线路、联长的尺寸允许偏差　mm

项　目	允许偏差	
	优等品	合格品
线　路	±0.6	±1.0
联　长	±1.5	±2.0

注：特殊要求由供需双方商定。

(2)最大边长大于 25mm 的陶瓷马赛克外观质量的允许范围应符合表 3-42 的规定。

表 3-42　陶瓷马赛克外观质量的允许范围(一)

缺陷名称	表示方法	单位	缺陷允许范围				备　注
			优等品		合格品		
			正面	背面	正面	背面	
夹层、釉裂、开裂			不允许				
斑点、黏疤、起泡、坯粉、麻面、波纹、缺釉、桔釉、棕眼、落脏、溶洞			不明显		不严重		
缺角	斜边长	mm	＜2.0	＜4.0	2.0～3.5	4.0～5.5	正背面缺角不允许在同一角部。正面只允许缺角 1 处
	深　度		不大于砖厚的 2/3				
缺边	长　度		＜3.0	＜6.0	3.0～5.0	6.0～8.0	正背面缺边不允许出现在同一侧面。同一侧面边不允许有 2 处缺边；正面只允许 2 处缺边
	宽　度		＜1.5	＜2.5	1.5～2.0	2.5～3.0	
	深　度		＜1.5	＜2.5	1.5～2.0	2.5～3.0	
变形	翘　曲		不明显				
	大小头		0.2		0.4		

(3)最大边长不大于 25mm 的陶瓷马赛克外观质量的允许范围应符合表 3-43 的规定。

表 3-43　　陶瓷马塞克外观质量的允许范围(二)

<table>
<tr><th rowspan="3">缺陷名称</th><th rowspan="3">表示方法</th><th rowspan="3">单位</th><th colspan="4">缺陷允许范围</th><th rowspan="3">备　注</th></tr>
<tr><th colspan="2">优等品</th><th colspan="2">合格品</th></tr>
<tr><th>正面</th><th>背面</th><th>正面</th><th>背面</th></tr>
<tr><td>夹层、釉裂、开裂</td><td></td><td rowspan="2"></td><td colspan="4">不允许</td><td></td></tr>
<tr><td>斑点、黏疤、起泡、坯粉、麻面、波纹、缺釉、桔釉、棕眼、落脏、溶洞</td><td></td><td colspan="4">不明显</td><td>不严重</td></tr>
<tr><td rowspan="2">缺　角</td><td>斜边长</td><td rowspan="7">mm</td><td>＜2.3</td><td>＜4.5</td><td>2.3～4.3</td><td>4.5～6.5</td><td rowspan="2">正背面缺角不允许在同一角部。
正面只允许缺角1处</td></tr>
<tr><td>深　度</td><td colspan="4">不大于砖厚的2/3</td></tr>
<tr><td rowspan="3">缺　边</td><td>长　度</td><td>＜4.5</td><td>＜8.0</td><td>4.5～7.0</td><td>8.0～10.0</td><td rowspan="3">正背面缺边不允许出现在同一侧面。
同一侧面边不允许有2处缺边；正面只允许2处缺边</td></tr>
<tr><td>宽　度</td><td>＜1.5</td><td>＜3.0</td><td>1.5～2.0</td><td>3.0～3.5</td></tr>
<tr><td>深　度</td><td>＜1.5</td><td>＜2.5</td><td>1.5～2.0</td><td>2.5～3.5</td></tr>
<tr><td rowspan="2">变　形</td><td>翘　曲</td><td colspan="2">0.3</td><td colspan="2">0.5</td><td rowspan="2"></td></tr>
<tr><td>大小头</td><td colspan="2">0.6</td><td colspan="2">1.0</td></tr>
</table>

第四节　装饰涂料

一、涂料基础知识

1. 涂料的概念

涂料是指涂敷于物体表面，能与基体材料很好地黏结。干燥后形成完整而坚韧保护膜的物质。早期的涂料主要以植物油和天然漆为主要原料，故称油漆。随着合成材料工业的发展，大部分植物油已被合成树脂所取代，则改称为涂料。

2. 涂料的组成

涂料主要由主要成膜物质、次要成膜物质及辅助成膜物质组成。

(1)主要成膜物质。主要成膜物质的作用是将其他组分黏结成整体，附着在被涂层表面形成坚韧的保护膜，它是涂料的基础物质，也称胶黏剂或固着剂。它分为油性和树脂两大类。

1)油性涂料。油性涂料是以油为主要成膜物质的涂料。油性涂料主要包括油脂漆、天然树脂漆、沥青漆和酚醛树脂漆。

①油脂漆。油脂漆是由以脂肪酸为主的动植物油作主要成膜物，在催干剂的作用下氧化成膜。

油脂漆原料丰富、价格低廉、施工方便、涂刷性与渗透性均好，不易粉化、龟裂及脱落。涂膜干燥后本身的氧化作用并不停止，直至涂层老化，有一定的室外耐候性及在木质材料上的较好柔韧性。

由于依靠空气中的氧化作用干燥成膜，故干燥缓慢，必须加入适当催干剂。且涂膜较软，不能打磨抛光，不耐酸碱溶液和水。在新施工的水泥、抹灰面上不能立即涂饰，易被其中碱性物质皂化脱落。与合成树脂涂料相比就大大显出其不足，不能满足现代装饰工程的需要，加之耗用大量植物油，故这种漆类将逐步被各种合成树脂涂料所代替。

常用建筑油脂漆品种有：清漆、防锈漆、油性调和漆和厚漆等。

②天然树脂漆。天然树脂漆也是传统油漆产品，其主要成膜物是干性油与天然树脂经热炼后制成。天然树脂漆所用天然树脂来源较困难，炼制工艺也较复杂，性能也不全面，现在使用得较少了。天然树脂漆中使用最多的是松香衍生物，其次是虫胶和天然大漆及其改性树脂。

常用建筑天然树脂漆有：酯胶清漆、酯胶调和漆、酯胶防锈漆、虫胶（即漆片）清漆、广漆、油基大漆等。其组成、性能及适用范围，见表 3-44。

表 3-44　天然树脂漆常用品种

类别	品种	组成	性能	适用范围
松香衍生物	酯胶清漆	用干性油和甘油松香加热熬炼后，加入200号溶剂汽油或松节油作溶剂调配而成，中长油度清漆	涂膜光亮、耐水性较好，但次于酚醛清漆。有一定的耐候性，但光泽不持久，干燥性较差	适用于木制家具、门窗、板壁的涂刷及金属表面的罩光
	钙酯地板漆	以钙酯为主，加入酚醛树脂和干性油加热熬炼后，以有机溶剂稀释，并加催干剂制成	涂膜平滑光亮，耐摩擦，有一定的耐水性	适用于木质地板、楼梯、扶手栏杆等表面的涂装
	各色酯胶调和漆	用甘油松香酯、干性植物油与各色颜料研磨后加入催干剂，并以200号溶剂汽油及松节油作溶剂调配而成	干燥性比油性调和漆好，涂膜较硬，光亮平滑。耐气候变化能力较油性调和漆差，易失光龟裂	适用于室内一般木质、金属物件表面的保护和装饰
	各色钙酯调和漆	以石灰松香酯为主，加入部分改性酚醛树脂、干性油与颜料研磨后再加入催干剂及200号溶剂汽油制成	涂膜干燥较快、平整光滑，但耐候性差	只宜做室内木材、金属装饰保护用
	红丹酯胶防锈漆	用脂胶漆料与少量红丹、体质颜料研磨加入催干剂及有机溶剂配制而成	干燥性比红丹油性防锈漆好，但耐久性差，不宜暴露在大气中，必须用适当面漆覆盖	作室内外钢铁构筑物的打底用
	锌灰酯胶防锈漆	以氧化锌为主，加入部分颜料、体质颜料与酯胶漆料混合研磨，加入催干剂和有机溶剂配成	耐候性较一般调和漆强，干燥性比油性防锈漆好，机械强度较好，但耐水性、耐化学腐蚀、耐汽油及溶剂性差	涂装已经用红丹或铁红防锈漆打底的室内外金属结构，可做防锈底漆，也可做防锈面漆
虫胶漆	虫胶清漆	将虫胶溶于乙醇所配制	使用方便、干燥快、涂膜坚硬光亮、附着力较好，但耐水性和耐候性差，日光暴晒会失光，热水浸烫会泛白	木器罩光或油基清漆表面的再度上光及做封闭隔离层用

（续）

类别	品种	组　成	性　能	适用范围
天然大漆及其改性涂料	漆酚清漆	将生漆脱水活化，加入二甲苯缩聚制成	改变了生漆干燥慢、毒性大、施工不便等缺点，涂膜坚韧，与金属有一定附着力，有良好的机械性能和耐化学腐蚀性能	适用于要求耐水、耐酸等金属和木材表面涂饰
	油基大漆	由生漆、亚麻仁油和顺丁烯二酸酐树脂混合加入有机溶剂制成	涂膜光亮，能透出底部颜色及木纹，附着力强，耐久、耐水、耐候，耐烫性好，可根据需要调入颜料制成色漆	用于木器家具、门窗的涂饰

③沥青漆。沥青漆是以沥青为主要成膜物的涂料，是一种热塑性材料，耐化学性好，有独特的防水性能和防腐性能，原料来源广，施工简便，所以尽管各种合成材料不断出现，沥青漆在建筑涂料中仍占有一定的位置。沥青漆可分为溶剂型和水乳型两类。溶剂型沥青漆有些还加入植物油或树脂，使涂膜在柔韧性、附着力、机械强度、耐候性和外观装饰上都有很大改进，适合作室外各类基层面的防护用漆。水乳型沥青涂料可用于室面和板面的防水，操作方便，施工简单，但容易老化，耐候性较差。其组成、性能及适用范围，见表 3-45。

表 3-45　沥青漆常用品种

类别	品种	组　成	性　能	适用范围
溶剂型	沥青清漆	石油沥青、芳烃溶剂加工而成	有良好耐水、防腐性，机械强度、耐候性差	容器，管道内表面的涂刷
	黑沥青漆	天然沥青、石油沥青、石灰松香、干性植物油炼制而成	漆膜干燥快、光泽好、有良好耐水、防腐、防化学性能，机械强度差、耐候性差	用作不受阳光直接照晒的金属及木材表面
	沥青耐酸漆	石油沥青、干性植物油、催干剂、溶剂等	有良好附着力、耐硫酸腐蚀	需防止硫酸腐蚀之金属表面
	沥青铝粉磁漆	石油沥青、干性植物油、铝粉、催干剂、溶剂	有良好附着力，耐水防腐，防化学性较好，耐候性较好	用作室外金属面的涂刷
水乳型	水乳型再生胶沥青防水涂料		无毒、无味、无污染，可在常温下冷施工，操作方便	用于建筑屋面、板面的防水，可提高板面抗渗能力，延缓混凝土板面的碳化、风化过程
	水乳型石棉沥青防水涂料		无毒、无味、无污染，可在稍潮湿的基面上冷施工	用于钢筋混凝土屋面的防水或地下各种钢筋混凝土构筑物水压面的防水

④酚醛树脂漆。酚醛树脂漆是以酚醛树脂或改性酚醛树脂为主要成膜物的涂料，是出现较早的合成树脂漆之一。酚醛树脂是酚类与醛类经缩聚反应制成的树脂。建筑涂料中所用酚醛树脂主要有两类，即油溶性纯酚醛树脂和改性酚醛树脂，建筑涂料大多用改性酚醛树脂。其性能为

干燥较快、附着力好、涂膜较硬、耐水耐化学腐蚀较好，有一定的绝缘能力，但涂膜较脆，色易变深，耐大气差，易粉化不宜做白漆。用途较广，一般室内外门窗、地板等木质面层及金属面层都可用此作涂料。

常用的酚醛树脂漆有：酚醛清漆，各色酚醛调和漆，各色酚醛有光、半光、无光磁漆，各色酚醛底漆，各色酚醛防锈漆等。其组成、性能及适用范围，见表 3-46。

表 3-46　　酚醛树脂漆常用品种

类别	品种	组　成	性　能	适用范围
	酚醛清漆	松香改性酚醛树脂与干性油熬炼加催干剂和 200 号溶剂汽油或松节油作溶剂制成	涂膜硬、光泽好、耐水、耐热、耐弱酸碱	室内外木质面（可显出木质底色和木纹）和金属面的涂饰
清　漆	酚醛清漆	松香改性酚醛树脂与顺丁烯二酸酐树脂、干性油熬炼加催干剂和 200 号溶剂汽油制成	比长油度酚醛清漆干燥稍快、硬度稍高、耐沸水杯烫不发粘，但耐候性稍差	
	酚醛清漆	松香改性酚醛树脂与以桐油为主的干性油熬炼，加催干剂和 200 号溶剂汽油制成	涂膜干燥较快、光亮、坚硬、耐水，但较脆、易泛黄	室内不常碰撞的木质表面
调和漆	各色酚醛调和漆	松香改性酚醛树脂与以干性植物油为主进行熬炼，与体质颜料研磨，加入催干剂、溶剂等制成	干燥快、光亮、平滑、漆膜坚韧（气候过冷时可适当再加入催干剂后使用）	室内外木质面、金属面和砖墙水泥墙面的涂饰
	各色酚醛磁漆	长油度松香改性酚醛漆料、颜料、体质颜料加催干剂及 200 号溶剂汽油制成	色彩鲜艳、光泽好、具有良好的附着力	较高级建筑的室内、外木材金属表面
磁　漆	各色酚醛无光和半光磁漆	中油度或短油度松香改性酚醛漆料、季戊四醇香酯、颜料、体质颜料加催干剂及 200 号溶剂汽油制成	色彩鲜艳、具有良好的附着力。无光或半光	较高级建筑的室内、外木材金属表面，该漆用喷涂施工较好
	各色酚醛底漆	与磁漆相同	漆膜坚硬，干燥快，遮盖力强，附着力好，具耐硝基漆性能	用作打底或中间涂层、金属面底漆
防锈漆	红丹酚醛防锈漆	长油度松香改性酚醛树脂漆料，松香甘油酯加红丹、体质颜料、催干剂制成	防锈性、附着力好，机械强度较高，耐水性较油性防锈漆和醇酸防锈漆好，干燥性较油性防锈漆好，缺点是易沉降、有一定毒性、不宜喷涂、价格较一般防锈漆贵	室内外钢铁表面做防锈打底漆

2）树脂涂料。树脂涂料主要包括硝基漆、醇酸树脂漆、氨基树脂漆、聚氨酯漆、环氧树脂漆、

丙烯酸树脂漆和过氯乙烯漆等。其性能特征和适用范围,见表 3-47。

表 3-47 树脂涂料的性能特征和适用范围

品种	性 能 特 征	适 用 范 围
硝基漆	硝基漆是以含 N11.7%～12.2%的 1/25 硝基纤维为主要成膜物的涂料,它具有快干、漆膜坚硬、丰满、耐磨、光泽好、打磨抛光性好、可塑性强、便于修饰等优点。如物体表面的漆膜受到损伤,用水砂纸磨平,再用硝基清漆(腊克)填补,修复处仍能与原平面涂膜平整一致,不会留下任何痕迹。硝基漆也存在一些根本性的缺点:如固体分低、稀释剂用量大、易燃、耐水及耐热性较差、潮湿时施工涂膜易发白,且硝基漆中含有大量对人体有害的溶剂。由于这些缺陷的存在,硝基漆将逐渐被成本低、工时少、耐久性能强的聚氨酯漆所代替	适用于室内外的各种木制品家具、塑料、皮革、织物等作底漆,二道底漆及磁漆
醇酸树脂漆	醇酸树脂漆由中油度或长油度干性醇酸树脂、颜填料、催干剂、抗结皮剂、溶剂汽油或松香水配成。 醇酸树脂漆涂膜的附着力强、光亮、力学性能好、耐候性较好,并以中油度醇酸树脂漆的综合性最佳。 醇酸树脂中残留较多的 OH、COOH 基团,故涂膜耐水性差;树脂分子链上的酯基也使得涂膜不耐酸、碱的水解作用。采用相容性硬树脂改性,如松香或纯酚醛树脂,能提高漆膜的硬度及耐水、耐化学性,也进一步提高了底漆涂膜的附着力和防腐蚀性能。要提高磁漆的抗水性、抗化学性及耐候性,可采用苯乙烯改性树脂、丙烯酸改性树脂、异氰酸酯改性及有机硅改性树脂等。 醇酸树脂漆施工方便,可采用刷涂、喷涂,且成膜快、附着力好、光泽持久、不易老化、耐候性好。抗矿物油及醇类溶剂性也较好。但耐碱、耐水性不理想,不宜用在新抹灰、水泥、砖石等碱性基层面上。 常用醇酸树脂漆中有醇酸清漆、各色醇酸磁漆、各色醇酸调和漆、各色醇酸底漆、醇酸防锈漆等	醇酸漆的品种很多,由于其性价比优势,在机械、交通工具、农机、电器仪表、轻工、建材、木材等方面有着广泛的应用
氨基树脂漆	氨基树脂漆由氨基树脂、短油度醇酸树脂、颜料、丁醇和二甲苯配制而成,需中温烘烤固化,涂膜光亮丰满,坚硬,可打磨抛光,耐候性好,机械强度高,抗介质性也较好。 氨基树脂色泽浅,配成浅色漆不泛黄,都用于配制装饰性面漆。氨基树脂漆的缺点是对金属的附着力差,不能直接涂于金属表面,烘烤过度会造成涂膜发脆。 氨基树脂漆依所用氨基树脂或醇酸树脂品种及其配比,呈现出不同的特性和用途。根据氨基树脂与醇酸树脂用量比例,一般将氨基漆分成高氨基、中氨基和低氨基三种,其配合比例如下: 氨基树脂:醇酸树脂=1:2.5 为高氨基; 氨基树脂:醇酸树脂=1:(2.5～5)为中氨基; 氨基树脂:醇酸树脂=1:(5～7.5)为低氨基。 清漆和白漆等外用漆采取接近高氨基比例,高氨基配方可加些50%油度蓖麻油醇酸树脂增韧;黑漆及低温干色漆,氨基:醇酸约1:4;其他色漆采取接近低氨基比例;普通氨基烘漆和二道底漆采取低氨基比例,可大大降低成本。 浅色漆常采用抗黄变性好的蓖麻油或椰子油醇酸树脂,但蓖麻油醇酸树脂具有较好增韧作用,椰子油醇酸使涂膜附着力、冲击强度变差,存在较多问题。一般色漆则采用豆油醇酸树脂	主要用于各种具有烘烤条件和装饰性要求较高的金属制品上,如交通工具、仪器仪表、机械产品、家用电器、医疗机械、电机电器设备等。 低醚化氨基树脂与 30%油度醇酸树脂配伍最多,大于 40%油度醇酸树脂需用高醚化氨基树脂来确保其相容性。脲醛树脂用于配制酸催化常温干木器清漆或改善氨基漆对金属表面的附着力;六甲氧甲基三聚氰胺用于配制高固体分涂料、水性漆等

（续一）

品种	性 能 特 征	适 用 范 围
聚氨酯漆	聚氨酯漆是以聚氨基甲酸酯树脂为主要成膜物的涂料，具有漆膜光亮丰满、坚硬耐磨、附着力极强等优点，且抗潮湿，耐油、耐溶剂、耐酸碱、耐化学药品，并有一定弹性。 根据其化学组成和固化机理的不同与建筑涂料关系较密切的有聚氨酯改性油涂料（单组分）、湿固化型聚氨酯涂料、多羟基型聚氨酯涂料、封闭型聚氨酯涂料等。其性能及特点如下： （1）聚氨酯改性油涂料。是聚氨酯涂料中最普通的一种。聚氨酯油贮存稳定性好，制造色漆容易。与醇酸树脂比较，漆膜干性好，硬而耐磨。耐碱，耐油和抗溶剂性好。多用作木材，水泥表面涂覆以及维修和防护涂料。 （2）湿固化型聚氨酯涂料。涂膜可在潮湿表面或空气湿度大的环境中施工固化。这种涂料的涂膜坚韧、致密、耐磨、耐化学侵蚀，具有良好的抗污染和耐油性。常用于潮湿环境中的防腐油漆、抹灰面上潮湿部位的封闭油漆、水泥地面涂料及耐化学耐磨墙面，施工时应注意防止起泡。 （3）多羟基型聚氨酯涂料。是聚氨酯涂料中品种最多的一类，具有优良的耐磨、耐溶剂、耐水、耐化学腐蚀性。应用范围很广，可做建筑上的表面装饰罩光，木质、水泥、金属面的高级涂装等。 （4）封闭型聚氨酯涂料。这类涂料的特点是没有毒性；贮存稳定性好；由于是加热成膜，漆膜具有良好的物理化学性能	聚氨酯漆可以配制成用于涂覆纤维，纸张、皮革、橡胶、塑料的极为柔韧的涂料，也可以制成金属、木材、水泥表面用的漆膜坚硬耐磨的涂料，被广泛地用于石油、化学工业设备、贮槽、管道防腐蚀以及高温气候条件下的结构件、机械设备、仪器仪表的涂装
环氧树脂漆	环氧树脂漆是以环氧树脂、改性环氧树脂为主要成膜物质，再加入颜料、溶剂及其他辅助材料混合调制而成的一类涂料。 环氧树脂漆具有很强的附着力、突出的耐腐蚀性、很强的耐潮湿、耐水性、优良的电绝缘性，良好的抗化学药品性。尤其是耐酸碱性强。涂膜坚硬、耐磨，柔韧性好，耐挠曲，耐冲击，硬而不脆，是一种用途很广泛的涂料。但它也有一定的缺点，如流平性较差，因此不宜做高级装饰用。它的耐候性较差，若用于室外产品涂饰，会在很短的时间里失光、龟裂和粉化。它的底漆和腻子固化后坚硬不易打磨，因而不容易做得平整光滑。它的固化剂有毒，刺激性强，使用时应有较好的通风措施等。 环氧树脂漆的主要品种有冷固型环氧漆、酯化型环氧漆及垫固型环氧漆等	常用作防腐蚀底漆
丙烯酸树脂漆	丙烯酸树脂漆的主要成膜物是甲基丙烯酯与丙烯酸酯的共聚树脂，由于制造树脂时选用的单体不同，可分为热塑性的和热固性两大类。 丙烯酸树脂漆是一种新型的极有发展前途的涂料，它突出的特点是漆膜光泽性好和保色、保光性好，此外，还具有漆膜干燥迅速、附着力强（尤其对锌、铝等金属）、耐久性好、力学性能好等优点，并具有极好的耐气候性和优良的抗化学品性能及耐水、耐高温、耐紫外线等性能	热塑性丙烯酸树脂漆为自干型漆，通常制成底漆、磁漆和清漆供轻金属表面装饰用。 热固性丙烯酸树脂漆为烘干型漆，主要用于汽车工业、轻工产品，如仪表、罐头外壁等作装饰用。还适于轻金属表面，抛光金属表面，精密仪器罩光以及装饰性要求较高的工业品

（续二）

品种	性能特征	适用范围
过氯乙烯漆	过氯乙烯漆是以过氯乙烯树脂为主要成膜物的涂料。由聚氯乙烯树脂经氯化反应制成过氯乙烯树脂，再加两种以上的其他树脂加以改性再加适当的增塑剂制成过氯乙烯漆。具有较好的大气稳定性；有耐水、耐酒精、耐机油、耐汽油等特性；有优良的化学稳定性；并具有防霉、防湿热等功能。但过氯乙烯漆也有很多缺点，其附着力差，在处理不当的情况下，漆膜往往会成片剥落。硬度不及硝基漆，不宜打磨抛光。溶剂释放性差，涂膜表面干燥虽快，但干透很慢，在溶剂未全部挥发之前涂膜较软。 常用过氯乙烯漆的品种有：过氯乙烯清漆、各色过氯乙烯磁漆、各色过氯乙烯腻子、各色过氯乙烯底漆、各色过氯乙烯二道漆、过氯乙烯防腐清漆、各色过氯乙烯防腐漆等	过氯乙烯漆各个品种有它自己专用的配套底漆、中间层漆、面漆和稀释剂，这一点必须特别注意。在建筑工程中主要做普通地区或潮湿地区室内外、金属或木质面的涂装及有耐酸碱要求的建筑、设备，以及工业管道的表面涂饰工程

(2)次要成膜物质。次要成膜物质是自身不能形成完整涂膜的物质，但能与主要成膜物质一起参与成膜，赋予涂膜色彩或某种功能，增加涂料的品种，扩大涂料使用范围，也能改变涂膜的物理力学性能。

各种颜料及其各种填充料是涂料中的次要成膜物质。颜料的作用是增加涂料颜色，对被涂物体起到装饰作用；另一方面颜料还可增强涂膜的防水、防锈、防晒等性能。填料对涂料的颜色不起作用。但在涂料中加入填料可以改善涂料的某些性能，还可以增加涂料的体积，从而降低涂料的生产成本。

(3)辅助成膜物质。辅助成膜物质不是涂料成分中的主体，但却可以对涂料变成涂膜的过程产生某种影响，或对涂膜的性能产生某些辅助作用。辅助成膜物质包括溶剂、稀释剂和助剂。稀释剂又称稀料，它由溶剂、非溶剂和助溶剂组成。溶剂和稀释剂使涂料便于生产加工、施工和形成完好涂膜。助剂在涂料中使用很少，但能起到显著作用，常用的助剂有：催化剂、乳化剂、引发剂、稳定剂、消泡剂、pH 调节剂、增塑剂等。它们主要用来改进涂料生产工艺；改善涂料贮存稳定性；改善涂料施工性能和涂膜外观。涂料中不仅使用助剂，而且一般涂料中所使用的助剂种类多达十几种甚至更多。

二、涂料分类

(1)按涂料用途分类，可分为建筑涂料、工业涂料和维护涂料。工业涂料包括汽车涂料、船舶涂料、飞机涂料、木器涂料、皮革涂料、纸张涂料、卷材涂料、塑料涂料等工业化涂装用涂料。

(2)按施工方法分类，可分为喷漆涂料、静电喷漆涂料、电泳涂料（包括阳极电泳涂料和阴极电泳涂料）和自泳涂料等。

(3)按涂料形态分类，可分为溶剂型涂料、无溶剂涂料、水性涂料、高固体分涂料和粉末涂料。

(4)按施工工序分类，可分为底漆、腻子、二道底漆（或称二道浆）、面漆和罩光漆等。

(5)按成膜机埋分类，可分为非转化型涂料，包括挥发型涂料、热溶型涂料、水乳胶型涂料、塑性熔胶；转化型涂料，包括氧化聚合型涂料、热固化型涂料、化学交联型涂料和辐射能固化型涂料。

(6)按涂膜性能分类，可分为防腐蚀涂料、耐高温涂料、耐磨涂料、绝缘涂料、导电涂料、防锈涂料、带锈涂料、防污涂料以及各种功能涂料等。

(7)按所含颜料分类,可分为清漆、厚漆、磁漆(面漆)等。

(8)按成膜物质分类,根据国家标准《涂料产品分类和命名》(GB/T 2705—2003)中规定执行,我国已生产的涂料可分为17大类(表3-48),辅助材料1类(表3-49),共18大类。

表3-48 涂料按成膜物质的分类

序号	代号(用汉语拼音字母表示)	成膜物质类别	主要成膜物质
1	Y	油性漆类	天然动植物油、清油(熟油)、合成油
2	T	天然树脂漆类	松香及其衍生物、虫胶、动物胶、乳酪素、大漆及其衍生物
3	F	酚醛树脂漆类	改性酚醛树脂、纯酚醛树脂、二甲苯树脂
4	L	沥青漆类	天然沥青、石油沥青、煤焦沥青、硬质酸沥青
5	C	醇酸树脂漆类	甘油醇酸树脂、季戊四醇酸树脂、其他改性醇酸树脂
6	A	氨基树脂漆类	脲醛树脂、三聚氰胺甲醛树脂
7	Q	硝基漆类	硝基纤维素、改性硝基纤维素
8	M	纤维素漆类	乙基纤维、苄基纤维、羟甲基纤维、醋酸纤维、醋酸丁酸纤维、其他纤维酯及醚类
9	G	过氯乙烯漆类	过氯乙烯树脂、改性过氯乙烯树脂
10	X	乙烯漆类	氯乙烯共聚树脂、聚醋酸乙烯及其共聚物、聚乙烯醇缩醛树脂、聚二乙烯乙炔树脂、含氟树脂
11	B	丙烯酸漆类	丙烯酸酯树脂、丙烯酸共聚物及改性树脂
12	Z	聚酯漆类	饱和聚酯树脂、不饱和聚酯树脂
13	H	环氧树脂漆类	环氧树脂、改性环氧树脂
14	S	聚氨酯漆类	聚氨基甲酸酯
15	W	元素有机漆类	有机硅、有机钛、有机铝等元素有机聚合物
16	J	橡胶漆类	天然橡胶及其衍生物、合成橡胶及其衍生物
17	E	其他漆类	未包括以上所列的其他成膜物质,如无机高分子材料、聚酰亚胺树脂等
18		辅助材料	稀释剂、防潮剂、催干剂、脱漆剂、固化剂

表3-49 辅助材料的分类

序号	代号(用汉语拼音字母表示)	名称	序号	代号(用汉语拼音字母表示)	名称
1	F	防潮剂	4	T	脱漆剂
2	G	催干剂	5	X	稀释剂
3	H	固化剂			

三、辅助材料

1. 腻子

腻子是一种可塑性良好的膏状体涂料,一般由大量的体质颜料与黏结剂、着色颜料、水或溶剂、催干剂等组成，常用的体质颜料有碳酸钙(大白粉)、硫酸钙(石膏粉)、硅酸钙(骨石粉)、硫酸锌钡(香晶石粉)等。黏结剂一般有猪血、熟桐油、清漆、合成树脂溶液、乳液及水等。腻子分嵌补腻子和批刮腻子两种，适用于各种木材面、金属面上的嵌补和批刮。

(1)嵌补腻子。嵌补也称填补，是指对被涂物面上的局部缺陷处进行填补，如钉眼、纹理隙孔、裂缝以及各种凹凸不平处。嵌补腻子要松散、黏厚、似饭状，调配时的水分要多，油分要少，使被填补的缺陷处具有易干燥、结实和平整等优点。

(2)批刮腻子。批刮也称满批，是指在被涂物面上全面进行填补。批刮腻子略带黏度，较松而软熟，调配时的水分要少，油分要多，以调制成厚稀饭状。经满批后的物面，腻子能渗进木纹孔隙，从而有利于被涂物件的涂膜均匀粘附，平整光滑，并增加光泽度。满批腻子不但节约了涂料的原材料，而且有较佳的涂饰效果。

腻子的种类繁多，常用的有天然漆石膏腻子、油漆石膏腻子、虫胶漆老粉腻子、生漆瓦灰腻子、血料老粉腻子以及胶水石膏腻子等多种，它们在物面上能起到使漆膜光滑平整的作用。

腻子的种类及其适用范围，见表 3-50。

表 3-50　　　　腻子的种类及其适用范围

项次	分类	说　明	适用范围
1	天然漆石膏腻子	天然漆石膏腻子具有良好的可塑性和较强的坚固性，是天然漆涂饰工艺中嵌补、批刮的专用腻子(其他涂料忌用此类腻子)。具体可分广漆石膏腻子与生漆石膏腻子两种。 广漆石膏腻子主要是由广漆、石膏粉和水组成的。 生漆石膏腻子主要是由生漆、石膏粉和水组成的	天然漆腻子的优点是不需加色，由于广漆具有自然变化的特性(由深转浅)，因此适宜在浅色涂饰工艺中作嵌补及批刮用
2	油漆石膏腻子	油漆石膏腻子对颜色的要求不高，但在调配时，所使用的着色颜料须根据被涂物面的颜色而定。如物面是浅色的，则所使用的腻子也必须是浅色的，不能用深色，以免渗透物面而影响漆膜的色泽一致性。油漆石膏腻子具体又可分清漆石膏腻子与松香水油石膏腻子两种。 清漆石膏腻子主要是由清漆、石膏粉即体质颜料、着色颜料与水等组成。 香水油石膏腻子主要是由熟桐油、石膏粉、松香水或松节油、着色颜料等(不需放水)组成	油漆石膏腻子适用于不透明涂饰工艺中的嵌填与批刮
3	着色油漆石膏腻子	对这种着色腻子的颜色有一定要求，尤其是嵌补腻子的颜色，绝不能比底色深，批刮腻子的颜色必须接近底色，以充分保证经批、嵌后的物面色泽一致、均匀，无填疤痕迹。 着色油漆石膏腻子主要是由清漆、石膏粉、着色颜料及水等组成，具体使用时可用松香水油或石膏腻子代替	着色油漆石膏腻子适用于透明涂饰工艺中的嵌补与批刮

(续)

项次	分类	说　明	适用范围
4	豆腐石膏腻子	豆腐石膏腻子主要是由豆腐、石膏粉和着色颜料组成。这种腻子能润滑底子并使物面光洁平整	一般用来批嵌各种被涂物件如门框、桌脚、圆挡等一些不易批刮部位的缺陷
5	虫胶漆老粉腻子	虫胶老粉腻子具有良好的干燥性能,并有较强的黏结度,易打磨,填补处无腻子痕迹,是一种较理想的嵌补腻子。主要由淡虫胶漆、双飞粉、着色颜料(忌用品色及酸、碱性梁料)组成的	适用于各种木材面的嵌补,在透明涂饰工艺以及不透明涂饰工艺中均可使用
6	生漆瓦灰腻子	生漆瓦灰腻子是一种具有传统性的室外建筑辅助涂料。它具有较强的抗腐朽、耐潮、耐暴晒等独特性能。 生漆瓦灰腻子主要是由生漆、瓦灰组成的	适用于各种古建筑物中的室外涂饰工艺中,如廊柱、各种金字牌匾以及各种脱胎漆器工艺品等
7	血料老粉腻子	血料老粉腻子主要是由熟猪血、老粉、熟桐油、石膏粉和菜胶组成血料,是一种黏结性良好的室内装饰辅助涂料,它既能起装饰作用,又可节约原材料,是一种较理想的室内建筑涂料	常用来装饰各种高级建筑物的室内墙面,如墙面拉毛、墙面拍花、墙面搭花措色等
8	血料鸡脚菜胶老粉腻子	在血料老粉腻子中常掺入适量鸡脚菜胶以降低血料的黏度,从而增强墙面与腻子间的附着力,是一种平整性良好的室内建筑辅助涂料。主要由鸡脚菜胶、熟猪血、老粉组成,鸡脚菜胶可以用化学浆糊来代替	常用作各种室内建筑物以及房间墙壁的批刮及嵌补用腻子
9	血料老粉腻子	血料老粉腻子主要是由熟猪血、老粉(即双飞粉)组成,是一种平整性良好的室内涂饰的辅助涂料	适用于不透明涂饰工艺中,常作批刮腻子用,一般不作嵌补用,不适用于各种室外建筑物及地板的涂饰工艺
10	生漆香灰腻子	生漆香灰腻子主要是由生漆和香灰组成的,是一种极细腻和有较好坚固性的装饰涂料	适用于各种金字招牌、脱胎漆器、工艺品等的最后一道批刮工序,经其批刮后的物面光洁、细腻、坚固耐久,有相当高的装饰效果
11	油面腻子	油面腻子是一种新型的浆膏状辅助涂料,它具有色白、不卷皮、不龟裂、无毒、无臭、易贮藏等优点,是血料老粉腻子最理想的代用品	常作各种木制品器具、商店门面、室内建筑墙、板壁等的细孔裂缝的嵌填及底层批刮用
12	胶水干木粉腻子	胶水干木粉腻子主要是由动物胶、鱼胶、白胶、干木粉组成的,是一种具有良好黏结性的胶结腻子	常用来嵌补被涂物件的裂缝等缺陷处,以起黏结作用,因此不宜用来批刮

2. 溶剂

溶剂是涂料中暂时存在的成分,涂饰后就会挥发掉,但它可以降低涂料黏度,调节流变性和电阻;作为聚合反应的溶剂,可用来控制聚合物的相对分子质量及分布。并可改进涂料的涂布和涂膜性能。常用的溶剂有苯系溶剂、醇类溶剂、酯类溶剂等，其性能特征，见表 3-51。

表 3-51　常用溶剂的种类及性能特征

种类	性　能　特　征
苯系溶剂	苯系溶剂主要有甲苯和二甲苯，甲苯常与别的溶解能力较强的溶剂(如酯类溶剂)一起用作混合溶剂。二甲苯有邻位、对位、间位三种异构体，是涂料中用量最大的溶剂之一，它的溶解力强，挥发速率适中，既可用于常温气干型涂料，也可用于烘漆，广泛用作醇酸树脂、氯化橡胶、聚苯乙烯的溶剂，在硝基漆中用作稀释剂。如果在二甲苯中加入 10%～20%的正丁醇，溶解能力更强
醇类溶剂	醇类溶剂主要有乙醇和丁醇。乙醇多用作虫胶、乙基纤维素、聚乙烯醇缩丁醛及醇溶性酚醛树脂的溶剂，很少单独使用。醇类溶剂对含有亲核基团的树脂有溶剂化作用，即氢键作用。它们对大多数合成树脂没有单独溶解性，但具有潜在溶解力，称之为助溶剂。 丁醇挥发性较慢，溶解性不如乙醇，故常用作助溶剂使用，并能防止针孔、橘皮及快干挥发性涂料的发白，改善对颜料的润湿性。另外，丁醇是氨基树脂的良溶剂
酯类溶剂	涂料中使用的酯类溶剂主要有醋酸乙酯、醋酸丁酯和和乳酸乙酯等。沸点低，溶解能力很强，无毒，它们以前主要用作硝基漆的真溶剂，现在使用更为广泛，常用于各种工业涂料中。特别是醋酸丁酯，挥发速率慢，更为适用。与同类溶剂相比，醋酸乙酯和醋酸丁酯的溶解能力较低，而且酮类溶剂易得，价格也较便宜，但醋酸乙酯和醋酸丁酯无毒，气味也要比酮好得多
酮类溶剂	酮类溶剂主要有丙酮、丁酮、甲乙酮、环己酮和甲基异丁基酮。丙酮和丁酮挥发很快，溶解力很强，是丙烯酸树脂、硝基纤维素、过氯乙烯的良溶剂，它也常和其他溶剂混合，用作混溶剂。相比之下，丁酮挥发速率小于丙酮，闪点也较高，常用作乙烯基树脂、环氧树脂、聚氨酯涂料的溶剂。甲基异丁基酮是用二丙酮醇合成的一种中沸点溶剂，挥发速率较慢，其用途和丁酮相似，常用于烤漆。环己酮是由环己醇催化脱氢制得的一种溶解能力很强的溶剂，挥发速率较慢，虽然有难闻的气味，但毒性较低，常用作聚氨酯涂料的溶剂
烃类溶剂	烃类溶剂分脂肪烃和芳烃两大类。脂肪烃主要是 200# 溶剂汽油，亦称松香水或白酒精，沸程在 150～190℃。它的毒性较小，常用作油性漆、油基漆和长油度醇酸树脂漆的溶剂，不溶于合成树脂。芳烃溶剂有二甲苯、甲苯、苯、200# 煤焦油及重质苯等，溶解性比脂肪烃大。此类溶剂的毒性依上顺序增大。特别是苯，它的闪点低、挥发快、安全性差，使用较少

3. 颜料

颜料在涂料中是次要成膜物质，它是微细粉末状的有色物质，不溶于水和油，微溶于有机溶剂，但能均匀地分散于水和油中，而被广泛地应用于涂料中。

在涂料配方设计时，除了根据具体作用来选择颜料外，还需要考虑颜料的各种性质。

(1)保光保色性。现实生活中，许多用品刚买来时颜色鲜艳，但是过不多久，其颜色就逐渐褪去，露出基体的本色。这种现象是由于颜料的保光保色性不良造成的。所以，颜料仅仅能赋予涂料良好的原始色泽是不够的，还要求涂膜的色泽必须耐久，最好是使原始色泽的保持期达到或超过涂膜本身的寿命。

(2)渗色性。平常所说的颜料以粒子状态存在于涂料体系中，其实并不绝对。有的颜料还是会部分溶解在溶剂中的，特别是有机颜料更为明显。在多道涂装过程中，一旦底漆中的颜料溶于面漆的溶剂，那么就会造成底色混入面漆的后果。例如，如果在红色底漆中的颜料溶于白色面漆的溶剂，涂装后白漆就变成了粉红色。这种现象叫做“渗色”。

(3)密度。购买颜料时，一般是按质量计价的，但是，涂料出售时一般是按体积计价的。所以，如果颜料的性能、作用、价格相当，购买密度较小的颜料较为合算。例如，同是白色颜料，铅白的密度是 $6.6\times10^3\,kg/m^3$，金红石二氧化钛的密度为 $4.1\times10^3\,kg/m^3$。对于体质颜料而言，一般密度都比较小。

(4)化学稳定性。在涂料配方设计中选择颜料时，其化学性质显得非常重要。例如，如果颜料的热分解温度或熔点较低，就不能用于高温烘干漆；如果把氧化锌用于酸值较高的树脂中，它会与树脂发生皂化反应，并通过二价金属锌使树脂间交联，从而使涂料在贮存过程中粘度增大很多。人们常把这种现象叫做涂料的"肝化"；如果在涂料中使用含铅颜料，含铅的颜料能与大气中的 H_2S 反应生成黑色的硫化铅，从而使漆膜色泽变暗。

(5)润湿性与分散性。在涂料生产过程中，为了改进颜料的润湿性和分散性，常常对颜料进行表面处理。例如，用树脂来处理颜料，高分子聚合物可在聚集的颜料粒子间形成空隙，为溶剂渗入颜料粒子之间创造了条件。溶剂进入此空隙之后，将树脂溶解，使留下颜料粒子能较好地分散于介质中。对于 TiO_2 表面，常用 SiO_2、Al_2O_3 等来处理，使其分散性和耐候性得以改善。对于 $CaCO_3$ 一类颜料，如果用硬脂酸处理后，可使其表面附着一层硬脂酸，从而使颜料粒子体积增加，密度降低，减小涂料贮存过程中的颜料的沉降速度，而且即使发生沉降，也不会结成硬块，但硬脂酸的用量必须控制，不能超过10%，否则将影响涂料的其他性能。

(6)毒性。许多颜料能赋予涂料美丽的色彩，但是因为其毒性太大，对生产、施工环境构成严重威胁，同时用户(涂膜的使用者)的健康也因长期处在有毒的环境中受到严重的伤害，人们不得不忍痛割爱，舍去含铅、含铬、含镉的各种颜料。随着欧盟 RoHS 标准的推广使用，含铅、六价铬、汞、镉的涂料会逐渐淡出市场。

4. 助剂

建筑涂装施工中常用的助剂有催干剂、固化剂、增塑剂和增韧剂等。

(1)催干剂。催干剂是指能提高氧化交联型涂膜固化速度的物质，俗称干燥剂，有固体和液体两种。主要是油溶性的有机酸金属盐，如钴、锰、铅、锆的环烷酸、辛酸、松香酸或亚油酸盐。它可以加快涂料干燥时间，降低烘干温度，显著缩短涂料施工周期，并有提高涂料性能的作用。例如，亚麻籽油在未加催干剂之前，约需140h才可干结成膜，且干燥不彻底。加入催干剂后，在12h内即可干结成膜，且涂膜光滑，手触不粘。

催干剂种类很多，常用的有钴、铅催干剂、锰盐催干剂、铁催干剂、锆催干剂等。催干剂的加入量应根据涂料本身的干燥程度，结合当时的气温环境考虑。在施工前加入催干剂，其用量一般为3%。如果提前1～3天内加入0.5%～1%的催干剂，充分搅拌均匀备用，也可得到良好的干燥效果。

(2)固化剂。固化剂是指能使高聚合物的分子间产生交联的物质，也称硬化剂。其品种繁多，使用固化剂的合成树脂油漆也有众多品种，但使用时须注意适当调制。在合成树脂涂料中的固化剂的用量越多，漆膜固化也越快，因而，必须根据不同的涂料性能及施工条件适当选用。

以合成树脂制成的涂料，有些在室温下可以干结成膜，有的需经过加热后才能干结成膜，有的则需要利用酸、胺、过氧化物等物质作为固化剂与合成树脂发生反应而使其涂膜干结。因此必须根据施工条件适当选用，以免产生漆膜老化等不良现象。

固化剂是环氧树脂漆很重要的辅助材料，因为环氧树脂是热塑性线型结构的树脂，其本身不会固化，必须用固化剂使环氧树脂分子交联成网状结构的巨大分子，才能成为不溶不熔的固体产物，从而使其具有良好的耐化学性能、绝缘性能以及力学性能等。

(3)增塑剂。用于增加脆性涂膜柔韧性的有机添加剂叫增塑剂。脆性树脂可通过共聚改性的这种内增塑方法来赋予长期韧性，如氯醋共聚物，但应用性受到限制。故在涂料生产中，都采用方便的外增塑方法。外增塑就是采用与脆性树脂相容的非挥发液体来增塑，或拼混柔性树脂，如醇酸树脂改性氯化橡胶。但一般称非挥发液体为增塑剂，它们能降低树脂的玻璃化温度，从而改善其韧性、伸长率、渗透率和附着力，但拉伸强度下降。韧性和附着力将随着添加量增加达到某一峰值，过量则又将下降，因此增塑剂用量应控制在某一适宜范围内。

常用增塑剂的品种有：氯化石蜡、邻苯二甲酸二辛酯(DOP)和邻苯二甲酸二丁酯(DBP)等。

(4)增韧剂。增韧剂用于增加漆膜的柔韧度，同时也可提高漆膜的附着力。有些涂料漆膜太硬，容易脆裂，必须配用增韧剂。

增韧剂必须能很好地与成膜物质均匀配合，略带溶解力，结成膜后保持透明，不渗出，遇热或遇冷时不挥发，不析出，保持漆膜的柔韧性，受紫外线光时不变质，不分解出游离酸，能和溶剂、颜料等均匀混合，不吸水，遇水、油、溶剂等不溶失，不影响漆膜的颜色，无色、无臭、无刺激性。

增韧剂在漆中用量一般为树脂量的10%，最高可达200%。有些增韧剂会给漆膜带来一些缺点，选择时必须谨慎。

第五节　抹面材料

一、水泥

1. 水泥的分类

水泥是当代最重要的建筑材料之一，目前广泛应用于工业、农业、国防、交通、城市建设、水利以及海洋开发等工程建设中。

水泥属于无机水硬性材料，它不仅能够在空气中凝结硬化，也能在水中凝结硬化，并保持和发展其强度。未与水拌合前呈粉末状，拌合后经物理、化学变化过程后，能由塑性浆体变成坚硬的石状体(硬化)。

2. 通用硅酸盐水泥

通用硅酸盐水泥通用硅酸盐是以硅酸盐水泥熟料和适量的石膏及规定的混合材料制成的水硬性胶凝材料。其按混合材料的品种和掺量分为硅酸盐水泥、普通硅酸盐水泥、矿渣硅酸盐水泥、火山灰质硅酸盐水泥、粉煤灰硅酸盐水泥和复合硅酸盐水泥。

(1)硅酸盐水泥。由硅酸盐水泥熟料、0～5%石灰石或粒化高炉矿渣、适量石膏磨细制成。硅酸盐水泥分为两种类型，不掺加混合材料的称Ⅰ型硅酸盐水泥，代号P·Ⅰ。在硅酸盐水泥熟料粉磨时掺加不超过水泥质量5%石灰石或粒化高炉矿渣混合材料的称Ⅱ型硅酸盐水泥，代号P·Ⅱ。

(2)普通硅酸盐水泥。由硅酸盐水泥熟料、6%～20%混合材料、适量石膏磨细制成，代号P·O。掺活性混合材料时，活性混合材料掺加量为5%且≤20%，其中允许用符合要求的不超过水泥质量8%的非活性混合材料或不超过水泥质量5%的窑灰代替。

(3)矿渣硅酸盐水泥。由硅酸盐水泥熟料和粒化高炉矿渣、适量石膏磨细制成，分为P·S·A和P·S·B两种型号。水泥粒化高炉矿渣掺加量按质量百分比计为>20%且≤70%。允许用符合要求的不超过水泥质量8%的活性混合材料或非活性混合材料或窑灰中的任一种材料代替。

(4)火山灰质硅酸盐水泥。由硅酸盐水泥熟料和火山灰质混合材料、适量石膏磨细制成，代号P·P。水泥中火山灰质混合材料掺量按质量百分比计为>20%且≤40%。

(5)粉煤灰硅酸盐水泥。由硅酸盐水泥熟料和粉煤灰、适量石膏磨细制成,代号P·F。水泥中粉煤灰掺量按质量百分比计为>20%且≤40%。

(6)复合硅酸盐水泥。由硅酸盐水泥熟料,两种或两种以上规定的混合材料、适量石膏磨细制成,代号为P·C。水泥中混合材料总掺量按质量百分比计应>20%且≤50%。

允许用不超过8%的窑灰代替部分混合材料;掺矿渣时混合材料掺量不得与矿渣硅酸盐水泥重复。通用硅酸盐水泥的强度指标、主要特征、化学指标,见表3-52～表3-54。

表3-52　通用硅酸盐水泥的强度指标

名称	强度等级	抗压强度/MPa		抗折强度/MPa	
		3d	28d	3d	28d
硅酸盐水泥	42.5	≥17.0	≥42.5	≥3.5	≥6.5
	42.5R	≥22.0	≥42.5	≥4.0	≥6.5
	52.5	≥23.0	≥52.5	≥4.0	≥7.0
	52.5R	≥27.0	≥52.5	≥5.0	≥7.0
	62.5	≥28.0	≥62.5	≥5.0	≥8.0
	62.5R	≥32.0	≥62.5	≥5.5	≥8.0
普通硅酸盐水泥	42.5	≥17.0	≥42.5	≥3.5	≥6.5
	42.5R	≥22.0	≥42.5	≥4.0	≥6.5
	52.5	≥23.0	≥52.5	≥4.0	≥7.0
	52.5R	≥27.0	≥52.5	≥5.0	≥7.0
矿渣硅酸盐水泥 火山灰硅酸盐水泥 粉煤灰硅酸盐水泥 复合硅酸盐水泥	32.5	≥10.0	≥32.5	≥2.5	≥5.5
	32.5R	≥15.0	≥32.5	≥3.5	≥5.5
	42.5	≥15.0	≥42.5	≥3.5	≥6.5
	42.5R	≥19.0	≥42.5	≥4.0	≥6.5
	52.5	≥21.0	≥52.5	≥4.0	≥7.0
	52.5R	≥23.0	≥52.5	≥4.5	≥7.0

表3-53　通用硅酸盐水泥的主要特征

名称	硅酸盐水泥	普通硅酸盐水泥	矿渣水泥	火山灰水泥	粉煤灰水泥
主要特征	(1)快硬早强; (2)水化热高; (3)耐冻性好; (4)耐热性差; (5)耐腐蚀性差	(1)早强; (2)水化热较高; (3)耐冻性较好; (4)耐热性较差; (5)耐腐蚀性较差	(1)早期强度低,后期强度增长较快; (2)水化热较低; (3)耐热性较好; (4)对硫酸盐类侵蚀抵抗力和抗水性较好; (5)抗冻性较差; (6)干缩性较大	(1)早期强度低,后期强度增长较快; (2)水化热较低; (3)耐热性较差; (4)对硫酸盐类侵蚀抵抗力和抗水性较好; (5)抗冻性较差; (6)干缩性较大; (7)抗渗性较好	(1)早期强度低,后期强度增长较快; (2)水化热较低; (3)耐热性较差; (4)对硫酸盐类侵蚀抵抗力和抗水性较好; (5)抗冻性较差; (6)干缩性较小; (7)抗碳化能力较差

表 3-54　　通用硅酸盐水泥的化学指标

品　种	代号	不溶物（质量分数）	烧失量（质量分数）	三氧化硫（质量分数）	氧化镁（质量分数）	氯离子（质量分数）
硅酸盐水泥	P·Ⅰ	≤0.75	≤3.0	≤3.5	≤5.0①	≤0.06③
	P·Ⅱ	≤1.50	≤3.5			
普通硅酸盐水泥	P·O	—	≤5.0			
矿渣硅酸盐水泥	P·S·A	—	—	≤4.0	≤6.0②	
	P·S·B	—	—		—	
火山灰质硅酸盐水泥	P·P	—	—	≤3.5	≤6.0②	
粉煤灰硅酸盐水泥	P·F	—	—			
复合硅酸盐水泥	P·C	—	—			

① 如果水泥压蒸试验合格，则水泥中氧化镁的含量（质量分数）允许放宽至 6.0%。

② 如果水泥中氧化镁的含量（质量分数）大于 6.0%时，需进行水泥压蒸安定性试验并合格。

③ 当有更低要求时，该指标由买卖双方协商确定。

3. 白色硅酸盐水泥

由氧化铁含量少的硅酸盐水泥熟料、适量石膏及混合材料，磨细制成水硬性胶凝材料称为白色硅酸盐水泥（简称“白水泥”），代号 P·W。白色硅酸盐水泥强度等级分为 32.5、42.5、52.5 级。水泥中混合材料总掺量为水泥质量的 0～10%。石灰中的三氧化二铝含量应不超过 2.5%。

白色硅酸盐水泥的强度指标，见表 3-55。

表 3-55　　白色硅酸盐水泥强度指标

名称	强度等级	抗压强度/MPa		抗折强度/MPa	
		3d	28d	3d	28d
白色硅酸盐水泥	32.5	≥12.0	≥32.5	≥3.0	≥6.0
	42.5	≥17.0	≥42.5	≥3.5	≥6.5
	52.5	≥22.0	≥52.5	≥4.0	≥7.0

4. 水泥的运输、保管

（1）水泥在运输与保管时不得受潮和混入杂物，不同品种和强度等级的水泥应分别贮运。

（2）贮存水泥的库房应注意防潮、防漏。存放袋装水泥时，地面垫板要离地 30cm，四周离墙 30cm；袋装水泥堆垛不宜太高，以免下部水泥受压结硬，一般以 10 袋为宜，如存放期短、库房紧张，亦不宜超过 15 袋。

（3）水泥的贮存应按照水泥到货先后，依次堆放，尽量做到先存先用。

（4）水泥贮存期不宜过长，以免受潮而降低水泥强度。贮存期一般水泥为三个月，高铝水泥为两个月，高级水泥为一个半月，快硬水泥为一个月。

（5）一般水泥存放三个月以上为过期水泥，强度将降低 10%～20%，存放期愈长，强度降低值也愈大。过期水泥使用前必须重新检验强度等级，否则不得使用。

5. 水泥受潮处理

（1）水泥有松块、结粒情况，说明水泥开始受潮，应将松块、粒状物压成粉末并增加搅拌时间，经试验后根据实际强度等级使用。

(2)水泥已部分结成硬块,表明水泥已严重受潮,使用时应筛去硬块,并将松块压碎,用于抹面砂浆等。

(3)水泥结块坚硬,表明该水泥活性已丧失,不能按胶凝材料使用而只能重新粉磨后用作混合材料。

二、一般抹面砂浆

1. 材料组成及用途

一般抹面砂浆的功能是保护建筑物不受风、雨、雪和大气中有害气体的侵蚀,提高砌体的耐久性并使建筑物保持光洁,增加美观。一般抹面砂浆所用材料主要有水泥、石灰、石膏、黏土及砂等。

水泥多为普通硅酸盐及矿渣硅酸盐水泥。石灰为熟石灰,且得含有未熟化颗粒。通常是将生石灰熟化15d后过筛而得。石膏应为磨细石膏,且应满足建筑石膏的凝结时间要求。黏土应为砂黏土,砂最好为中砂,其细度模数为2.3～3.0,也可用中砂粗砂混合物及膨胀珍珠岩砂等。抹面砂浆中有时还掺入麻丝,其长度为2～3cm。各层抹面砂浆的材料组成及用途,见表3-56。

表3-56　各层抹面砂浆的材料组成及用途

层次名称	使用砂浆种类	用　途	备　注
底层(3mm)	砖墙基层:石灰或水泥砂浆 混凝土基层:混合或水泥砂浆 板条、苇箔基层:麻刀灰或纸筋灰 金属网基层:麻刀灰(适加水泥)	起黏结作用	有防水、防潮要求时,应采用水泥砂浆打底
中层(5～13mm)	与底层相同	起找平作用	分层或一次抹成
面层(2mm)	室内:麻刀灰、纸筋灰 室外:各种水泥砂浆,水泥拉毛灰和各种假石	起装饰作用	面层镶嵌材料有大理石、预制水磨石、瓷板、瓷砖等

2. 性能要求

抹面砂浆的稠度和细骨料的最大粒径,根据抹灰层次不同有如下要求:

1)底层抹灰稠度为100～120mm,砂的最大粒径为2.6mm。

2)中层抹灰的稠度为70～90mm,砂的最大粒径为2.6mm。

3)面层抹灰的稠度为70～80mm,砂的最大粒径为1.2mm。

3. 配合比

一般抹面砂浆的配合比与砌筑砂浆不同之处在于抹面砂浆的主要要求不是抗压强度,而是与基层材料的黏结强度,因而胶凝材料及掺合料的用量要比砌筑砂浆多。

抹面砂浆有外墙使用和内墙使用两种。为保证抹灰层表面平整,避免开裂与脱落,施抹时通常分底层、中层和面层三个层次涂抹。抹面砂浆的配合比一般采取体积比,抹灰工程中常用的配合比,见表3-57。

表3-57　各种抹面砂浆配合比参考表

材　料	配合比(体积比)	应 用 范 围
石灰∶砂	1∶3	用于砖石墙面打底找平(干燥环境)
石灰∶砂	1∶1	墙面石灰砂浆面层

（续）

材　　料	配合比(体积比)	应　用　范　围
石灰：黏土：砂	1：1：(4～8)	干燥环境墙表面
石灰：石膏：砂	1：0.4：2～1：1：3	用于非潮湿房间的墙及天花板
石灰：石膏：砂	1：2：(2～4)	用于非潮湿房间的线脚及其他装饰工程
石灰膏：麻刀	100：2.5(质量比)	木板条顶棚底层
石灰膏：麻刀	100：1.3(质量比)	木板条顶棚面层
石灰膏：纸筋	100：3.8(质量比)	木板条顶棚面层
石灰膏：纸筋	$1m^3$ 石灰膏 掺 3.6kg 纸筋	较高级墙面及顶棚
水泥：砂	1：(2.5～3)	用于浴室、潮湿车间等墙裙、勒脚或地面基层
水泥：砂	1：(1.5～2)	用于地面、天棚或墙面面层
水泥：砂	1：(0.5～1)	用于混凝土地面随时压光
水泥：石灰：砂	1：1：6	内外墙面混合砂浆打底层
水泥：石灰：砂	1：0.3：3	墙面混合砂浆面层
水泥：石膏：砂：锯末	1：1：3：5	用于吸声粉刷
水泥：白石子	1：(1～2)	用于水磨石(打底用 1：2.5 水泥砂浆)
水泥：白石子	1：1.5	用于剁假石[打底用 1：(2～2.5)水泥砂浆]

三、装饰抹面砂浆

装饰抹面砂浆是用于室内外装饰以增加建筑物美感为主要目的的砂浆，常以白水泥、石灰、石膏或普通水泥为胶结材料，以白色、浅色或彩色的天然砂、大理石及花岗石的石粒或特制的塑料色粒为骨料。为了进一步满足人们对建筑艺术的需求，还可以利用各种矿物颜料调制成多种色彩，但所加入的颜料应具有耐碱、耐光和不溶解等性质。装饰砂浆的表面可以进行各种艺术性的处理，以形成不同形式的风格，达到不同的建筑艺术效果。如制成水磨石、水刷石、斩假石、麻点、干粘石、粘花、拉毛、拉条、喷甩云片以及人造大理石等。

本章思考重点

1. 木材的缺点有哪些？
2. 木材的强度指标是什么？
3. 纤维板的特点有哪些？
4. 木材怎么进行防腐处理？
5. 大理石与花岗岩有何区别？
6. 陶瓷类产品有哪些？
7. 涂料的颜料特性有哪些？
8. 简述水泥的分类？

第四章　墙柱面装饰施工技术

第一节　墙、柱面抹灰

抹灰类装饰是墙面装饰中最常用、最基本的做法，分为内抹灰和外抹灰。内抹灰主要是保护墙体和改善室内卫生条件，增强光线反射，美化环境。外抹灰主要是保护外墙身不受风雨雪的侵蚀，提高墙面的防水、防冻、防风化、防紫外线、保温隔热能力，提高墙身的耐久性，也是建筑物表面的艺术处理措施之一。抹灰饰面的特点是造价低廉、施工简便、效果良好。它包括一般抹灰、装饰性抹灰。

一、施工准备

(1)抹灰砂浆的种类有水泥砂浆、石灰砂浆、混合砂浆、聚合物砂浆、彩色水泥砂浆等，各种砂浆要严格按砂浆配合比配制。

(2)水泥要有性能检测报告，合格后方可使用，不得使用过期水泥。

(3)抹灰用石灰必须先熟化成石灰膏，常温下石灰的熟化时间不得少于十五天，不得含有未熟化的颗粒。

(4)砂子分为粗、中、细三级，抹灰多用中砂，以河砂为主，要求砂子坚硬、干净。

(5)抹灰砂浆的外掺剂有憎水剂、分散剂、减水剂、胶黏剂，颜料等，要根据抹灰的要求按比例适量加入，不得随意添加。

(6)砂浆的配合比要准确，以保证砂浆强度等级的准确性，且拌合要充分。

二、一般抹灰施工

1. 施工工艺流程

基层处理→做灰饼、冲筋→抹底层、中层灰→抹面层灰。

2. 施工要点

(1)基层处理。抹底层灰前，应对墙体基层进行处理，根据墙面材料的不同，处理的方法也不相同。先将基层表面清扫干净，将油污清洗掉，然后再进行下一道工序。

1)砖墙基层抹灰，砖墙面由于手工砌筑，一般平整度较差，且灰缝中砂的饱和程度一样，也造成了墙面凹凸不平。所以在做抹底灰前，要重点清理基层浮灰、砂浆等杂物，然后浇水湿润墙面。

这种传统的施工方法必须用清水润湿墙体基面，既费工、费水又容易造成污染，同时也不利于文明施工，目前已有工程采用直接刮聚合物胶浆处理基层的施工方法，无需用水润湿基面。

2)混凝土墙基层抹灰，混凝土墙体表面比较光滑，平整度也比较高，甚至还带有剩余的脱模油，这会对抹灰层与基层的黏结带来一定的影响，所以在饰面前应对墙体进行特殊的处理。可酌情选用下述三种方法之一：一是将混凝土表面凿毛后用水湿润，刷一道聚合物水泥砂浆；二是将1∶1水泥细砂浆(为质量比，下同，内掺适量胶黏剂)喷或甩到混凝土基体表面作毛化处理(甩浆)；三是采用界面处理剂处理基体表面。

3)加气混凝土基层抹灰，轻质混凝土墙体表观密度小，孔隙大，吸水性极强，所以在抹灰时砂浆很容易失水导致无法与墙面有效黏结。处理方法是用聚合物水泥浆进行封闭处理，再进行抹底层。也可以在加气混凝土墙满钉镀锌钢丝网并绷紧，然后进行底层抹灰，效果比较好，整体刚度也大大增强。

4)纸面石膏板或其他轻质墙体材料基体内墙，应将板缝按具体产品及设计要求做好嵌填密实处理，并在表面用接缝带(穿孔纸带或玻璃纤维网格布等防裂带)黏覆补强处理，使之形成稳固的墙面整体。

(2)做灰饼、标筋。

1)做灰饼。先用托线板全面检查墙体表面的垂直平整程度，根据检查的实际情况并兼顾抹灰总的平均厚度规定，决定墙面抹灰厚度。接着在 2m 左右高度，距墙两边阴角 10～20cm 处，用底层抹灰砂浆(也可用 1∶3 水泥砂浆或1∶3∶9混合砂浆)各做一个标准标志块(灰饼)，厚度为抹灰层厚度(一般为 1～1.5cm)，大小为 5cm×5cm。以这两个标准标志块为依据，再用托线板靠、吊垂直确定墙下部对应的两个标志块厚度，其位置在踢脚板上口，使上下两个标志块在一条垂直线上。标准标志块做好后，再在标志块附近墙面钉上钉子，拴上"小线"拉水平通线(注意"小线"要离开标志块 1mm)，然后按间距 1.2～1.5m 左右加做若干标志块，凡窗口、垛角处必须做标志块，见图4-1。

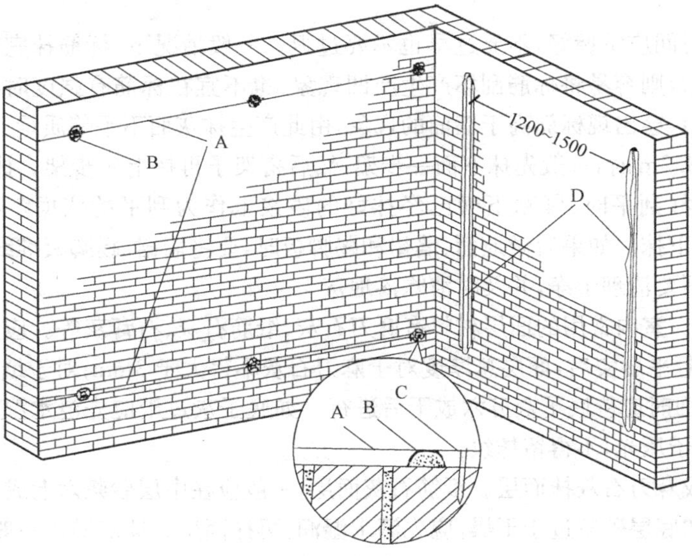

图 4-1　挂线做标志块及标筋

A—引线；B—灰饼(标志块)；C—钉子；D—标筋

2)标筋。标筋也叫冲筋，出柱头，就是在上下两个标志块之间先抹出一条长梯形灰埂，其宽度为 10cm 左右，厚度与标志块相平，作为墙面抹底子灰填平的标准。做法是在两个标志块中间先抹一层，再抹第二遍凸出成八字形，要比灰饼凸出 1cm 左右，然后用木杠紧贴灰饼左上右下来回搓，直至把标筋搓得与标志块一样平为止。同时要将标筋的两边用刮尺修成斜面，使其与抹灰层接槎顺平。标筋用砂浆，应与抹灰底层砂浆相同，标筋做法，见图 4-1。操作时应先检查木杠是否受潮变形，如果有变形应及时修理，以防止标筋不平。

(3)抹底层、中层灰。底层与中层抹灰在作好灰饼、标筋及门窗口做好护角(图 4-2)后即可进行。这道工序也叫装档或乱糙。方法是将砂浆抹于墙面两标筋之间，底层要低于标筋，待收水后再进行中层抹灰，其厚度以垫平标筋为准，并使其略高于标筋。中层砂浆抹后，即用中、短木杠按标筋刮平。使用木杠时，人站成骑马式，双手紧握木杠，均匀用力，由下往上移动，并使木杠前进方向的一边略微翘起，手腕要活。局部凹陷处应补抹砂浆，然后再刮，直至普遍平直为止。紧接着用木抹子搓磨一遍，使表面平整密实。墙的阴角，先用方尺上下核对方正，然后用阴角器上下抽动扯平，使室内四角方正，如图 4-3 所示。

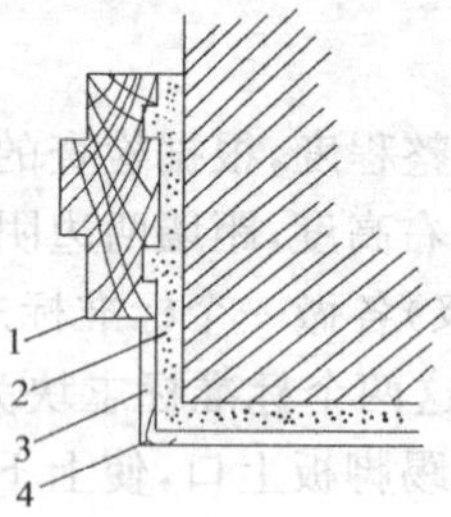

图 4-2　护角

1—窗口；2—墙面抹灰；3—面层；4—水泥护角

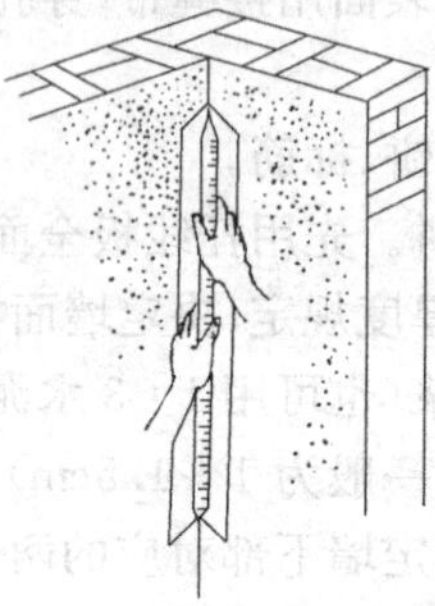

图 4-3　阴角的扯平找直

抹底子灰的时间应掌握好，不要过早也不要过迟。一般情况下，标筋抹完就可以装档刮平。但要注意如果筋软，则容易将标筋刮坏产生凸凹现象；也不宜在标筋有强度时再装档刮平，因为待墙面砂浆收缩后，会出现标筋高于墙面的现象，由此产生抹灰面不平等质量通病。

当层高小于 3.2m 时，一般先抹下面一步架，然后搭架子再抹上一步架。抹上一步架可不做标筋，而是在用木杠刮平时，紧贴下面已经抹好的砂浆上作为刮平的依据。当层高大于 3.2m 时，一般是从上往下抹。如果后做地面、墙裙和踢脚板时，要将墙裙、踢脚板准线上口 5cm 处的砂浆切成直楼。墙面要清理干净，并及时清除落地灰。

(4)抹面层灰。室内常用的面层材料有麻刀石灰、纸筋石灰、石膏灰等。应分层涂抹，每遍厚度为 1～2mm，经赶平压实后，面层总厚度对于麻刀石灰不得大于 3mm；对于纸筋石灰、石膏灰不得大于 2mm。罩面时应待底子灰五六成干后进行。如底子灰过干应先浇水湿润。分纵、横两遍涂抹，最后用钢抹子压光，不得留抹纹。

1)纸筋石灰或麻刀石灰抹面层。纸筋石灰面层，一般应在中层砂浆六七成干后进行(手按不软，但有指印)。如底层砂浆过于干燥，应先洒水湿润，再抹面层。抹灰操作一般使用钢抹子或塑料抹子，两遍成活，厚度2～3mm。一般由阴角或阳角开始，自左向右进行，两人配合操作。一人先竖向(或横向)薄薄抹一层，要使纸筋石灰与中层紧密结合，另一人横向(或竖向)抹第二层(两人抹灰的方向应垂直)，抹平，并要压光溜平。压平后，如用排笔或茅柴帚蘸水横刷一遍，使表面色泽一致，用钢皮抹子再压实、揉平，抹光一次，则面层更为细腻光滑。阴阳角分别用阴阳角抹子捋光，随手用毛刷子蘸水将门窗边口阳角、墙裙和踢脚板上口刷净。纸筋石灰罩面的另一种做法是：两遍抹后，稍干就用压子式塑料抹子顺抹子纹压光。经过一段时间，再进行检查，起泡处重新压平。麻刀石灰面层抹灰的操作方法与纸筋石灰抹面层的操作方法相同。但麻刀与纸筋纤维的粗细有很大区别，纸筋容易捣烂，能形成纸浆状，故制成的纸筋石灰比较细腻，用它做罩面灰厚度可达到不超过 2mm 的要求。而麻刀的纤维比较粗，且不易捣烂，用它制成的麻刀石灰抹面，厚度按要求不得大于 3mm 比较困难，如果厚了，则面层易产生收缩裂缝，影响工程质量，为此应采取上述两人操作的方法。

2)石灰砂浆面层。石灰砂浆面层,应在中层砂浆五六成干时进行。如中层较干时,需洒水湿润后再进行。操作时,先用钢抹子抹灰,再用刮尺由下向上刮平,然后用木抹子搓平,最后用钢抹子压光成活。

3)刮大白腻子。内墙面面层可不抹罩面灰,而采用刮大白腻子。其优点是操作简单,节约技工。面层刮大白腻子,一般应在中层砂浆干透,表面坚硬呈灰白色,且没有水迹及潮湿痕迹,用铲刀刻画显白印时进行。大白腻子配比是,大白粉∶滑石粉∶聚酯乙烯乳液∶羧甲基纤维素溶液(浓度5%)=60∶40∶(2～4)∶75(重量比)。调配时,大白粉、滑石粉、羧甲基纤维素溶液应提前按配合比搅匀浸泡。面层刮大白腻子一般不少于两遍,总厚度1mm左右。操作时,使用钢片或胶皮刮板,每遍按同一方向往返刮。

头道腻子刮后,在基层已修补过的部位应进行复补找平,待腻子干后,用0号砂纸磨平,扫净浮灰。待头遍腻子干燥后,再进行第二遍。要求表面平整,纹理质感均匀一致。阴阳角找直的方法是在角的两侧平面满刮找平后,再用直尺检查,当两个相邻的面刮平并相互垂直后,角也就找直了。

3. 阴阳角抹灰

(1)抹灰前,用阴阳角方尺检查阴阳角的直角度,并检查垂直度,然后定抹灰厚度,浇水湿润。

(2)阴阳角处抹灰分别用木制阴角器和阳角器进行操作,先抹底层灰,使其基本达到直角再抹中层灰,使阴阳角方正。

(3)阴阳角找方应与墙面抹灰同时进行。

(4)中级抹灰要求阳角找方。对于除门窗口外,还有阳角的房间,则首先要将房间大致规方。方法是先在阳角一侧墙做基线,用方尺将阳角先规方,然后在墙角弹出抹灰准线,并在准线上下两端挂通线做标志块。

(5)高级抹灰要求阴阳角都要找方,阴阳角两边都要弹基线,为了便于做角和保证阴阳角方正垂直,必须在阴阳角两边都要做标志块和标筋。

4. 顶棚抹灰

(1)施工工艺流程。

基层处理→找规矩→底、中层抹灰→面层抹灰。

(2)施工要点。

1)基层处理。混凝土顶棚抹灰的基层处理,除应按一般基层处理要求进行处理外,还要检查楼板有否下沉或裂缝。如为预制混凝土楼板,则应检查其板缝是否已用细石混凝土灌实,若板缝灌不实,顶棚抹灰后会顺板缝产生裂纹。近年来无论是现浇或预制混凝土,都大量采用钢模板,故表面较光滑,如直接抹灰,砂浆黏结不牢,抹灰层易出现空鼓、裂缝等现象,为此在抹灰时,应先在清理干净的混凝土表面用茅扫帚刷水后刮一遍水灰比为0.37～0.40的水泥浆进行处理,方可抹灰。

2)找规矩。顶棚抹灰通常不做标志块和标筋,用目测的方法控制其平整度,以无明显高低不平及接槎痕迹为度。先根据顶棚的水平线,确定抹灰的厚度,然后在墙面的四周与顶棚交接处弹出水平线,作为抹灰的水平标准。

3)底、中层抹灰。一般底层砂浆采用配合比为水泥∶石灰膏∶砂=1∶0.5∶1的水泥混合砂浆,底层抹灰厚度为2mm。抹中层砂浆的配合比一般采用水泥∶石灰膏∶砂=1∶3∶9的混合砂浆,抹灰厚度为6mm左右,抹后用软刮尺刮平赶匀,随刮随用长毛刷子将抹印顺平,再用木抹子搓平，顶棚管道周围用小工具顺平。抹灰的顺序一般是由前往后退，并注意其方向必须同基体的缝隙(混凝土板缝)成垂直方向，这样容易使砂浆挤入缝隙牢固结合。抹灰时，厚薄应掌握适度，随后用软刮尺赶平。如平整度欠佳，应再补抹和赶平，但不宜多次修补，否则容易搅动底灰而引起掉灰。如底层砂浆吸水快，应及时洒水，以保证与底层黏结牢固。在顶棚与墙面的交接处，一般是在墙面抹灰完成后再补做；也可在抹顶棚时，先将距顶棚20～30cm的墙面同时完成抹灰，方法是用钢抹子在墙面与顶棚交角处添上砂浆，然后用木阴角器抽平压直即可。

4)面层抹灰。待中层抹灰到六至七成干，即用手按不软但有指印时，再开始面层抹灰。如使用纸筋石灰或麻刀石灰时，一般分两遍成活。其涂抹方法及抹灰厚度与内墙面抹灰相同，第一遍抹得越薄越好，随之抹第二遍。抹第二遍时，抹子要稍平，抹完后等灰浆稍干，再用塑料抹子或压子顺着抹纹压实压光。

三、装饰性抹灰施工

装饰性抹灰和一般抹灰施工技术只是在面层做法上有所不同。它包括斩假石、拉假石、水刷石、假面砖、干粘石、拉条抹灰等各种做法。

1. 斩假石

(1)斩假石(剁斧石)工艺流程。

基层处理→抹底层及中层砂浆→弹线、贴分格条→抹面层水泥石粒浆→面层斩剁。

(2)施工要点。

1)基层处理、找规矩等均同一般外墙抹灰做法。

2)抹底层灰前用素水泥浆刷一道后，用1∶2或1∶2.5水泥砂浆抹底层，表面划毛。砖墙基层需抹中间层，采用1∶2水泥砂浆，表面划毛，24h后浇水养护。

3)弹线、贴分格条，按设计要求弹出分格线、粘贴经水浸透的木分格条。

4)抹面层。在基层处理之后，即涂抹底、中层砂浆。砖墙基体底、中层砂浆用1∶2水泥砂浆。底层和中层表面均应划毛。涂抹面层砂浆前，要认真浇水湿润中层抹灰，并满刮水灰比为0.37～0.40的素水泥浆一道，按设计要求弹线分格，粘分格条。

面层砂浆一般用2mm的白色米粒石内掺30%粒径为0.15～1mm的石屑。材料应统一备料干拌均匀后备用。

①罩面操作一般分两次进行。先薄薄抹一层砂浆，稍收水后再抹一遍砂浆与分格条平。用刮尺赶平，待收水后再用木抹子打磨压实，上下顺势溜直，最后用软质扫帚顺着剁纹方向清扫一遍，面层完成后不能受烈日暴晒或遭冰冻，且须进行养护。养护时间根据气候情况而定，常温下(15～30℃)一般为2～3d，其强度应控制在5MPa，即以水泥强度还不大、容易剁得动而石粒又剁不掉的程度为宜。在气温较低时(5～15℃)，宜养护4～5d。

②面层斩剁，应先进行试斩，以石粒不脱落为准。斩剁前，应先弹顺线，相距约10cm，按线操作，以免剁纹跑斜。斩剁时必须保持墙面湿润。如墙面过于干燥，应予蘸水，但已斩剁完的部分不得蘸水，以免影响外观。

斩假石的质感效果分立纹剁斧和花锤剁斧，可以根据设计选用。为便于操作及增强其装饰性，棱角与分格缝周边宜留15～20mm镜边。镜边也可以同天然石材处理方式一样，改为横方向剁纹。

斩假石操作应自上而下进行，先斩转角和四周边缘，后斩中间墙面。转角和四周边缘的剁纹应与其边棱呈垂直方向，中间墙面斩成垂直纹。斩斧要保持锋利，斩剁时动作要快并轻重均匀，剁纹深浅要一致。每斩一行随时将分格条取出，同时检查分格缝内灰浆是否饱满、严密，如有缝隙和小孔，应及时用素水泥浆修补平整。一般台口、方圆柱和简单的门头线脚，操作时大多是先用斩斧将块体四周斩成约15～30mm的平行纹圈，再将中间部分斩成棱点或垂直纹。

(3)施工注意事项。

面层抹完后，应进行养护，不能受烈日暴晒或受冻。各层抹灰不得有脱壳、裂缝、高低不平等弊病，斩剁前应弹顺线，相距约10cm，按线操作，以免剁纹跑料。在水泥石子浆达到一定强度时，可进行试剁，以石子不脱落为准。同时，斩剁时必须保持面层湿润，如墙过于干燥应蘸水，但剁完部分不得蘸水，以免影响外观。在剁小面积时，应用单刀剁斧。斧刃厚度应根据剁纹宽窄要求确定。为了美观，剁棱角及分格缝周边留15～20mm不剁。

2. 拉假石

拉假石的做法除面层外，其余均同斩假石。

(1)拉假石面层操作方法。

1)面层水泥石屑配比，常用的水泥和石英砂(或白云石屑)配比为1∶1.25。

2)面层操作，先在中层上刷素水泥浆一道，紧跟着抹水泥石屑浆，其厚度为8mm左右。待水泥石屑浆面收水后，用靠尺检查其平整度，然后用抹子搓平，再用铁抹子压实、压光。水泥终凝后，用齿耙依着靠尺按同一方向刮去表面水泥浆，露出石渣形成纹理。成活后表面呈条纹状，纹理清晰，24h后浇水养护。

(2)施工注意事项。

拉假石表面露出石渣的比例很小，水泥的颜色对整个饰面色彩影响很大，所以应注意整个墙面颜色的均匀性，并要选择不易褪色的颜料品种。现场一般均采用废锯条制作齿耙。

3. 水刷石

(1)水刷石工艺流程。

抹水泥石粒浆→修整→喷刷→起分格条。

(2)施工要点。

1)抹水泥石粒浆。待中层砂浆六七成干时，按设计要求弹线分格并粘贴分格条(木分格条事先在水中浸透)，然后，根据中层抹灰的干燥程度浇水湿润。紧接着用铁抹子满刮水灰比为0.37～0.40的水泥浆一道，随即抹面层水泥石粒浆。面层厚度视石粒粒径而定，通常为石粒粒径的2.5倍。水泥石粒浆(或水泥石灰膏石粒浆)的稠度应为5～7cm。要用铁抹子一次抹平，随抹随用铁抹子压紧、揉平，但不把石粒压得过于紧固。

每一块分格内应从下边抹起，每抹完一格，即用直尺检查其平整度，凸凹处应及时修理，并将露出平面的石粒轻轻拍平。同一平面的面层要求一次完成，不宜留施工缝。如必须留施工缝时，应留在分格条的位置上。

抹阳角时，先抹的一侧不宜使用八字靠尺，应将石粒浆抹过转角，然后再抹另一侧。抹另一侧时，用八字靠尺将角靠直找齐。这样可以避免因两侧都用八字靠尺而在阳角处出现的明显接槎。

2)修整。罩面后水分稍干，墙面无水光时，先用铁抹子溜一遍，将小孔洞压实、挤严。分格条边的石粒要略高1～2mm。然后用软毛刷蘸水刷去表面灰浆，阳角部位要往外刷。并用抹子轻轻拍平石粒，再刷一遍，然后再压。水刷石罩面应分遍拍平压实，石粒应分布均匀而紧密。

3)喷刷。冲洗是确保水刷石质量的重要环节之一，如冲洗不净会使水刷石表面色泽灰暗或明暗不一致而影响美观。

罩面灰浆凝结后(表面略发黑，手指揿上去不显指痕)，用刷子刷石粒不掉时，即可开始喷刷。

喷刷分两遍进行，第一遍先用软毛刷子蘸水刷掉面层水泥浆，露出石粒；第二遍随即用手压喷浆机（采用大八厘或中八厘石粒浆时）或喷雾器（采用小八厘石粒浆时）将四周相邻部位喷湿，然后由上往下顺序喷水。喷射要均匀，喷头离墙 10～20cm，将面层表面及石粒间的水泥浆冲出，使石粒露出表面 1/2 粒径，达到清晰可见、均匀密布。然后用清水（用 3/4 英寸自来水管或小水壶）从上往下全部冲净。

喷水要快慢适度。喷水速度过快会冲不净浑水浆，表面易呈现花斑；过慢则会出现塌坠现象。喷水时，要及时用软毛刷将水吸去，以防止石粒脱落。分格缝处也要及时吸去滴挂的浮水，以使分格缝保持干净清晰。如果水刷石面层过了喷刷时间而开始硬结，可用 3%～5%盐酸稀释溶液洗刷，然后须用清水冲净，否则，会将面层腐蚀成黄色斑点。

冲刷时应做好排水工作，不要让水直接顺墙面往下流淌。一般是将罩面分成几段，每段都抹上阻水的水泥浆挡水，在水泥浆上粘贴油毡或牛皮纸将水外排，使水不直接往下淌。冲洗大面积墙面时，应采取先罩面先冲洗，后罩面后冲洗，罩面时由上往下，这样既保证上部罩面洗刷方便，也可避免下部罩面受到损坏。

4）起分格条。喷刷后，即可用抹子柄敲击分格条，并用小鸭嘴抹子扎入分格条上下活动，将其轻轻起出。然后用小溜子找平，用鸡腿刷子刷光理直缝角，并用素灰将缝格修补平直，颜色一致。

外墙窗台、窗楣、雨篷、阳台、压顶、檐口及突出腰线等部位，也与一般抹灰一样，应在上面做流水坡度，下面做滴水槽或滴水线。滴水槽的宽度和深度均不应小于 10mm。

4. 假面砖

（1）假面砖工艺流程。

基层处理→抹底、中层砂浆→弹水平线→抹面层砂浆→表面划纹。

（2）施工要点。

1）墙面基层处理，抹底、中层砂浆等工序同一般抹灰相同。

2）弹水平线，面层砂浆涂抹前，浇水湿润中层，先弹水平线，按每步架为一个水平工作段，上、中、下弹三道水平线，以便控制面层划沟平直度。

3）抹面层砂浆，抹 1∶1 水泥砂浆垫层 3mm，接着抹面层砂浆 3～4mm 厚。

4）表面划纹，面层稍收水后，用铁梳子沿靠尺板由上向下划纹，深度不超过 1mm。然后根据面砖的宽度用铁钩子沿靠尺板横向划沟，深度以露出垫层灰为准，划好横沟后将飞边砂粒扫净。

（3）施工注意事项。

1）做出的假面砖能以假代真，关键是假面砖的分格和质感，墙面、柱面分格应与面砖规格相符，并符合环境、层高、墙面的宽窄及使用要求。

2）假面砖。分格要横平竖直，使人感到是面砖而不是抹灰。

3）面层彩色砂浆稠度必须根据试验，色调也应该通过样板确定。

5. 干粘石

（1）干粘石工艺流程。

抹黏结层→甩石子→起分格条与修整。

（2）施工要点。

1）抹黏结层。黏结层很重要，抹前用水湿润中层，黏结层的厚度取决于石子的大小，当石子为小八厘时，黏结层厚 4mm；为中八厘时，黏结层厚度为 6mm；为大八厘时，黏结层厚度为 8mm。湿润后，还应检查干湿情况，对于干得快的部位，用排刷补水到适度时，方能开始抹黏结层。

抹黏结层分两道做成：第一道用同强度等级水泥素浆薄刮一层，因薄刮能保证底、面粘牢。第二道抹聚合物水泥砂浆5～6mm。然后用靠尺测试，严格执行高刮低添，反之，则不易保护表面平整。黏结层不宜上下同一厚度，更不宜高于嵌条，一般，在下部约 1/3 的高度范围内要比上面薄些，整个分块表面又要比嵌条面薄 1mm 左右，撒上石子压实后，不但平整度可靠，条整齐，而且能避免下部鼓包皱皮的现象发生。

2)甩石子。抹好黏结层之后，待干湿情况适宜时即可用手甩石粒。一手拿 40cm×35cm×6cm 底部钉有 16 目筛网的木框，内盛洗净晾干的石粒（干粘石一般多采用小八厘石渣，过 4mm 筛子，去掉粉末杂质），一手拿木拍，用拍子铲起石粒，并使石粒均匀分布在拍子上，然后反手往墙上甩。甩射面要大，用力要平稳、有劲，使石粒均匀地嵌入黏结层砂浆中。如发现有不匀或过稀现象时，应用抹子和手直接补贴，否则会使墙面出现死坑或裂缝。

在黏结砂浆表面均匀地粘上一层石粒后，用抹子或油印橡胶滚轻轻压一下，使石粒嵌入砂浆的深度不小于 1/2 粒径，拍压后石粒表面应平整、坚实。拍压时用力不宜过大，否则容易翻浆糊面，出现抹子或滚子轴的印迹。阳角处应在角的两侧同时操作，否则当一侧石粒粘上去后，在角边口的砂浆收水，另一侧的石粒就不易粘上去，出现明显的接槎黑边。如采取反贴八字尺也会因45°处砂浆过薄而产生石粒脱落的现象。

甩石粒时，未粘上墙的石粒到处飞溅，易造成浪费。操作时，可用 1000mm×500mm×100mm 木板框下钉 16 目筛网的接料盘，放在操作面下承接散落的石粒。也可用 ϕ6 钢筋弯成 4000mm×500mm 长方形框，装上粗布作为盛料盘，直接将石粒装入，紧靠墙边，边甩边接。

3)起分格条与修整。干粘石墙面达到表面平整，石粒饱满时，即可将分格条取出。取分格条时应注意不要掉石粒。如局部石粒不饱满，可立即刷胶结剂溶液，再甩石粒补齐。将分格条取出后，随手用小溜子和素水泥浆将分格缝修补好，达到顺直清晰。

由于干粘石表面容易挂灰积尘，如施工不慎，极易产生掉粒，因此，目前的干粘石施工，多采用革新工艺。根据选用的石粒粒径大小决定黏结层厚度，把石渣甩到墙面上并保持石粒分布密实均匀，用抹子把石粒拍入黏结层，然后采取水刷石的冲洗方法，结果外观似水刷石，实际是将干粘石做法进行了革新。

(3)施工注意事项。

1)干粘石施工时，黏结层砂浆过厚，易引起泛浆、干裂、脱壳和脱落。过厚的黏结层，拍或压石子时，用力不易均匀，难于保证表面平整度。同时，增加石粒用量，多费砂浆。

2)石粒粒径过小，则容易进入砂浆内形成泛浆，影响美观。当下部拍进或压进小粒径的石粒后，其面上如不再有石粒，则与缺粒一样难看。如在其上面再拍或压一层小石粒，就会因拍或压进太少，黏结不牢。

石粒粒径过大，则不易拍或压入黏结层内，特别是拍或压入的深度达不到 1/2 粒径时，会影响牢固。此种现象在局部黏结层过薄处更显著，容易形成一片石粒稀或无石粒的现象。

综上所述，干粘石的石粒粘得过浅、泛浆，都会影响美观，故在施工操作时，干粘石的粒径、黏结层砂浆的厚度应掌握好。对石渣粒，要过筛洗净、晾干、去掉粉末，选用颜色规格一致的石粒，粘贴一个施工段。这样，石粒的牢度一致，色泽均匀，墙面平整美观。

3)房屋的底层墙面，人、物经常接触，干粘石的部分石粒可能被碰掉。石渣粒掉后，干粘石面层就会发花和变模糊，影响整体装饰效果。

干粘石石粒拍或压入黏结层的深度比水刷石浅，石渣粒外露棱角多，底层用干粘石易损伤人体或衣物；干粘石面层粗糙，易受污染，且底层易受雨水滴溅，尘土飞扬，所以房屋的底层墙面不宜使用干粘石。

6. 拉条抹灰

(1)材料及砂浆配合比。拉条装饰抹灰的基层处理及底、中层抹灰与一般抹灰相同,黏结层和面层则根据所需要的条形采用不同的砂浆。如拉细条时,黏结层和罩面可采用同一种1∶2∶0.5(水泥∶细砂∶细纸筋石灰)混合砂浆;如做粗条形,黏结层用1∶2.5∶0.5(水泥∶中粗砂∶细纸筋石灰)混合砂浆;罩面用1∶0.5(水泥∶细纸筋石灰)砂浆。

(2)施工要点。在底层砂浆上先划分竖格,竖格宽度可按条形模具宽度确定,弹上墨线。按线粘贴靠尺板,以作拉条操作的导轨。导轨靠尺板可于一侧粘贴,也可在模具两侧粘贴。靠尺板应垂直,表面要平整。在底层砂浆达到七成干时,浇水湿润底灰后抹黏结层砂浆,用模具由上至下沿导轨拉出线条,然后薄薄抹一层罩面灰,再拉线条。

拉条抹灰操作时,每一竖线必须一次成活,以保证线条垂直、平整、密实光滑、深浅一致、不显接槎。为避免拉条操作时产生断裂等质量通病,黏结层和面层砂浆的稠度要适宜,以便于操作。

(3)抹灰砂浆一般用配合比为1∶3水泥砂浆抹底、中层灰。

细条形抹灰一般采用细纸筋灰混合砂浆,其配合比为:

水泥∶砂子∶细纸筋灰=1∶(2~2.5)∶0.5。

粗条形抹灰用1∶0.5水泥细纸筋灰浆罩面。

(4)拉条抹灰要达到条形灰线平直通顺、光滑,无疤痕、裂缝、起壳等毛病。

第二节　块面材料装饰施工

块面材料装饰墙柱面,称为贴面装饰。贴面装饰是把各种饰面板、砖(即贴面材料)镶贴到基层上的一种面层装饰。贴面材料的种类很多,常用的有天然石饰面板、人造石饰面板和饰面砖等。内墙贴面类的饰面材料一般质感细腻,表面光滑洁净、光彩夺目,如大理石、瓷砖、马赛克、各种陶瓷锦砖等,在居室装潢中,主要应用于客厅、餐厅、厨房、卫浴间等墙面。

一、施工准备

1. 材料准备

(1)釉面砖。釉面砖又称为瓷砖,品种和规格很多,应根据设计要求进行选择瓷砖,除了要求瓷砖的物理学性能应符合标准外,外观要挑选规格一致、形状平整方正、颜色均匀、边缘整齐、棱角完好、不开裂、不脱釉露底、主件块和各种配件砖(也称异形体砖,包括腰线砖、压顶条、阴阳角等)无凹凸扭曲。并注意检查瓷砖平面尺寸是否一致,尽可能减少误差,以保证同一墙面的装饰贴面接缝均匀。

(2)水泥。强度等级为32.5或42.5,存放过久的水泥不能使用。

(3)砂子。以中砂或细砂为佳,平均粒径不大于0.35mm,使用前须过筛。

(4)配件砖。大面积釉面砖粘贴后,必须用有关的配件砖收口,或用腰线与压顶条装饰。

2. 施工机具准备

常用机具有手提切割机、橡皮锤(木槌)、手锤、水平尺、靠尺、开刀、托线板、硬木拍板、刮杠、方尺、默斗、铁铲、拌灰桶、尼龙线、薄钢片、手动切割器、细砂轮片、棉丝、擦布、胡桃钳等。

二、釉面砖施工

釉面砖面层表面光洁,便于清洗,而且防潮、耐碱,对墙体起保护作用,主要用在厨房、浴室、盥洗室、厕所等经常接触水的墙面。釉面砖的粘贴又称饰面工程，一般由饰面层、黏结层及基层组成。饰面层材料即为各类釉面瓷砖；黏结层的材料由水泥或水泥砂浆与801胶及其他胶黏剂组成；基层是建筑装饰过的墙体。

1. 施工工艺流程

基层处理→抹底子灰→弹线、排砖→浸砖湿润墙→贴标准点→镶贴→擦缝、整理。

2. 施工要点

(1)基层处理。混凝土墙面的清洗步骤为：先用碱或洗涤剂→再用清水刷洗→甩上1∶1水泥砂浆→将30%801胶水＋70%水拌成水泥浆→甩成小拉毛→两天后用1∶3水泥砂浆罩底层。

砖墙面清洗步骤为：清扫净土→剔除砖墙面上多余灰浆→用清水打湿墙面→用1∶3水泥砂浆罩底层。

厨房和浴厕墙面的清洗步骤为：清洗油渍污垢→用手凿疏密一致地凿毛墙面，若墙面是纸筋石膏灰层，最好将它全部凿掉。为确保釉面砖粘贴后不整幅离墙，最上一层砖的基层需凿得稍深。釉面砖在粘贴前几小时充分浸水湿润，保证粘贴后不至于因吸走灰浆中水分而粘贴不牢，另外墙面也应充分湿水。

(2)抹底子灰。基体基层处理好后，用1∶(2.5～3)水泥砂浆或1∶1∶4的混合砂浆打底。打底时要分层进行，每层厚度宜5～7mm，并用木抹子搓出粗糙面或划出纹路，用刮杠和托线板检查其平整度和垂直度，隔日浇水养护。

(3)弹线、排砖。应先检查墙面的平整度及室内尺寸，测准釉面砖粘贴层厚度，一般为4～6mm，对墙面先弹出竖线，后弹出水平线，这是保证饰面层表面平整、横平竖直的重要措施。

在同一墙面上的横竖排列，不宜有一行以上的非整砖，且非整砖要排在次要位置或阴角处。当遇有墙面盥洗镜等装饰物时，应以装饰物中心线为准向两边对称排砖，排砖过程中在边角、洞口和突出物周围常常出现非整砖或半砖，也应注意对称和美观。

(4)浸砖湿润墙。浸砖与湿润墙面是保证饰面质量的关键环节。粘贴前，应将釉面砖放入清水，浸泡两小时以上，然后取出晾干，待砖背无积水时即可粘贴，否则就会使釉面砖产生起壳脱落现象。砖墙要提前一天湿润，混凝土墙提前三至四小时湿润，这样便不会再吸走黏结砂浆中的水分，影响安装质量。

(5)贴标准点，正式镶贴前，用混合砂浆将废瓷砖按粘贴厚度粘贴在基层上作标志块，用托线板上下挂直，横向拉通，用以控制整个镶贴瓷砖表面的平整度。在地面水平线嵌上一根八字尺或直靠尺，这样可防止瓷砖因自重或灰浆未硬结而向下滑移，以确保其横平竖直。

(6)镶贴。铺贴瓷砖宜从阳角开始，先大面，后阴阳角和凹槽部位，并自下向上粘贴。

黏结砂浆可按体积比采用1∶2水泥砂浆或在水泥砂浆中掺入水泥决质量15%的石灰膏。也可用聚合物水泥砂浆粘贴，但粘贴层需减薄到2～3mm，其配合比例应由试验确定。室内粘贴釉面砖，其接缝宽度一般在1～1.5mm，横竖缝宽一致，或按设计要求确定缝宽。釉面砖背面粘贴层应满抹灰浆，厚度为5mm，四周刮成斜面，釉面砖就位与固定后，用橡皮锤轻击砖面，使之压实与邻面齐平，粘贴五到十块后，用靠尺板检查表面平整度及缝隙的宽窄，若缝隙出现不均，应用灰匙子拔缝。阴阳角拼缝，除了用塑料和陶瓷的阴阳角条解决拼缝外，也可用切割机将釉面砖边沿切成45°斜角，保证阳角处接缝平直、密实。釉面砖粘贴完后，用刷子扫除表面灰，将横竖缝划出来，再用白水泥浆对墙面釉面砖勾缝，待嵌缝材料硬化后，将釉面砖表面擦干净。

(7)擦缝、整理。镶贴完毕，自检无空鼓、不平、不直后，用棉丝擦净。然后把白水泥加水调成糊状，用长毛刷蘸白水泥浆在墙砖缝上刷，待水泥浆变稠，用布将缝里的素浆擦匀，砖面擦净。不得漏擦或形成虚缝。对于离缝的饰面，宜用与釉面砖颜色相同的水泥浆嵌缝或按设计要求处理。

若砖面污染严重，可用稀盐酸刷洗后，再用清水刷洗干净。

三、施工质量要求

(1)釉面砖粘贴前一定要浸泡透，将有隐伤的挑出。操作时严禁用力敲击砖面，防止产生隐伤，并随时将砖面上的砂浆擦洗干净。在施工过程中，浸泡釉面砖应用洁净水，粘贴釉面砖的砂浆应使用干净的原材料进行拌制，粘贴应密实，砖缝应嵌塞严密，砖面应擦洗干净。

(2)釉面砖使用前必须清洗干净，用水浸泡到釉面砖不冒气泡为止，浸泡两小时取出，待表面晾干后方可粘贴。

(3)釉面砖粘贴砂浆厚度一般应控制在 7～10mm 之间，过厚或过薄均易产生空鼓，必要时采用 801 胶水泥砂浆粘贴，以保证镶贴质量。

(4)粘贴前弹好施工规矩线与水平线，校正墙面的方正，算好纵横皮数后划出皮数杆，定出水平标准，贴好灰饼，找出标准，灰饼间距以靠尺板够得着为准，阳角处要两面抹直。

(5)一般釉面砖，特别是用于高级装饰工程上的釉面砖，选用材质密实、吸水率不大于 18%的为好，以减少裂缝的产生。

(6)粘贴前，釉面砖一定要浸泡透，尽量使用和易性、保水性较好的砂浆粘贴。操作时不要用力敲击砖面，防止产生隐伤。

第三节 墙柱面裱糊施工

一、裱糊壁纸

1. 胶黏剂的选择要求

(1)选择条件。大面积裱糊纸基塑料壁纸用的胶黏剂，应具备一定的条件。

1)胶黏剂是水溶型的。如果是溶剂型的，易燃、有刺激味，甚至有毒性，不利于施工，而水溶型的胶黏剂则没有这些缺点。

2)为便于大面积施工，所采用的胶黏剂不宜要求有过于严格和复杂的配制工艺和操作工艺。

3)所选用的胶黏剂，必须是货源充足，价格较低的，否则，对于大面积使用会有一定的限制。

(2)使用要求。大面积裱糊纸基塑料壁纸使用的胶黏剂，应满足一定的要求。

1)对墙面和壁纸背面都有良好的黏结力。

2)应具有一定的耐水性。施工时，墙面基层不一定完全干燥，胶黏剂应能在基层有一定含水量的情况下，顺利地使用。施工完毕后，基层所含水分通过壁纸或拼缝处逐渐向外蒸发。另外，在墙面使用的过程中为了维护清洁，需要对壁纸进行湿擦，因而在拼缝处可能会渗入水分，胶黏剂在这种情况下应保持相当的黏结力，而不致产生壁纸剥落等现象。

3)具有一定的耐胀缩性。塑料壁纸虽然主要在室内使用。但其使用寿命仍是一个重要问题。胶黏剂应能适应由于阳光、温度及湿度变化等因素引起材料的胀缩，不致产生开胶脱落等问题。

4)具有一定防霉作用。因为霉菌的产生不仅会在壁纸和基层之间产生一个隔离层，影响黏结力，而且，还会产生使壁纸表面变色等不良后果。

2. 壁纸的选择要求

选择壁纸要根据环境、场合、地区、民族风俗习惯和个人性格等方面的因素全面考虑，往往同一种壁纸使用在两个不同的场合，会产生两种完全不同的效果。有些选用的原则，并不是绝对的，最重要的是具体情况具体分析。

(1)按使用部位选择。根据使用部位的耐磨损要求，选择适合耐磨方面要求的壁纸。比如公共建筑的走廊墙面，由于人流比较大且容易集中，应选用耐磨性能好的布基壁纸，或纺织壁纸。

(2)按特殊要求选择。有特殊要求的部位应选择有特殊功能的壁纸。同样是防火要求，民用建筑与公共建筑在选用防火壁纸方面，往往会有所差别。有防水要求的部位裱糊壁纸，应选用具有防火性能的壁纸。

(3)按图案效果选择。对图案的选择，应注意大面积裱糊后的视觉效果。有时选看样本时很好，但贴满大面积墙面后，却不尽如人意。可是，也有与此相反的情况，看小样时不甚满意，可一经大面积装修后却获得理想的装饰效果。所以，在选择壁纸时，要研究微观与宏观的关系，须有视小如大，又须视大如小，即局部与整体的关系。一般来说，大面积大厅、会客室、会议室、陈列室、餐厅等场所，选用大型图案结构壁纸，用“以大见大”的手法，充分体现室内宽敞的视觉效果。

小面积的房间，选用小型图案结构壁纸，用“以小见小”的装饰手法，使图杂色彩因远近而产生明暗不同的变化，从而构成室内空间通视、开阔视野的效果。若有风景、原野、森林、草坪之类的彩色壁纸选贴，更能加深空间效果。

(4)按色彩效果选择。装饰色彩是有个性的，不同的颜色会对人产生不同的心理效果，这种心理影响与潜在性，来自人们对色彩感情的联想作用。

装饰、装潢学是美学，也是心理生理学，壁纸装饰后的美与不美，视觉心理感受如何，全在合理地选择与室内整体设计的配合，应从家具、顶棚、门窗、地板、地毯等方面取得协调统一。忽视整体配合，造成室内色彩刺目、摆设杂乱，导致所谓的“视觉污染”，从而影响情绪，有损健康。

3. 腻子的选择要求

腻子用做修补和填平基层表面的麻点、凹坑接缝、钉孔等缺陷，它应具有一定的强度，不得出现起皮和裂缝。常用腻子配合比，见表 4-1。

表 4-1　常用腻子配合比

名称	石膏	滑石粉	熟桐油	羧甲基纤维素溶液(浓度 2%)	聚醋酸乙烯乳液
乳胶腻子		5		3.5	1
乳胶石膏腻子	10			6	0.5～0.6
油漆石膏腻子	20		7		50

4. 基层涂料的选择要求

基层涂料起底油层作用，有利于下道工序涂刷胶黏剂及减少基层吸水率。裱糊基层涂料能提高壁纸工程的质量，增强黏结强度。常用基层涂料配合比，见表 4-2。另外，稀乳胶漆也可用作基层涂料。

表 4-2　常用基层涂料配合比

涂料名称	801 胶	甲基纤维素	酚醛清漆	松节油	水	备注
801 胶涂料(一)	1	0.2		1	用于抹灰墙面	
801 胶涂料(二)	1	0.5		1.5	用于油画墙面	
清油涂料			1	3		用于石膏板及木基层墙面

二、裱糊工程施工

1. 施工工艺流程

基层处理→批刮腻子→刷底涂料→弹线→裁剪壁纸→润纸→刷胶料→裱糊(粘贴)壁纸→拼缝对花→赶压胶黏剂→裁边、擦净胶液→清理修整。

2. 主要操作工序

裱糊工程必须严格按操作工序施工,以保证裱糊质量。壁纸、墙布裱糊施工主要工序,见表4-3。

表 4-3　　裱糊施工的主要工序

项次	工序名称	抹灰面混凝土				石膏板面				木料面			
		复合壁纸	PVC壁纸	墙布	带背胶壁纸	复合壁纸	PVC壁纸	墙布	带背胶壁纸	复合壁纸	PVC壁纸	墙布	带背胶壁纸
1	清扫基层、填补缝隙,磨砂纸	+	+	+	+	+	+	+	+	+	+	+	+
2	接缝处粘纱布条					+	+	+	+	+	+	+	+
3	找补腻子、磨砂纸				+	+	+	+	+	+	+	+	
4	满刮腻子、磨平	+	+	+	+								
5	涂刷涂料一遍									+	+	+	+
6	涂刷底胶一遍	+	+	+	+	+	+	+	+				
7	墙面划准线	+	+	+	+	+	+	+	+	+	+	+	+
8	壁纸浸水润湿		+		+		+		+		+		+
9	壁纸涂刷胶黏剂	+				+				+			
10	基层涂刷胶黏剂	+	+	+		+	+	+		+	+	+	
11	壁纸裱糊	+	+	+	+	+	+	+	+	+	+	+	+
12	拼缝、拼接、对花	+	+	+	+	+	+	+	+	+	+	+	+
13	赶压胶黏剂气泡	+	+	+	+	+	+	+	+	+	+	+	+
14	裁边		+				+				+		
15	抹净挤出的胶液	+	+	+	+	+	+	+	+	+	+	+	+
16	清理修整	+	+	+		+	+	+	+	+	+	+	+

注:1. 表中"+"号表示应进行的工序。

2. 不同材料的基层相接处应先贴 60～100mm 宽壁纸条或纱布。

3. 混凝土表面和抹灰表面必要时可增加满刮腻子遍数。

4. "裁边"工序,只在使用宽为 920mm、1000mm、1100mm 等需重叠对花的 PVC 压延型壁纸时应用。

3. 施工要点

主要施工流程分为:基层处理→吊直、套方、找规矩、弹线→计算用料、裁纸→润纸→刷涂胶黏剂→裱糊壁纸→清理修整等。

(1)基层处理。

1)混凝土及抹灰基层处理。如果在混凝土面、抹灰面(水泥砂浆、水泥混合砂浆、石灰砂浆等)基层上裱糊墙纸,应满刮腻子一遍并磨砂纸。如基层表面有气孔、麻点、凸凹不平时,应增加满刮腻子和磨砂纸的遍数。刮腻子之前,须将混凝土或抹灰面清扫干净。刮腻子时要用刮板有规律地操作,一板接一板,两板中间再顺一板,要衔接严密,不得有明显接槎和凸痕。宜做到凸处薄刮,凹处厚刮,大面积找平。腻子干后打磨砂纸、扫净。需要增加满刮腻子遍数的基层表面,应先将表面的裂缝及坑洼部分刮平,然后打磨砂纸扫净,再满刮腻子和打扫干净。特别是阴阳角、窗台下、暖气包、管道后及踢脚板连接处等局部,需认真检查修整。

2)木质基层处理。木基层要求接缝不显接槎,接缝、钉眼应用腻子补平并满刮油性腻子一遍(第一遍),用砂纸磨平。木夹板的不平整主要是钉接造成的,在钉接处木夹板往往下凹,非钉接处向外凸。所以第一遍满刮腻子主要是找平大面。第二遍可用石膏腻子找平,腻子的厚度应减薄,可在该腻子五六成干时,用塑料刮板有规律地压光,最后用干净的抹布轻轻将表面灰粒擦净。

对要贴金属壁纸的木基面处理,第二遍腻子时应采用石膏粉调配猪血料的腻子,其配比为10∶3(重量比)。金属壁纸对基面的平整度要求很高,稍有不平处或粉尘,都会在金属壁纸裱贴后明显地看出。所以金属壁纸的木基面处理,应与木家具打底方法基本相同,批抹腻子的遍数要求在三遍以上。批抹最后一遍腻子并打平后,用软布擦净。

3)石膏板基层处理。纸面石膏板比较平整,披抹腻子主要是在对缝处和螺钉孔位处。对缝披抹腻子后,还需用棉纸带贴缝,以防止对缝处的开裂。在纸面石膏板上,应用腻子满刮一遍,找平大面,在第二遍腻子进行修整。

(4)旧墙基层处理。旧墙基层裱糊墙纸,对于凹凸不平的墙面要修补平整,然后清理旧有的浮松油污、砂浆粗粒等。对修补过的接缝、麻点等,应用腻子分1～2次刮平,再根据墙面平整光滑的程度决定是否再满刮腻子。对于泛碱部位,宜用9%稀醋酸中和、清洗。表面有油污的,可用碱水(1∶10)刷洗。对于脱灰、孔洞处,须用聚合物水泥砂浆修补。对于附着牢固、表面平整的旧溶剂型涂料墙面,应进行打毛处理。

(2)吊直、套方、找规矩、弹线。在底胶干燥后弹划出水平、垂直线,做好操作时的依据,以保证壁纸裱糊后横平竖直,图案端正。

1)按壁纸的标准宽度找规矩,每个墙面的第一条纸都要弹线找垂直,作为裱糊时的准线。非整条的裁切纸的安排在墙的阴角等视觉不起眼、次要部位处。

2)在第一条壁纸位置的墙顶处敲进一枚墙钉,将有粉锤线系上,铅锤下吊到踢脚上缘处,锤线静止不动后,一只后握紧锤头,按垂线的位置用铅笔在墙面划一条短线,再松开铅锤头查看锤线是否与铅笔短线重合。如果重合,就用一只手将锤线按在铅笔短线上,另一只手把锤线往外拉,放手后使其弹回,便可得到墙面的基准垂线。

每个墙面的第一条垂线,应该定在距墙角距离小于壁纸幅宽50～80mm处。墙面上有门窗口的应增加门窗两边的垂直线,如图4-4所示。

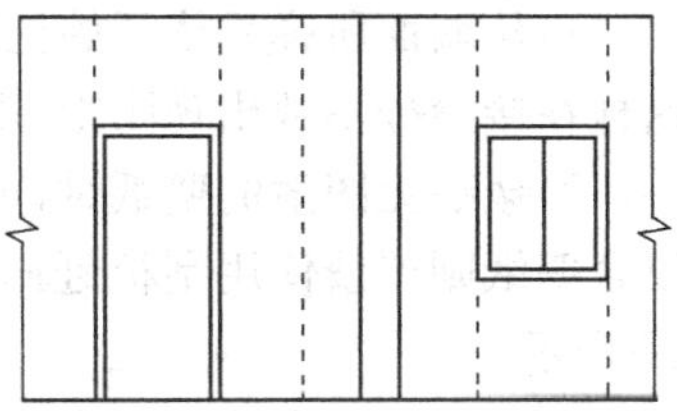

图4-4 门窗洞口弹线

对于无门窗口的墙面,可挑一个近窗台的角落,在距墙角距离比壁纸幅宽短50mm处弹垂线。如果壁纸的花纹在裱糊时要考虑拼贴对花,使其对称,则宜在窗口弹出中心控制线,再往两边分线;如果窗口不在墙面中间,为保证窗间墙的阳角花饰对称,则宜在窗间墙弹中心线,由中心线向两侧再分格弹垂线。

(3)裁纸。根据墙面弹线找规矩的实际尺寸,统筹规划裁割墙纸,对准备上墙的墙纸,最好能够按顺序编号,以便于依顺序粘贴上墙。

裁割墙纸时，注意墙面上下要预留尺寸，一般是墙顶墙脚两端各多留 50mm 以备修剪。当墙纸有花纹图案时，要预先考虑完工后的花纹图案效果及其光泽特征，不可随意裁割，应达到对接无误。同时，应根据墙纸花纹图案和纸边情况确定采用对口拼缝或搭口裁割拼缝的具体拼接方法。裁纸下刀前，还需认真复核尺寸有无出入，尺子压紧墙纸后不得再移动，刀刃贴紧尺边，一气裁成，中间不宜停顿或变换持刀角度，手劲要均匀。

(4)润纸。不同的壁纸对润纸的反应也不一样，反应较明显的是纸基的塑料壁纸。

1)先将塑料壁纸在水槽中浸泡两至三分钟，进行闷水处理，取出后抖掉余水，静置二十分钟，或用排笔刷水后浸十分钟，这样壁纸粘贴后，随着水分的蒸发而收缩、绷紧。

2)由于复合纸质壁纸的湿强度较差，裱糊前严禁进行闷水处理。为达到软化壁纸的目的，可在壁纸背面均匀刷胶黏剂，然后胶面对胶面对叠，放置四至八分钟，即可上墙裱糊。壁纸裱糊前，应取一小条壁纸进行试贴，隔日观察接缝效果及纵向、横向收缩情况。

(5)刷胶黏剂。由于现在的壁纸一般质量较好，所以不必进行润水。对于待裱贴的壁纸，若不了解其遇水膨胀的情况，可取其一小条试贴，隔日观察接缝效果及纵、横向收缩情况，然后大面积粘贴。

施工前将两到三块壁纸进行刷胶，达到湿润、软化的作用，塑料纸基背面和墙面都应涂刷胶黏剂，如图刷胶应厚薄均匀，从刷胶到最后上墙的时间一般控制在五到七分钟。

刷胶时，基层表面刷胶的宽度要比壁纸宽约 30mm。刷胶要全面、均匀、不裹边、不起堆，以防溢出，弄脏壁纸。但也不能刷得过少，甚至刷不到位，以免壁纸粘贴不牢。壁纸背面刷胶后，应是胶面与胶面反复对叠，以避免胶干得太快，也便于上墙，并使裱糊的墙面整洁平整。如图 4-5 所示。

金属壁纸刷胶时，准备一卷未开封的发泡壁纸或长度大于壁纸宽的圆筒，一边在裁剪好的金属壁纸背面刷胶，一边将刷过胶的部分向上卷在发泡壁纸卷上，如图 4-6 所示。

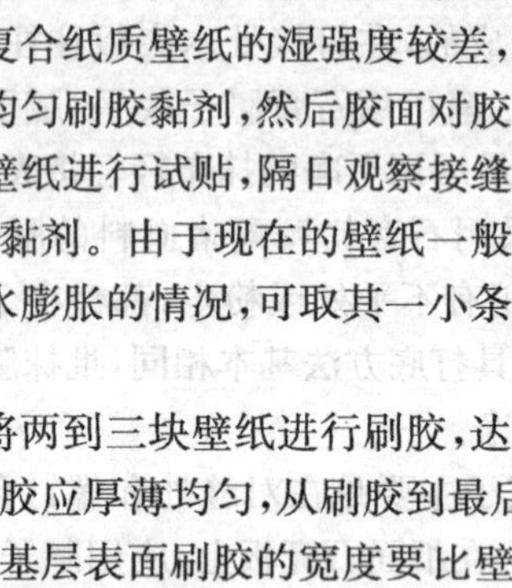

图 4-5　壁纸胶面反复对叠

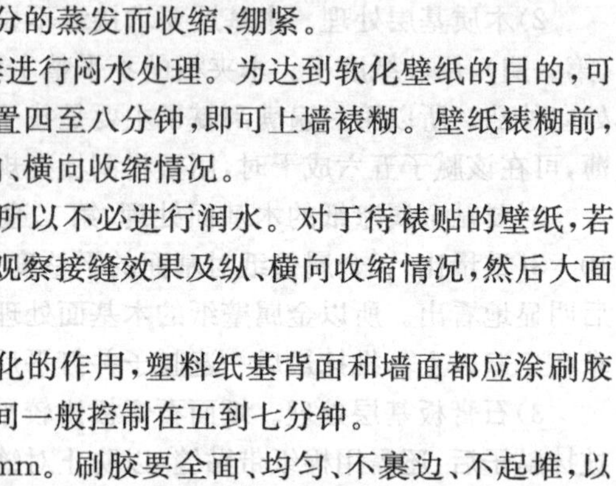

图 4-6　金属壁纸刷胶

(6)裱糊壁纸。裱糊的原则：应先要垂直，后对花纹拼缝，再用刮板用力抹压平整；先垂直面后水平面，先细部后大面；贴垂直面时，先上后下；贴水平面时，先高后低。

1)从墙面所弹垂线开始至阴角处收口，一般顺序是：挑一个近窗台角落向背光处依次裱糊，这样在接缝处不致出现阴影，影响操作。

2)裱贴无图案的壁纸时，可采用搭接法。较厚的壁纸须用胶辊进行滚压赶平。发泡壁纸及复合壁纸则严禁使用刮板赶压，只可用毛巾、海绵或毛刷赶压，以免赶平花形或出现死摺，如图 4-7所示。

3)对于有图案的壁纸，为了保证图案的完整性和连续性，裱贴时可采取拼接法。拼贴时，先对图案后拼接，从上至下图案吻合后，再用刮板斜向刮胶将拼缝处赶密实，然后从拼缝处刮出多余胶液，并用湿毛巾擦干净。对于需要重叠对花的壁纸，应先裱贴对花，待胶黏剂干到一定程度后，用钢尺对齐裁下余边，再刮压密实。用刀时下力要匀，一次直落，避免出现刀痕或搭接起丝现象。

4)拼缝时，用刀要匀，既要一刀切割两层纸，不要留下毛槎、丝头，又不要用力过猛切破基层，使裱糊后出现刀痕。

对于有花纹的壁纸，应将两幅壁纸花纹重叠，对好花，用钢尺在重叠处拍实，从壁纸搭边中间用壁纸刀沿钢尺自上而下切割。除去切下的余纸后，用刮板刮平，如图4-8所示。

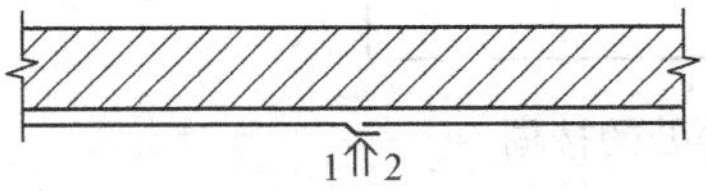

图4-7　搭接法裱糊

1—刀具；2—撕去部分

图4-8　对好花纹切割后拼缝

发泡壁纸、复合壁纸禁止使用刮板赶压，只可用毛巾或板刷赶压，以免赶平花型或出现死褶。

裱糊拼接时，阴角处接缝应搭接，阳角处不得有接缝。包角压实绕过墙角后，应定出一条新的垂线依次裱糊，如图4-9所示。阴阳角的正确做法，如图4-10所示。

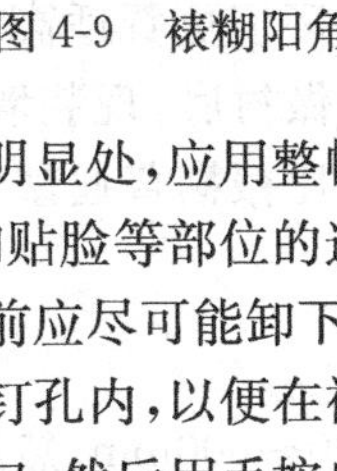

图4-9　裱糊阳角

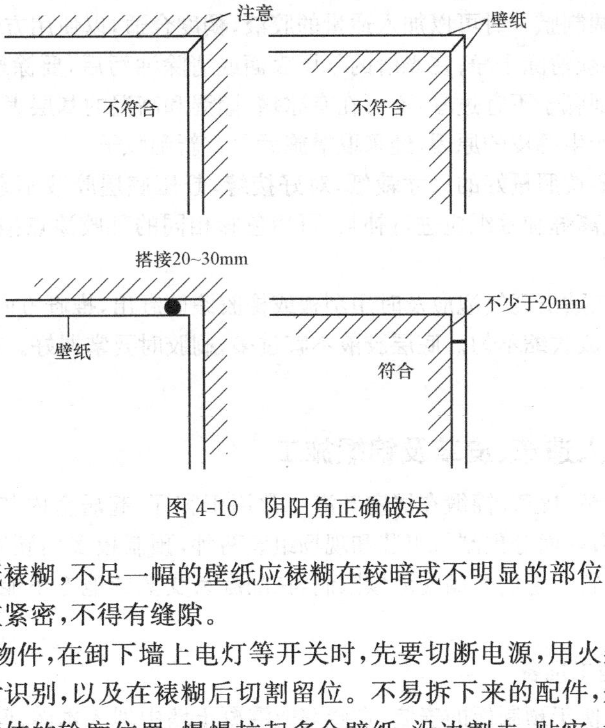

图4-10　阴阳角正确做法

在墙面明显处，应用整幅壁纸裱糊，不足一幅的壁纸应裱糊在较暗或不明显的部位。与挂镜线、踢脚板和贴脸等部位的连接应紧密，不得有缝隙。

5)裱糊前应尽可能卸下墙上物件，在卸下墙上电灯等开关时，先要切断电源，用火柴棒或细木棒插入螺钉孔内，以便在裱糊时识别，以及在裱糊后切割留位。不易拆下来的配件，采取从中心切"×"字口，然后用手按出开关体的轮廓位置，慢慢拉起多余壁纸，沿边割去，贴牢，如图4-11所示。

6)当墙面的墙纸完成40m^{2}左右或自裱贴施工开始40～60min时，需安排一人用辊子，从第一张墙纸开始滚压，直至将已完成的墙纸面滚压一遍。使墙纸与基面更好贴合，对缝处的缝口更加密合。

(7)清理修整。壁纸裱糊后，应进行全面检查修补。表面的胶水、斑污应及时擦净，各处翘角、翘边应进行补胶，并用辊子压实；发现空鼓，可用壁纸刀切开，补涂胶液重新压复贴牢；有气泡处，可用注射针头排气，然后注入胶液，重新粘牢修整的壁面均需随手将溢出表面的余胶用洁净湿毛巾擦干净；如表面有皱褶时，可趁胶液未干时轻刮。最后将各处的多余部分用壁纸刀小心裁去。

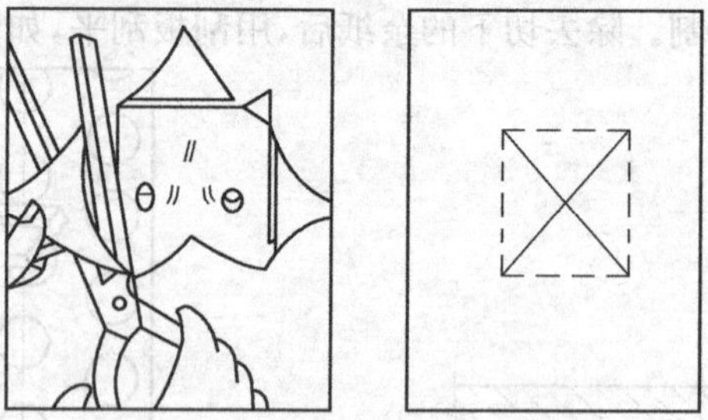

图 4-11　开关插座等处的裱糊

4. 施工注意事项

(1)对所用材料特性、规格、颜色等必须充分了解，配兑材料一定要按比例。单个房间或单个墙面应该统一花色规格，不得随意更换材料。

(2)严格检查和修整基层，阴阳角必须垂直，表面平整，干湿度适当，抹灰面无松散、粉脱现象，木基层无外露钉头，无翘角、脱皮现象。

(3)调制腻子时可以加入适量的胶液，稠度合适，以使用方便为准；基层表面的灰尘、隔离剂、油污等必须清除干净；在光滑的基层表面或清除油污后，要涂刷一层胶黏剂(如乳胶等)，再刮腻子；每遍刮腻子不宜过厚，不可在有冰霜、潮湿和高温的基层表面上刮腻子；翻皮的腻子应铲除干净，找出产生翻皮的原因，经采取措施后再重新刮腻子。

(4)要按照量好的尺寸裁纸，对好接缝，赶压底层胶液不宜推力过大，否则会造成离缝或亏纸。出现离缝和亏纸应进行补救，可用色彩相同的乳胶漆点描，在亏纸严重处，可用相同壁纸补贴或重贴。

(5)裱贴出现气泡应及时用刮板或橡胶滚筒赶出，推赶方向应水平，不宜斜向重推，以防压偏花饰和造成收缩不匀。底层胶液不宜过多，刷胶时要掌握好。在刮压壁纸时，注意防止胶液污染墙面。

三、人造革、皮革及锦缎施工

人造革、皮革、锦缎在居室装潢中常用于客厅、起居室内装饰，使环境更舒适高雅。人造革、皮革、锦缎墙面分预制板组装和现场组装两种，预制板多用硬质材料做衬底，现装墙面的衬底多为软质材料。它们裱糊受地域限制，在潮湿易受潮的地方不能使，它比裱糊普通塑料壁纸，墙布难度大。

1. 施工准备

为了便于预制板的安装，在砖墙或混凝土墙中埋入木砖，间距400～600mm，然后抹灰，做防潮层，用1∶3水泥砂浆抹在砌体上，厚度约20mm，刷底子油做防潮层，防止潮气使面板翘曲、织物发霉。

2. 施工要求

(1)人造革、皮革或织锦缎包于五夹板外面，为使面层具有挺括、丰满效果，中间放一层厚海绵。

(2)操作时，先将五夹板边刨直，沿一个方向的两条边刨出斜面，中间放海绵层，用刨斜边的两边压入人造革或织锦缎，并用铁钉钉于木墙筋上，另两侧不压织物，则钉于木墙筋上，然后将织锦缎或人造革拉紧、织物和该板上包的织物，一起钉入木墙筋，另一侧不压织物须钉牢。在木墙筋上钉五夹板，其板的接缝应在木筋上。

(3)包矿渣棉于墙筋上，铺钉方法与上法基本相同，铺钉后要求表面不见钉口，在暗钉钉完后，再以电化铝帽头钉于分块的四角。

(4)现装墙面的衬底多为海绵或发泡塑料，裱糊时先钉在墙面上，然后把人造革、皮革或织锦缎直接装钉在海绵或发泡塑料表层上。

(5)软质材料在居室装潢中，除沙发软垫及高片床板外，在墙面上裱糊应用不多。其他天然材料的壁纸是将草、麻、木材、树叶、草底等直接粘贴在墙面上。

四、施工质量要求

(1)壁纸、墙布的种类、规格、图案、颜色和燃烧性能等级必须符合设计要求及国家现行标准的有关规定。

(2)裱糊工程基层处理质量应符合《建筑装饰装修工程质量验收规范》(GB 50210—2001)要求。

(3)裱糊后各幅拼接应横平竖直，拼接处花纹、图案应吻合，不离缝，不搭接，不显拼缝。

(4)壁纸、墙布应粘贴牢固，不得有漏贴、补贴、脱层、空鼓和翘边。

(5)裱糊后的壁纸、墙布表面应平整，色泽应一致，不得有波纹起伏、气泡、裂缝、皱折及斑污，斜视时应无胶痕。

(6)复合压花壁纸的压痕及发泡壁纸的发泡层应无损坏。

(7)壁纸、墙布与各种装饰线、设备线盒应交接严密。

(8)壁纸、墙布边缘应平直整齐，不得有纸毛、飞刺。

(9)壁纸、墙布阴角处搭接应顺光，阳角处应无接缝。

第四节　墙柱面喷塑施工

一、喷塑概述

1. 喷塑的概念

喷塑是一项新的施工工艺，它立体感强、造型千姿百态、色泽鲜艳、耐久性好、施工效率高，近几年来常用于居室墙面及顶棚的装饰。

2. 喷塑施工的优点

(1)装饰效果好。喷塑既有乳胶漆色彩丰富的一面，又具有浮雕式图案的优美，因而这种新的装饰工艺，将涂料的色彩及光泽度好的优点，与装饰抹灰所制作的浮雕式图案效果结合起来，取长补短，较之单独使用，效果更胜一筹。

(2)操作工艺简单。喷塑涂料施工，是将喷点料装在一个特别的喷枪内，然后用压缩空气将喷点料喷到墙面，再通过辊压或不辊压等工序，就会在墙面上得到栩栩如生的图案。

(3)功效快。喷塑涂料施工是多层次的，但这种多层次是采用不同的手段来获得不同效果，与其他装饰工艺相比，喷塑涂料施工工效是有些工种的几倍，甚至几十倍。

(4)工程造价比较低。从工程决算中可看出，仅略高于水刷石装饰，而远远低于玻璃马赛克和花岗石墙面。

二、喷塑涂层结构

喷塑涂层的结构可以分为底层、中间层、面层三层。从使用的材料上，可以分为底漆、喷点漆、面漆三种，如图 4-12 所示。

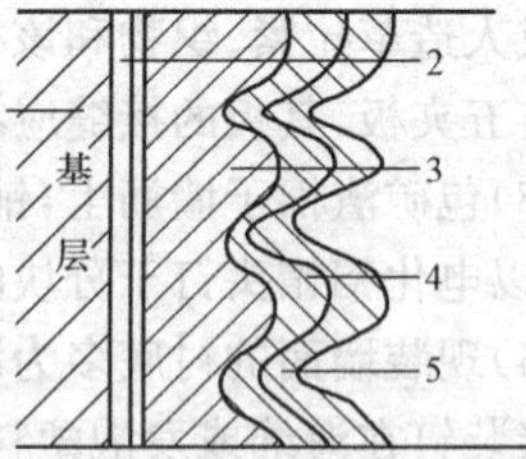

图 4-12　喷塑涂层的结构示意图

1—基层；2—底漆；3—喷点；4—头道面漆；5—二道面漆

1. 底层

底层主要作用是封底，可以防止硬化后的水泥砂浆抹灰层中的可溶性盐渗出而破坏面漆，它是涂层与基层之间的连接层，有利于提高涂层与基层之间的黏着力，同时可以进一步清理基层表面的灰层，使一部分悬浮的灰尘颗粒固定于基层。

底漆所选用的材料一般要求抗碱性能好，如有可能，最好同面漆配套使用。自行选配要注意品种与面漆吻合，否则反而破坏面层与底层的黏结。

2. 中间层

喷点是指涂层的中间层，中间层又称为骨架。喷点施工对表层的装饰效果影响较大，在底漆干燥后，通常在十二小时后进行喷点施工。

(1)合成乳液喷点料，其主要成分是合成乳液、填充料、辅助剂等，这种类型喷点大致可分为硬化型和弹性型两种。

1)硬化型。有单组分和双组分两种，以单组分喷点料最为普遍，主要成分为丙烯酸酯聚合物。双组分的主要成分是环氧乳液与聚酰胺，其硬度、黏结、防火性能均佳。

2)弹性型。主要材料为丙烯酸橡胶，与水泥基层有良好的黏结性能，并富有弹性，在墙身受到一定外力的情况下，能够保持较好的完整性。

这种喷点料施工方便，和基层具有良好的黏结力，并具有一定的强度，喷点料固体含量较高，一般均在 65%～70%。由于合成乳液喷点料在黏度及黏结力方面都比较好，且成形后喷点柔软适合，当用胶辊将圆点压平时，花纹外形自然、圆滑，所以高层建筑及高级装饰多用合成乳液喷点料。

(2)硅酸盐类喷点料。其主要成分是水泥、矿砂通常配以增稠剂、缓凝剂等助剂。喷小点时，可适当多加一点水，使浆体稀一些。喷大点时，浆体要稠一些，但加水多少合适，主要根据喷点成形或操作是否顺利决定。

因为喷点料是以硅酸盐为主体，所以具有耐碱、而水性高、硬度大、价格较低等优点。但施工时，由于水泥加水搅拌后两小时即开始硬化，所以施工时只能随用随配，最好在一小时内用完，施工比较麻烦。喷点完毕，应注意养护三天左右，使其强度逐渐增硬。

3. 面层

面漆根据所用的材料，可分为油性面漆和水性面漆两种。油性面漆所用的稀释剂是香蕉水，水性面漆稀释剂是水。如果从组分上分类，有单组分面漆和双组分面漆。

面层涂饰面漆砂要两遍，以求达到光泽度和色彩均匀的效果。

三、喷塑施工

1. 施工工艺流程

基层处理→上底油→喷占料→喷塑的压花→上面油→分格缝上色。

2. 施工要点

(1)基层处理。

1)基层要有一定的强度,如果是水泥砂浆抹灰基层,其抗压强度应不小于7MPa。

2)基层表面要平整并略有粗糙为佳。对于大面积的墙面抹灰,应按中、高级抹灰操作工艺的要求施工,用木抹子压光。其他板材拼装的基层,须注意拼缝处的表面平整。基层应干燥,含水率不宜大于10%。

3)基层表面应干净,对残留的灰渣、油污及浮尘等均应清除干净。

(2)喷底油。底油可用喷枪喷涂,也可做刷涂,也可用毛辊滚涂,目前采用滚涂和喷涂者为多。底油一般固体含量小,底油施工后的墙面不是很明显,故应注意施工接槎部位,避免漏喷漏涂。

底油施工前,应对基底进行全面验收。如果底油施工与基层施工不是同一单位,应该由建设单位组织验收,对于基底存在的问题,特别是影响涂层黏结、使用安全及耐久性方面的质量问题,应采取措施解决。

(3)喷点料。正式喷涂前应根据设计要求喷涂样板;喷涂时应试喷,如果发生糊嘴现象,可加水稀释。喷点的大小,环境温度的高低,均是影响加水量的因素。使用桶装的合成乳液喷点料,事先须用搅拌器充分搅拌,以防使用时稠度不均和沉淀。

施工时,将调好的骨架材料,用小勺装入喷枪的料斗内,扭动开关,用空气压缩机送出的风作动力,将喷点料通过喷嘴射向墙面。喷点的规格有大、中、小三档之分,根据设计要求而选用不同规格的喷嘴(喷嘴与喷枪系以螺纹连接)。喷点与喷枪工作的关系,见表4-4。

表4-4　喷点与喷枪工作的关系

喷点规格	喷枪嘴内径/mm	工作压力/MPa	说　明
大　点	8～10	0.5	根据喷点规格,还可调节风压开关,以喷点均匀为度
中　点	6～7	0.5	
小　点	4～5	0.5	

对于不该喷的部位,应采取遮挡措施,如外墙的门窗,室内的吊顶与地面等处。但外墙门窗数量多,不容易全部遮盖,常用的方法是用三夹板做一个挡箭牌一类的设备,喷到哪个窗或门的附近,即用门或窗洞口那么大的挡板进行遮挡。所以,喷点料操作宜三人同时进行。一人在前面举挡板保护不该喷涂部位,中间者喷涂,后者进行压平工作,以形成流水作用。同时也便于三人轮换喷涂,因为喷涂作业的劳动强度较大。

喷点操作的移动速度要均匀,不宜忽快忽慢。其行走路线可根据施工需要由上到下或左右移动。喷枪在正常情况下其喷嘴距墙50～60cm为宜,喷头与墙面呈60°～90°夹角。如倾斜喷涂,以浆料不溢出为度。如果喷涂顶棚,可采用顶棚喷涂专用喷嘴。

(4)喷塑的压花。喷点过后有压平与不压平之别,如果需要将喷到墙上的圆点压平,喷点后五至十分钟,便可用胶辊蘸松节水,在塑性的圆点上均匀地轻轻碾压,始终要上下方向滚动,将圆点压扁,使之成为具有立体感的压花图案。这种压花用的辊子可现场制作,用塑料管,将其两端堵住,安上手柄便可使用。这种辊子的要求是表面光滑、平整,蘸松节水的目的是增加接触面的润滑程度。圆点是否要压平,主要取决于设计。但在一般情况下大点都需要压平,使其不致突出表面太多而影响美观,将其压扁呈花瓣状即能获得较美的装饰效果。

(5)上面油。合成乳液喷点，喷后一天便可以涂面漆。如骨架喷点系采用硅酸盐类喷点料，在常温下需要七天左右才可涂面油。

面油色彩应按设计要求将色浆一次性配足，以保证整个喷塑饰面的色泽均匀。如采用喷涂，宜喷两道，第一道喷水性面油，第二道喷油性面油。

(6)分格缝上色。如果基层有分格条，面油涂饰后即行揭去，对分格缝可按设计要求的色彩重新描绘。

3. 施工注意事项

(1)对于不该喷的部位，要采取适当的保护措施，以免喷后增加清理工作量。因为喷射时，喷嘴呈扇形喷射，散射的面比较大，所以要采取遮盖的方法。

(2)一般用三夹板做成一个似挡箭牌形状的挡板，喷到哪就挡到哪，所以喷涂操作一般宜三人同时进行，一人在前边举板遮挡，中间一人进行喷涂，后边一个人进行压平。

(3)喷点的密度一般应根据设计认可的样板为准，但喷点要有一定的密度与厚度。

本章思考重点

1. 一般抹灰施工要点有哪些？
2. 装饰性抹灰的施工要点有哪些？
3. 釉面砖施工要点有哪些？
4. 壁纸的选择要求是什么？
5. 裱糊工程施工要点有哪些？
6. 喷塑施工要点有哪些？

第五章 楼地面装饰施工技术

第一节 楼地面基本构造

一、楼地面概述

楼地面作为室内空间的底界面，要支撑家具、设备和人的活动，故对它有一定的使用要求。同时，地面又有相当大的一部分没有被家具、设备所覆盖，所以地面的色彩、图案、材料、质感就直接影响装饰效果和室内空间气氛。因此地面材料与装饰构造就成为室内设计的重点之一，它需要满足功能和装饰两方面的要求。

楼地面装饰的目的是保护结构安全，增强地面的美化功能，保证脚感舒适、使用安全、清理方便、易于保持。随着人们对装饰要求的不断提高和新型装饰材料、工艺的不断应用，楼地面装饰已由过去单一的水泥混凝土楼地面逐步被多品种、多工艺的各类楼地面所替代。居家装潢中一般使用的有三大类地面材，它们分别是瓷砖、大理石类，地毯和地垫等软面料类，原木地板及复合地板类。由于各种地面材料的不同，因而施工工艺和方法也不尽相同。

地面的使用功能要求竖固、耐磨，对结构层有保护作用，且平整、易于清扫和防水、防潮、防滑，对要求较高的房间，还要考虑地面的弹性、隔声、吸声、保温等。对某些有特殊要求的地面，还要考虑耐酸碱、耐腐蚀、防静电等。在满足使用要求的前提下要注意经济、节约，不是任何地面都要满足所有要求，而是针对具体需求做出合理选择。

二、楼地面构造层设计要求

(1)经常承受剧烈磨损的地面宜采用 C20 混凝土、铁屑水泥或块石面层、条石面层。

(2)经常受坚硬物冲击的地面宜采用混凝土垫层兼面层或细石混凝土面层。有强烈冲击的地面宜采用混凝土板、块石或素土面层。

(3)承受剧烈振动作用或贮放大面积笨重材料的地面，宜选用粒料，灰土类柔性地面。同时有平整和清洁要求时，宜采用砂浆结合层的预制混凝土板面层。

(4)有高温影响的地面宜采用素土或矿渣面层。同时有较高平整和清洁要求或同时有强烈磨损的地面宜采用金属面层。

(5)经常有大量水作用或冲洗的块料面层地面，结合层宜采用胶凝类材料。经常有大量水作用或冲洗的楼面当楼板为装配式的应加强楼面整体性，必要时设防水层。

(6)有一定防潮要求的地面宜采用沥青砂浆面层，有较高防潮要求的地面宜设油毡或涂抹热沥青防潮层。

(7)有食品或药物接触的地面，面层应避免采用含氟硅酸钠的材料和有毒的塑料或涂料。

(8)与火接触或使用温度大于 60℃的地面，不宜用聚氯乙烯塑料板或经过氯乙烯涂料。

(9)经常与有机油作用的地面不宜采用沥青类材料面层及嵌缝材料。楼面应有防油渗措施。

(10)火灾危险性属甲、乙类的厂房地面，如有坚硬物冲击或摩擦有可能产生火花引起爆炸时，应采用不发火地面。

(11)有较高清洁要求的地面宜采用光洁水泥面层、水磨石面层等。

(12)有轻体力劳动且有一定弹性和清洁要求的地面可采用菱苦土地面，但有较大冲击，经常受潮或者热源影响时不宜采用。

(13)生产过程中使用汞的地面宜采用密实材料做的无缝地面。

(14)有防腐要求地面另按防腐要求设计。

三、楼地面各构造层作用

建筑地面工程包括工业与民用建筑物底层地面(简称地面)和楼层地面(简称楼面)的总称(图 5-1、图 5-2)，由面层、垫层和基层等部分组成。

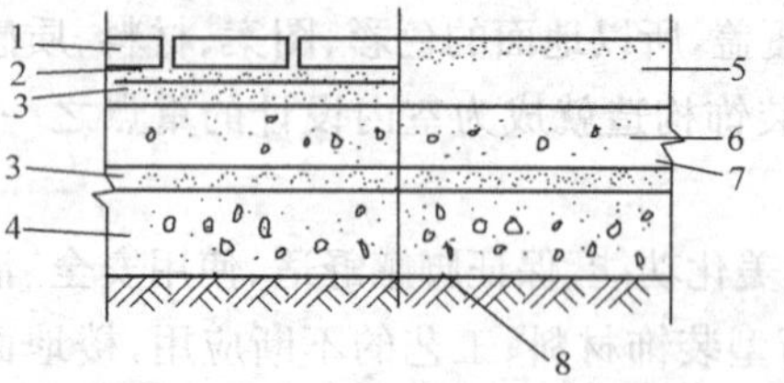

图 5-1 地面工程构造示意图

1—块料面层；2—结合层；3—找平层；4—垫层；5—整体面层；6—填充层；7—隔离层；8—基土

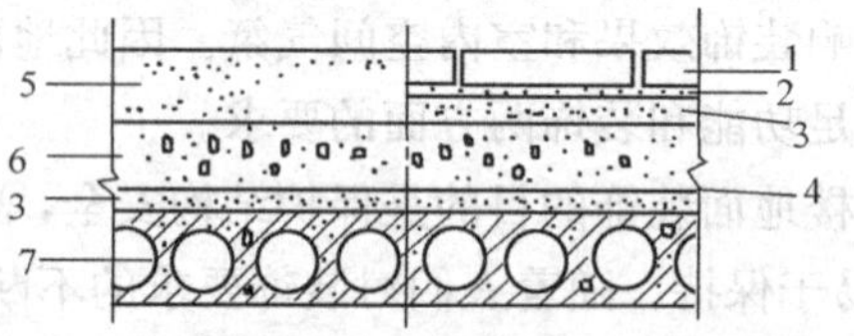

图 5-2 楼面工程构造示意图

1—块料面层；2—结合层；3—找平层；4—隔离层；5—整体面层；6—填充层；7—楼板

建筑地面的构造层次名称(具体施工有哪些层次，根据设计要求确定)。

(1)面层——直接承受各种物理和化学作用的建筑地面表面层；建筑地面的名称按其面层名称而定。

(2)结合层——面层与下一构造层相联结的中间层，也可作为面层的弹性基层。

(3)基层——面层下的构造层，包括填充层、隔离层、找平层、垫层和基土等。

(4)填充层——当面层、垫层和基土(或结构层)尚不能满足使用上或构造上的要求而增设的填充层，在建筑地面上起隔声、保温、找坡或敷设暗管线等作用的构造层。

(5)隔离层——防止建筑地面上各种液体(指水、油渗、非腐蚀性液体和腐蚀性液体)浸湿和作用，或防止地下水和潮气渗透地面作用的构造层。仅为防止地下潮气透过地面时，可称作防潮层。

(6)找平层——在垫层上、楼板上或填充层(轻质、松散材料)上起整平、找坡或加强作用的构造层。

(7)垫层——承受并传递地面荷载于基土上的构造层。

(8)基土——地面垫层下的土层。

(9)缩缝——防止水泥混凝土垫层在气温降低时产生不规则裂缝而设置的收缩缝。

(10)伸缝——防止水泥混凝土垫层在气温升高时在缩缝边缘产生挤碎或拱起而设置的伸胀缝。

(11)纵向缩缝——平行于混凝土施工流水作业方向的缩缝。

(12)横向缩缝——垂直于混凝土施工流水作业方向的缩缝。

四、楼地面各构造层表面温度要求

(1)掺有氯化镁成分的拌合物铺设面层、结合层时不应低于 10℃。且此温度应保持至其强度达到不小于设计要求的 70%时。

(2)掺有水泥的面层、找平层、结合层和垫层以及铺设黏土面层时不应低于 5℃,且此温度应保持至强度达到不小于设计要求的 50%时。

(3)掺有石灰的拌合料铺设垫层时,不应低于 5℃。

(4)用沥青玛琋脂作结合层和地漆布面层时,不应低于 5℃。

(5)用胶黏剂作结合层时,不应低于 10℃。

(6)用砂作结合层以及铺设碎石、卵石、碎砖垫层和面层时,不应低于 0℃且不得在冻土上铺设。

(7)低于上述温度施工时,应按冬期施工的专门规定采取相应措施,以确保工作质量。

第二节　水泥制品楼地面层施工

一、水泥制品楼地面层分类

水泥地面是地面施工中应用最普及、最广泛的一种传统做法,是直接在混凝土垫层上施工的一种传统整体地面,由于水泥地面属低档施工,造价较低且施工简便、经久耐用,因此仍然有很大需求。水泥制品地面是用水泥砂浆或掺入各种细石子等铺设而成的,根据材料与施工方法的不同,其分类不同,包括水泥砂浆地面、混凝土地面、现浇水磨石地面、预制水磨石地面、水泥花砖地面等。

1. 水泥砂浆面层构造

水泥砂浆面层厚度应符合设计要求,且不应小于 20mm,有单层和双层两种作法。图 5-3(a)为单层作法,为 20mm 厚度,采用 1∶2 水泥砂浆铺抹而成;图 5-3(b)为双层作法,双层的下层为 12mm 厚度,采用 1∶2 与水泥砂浆,双层的上层为 13mm 厚度,采用 1∶1.5 水泥砂浆铺抹而成。

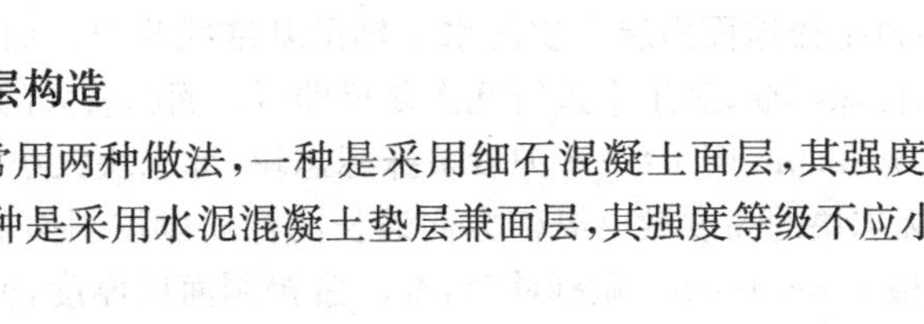

图 5-3　水泥砂浆面层
(a)单层作法;(b)双层作法

2. 水泥混凝土面层构造

水泥混凝土面层常用两种做法,一种是采用细石混凝土面层,其强度等级不应小于 C20,厚度为 30～40mm;另一种是采用水泥混凝土垫层兼面层,其强度等级不应小于 C15,厚度按垫层确定,如图 5-4 所示。

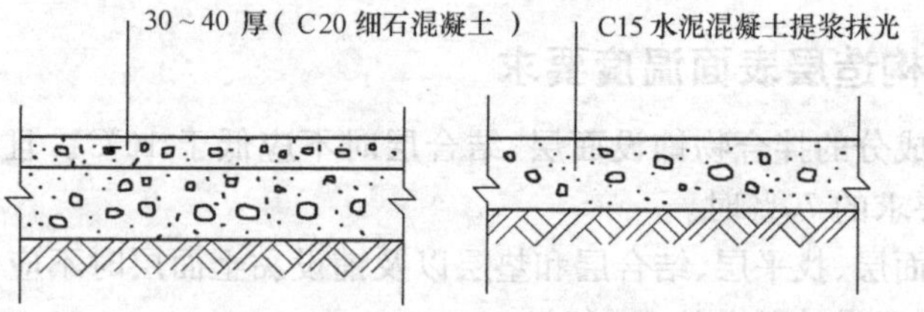

图 5-4　水泥混凝土面层

3. 水磨面层构造

水磨石面层是采用水泥与石粒的拌合料在 15～20mm 厚 1∶3 水泥砂浆基层上铺设而成。面层厚度除特殊要求外，宜为 12～18mm，并应按选用石粒粒径确定，如图 5-6 所示。水磨石面层的颜色和图案应按设计要求，面层分格不宜大于 1000mm×1000mm，或按设计要求。

二、水泥制品楼地面层施工

1. 水泥砂浆面层

(1)施工工艺流程。

基层处理→弹线、做标筋→面层铺设→养护。

(2)施工要点。

1)基层处理。水泥砂浆面层多是铺抹在楼面、地面的混凝土、水泥炉渣、碎砖三合土等垫层上，垫层处理是防止水泥砂浆面层空鼓、裂纹、起砂等质量通病的关键工序。因此，要求垫层应具有粗糙、洁净和潮湿的表面，一切浮灰、油渍、杂质，必须仔细清除，否则会形成一层隔离层，而使面层结合不牢。表面比较光滑的基层，应进行凿毛，并用清水冲洗干净。冲洗后的基层，最好不要上人。

①垫层上的一切浮灰、油渍、杂质，必须仔细清除，否则形成一层隔离层，会使面层结合不牢。

②表面较滑的基层，应进行凿毛，并用清水冲洗干净，冲洗后的基层，最好不要上人。

③宜在垫层或找平层的砂浆或混凝土的抗压强度达到 1.2MPa 后，再铺设面层砂浆，这样才不致破坏其内部结构。

④铺设地面前，还要再一次将门框校核找正，方法是先将门框锯口线抄平校正，并注意当地面面层铺设后，门扇与地面的间隙(风路)应符合规定要求。然后将门框固定，防止构件位移。

在现浇混凝土或水泥砂浆垫层、找平层上做水泥砂浆地面面层时，其抗压强度达 1.2MPa 后，才能铺设面层。这样做不致破坏其内部结构。

2)弹线、做标筋。

①地面抹灰前，应先在四周墙上弹出一道水平基准线，作为确定水泥砂浆面层标高的依据。水平基准线是以地面±0.00 及楼层砌墙前的抄平点为依据，一般可根据情况弹性标高 100cm 的墙上。

②根据水平基准线再把楼地面面层上皮的水平辅助基准线弹出。面积不大的房间，可根据水平基准线直接用长木杠抹标筋，施工中进行几次复尺即可。面积较大的房间，应根据水平基准线在四周墙角处每隔1.5～2.0m 用 1∶2 水泥砂浆抹标志块，标志块大小一般是 8～10cm 见方。待标志块结硬后，再以标志块的高度做出纵横方向通长的标筋以控制面层的厚度。地面标筋用 1∶2 水泥砂浆，宽度一般为 8～10cm。做标筋时，要注意控制面层厚度，面层的厚度应与门框的锯口线吻合。

③对于厨房、浴室、卫生间等房间的地面，须将流水坡度找好。有地漏的房间。要在地漏四周找出不小于5%的泛水。我平时要注意各室内地面与走廊高度的关系。

3)面层铺设。

①水泥砂浆应采用机械搅拌，拌合要均匀，颜色一致，搅拌时间不应小于2min。水泥砂浆的稠度(以标准圆锥体沉入度计，以下同)。当在炉渣垫层上铺设时，宜为25～35mm；当在水泥混凝土垫层上铺设时，应采用干硬性水泥砂浆，以手捏成团稍出浆为准。

②施工时，先刷水灰比为0.4～0.5的水泥浆，随刷随铺随拍实，并应在水泥初凝前用木抹搓平压实。

③面层压光宜用钢皮抹子分三遍完成，并逐遍加大用力压光。当采用地面抹光机压光时，在压第二、第三遍中，水泥砂浆的干硬度应比手工压光时稍干一些。压光工作应在水泥终凝前完成。

④当水泥砂浆面层干湿度不适宜时，可采取淋水或撒布股拌的1∶1水泥和砂(体积比，砂须过3mm筛)进行抹平压光工作。

⑤当面层需分格时，应在水泥初凝后进行弹线分格。先用木抹搓一条约一抹子宽的面层，用钢皮抹子压光，并用分格器压缝。分格应平直，深浅要一致。

⑥当水泥砂浆面层内埋设管线等出现局部厚度减薄处并在10mm及10mm以下时，应按设计要求做防止面层开裂处理后方可施工。

⑦水泥砂浆面层铺好经1d后，用锯屑、砂或草袋盖洒水养护，每天两次，不少于7d。

⑧当水泥砂浆面层采用矿渣硅酸盐水泥拌制时，施工中应采取下列措施：

a. 严格控制水灰比，水泥砂浆稠度不应大于35mm，宜采用干硬性或半干硬性砂浆。

b. 精心进行压光工作，一般不应少于三遍。

c. 养护期应延长到14d。

⑨当采用石屑代砂铺设水泥石屑面层时，施工除应执行上述的规定外，尚应符合下列规定：

a. 采用的石屑粒径宜为3～5mm，其含粉量不应大于3%。

b. 水泥宜采用硅酸盐水泥、普通硅酸盐水泥，其强度等级不宜小于42.5级。

c. 水泥与石屑的体积比宜为1∶2(水泥∶石屑)，其水灰比宜控制在0.4。

d. 面层的压光工作不应小于两次，并做养护工作。

⑩当水泥砂浆面层出现局部起砂等施工质量缺陷时，可采用108胶水泥腻子进行修理、补强和装饰。施工工艺：处理好基层、表面洒水湿润，涂刷108胶水一道，满刮腻子两到五遍，厚度控制在0.7～1.5mm，洒水养护，砂纸磨平、清除粉尘，再涂刷纯108胶一遍或作一道蜡面。

4)养护。

①水泥砂浆面层抹压后，应在常温湿润条件下养护。养护要适时，如浇水过早易起皮，如浇水过晚则会使面层强度降低而加剧其干缩和开裂倾向。一般在夏天是24h后养护，春秋季节应在48h后养护。养护一般不少于7d。最好是在铺上锯木屑(或以草垫覆盖)后再浇水养护，浇水时宜用喷壶喷洒，使锯木屑(或草垫等)保持湿润即可。如采用矿渣水泥时，养护时间应延长到14d。

②冬期施工时，环境温度不应低于5℃。如果在负温下施工时，所掺抗冻剂必须经过试验室试验合格后方可使用。不宜采用氯盐、氨等作为抗冻剂，不得不使用时掺量必须严格按照规范规定的控制量和配合比通知单的要求加入。

③在水泥砂浆面层强度达不到5MPa之前，不准在上面行走或进行其他作业，以免损伤地面。

2. 水泥混凝土面层

(1)施工工艺流程。

基层清理→弹线、找标高→混凝土搅拌→混凝土铺设→混凝土振捣和找平→表面压光→养护。

(2)施工要点。

1)基层清理。把沾在基层上的浮浆、落地灰等用錾子或钢丝刷清理掉,再用扫帚将浮土清扫干净;如有油污,应用5%～10%浓度火碱水溶液清洗。湿润后,刷素水泥浆或界面处理剂,随刷随铺设混凝土,避免间隔时间过长风干形成空鼓。

2)弹线、找标高。

①根据水平标准线和设计厚度,在四周墙、柱上弹出面层的上平标高控制线。

②按线拉水平线抹找平墩(60mm×60mm见方,与面层完成面同高,用同种混凝土),间距双向不大于2m。有坡度要求的房间应按设计坡度要求拉线,抹出坡度墩。

③面积较大的房间为保证房间地面平整度,还要做冲筋,以做好的灰饼为标准抹条形冲筋,高度与灰饼同高,形成控制标高的"田"字格,用刮尺刮平,作为混凝土面层厚度控制的标准。当天抹灰墩,冲筋,当天应当抹完灰,不应当隔夜。

3)混凝土搅拌。

①混凝土的配合比应根据设计要求通过试验确定。

②投料必须严格过磅,精确控制配合比。每盘投料顺序为石子→水泥→砂→水。应严格控制用水量,搅拌要均匀,搅拌时间不少于90s,坍落度一般不应大于30mm。

4)混凝土铺设。

①铺设前应按标准水平线用木板隔成宽度不大于3m的条形区段,以控制面层厚度。

②铺设时,先刷以水灰比为0.4～0.5的水泥浆,并随刷随铺混凝土,用刮尺找平。浇筑水泥混凝土的坍落度不宜大于30mm。

③水泥混凝土面层宜采用机械振捣,必须振捣密实。采用人工捣实时,滚筒要交叉滚压3～5遍,直至表面泛浆为止。然后进行抹平和压光。

④水泥混凝土面层不得留置施工缝。当施工间歇超过规定的允许时间后,在继续浇筑混凝土时,应对已凝结的混凝土接槎处进行处理,用钢丝刷刷到石子外露,表面用水冲洗,并涂以水灰比为0.4～0.5的水泥浆,再浇筑混凝土,并应捣实压平,使新旧混凝土接缝紧密,不显接头槎。

⑤混凝土面层应在水泥初凝前完成抹平工作,水泥终凝前完成压光工作。

⑥浇筑钢筋混凝土楼板或水泥混凝土垫层兼面层时,宜采用随捣随抹的方法。当面层表面出现泌水时,可加干拌的水泥和砂进行撒匀,其水泥和砂的体积比宜为1∶2～1∶2.5(水泥∶砂),并进行表面压实抹光。

⑦水泥混凝土面层浇筑完成后,应在12h内加以覆盖和浇水,养护时间不少于7d。浇水次数应能保持混凝土具有足够的湿润状态。

⑧当建筑地面要求具有耐磨损、不起灰、抗冲击、高强度时,宜采用耐磨混凝土面层。它是以水泥为主要胶结材料,配以化学外加剂和高效矿物掺合料,达到高强和高黏结力;选用人造烧结材料、天然硬质材料为骨料,以特殊的施工工艺铺设在新拌水泥混凝土基层上形成复合面强化的现浇整体面层,其构造。如图5-5所示。

⑨如在原有建筑地面上铺设时,应先铺设厚度不小于30mm的水泥混凝土一层,在混凝土未硬化前随即铺设耐磨混凝土面层,要求如下:

a. 耐磨混凝土面层厚度,一般为10～15mm,但不应大于30mm。

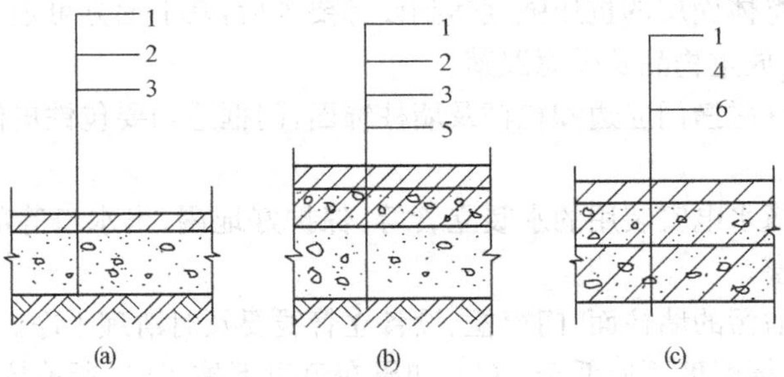

图 5-5　耐磨混凝土构造

1—耐磨混凝土面层；2—水泥混凝土垫层；3—细石混凝土结合层；
4—细石混凝土找平层；5—基土；6—钢筋混凝土楼板或结构整浇层

b. 面层铺设在水泥混凝土垫层或结合层上，垫层或结合层的厚度不应小于 50mm。当有较大冲击作用时，宜在垫层或结合层内加配防裂钢筋网，一般采用 ϕ4@150～200mm 双向网格，并应放置在上部，其保护层控制在 20mm。

c. 当有较高清洁美观要求时，宜采用彩色耐磨混凝土面层。

d. 耐磨混凝土面层，应采用随捣随抹的方法。

e. 对复合强化的现浇整体面层下基层的表面处理同水泥砂浆面层。

f. 对设置变形缝的两侧 100～150mm 宽范围内的耐磨层应进行局部加厚 3～5mm 处理。

g. 耐磨混凝土面层的主要技术指标：

耐磨硬度(1000r/min)　　$\leqslant$0.28g/cm^2；

抗压强度(MPa)　　$\geqslant$80N/mm^2；

抗折强度(MPa)　　$\geqslant$8N/mm^2。

5)混凝土振捣和找平。

①用铁锹铺混凝土，厚度略高于找平墩，随即用平板振捣器振捣。厚度超过 200mm 时，应采用插入式振捣器，其移动距离不大于作用半径的 1.5 倍，做到不漏振，确保混凝土密实。振捣以混凝土表面出现泌水现象为宜。或者用 30kg 重滚纵横滚压密实，表面出浆即可。

②混凝土振捣密实后，以墙柱上的水平控制线和找平墩为标志，检查平整度，高的铲掉，凹处补平。撒一层干拌水泥砂(水泥：砂＝1：1)，用水平刮杠刮平。有坡度要求的，应按设计要求的坡度施工。

6)表面压光。

①当面层灰面吸水后，用木抹子用力搓打、抹平，将干拌水泥砂拌合料与混凝土的浆混合，使面层达到紧密接合。

②第一遍抹压：用铁抹子轻轻抹压一遍直到出浆为止。

③第二遍抹压：当面层砂浆初凝后(上人有脚印但不下陷)，用铁抹子把凹坑、砂眼填实抹平，注意不得漏压。

④第三遍抹压：当面层砂浆终凝前(上人有轻微脚印)，用铁抹子用力抹压。把所有抹纹压平压光，达到面层表面密实光洁。

7)养护。

①水泥混凝土面层应在施工完成后 24h 左右覆盖和洒水养护，每天不少于两次，严禁上人，养护期不得少于 7d。

②当水泥混凝土整体面层的抗压强度达到设计要求后，其上面方可走人，且在养护期内严禁在饰面上推动手推车、放重物品及随意践踏。

③推手推车时不许碰撞门立边和栏杆及墙柱饰面，门框适当要包铁皮保护，以防手推车轴头碰撞门框。

④施工时不得碰撞水电安装用的水暖立管等，保护好地漏、出水口等部位的临时堵头，以防灌入浆液杂物造成堵塞。

⑤施工过程中被沾污的墙柱面、门窗框、设备立管线要及时清理干净。

⑥冬期施工时，环境温度不应低于5℃。如果在负温下施工时，所掺抗冻剂必须经过试验室试验合格后方可使用。不宜采用氯盐、氨等作为抗冻剂，不得不使用时掺量必须严格按照规范规定的控制量和配合比通知单的要求加入。

3. 水磨石面层

(1)施工工艺流程。

基层清理、找标高→贴饼、冲筋→找平层→分格条镶嵌→抹石子浆(石米)面层→磨光→抛光。

(2)施工要点。

1)基层清理、找标高。

①把沾在基层上的浮浆、落地灰等用錾子或钢丝刷清理掉，再用扫帚将浮土清扫干净。

②根据水平标准线和设计厚度，在四周墙、柱上弹出面层的上平标高控制线。

2)贴饼、冲筋。根据水准基准线(如：+500mm水平线)，在地面四周做灰饼，然后拉线打中间灰饼(打墩)再用干硬性水泥砂浆做软筋(推栏)，软筋间距约1.5m左右。在有地漏和坡度要求的地面，应按设计要求做泛水和坡度。对于面积较大的地面，则应用水准仪测出面层平均厚度，然后边测标高边做灰饼。

3)找平层。

①找平层施工前宜刷水灰比为0.4～0.5的素水泥浆，也可在基层上均匀洒水湿润后，再撒水泥粉，用竹扫(把)帚均匀涂刷，随刷随做面层，并控制一次涂刷面积不宜过大。

②找平层用1∶3干硬性水泥砂浆，先将砂浆摊平，再用靠尺(压尺)按冲筋刮平，随即用灰板(木抹子)磨平压实，要求表面平整、密实保持粗糙。找平层抹好后，第二天应浇水养护至少1d。

4)分格条镶嵌。一般是在楼地面找平层铺设1d后，即可在找平层上弹(划)出设计要求的纵横分格式图案分界线，然后用水泥浆按线固定嵌条。水泥浆顶部应低于条顶4～6mm，并做成45°。嵌条应平直、牢固、接头严密，并作为铺设面层的标志。分格条十字交叉接头处粘嵌水泥浆时，宜留有15～20mm的空隙，以确保铺设水泥石粒浆时使石粒分布饱满，磨光后表面美观(图5-6)。分格条粘嵌后，经1d即可洒水养护，一般养护3～5d天。

5)抹石子浆(石米)面层。

①水泥石子浆必须严格按照配合比计量。若彩色水磨石应先按配合比将白水泥和颜料反复干拌均匀，拌完后密筛多次，使颜料均匀混合在白水泥中，并注意调足用量以备补浆之用，以免多次调和产生色差，最后按配合比与石米搅拌均匀，然后加水搅拌。

②铺水泥石子浆前一天，洒水将基层充分湿润。在涂刷素水泥浆结合层前应将分格条内的积水和浮砂清除干净，接着刷水泥浆一遍，水泥品种与石子浆的水泥品种一致，随即将水泥石子浆先铺在分格条旁边，将分格条边约100mm内的水泥石子浆轻轻抹平压实，以保护分格条，然后再整格铺抹，用灰板(木抹子)或铁抹子(灰匙)抹平压实，(石子浆配合比一般为1∶1.25或

1∶1.5)但不应用靠尺(压尺)刮。面层应比分格条高5mm,如局部石子浆过厚,应用铁抹子(灰匙)挖去,再将周围的石子浆刮平压实,对局部水泥浆较厚处,应适当补撒一些石子,并压平压实,要达到表面平整,石子(石米)分布均匀。

③石子浆面至少要经两次用毛刷(横扫)粘拉开面浆(开面),检查石粒均匀(若过于稀疏应及时补上石子)后,再用铁抹子(灰匙)抹平压实,至泛浆为止。要求将波纹压平,分格条顶面上的石子应清除掉。

④在同一平面上如有几种颜色图案时,应先做深色,后做浅色。待前一种色浆凝固后,再抹后一种色浆。两种颜色的色浆不应同时铺抹,以免做成串色,界线不清,影响质量。但间隔时间不宜过长,一般可隔日铺抹。

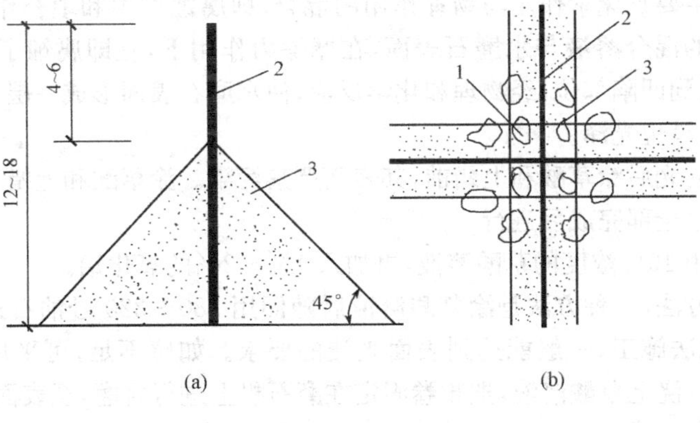

图5-6　分格条粘嵌方式

(a)嵌条镶固;(b)十条交叉处的正确粘嵌示意图

1—石粒;2—分格条;3—水泥素浆

6)磨光。

①水磨石开磨的时间与水泥强度及气温高低有关,以开磨后石粒不松动,水泥浆面与石粒面基本平齐为准。水泥浆强度过高,磨面耗费工时;水泥浆强度太低,磨石转动时底面所产生的负压力易把水泥浆拉成槽或将石粒打掉。为掌握相适应的硬度,大面积开磨前宜试磨,每遍磨光采用的油石规格可按表5-1选用。水磨石面层开磨时间,见表5-2。

表5-1　**油石规格选用**

遍　数	油石规格(号数)
头　遍	54、60、70
二　遍	90、100、120
三　遍	180、220、240

表5-2　**水磨石面层开磨时间**

平均温度/℃	开磨时间/d	
	机　磨	人工磨
20～30	3～4	1～2
10～20	4～5	1.5～2.5
5～10	6～7	2～3

②磨光作业应采用"二浆三磨"方法进行，即整个磨光过程分为磨光三遍，补浆二次。

a. 用 60～80 号粗石磨第一遍，随磨随用清水冲洗，并将磨出的浆液及时扫除。对整个水磨面，要磨匀、磨平、磨透，使石粒面及全部分格条顶面外露。

b. 磨完后要及时将泥浆水冲洗干净，稍干后，涂刷一层同颜色水泥浆（即补浆），用以填补砂眼和凹痕，对个别脱石部位要填补好，不同颜色上浆时，要按先深后浅的顺序进行。

c. 补刷浆第二天后需养护 3～4d，然后用 100～150 号磨石进行第二遍研磨，方法同第一遍。要求磨至表面平滑，无模糊不清之处为止。

d. 磨完清洗干净后，再涂刷一层同色水泥浆。继续养护 3～4d，用 180～240 号细磨石进行第三遍研磨，要求磨至石子粒显露，表面平整光滑，无砂眼细孔为止，并用清水将其冲洗干净。

7)抛光。抛光主要是化学作用与物理作用的混合，即腐蚀作用和填补作用。抛光所用的草酸和氧化铝加水后的混合溶液与水磨石表面，在摩擦力作用下，立即腐蚀了细磨表面的突出部分，又将生成物挤压到凹陷部位，经物理和化学反应，使水磨石表面形成一层光泽膜，然后经打蜡保护，使水磨石地面呈现光泽。

在水磨石面层磨光后涂草酸和上蜡前，其表面严禁污染。涂草酸和上蜡工作，应是在有影响面层质量的其他工序全部完成后进行。

①擦草酸可使用 10%浓度的草酸溶液，再加入 1%～2%的氧化铝。

擦草酸有两种方法，一种方法是涂草酸溶液后随即用 280～320 号油石进行细磨，草酸溶液起助磨剂作用，照此法施工，一般能达到表面光洁的要求。如感不足，可采用第二种方法，做法是：将地面冲洗干净，浇上草酸溶液，把布卷固定在磨石机上进行研磨，至表面光滑为止。最后再冲洗干净，晾干，准备上蜡。

②上蜡。上述工作完成后，可进行上蜡。上蜡的方法是，在水磨石面层上薄涂一层蜡，稍干后用磨光机研磨，或用钉有细帆布（或麻布）的木块代替油石，装在磨石机上研磨出光亮后，再涂蜡研磨一遍，直到光滑洁亮为止。

4. 预制水磨石面层

(1)施工工艺流程。

基层处理→弹线排块→试铺→黏结层→嵌缝→打蜡。

(2)施工要点。

1)基层处理。找平层必须检查其平整度，其找平层砂浆的操作步骤基本与现浇水磨石地面相同。预制水磨石在铺设前应浇水浸湿，清理背面浮尘杂物，阴干备用。

2)弹线排块。根据设计要求在找平层进行，有图案纹理的应试拼并编号，在排块时要注意对称和尽量少切割预制水磨石板。弹线从房间内四边取中，在地上弹出十字中心线，放样分格。分格时要与相连房间的分格线连接，所有分格线应在墙面上做好标记。

3)试铺。在洁硬的找平层上，刷一道水泥浆，于房间四边取出，按地面的标高拉好十字线，每行依次挂线。先安好十字交叉处最中间的一块作为标准块，如以十字线为中缝，可在十字线交叉点对角安放两块标准板，作为整个房间的水平标准及经纬标准，用 90°角尺及水平细致校正。

4)黏结层。在基层上均匀地涂刷一遍水泥浆，并用 1∶2.5 的水泥砂浆黏结层随刷随抹，拍实压平，砂浆厚度为 15～20mm，随抹随铺（如同大理石地面）。安放时四周同时往下落，使其与砂浆平行接触，轻放，防止板的棱角破坏黏结层的平整度。预制水磨石板铺好后用木槌或皮锤敲击水磨石板中部，用水平尺找平，铺完第一块后向两侧及后退方向顺序镶铺，如发现空隙，应将水磨石板掀起，用砂浆补实再进行安装。两块板材接缝还要对齐、平整，尤其要注意板的拼角平、齐，铺好一排后，要拉通线检查是否直，如发现个别凸凹或曲缝，应及时校正。对浴室、厨房的地面，根据设计要求，找好泛水坡度，以防积水。

5)嵌缝。预制水磨石板铺好后，隔两天方可对板缝清除尘物、洒水，先用水泥砂浆灌 2/3 高度，余下的 1/3 再用与板材颜色相似的彩色水泥浆灌满并嵌擦密实，然后用干锯末把表面擦净。嵌好缝后的第二天，应立即铺锯末，厚约 5～10mm 或用草包之类覆盖，并每天洒水数次，养护 2～3d。

6)打蜡。在预制水磨石地面使用前，应扫除木屑，用磨石子机压麻袋布擦净表面灰尘污物，再稍打一遍蜡，直至光滑洁亮。

三、施工质量要求

1. 水泥砂浆面层

(1)水泥砂浆面层的厚度应符合设计要求，且应不小于 20mm。

(2)水泥砂浆面层施工质量，见表 5-3。

表 5-3　水泥砂浆面层施工质量

项次	项　目	质　量　要　求
1	主控项目	水泥采用硅酸盐水泥、普通硅酸盐水泥，其强度等级应不小于 32.5 级，不同品种、不同强度等级的水泥严禁混用；砂应为中粗砂，当采用石屑时，其粒径应为 1～5mm，且含泥量应不大于 3%。 检验方法：观察检查和检查材质合格证明文件及检测报告
		水泥砂浆面层的体积比(强度等级)必须符合设计要求；且体积比应为1∶2，强度等级应不小于 M15。 检验方法：检查配合比通知单和检测报告
		面层与下一层应结合牢固，无空鼓、裂纹。 检验方法：用小锤轻击检查。 注：空鼓面积应不大于 400cm²，且每自然间(标准间)不多于两处时可不计
2	一般项目	面层表面的坡度应符合设计要求，不得有倒泛水和积水现象。 检验方法：观察和采用泼水或坡度尺检查
		面层表面应洁净，无裂纹、脱皮、麻面、起砂等缺陷。 检验方法：观察检查
		踢脚线与墙面应紧密结合，高度一致，出墙厚度均匀。 检验方法：用小锤轻击、钢尺和观察检查。 注：局部空鼓长度应不大于 300mm，且每自然间(标准间)不多于两处时可不计
		楼梯踏步的宽度、高度应符合设计要求。楼层梯段相邻踏步高度差应不大于 10mm，每踏步两端宽度差应不大于 10mm；旋转楼梯梯段的每踏步两端宽度的允许偏差为 5mm。楼梯踏步的齿角应整齐，防滑条应顺直。 检验方法：观察和钢尺检查
		水泥砂浆面层的允许偏差应符合表 5-4 的规定。 检验方法：应按表 5-4 中的检验方法检验

表 5-4　　　　整体面层的允许偏差和检验方法　　　　mm

项　目	允许偏差						检验方法
	水泥混凝土面层	水泥砂浆面层	普通水磨石面层	高级水磨石面层	水泥钢(铁)屑面层	防油渗混凝土和不发火(防爆的)面层	
表面平整度	5	4	3	2	4	5	用2m靠尺和楔形塞尺检查
踢脚线上口平直	4	4	3	3	4	4	拉5m线和用钢尺检查
缝格平直	3	3	3	2	3	3	

2. 水泥混凝土面层

(1)水泥混凝土面层厚度应符合设计要求。

(2)水泥混凝土面层铺设不得留施工缝。当施工间隙超过允许时间规定时,应对接槎处进行处理。

(3)水泥混凝土面层施工质量,见表 5-5。

表 5-5　　　　水泥混凝土面层施工质量

项次	项　目	质量要求
1	主控项目	水泥混凝土采用的粗骨料,其最大粒径应不大于面层厚度的 2/3,细石混凝土面层采用的石子粒径应不大于 15mm。 检验方法:观察检查和检查材质合格证明文件及检测报告
		面层的强度等级应符合设计要求,且水泥混凝土面层强度等级应不小于 C20;水泥混凝土垫层兼面层强度等级应不小于 C15。 检验方法:检查配合比通知单及检测报告
		面层与下一层应结合牢固,无空鼓、裂纹。 检验方法:用小锤轻击检查。 注:空鼓面积应不大于 $400cm^2$,且每自然间(标准间)不多于两处时可不计
2	一般项目	面层表面不应有裂纹、脱皮、麻面、起砂等缺陷。 检验方法:观察检查
		面层表面的坡度应符合设计要求,不得有倒泛水和积水现象。 检验方法:观察和采用泼水或用坡度尺检查
		水泥砂浆踢脚线与墙面应紧密结合,高度一致,出墙厚度均匀。 检验方法:用小锤轻击、钢尺和观察检查。 注:局部空鼓长度应不大于 300mm,且每自然间(标准间)不多于两处时可不计
		楼梯踏步的宽度、高度应符合设计要求。楼层梯段相邻踏步高度差应不大于 10mm,每踏步两端宽度差应不大于 10mm;旋转楼梯梯段的每踏步两端宽度的允许偏差为 5mm。楼梯踏步的齿角应整齐,防滑条应顺直。 检验方法:观察和钢尺检查
		水泥混凝土面层的允许偏差应符合表 5-4 的规定。 检验方法:应按表 5-4 中的检验方法检验

3. 水磨石面层

(1)水磨石面层应采用水泥与石粒的拌合料铺设，面层厚度除有特殊要求外宜为 12～18mm，且按石粒粒径确定，水磨石面层的颜色和图案应符合设计要求。

(2)白色或浅色的水磨石面层，应采用白水泥；深色的水磨石面层，宜采用硅酸盐水泥、普通硅酸盐水泥或矿渣硅酸盐水泥；同颜色的面层应使用同一批水泥；同一彩色面层应使用同厂、同批的颜料，其掺入量宜为水泥重量的 3%～6%或由试验确定。

(3)水磨石面层的结合层的水泥砂浆体积比宜为 1∶3，相应的强度等级应不小于 M10，水泥砂浆稠度(以标准圆锥体沉入度计)宜为 30～35mm。

(4)普通水磨石面层磨光遍数不应少于三遍，高级水磨石面层的厚度和磨光遍数由设计确定。

(5)在水磨石面层磨光后，涂草酸和上蜡前，其表面不得污染。

(6)水磨石面层施工质量，见表 5-6。

表 5-6　　水磨石面层施工质量

项次	项　目	质　量　要　求
1	主控项目	水磨石面层的石粒，应采用坚硬可磨的白云石、大理石等岩石加工而成，石粒应洁净无杂物，其粒径除特殊要求外应为6～15mm；水泥强度等级应不小于 42.5 级；颜料应采用耐光、耐碱的矿物原料，不得使用酸性颜料。 检验方法：观察检查和检查材质合格证明文件
		水磨石面层拌合料的体积比应符合设计要求，且为 1∶1.5～1∶2.5(水泥∶石粒)。 检验方法：检查配合比通知单和检测报告。面层与下一层结合应牢固，无空鼓、裂纹。 检验方法：用小锤轻击检查。 注：空鼓面积应不大于 400cm²，且每自然间(标准间)不多于 2 处时可不计
2	一般项目	面层表面应光滑，无明显裂纹、砂眼和磨纹；石粒密实，显露均匀；颜色图案一致，不混色；分格条牢固、顺直和清晰。 检验方法：观察检查
		踢脚线与墙面应紧密结合，高度一致，出墙厚度均匀。 检验方法：用小锤轻击、钢尺和观察检查。 注：局部空鼓长度应不大于 300mm，且每自然间(标准间)不多于 2 处时可不计
		楼梯踏步的宽度、高度应符合设计要求。楼层梯段相邻踏步高度差应不大于 10mm，每踏步两端宽度差应不大于 10mm，旋转楼梯梯段的每踏步两端宽度的允许偏差为 5mm。楼梯踏步的齿角应整齐，防滑条应顺直。 检验方法：观察和钢尺检查
		水磨石面层的允许偏差应符合表 5-4 的规定。 检验方法：应按表 5-4 中的检验方法检验

第三节　木质地板地面施工

一、木质地板概述

卧室地面的装饰用得最多的是木地板。用于地面装饰的木地板主要包括原木地板、复合木地板、多层胶合木地板、集成材木地板、软木地板、竹胶地板等。以天然的木材、竹材等加工而成的各种块材，具有地面弹性好、木材纹理自然、暖感自然、感觉舒适等特点。木地板装饰不仅能充分体现家庭的温馨，而且是自然美和古典美的综合体现。

实木地板有原木地板(素板)和免漆刨地板两种，原木地板铺设后要进行刨平磨光及油漆涂蜡，在使用中易于表面翻新；免漆刨地板安装上蜡后可直接投入使用。

普通原木地板要求选用坚硬、耐磨、纹理美、有光泽、不易变形、不易开裂的木材，常用的材种有水曲柳、荷木、柚木、樱桃木、桦木、柞木、橡木、枫木、山毛榉、黑心莲木、松木、红木等。通过特别人工干燥处理，再经过锯、铇、铣等专用设备加工使其定型，含水率一般控制在6%～10%。

木地板按铺设方式分有：空铺和实铺两种，空铺式又分为搁栅空铺与高架空铺式。

二、木质地板面层构造

木板面层是用单层面层和双层面层铺设而成。单层木板面层是在木搁栅上直接钉企口板；双层木板面层是在木搁栅上先钉一层毛地板，再钉一层企口板。木搁栅有空铺和实铺两种形式，空铺式是将搁栅两头搁于墙体的垫木上，木搁栅之间加设剪刀撑；实铺式是将木搁栅铺于混凝土结构层上或水泥混凝土垫层上，木搁栅之间填以炉渣等隔音材料，并加设横向木撑，构造做法，如图5-7所示。

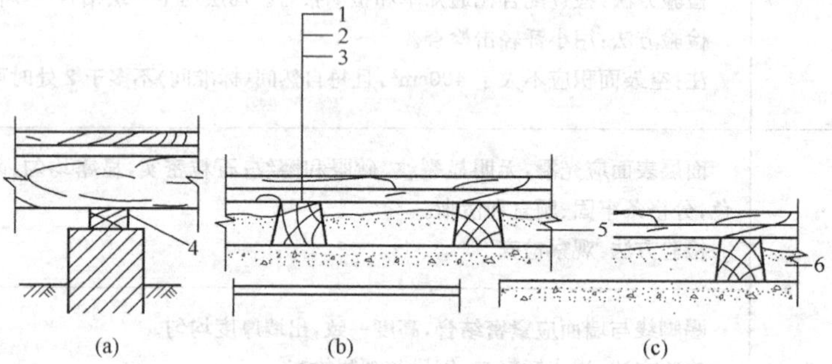

图5-7　木板面层

(a)空铺式；(b)、(c)实铺式

1—企口板；2—毛地板；3—木搁栅；4—垫木；5—剪刀撑；6—炉渣

三、木质地板施工

1. 实铺木地板

实铺木地板是在钢筋混凝土结构层楼面上或底层地面的混凝土结构层上做好找平层，再用黏结材料将木地板直接粘贴制成，如图5-8所示。通常的做法是：在结构层上用15～30mm厚1：3水泥砂浆找平，上面刷冷底子油一层，然后做5mm厚沥青玛琋脂贴面层，最后用黏结剂粘贴拼花地板或企口地板。铺贴时多数采用从房间中间开始向四边延伸的铺贴法。

(1)施工工艺流程。

基层清理→弹线→分挡→粘贴地板、镶边→撕衬纸→粗刨、细刨→打磨→油漆→打蜡。

(2)施工要点。

1)基层清理。其层表面的砂浆、浮灰必须铲除干净,清扫尘埃,用水冲洗,擦拭清洁、干燥。当基层表面有麻面起砂、裂缝现象时,应采用涂刷(批刮)乳液腻子进行处理,每遍涂刷腻子的厚度不应大于0.8mm,干燥后用0号铁砂布打磨,再涂刷第二遍腻子,直至表面平整后,再用水稀释的乳液刷一遍。基层表面的平整度,采用2m直尺检查的允许空隙为<2mm。

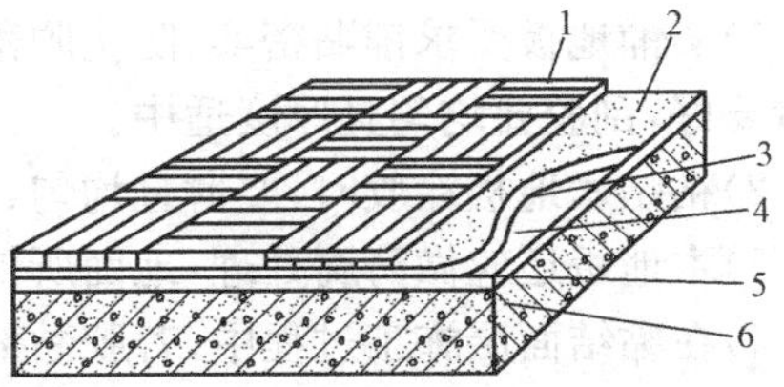

图 5-8 实铺木地板

1—18～20mm厚硬木拼花地板;
2—1～2mm沥青结合层
(或聚氨酯、过氯乙烯等胶泥或专用地板胶);
3—热沥青(或配套稀料);4—冷底子油;
5—20～30mm沥青砂浆或水泥砂浆;6—结构层

2)弹线。按设计图案和块材尺寸进行弹线,先弹房间的中心线,从中心向四周弹出块材方格线及圈边线。方格必须保证方正,不得偏斜。

3)分档。严格挑选尺寸一致、厚薄相等、直角度好、颜色相同的材质集中装箱(或捆扎)备用。拼花时也可用两种相同颜色拼用。铺贴时按编号试拼试铺,调整至符合要求后进行编号。

4)粘贴地板、镶边。黏结材料有沥青、专用地板胶、环氧树脂等。正方块粘贴从中心开始,沿线先贴一个方块,即几块宽度尺寸拼在一起刚好为一块的长度尺寸称一个方块,检测无误后,沿方格线从房间中央向四周渐次展开铺贴,板缝必须顺直密实。人字形粘贴,则从房间的中线的一头开始粘贴,其他同正方块粘贴。

铺贴时,用齿形钢刮刀将胶黏剂刮在基层上,厚度为1～2mm,厚薄要均匀。将地板跟线接上去,用平底榔头垫衬或木榔头、橡胶榔头打紧、密缝,一般锤敲五至六次,相邻两块地板接缝高低差不宜超过1mm。大面积铺完之后,再铺贴镶边,若镶边非整块需裁割时,应量好尺寸做套裁,边棱砂轮磨光,并做到尺寸准确,保证板缝适度。

5)撕衬纸。铺正方块时,往往事先将几块(常用五块)小拼花地板齐整地粘贴在一张牛皮纸或其他比较厚实的纸上,按大块地板整联铺贴,待全部铺贴完毕,用湿布在木地板上全面擦湿一次,其湿度以衬纸表面不积水为宜,浸润衬纸渗透后,随即把衬纸撕掉。注意撕衬纸不是所有的实铺工艺都有此工序。

6)粗刨、细刨。粗刨工序宜用转速较快(应达到5000r/min以上)的电刨地板机进行。由于电刨速度较快,刨时不宜走得太快。电刨停机时,为防止刨刀撕裂木纤维,破坏地面应先将电刨提起,再关电闸。粗刨以后用手推刨,修整局部高低不平之处,使地板光滑平整。手推刨一般以细短刨为主净面,并且要边刨边用直尺检测平整度。

7)打磨。用土板磨光机打磨地板,先装粗砂布打磨,后用细砂布磨光,磨光机磨不到的边角处,可用木块包砂布进行手工磨平,或用角向手提磨光机进行打磨。磨光后,用吸尘器把木灰、粉尘吸干净。

8)油漆。在地板上先擦水老粉(或腻子)再刷底漆,然后涂面漆,面漆有环氧树脂漆、聚氨酯树脂漆、聚酯漆等。

9)打蜡。为了更好地保护地板,可以在油漆干固后再擦上一层地板蜡,也可以在地板磨光后直接打蜡。

(3)施工注意事项。

1)实铺地板要求铺贴密实、防止脱落,为此要控制好木地板的含水率。基层要清洁,黏结剂质量要好,刮胶要均匀且厚度适中。

2)粘贴木地板涂胶时,要薄且均匀,相邻两块木地板高差不超过 1mm。

3)木地板还应做防腐处理,地面所铺设的油毡防潮层必须与墙身防潮层连接。

4)在黏结面层施工过程中,若胶黏剂溢出应及时刮去并擦干净,以防污染地板。

2. 高架铺上地板

(1)施工工艺流程。

基层处理→地垄墙砌筑→木搁栅安装→木搁栅与砖墩的连接→毛地板铺设→实木地板铺设→踢脚板安装→抛光打蜡。

(2)施工要点。

1)基层处理。架铺前将基层上的砂浆、垃圾及杂物全部清扫干净。

2)地垄墙砌筑。地垄墙的基础应根据地面条件按设计要求施工,而后用 M5.0 水泥砂浆砌筑。每条地垄墙、内横墙和暖气沟墙均需预留 120mm×120mm 的通风口两个,而且要求在一条直线上,以利通风。暖气沟墙的通风洞口可采用缸瓦管与外界相通。洞口下应距室外地坪标高不小于 200mm,孔洞应安设篦子。如果地垄墙不易做通风处理时,需注意在地垄墙顶部铺设防潮油毡。

3)木搁栅安装。先将垫木等材料按设计要求作防腐处理。核对四周墙面水平标高线,在沿缘木表面划出木搁栅搁置中线,并在木搁栅端头也划出中线,然后把木搁栅对准中线摆好,再依次摆正中间的木搁栅。木搁栅离墙面应留出不小于 30mm 的缝隙,以利隔潮通风。木搁栅的表面应平直,安装时要随时注意从纵横两个方面找平,用 2m 长直尺检查时,尺与木搁栅间的空隙不应超过 3mm。木搁栅上皮不平时,应用合适厚度的垫板(不准用木楔)找平,或刨平,也可对底部稍加砍削找平,但砍削深度不应超过 10mm,砍削处应另作防腐处理。木搁栅安装后,必须用长 100mm 的圆钉从木搁栅两侧中部斜向成 45°与垫木(或沿缘木)钉牢。为了防止木搁栅与剪刀撑在钉接时走动,应在木搁栅上面临时钉些木拉条,使木搁栅互相拉接,然后在木搁栅上按剪刀撑间距弹线,依线逐个将剪刀撑两端用两个长 70mm 的圆钉与木搁栅钉牢。

4)木搁栅与砖墩的连接。地板木框架与砖墩的连接,多采用预埋木方或铁件的方法进行固定。当搁栅框架的木方截面尺寸较大时,应在木方上先钻出与钉件直径相同的孔,孔深为木方高度的 1/3,而后将木搁栅与预埋的木方用钉固定。预埋铁件的方法有两种,一种是在木方两侧边预埋大头螺栓,用骑马铁件将木方卡住以螺栓固定;另一种做法是在砖墩内预埋铁件,用 10～14 号铅丝将木方绑扎在铁件上。用铁件固定木方时,应在木方上开槽使铁件卡入槽内,以保证木方上平面的平整。铁件应涂刷防锈漆两遍,铁件之间的距离为 0.8～1.5m。

5)毛地板铺设。地板木搁栅安装完毕,须对搁栅进行找平检查,各条搁栅的顶面标高,均须符合设计要求,如有不合要求之处,须彻底修正找平。符合要求后,按 45°斜铺 22mm 厚防腐、防火松木毛地板一层,毛地板的含水率应严格控制并不得大于 12%。铺设毛地板时接缝应落在木搁栅中心线上,钉位相互错开。毛地板铺完应刨修平整。用多层胶合板做毛地板使用时,应将胶合板的铺向与木地板的走向垂直。

6)实木地板铺设。

①弹线:根据具体设计,在毛地板上用墨线弹出木地板组合造型施工控制线,即每块地板条或每行地板条的定位线。凡不属地板条错缝组合造型的拼花木地板,则应以房间中心为中心,先弹出相互垂直并分别与房间纵横墙面平行的标准十字线两条,或与墙面成 45°交叉的标准十字线两条,然后根据具体设计的木地板组合造型具体图案,以地板条宽度及标准十字线为准,弹出每

条或每行地板的施工定位线，以便施工。弹线完毕，将木地板进行试铺，试铺后编号分别存放备用。

②将毛地板上所有垃圾、杂物清理干净，加铺防潮纸一层，然后开始铺装实木地板。可从房间一边墙根（也可从房间中部）开始（根据具体设计，将地板周围镶边留出空位），并用木块在墙根所留镶边空隙处将地板条（块）顶住，然后顺序向前铺装，直至铺到对面墙根时，同样用木块在该墙根镶边空隙处将地板顶住，然后将开始一边墙根处的木块楔紧，待安装镶边条时再将两边木块取掉。

③铺定实木地板条按地板条定位线及两顶端中心线，将地板条铺正、铺平、铺齐，用地板条厚2～2.5倍长的圆钉，从地板条企口榫凹角处斜向将地板条钉于地板搁栅上。钉头须预先打扁，冲入企口表面以内，以免影响企口接缝严密，必要时在木地板条上可先钻眼后钉钉（图5-9）。钉钉个数应符合设计要求，设计无要求时，地板长度<300mm时侧边应钉两个钉，长度大于300mm小于600mm时应钉三个钉，600～900mm钉四个钉，板的端头应钉一个钉固定。所有地板条应逐块错逢排紧钉牢，接缝严密。板与板之间，不得有任何松动、不平、不牢。

④粘铺地板：按设计要求及有关规范规定处理基层，粘铺木地板用胶要符合设计要求，并进行试铺，符合要求后再大面积展开施工。铺贴时要用专用刮胶板将胶均匀地涂刮于地面及木地板表面，待胶不粘手时，将地板按定位线就位粘贴，并用小锤轻敲，使地板条与基层粘牢。涂胶时要求涂刷均匀，厚薄一致，不得有漏涂之处。地板条应铺正、铺平、铺齐，并应逐块错缝排紧粘牢。板与板之间不得有任何松动、不平、缝隙及溢胶之处。

7）踢脚板安装。木地板房间的四周墙脚处应设木踢脚板，踢脚板一般高100～200mm，常采用的是150mm，厚20～25mm（图5-10）。所用木板一般也应与木地板面层所用的材质品种相同。踢脚板预先刨光，上口刨成线条。为防止翘曲，在靠墙的一面应开成凹槽，当踢脚板高100mm时开一条凹槽，150mm时开两条凹槽，超过150mm时开三条凹槽，凹槽深度约3～5mm。为了防潮通风，木踢脚板每隔1～1.5m设一组通风孔，一般采用$\phi 6$孔。在墙内每隔400mm砌入防腐木砖，在防腐木砖外面再钉防腐木垫块。一般木踢脚板与地面转角处安装木压条或安装圆角成品木条。

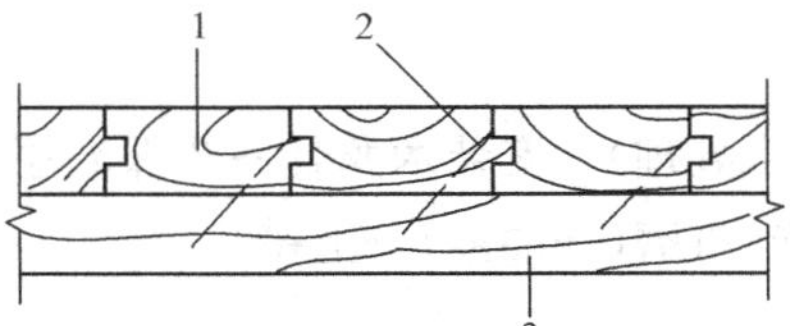

图5-9　企口板钉设

1—企口板；2—圆钉；3—毛地板

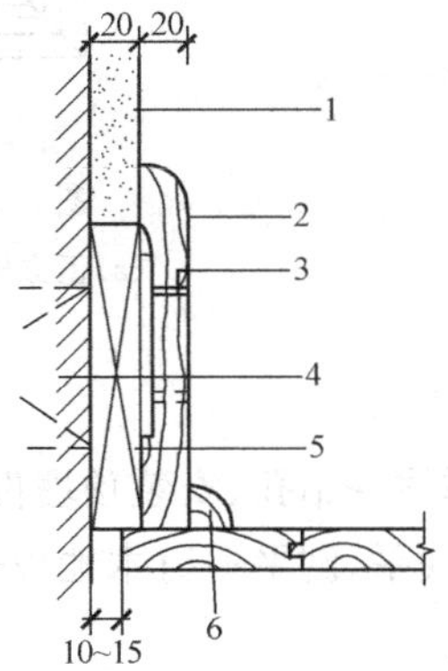

图5-10　木踢脚板

1—内墙粉刷；2—20×150木踢脚板；3—$\phi 6$通风孔；4—木砖；5—垫块；6—15×15压条

木踢脚板应在木地板刨光后安装，其油漆在木地板油漆之先。木踢脚板接缝处应作暗榫或斜坡压槎，在90°转角处可做成45°斜角接缝。接缝一定要在防腐木块上。安装时木踢脚板与立墙贴紧，上口要平直，用明钉钉牢在防腐木块上，钉帽要砸扁并冲入板内 2～3mm。

8)抛光打蜡。

①地板磨光：地面磨光用磨光机，转速应在 5000r/min 以上，所用砂布应先粗后细，砂布应绷紧绷平，长条地板应顺木纹磨，拼花地板应与木纹成 45°斜磨。磨时不应磨得太快，磨深不宜过大，一般不超过 1.5mm，要多磨几遍，磨光机不用时应先提起再关闭，防止啃咬地面，机器磨不到的地板要用角磨机或手工去磨，直到符合要求为止。

②油漆打蜡：应在房间内所有装饰工程完工后进行。硬木拼花地板花纹明显，所以，多采用透明的清漆涂刷，这样可透出木纹，增强装饰效果。打蜡可用地板蜡，以增加地板的光洁度，使木材固有的花纹和色泽最大限度地显示出来。

3. 拼花木地板

拼花木板面层的图案，可采用正方块、斜方块、席纹等形式，四周留直条的镶边，如图 5-11 所示。

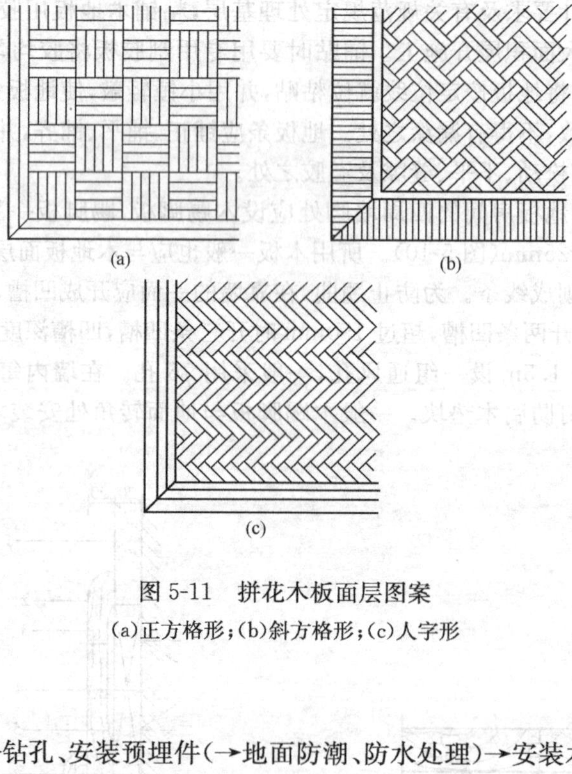

图 5-11　拼花木板面层图案

(a)正方格形；(b)斜方格形；(c)人字形

(1)施工工艺流程。

基层清理→弹线→钻孔、安装预埋件(→地面防潮、防水处理)→安装木龙骨→垫保温层→弹线、钉装毛地板→找平、刨平→钉木地板→装踢脚板→刨光、打磨(→油漆)→上蜡。

(2)施工要点。

1)基层处理。铺前应将基层上的砂浆，垃圾及杂物全部清扫干净。

2)铺设拼花木板面层前，应在房间内中央毛地板上弹线、分格、定位，并距墙面留出 200～300mm 以作镶边(按设计图纸要求进行)。

3)在毛地板上铺钉拼花木板，钉帽砸扁。拼花木板的长度为拼花木板厚度的 2～2.5 倍，从侧面斜向钉入毛地板中，钉帽砸扁。拼花木板的长度不大于 300mm 时，侧面应钉两个钉；长度大于 300mm 时，每 300mm 应增加一个钉，顶端均应钉一个钉。

4)拼花木板可预制成块,所用的胶应为防水和防菌的。接缝处应对齐,胶合应紧密,缝隙不应大于0.2mm。外形尺寸应准确,表面应平整。预制成块的拼花木板铺钉在毛地板上,应以企口互相连接,铺钉要求同上。

5)用沥青玛瑞酯或胶黏剂铺贴拼花木板时,要求基层面平整、洁净、干燥,并预先涂刷一层冷底子油,然后用沥青玛瑞酯涂刷于基层上,要求涂刷均匀,厚度一般为2mm。在拼花木板背面也涂刷一层薄而匀的沥青玛瑞酯,随涂随铺贴,要求一次就位准确。

6)用胶黏剂铺贴拼花木板时,在基层表面和拼花木板背面分别涂刷胶黏剂,其厚度:基层背面控制在1mm左右;拼花木板背面控制在0.5mm左右,一般待5min即可铺贴,并应注意在铺贴好的板面随时加压,使之黏结牢固,防止翘鼓。

7)同沥青玛瑞酯或胶黏剂铺贴拼花木板时,其相邻两块的高差不应超过+1.5mm、-1mm,过高或过低的应予重铺。溢出板面的沥青玛瑞酯或胶黏剂应随即刮去。

8)拼花木板面层的缝隙不应大于0.3mm。面层与墙之间的缝隙,用踢脚板或踢脚条封盖。

9)拼花木板面层应进行刨(磨)光。铺钉的拼花木板面层完工后即可进行刨(磨)光。铺贴的拼花木板面层,应待沥青玛瑞酯或胶黏剂凝结后,方可刨(磨)光。一般用细刨刨一遍,所刨去厚度应小于1.5mm,要求无刨痕。再用砂纸打磨一遍,要求光平。

10)踢脚板及踢脚条等应在拼花木板面层刨(磨)光后再行装置。

11)面层的油漆、打蜡工作,应在房间内所有装饰工程完工后进行。

4. 复合木地板

(1)施工工艺流程。

基层清理→弹线、找平(→安装木搁栅→钉毛地板)→铺垫层→试铺预排→铺地板→安装踢脚板→清洁表面。

(2)施工要点。

1)基层处理,基本同木地板。由于采用浮铺式施工,复合地板基层平整度要求很高,要求平整度3m内误差不得大于2mm。基层处须保持洁净、干燥。铺贴前,可刷一层掺防水剂的水泥浆进行基层防水。

2)弹线、找平,同木地板。

3)铺垫层,先在地面铺上一层2mm左右厚的高密度聚乙烯地垫,接缝处用胶带封住,不采用搭接,地热地面应先铺上一层厚度0.5mm以上聚乙烯薄膜,接缝处重叠150mm以上,并用胶带密封。如图5-12所示。

垫层宽1000mm卷材,起防潮、缓冲作用,可增加地板的弹性并增加地板稳定性和减少行走时地板产生的噪声。按房间长度净尺寸加长120mm以上裁切,四周边缘墙面与地相接的阴角处上折60～100mm(或按具体产品要求)。

4)预铺,先进行测量和尺寸计算,确定地板的布置块数,尽可能不出现过窄的地板条。地板块铺设时通常从房间较长的一面墙边开始,也可长缝顺入射光方向沿墙铺放。板面层铺贴应与垫层垂直,铺装时每块地板的端头之间应错开300mm以上,错开1/3板长则更为美观。

①第一块地板的铺粘方法,擦净基底间、板、尾面,放入垫底料。第一块从左向右放,槽面靠墙,板尾面放木楔,然后根据房间大小依次连结需要的地板块,但不要粘胶,如图5-13所示。

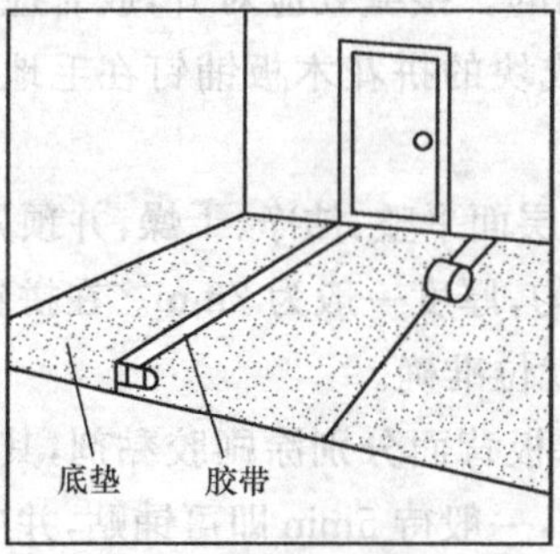

图 5-12 铺设底垫

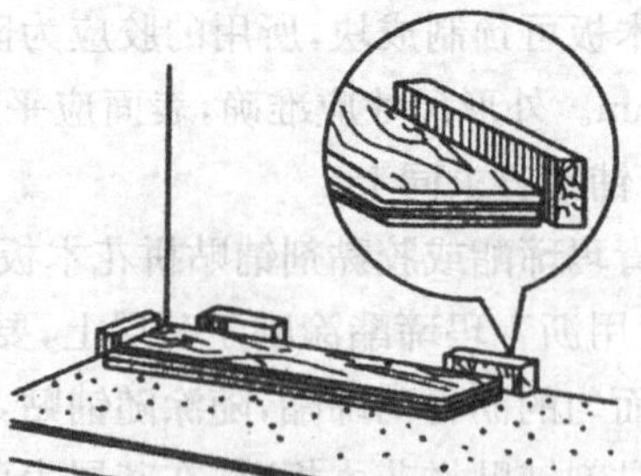

图 5-13 第一块板铺贴方法

②每排的最后一块地板的处理方法，铺装到每排最后一块地板时，将最后一块地板 180°反向，并与该排其余木板舌对舌（留出空隙），使该木板紧靠墙面，如有多余木板，按图 5-14 所示方法，在背后作上记号，按尺寸切割。

③底层处理方法，底层铺以泡沫或毛毡，另外在水泥地面上铺设防潮层。地板安装时，在所有边角，包括门槛留有 10～14mm 的空隙。为了保证最先两排地板要平直，不宜使用长度小于 30mm 的地板，安装时板条间要压紧。如图 5-15 所示。

图 5-14 每排最后一块地板的处理方法

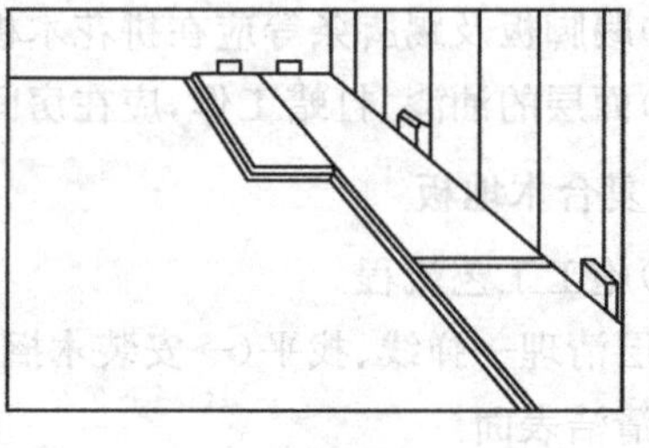

图 5-15 底层处理方法

④注胶，在加注胶水时，需注满企口的 1/3，操作时正面向下，保证胶水在板条压紧时能溢出表面，若接缝上浮现稍许胶水，应及时用布擦去。如图 5-16 所示。

⑤最边的安装，在结尾的舌部均匀涂布足量的胶水，用木帽楦、锤子小心地将板面连接起来，最后一块木板用连系钩铺装。铺装完毕后，用铅垂线测试其平衡度。在墙、板间的空挡处放木楔子。如图 5-17 所示。

⑥最后一块木板的安装方法，用连系钩使最后一块木板到位，并放置隔离楔。全部地板铺设完毕后，24h 内不能走动，以免胶水未干透，使地板木松动。此后取出隔离楔，安放踢脚板。如图 5-18 所示。

图 5-16 注胶方法

图 5-17 最边的安装

图 5-18 最后一块木板的安装方法

⑦管道孔处理方法，先在地板块上钻直径大于管道孔 10mm 的孔，然后划线锯配板，最后注胶、铺装。如图 5-19 所示。

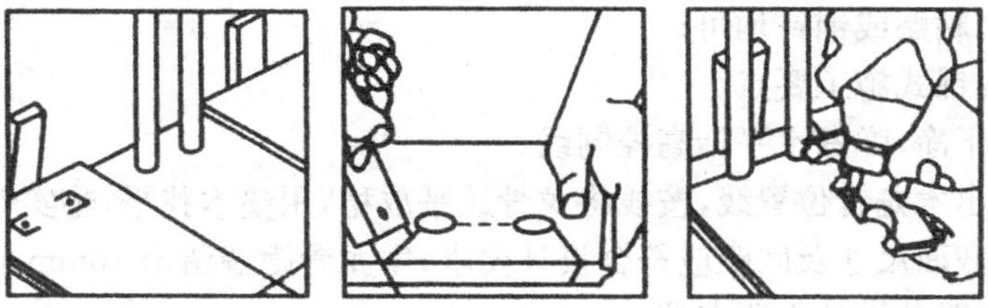

(a)　　(b)　　(c)

图 5-19　管道孔的处理方法

(a)夹装管道孔；(b)划线锯配板；(c)注胶安装

⑧门框下处理方法，为了便于施工，有时可将门扇锯短，门扇的切口应与地板厚度相等。铺装时，将地板块从门扇下滑过，并留有一定的空隙。

5)安装踢脚板。复合木地板四边的墙根伸缩缝，用配套的踢脚板贴盖装饰。一般选用复合木踢脚板，其基材为防潮环保中密度纤维板，表面饰以豪华的油漆纸。踢脚板除了用专用夹子安装外，也可用无头(或有头)水泥钢钉和硅胶钉粘在墙面上，接头尽量设在拐角处。

6)过桥的使用，当地面面积大于 $100m^2$ 或边长大于 10m 时，应使用过桥。在房间的门槛和连接处有高低不平时，也应使用过桥。不同的过桥可解决不同程度的高低不平以及和地毯的连接问题。如图 5-20 所示。

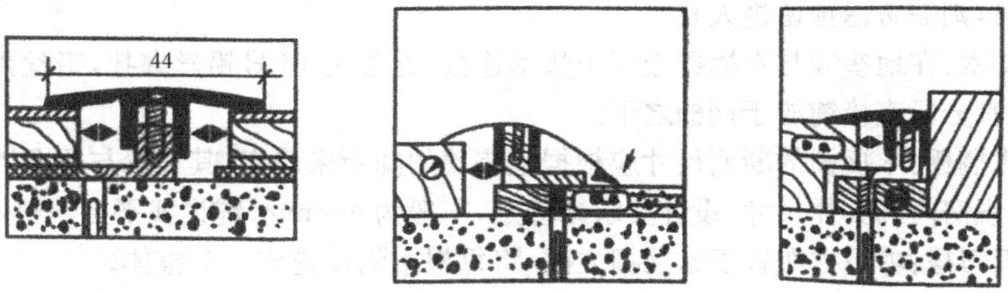

(a)　　(b)　　(c)

图 5-20　各种过桥固定示意图(单位：mm)

(a)称 T 形过桥(超宽、超长连接使用)；(b)与其他饰面材料连接的过桥；

(c)与高于复合地面的材料连接的过渡桥

7)收口扣板条可利用坡度缓缓地自上而下搭接不同高度的地面，解决收口，又富流线舒畅的美感。

8)清扫、擦洗，每铺完一间，待胶干后扫净杂物并用湿布擦净，铺装好后 24h 内不得在地板上走动。

(3)单层条式实铺式施工要点。

1)将基层清理干净，弹好水平标高控制线。

2)在基层上弹出木龙骨位置线及标高，木龙骨断面呈梯形，宽面在下，其截面尺寸及间距应符合设计要求；按线将龙骨放平放稳，用垫木找平，垫实钉牢，木龙骨与墙之间留出 30mm 的缝隙，再依次摆正中间的龙骨，若设计无要求则龙骨间距按 300mm，且表面应平直。

3)在龙骨之间填充干炉渣或其他保温、隔声等轻质材料。

4)实木复合地板面层与墙面之间应留不小于 10～20mm 的空隙，以后逐条板排紧，实木复合地板与龙骨间应钉牢、排紧；铺钉方法宜采用暗钉，钉子以45°或60°钉入，可使接缝进一步靠紧。

5)实木复合地板的接头要在龙骨中间，相邻板材接头位置应错开不小于300mm距离。

6)安装踢脚板：粘贴或铺钉均可。

(4)双层条式实铺式施工要点。

1)将基层清理干净，弹好水平标高控制线。

2)在基层上弹出木龙骨位置线，按线将龙骨放平放稳，用垫木找平，垫实钉牢；木龙骨断面呈梯形，宽面在下，其截面尺寸及间距应符合设计要求；木龙骨距墙留出30mm的缝隙，再依次摆正中间的龙骨，龙骨间距若设计无要求按300mm。

3)满铺毛地板，将其钉在木龙骨上。毛地板与木龙骨垂直铺钉，若大面积宜斜向铺设，宜与木龙骨角度为30°或45°，毛地板应四周钉头，钉距应不小于350mm。

4)在毛地板上满铺一层防潮垫，不用打胶；铺装实木复合地板，不用打胶，直接拼铺，实木复合地板拼缝若是普通企口，板材间接缝必须打胶，其他拼缝形式直接拼装，也可打胶进行封闭。

5)实木复合地板面层与墙面之间应留不小于10mm空隙。

6)安装踢脚板：粘贴或铺钉均可。

(5)架空式施工要点。

1)将基层清扫干净，弹好水平标高控制线。

2)砌筑地垄墙：垄墙与垄墙的间距一般不宜大于2m，地垄墙的高度应符合设计标高，必要时其顶面层可考虑以水泥砂浆或豆石混凝土找平；地垄墙在砌筑时要顶留120mm×120mm的通风孔洞，外墙每隔3～5m开设180mm×180mm的孔洞；如果该加架空层内敷设了管道设备，须兼做维修空间时，则需考虑预留进人孔。

3)铺设垫木：在地垄墙与木搁栅之间用垫木连接，通常用18号铅丝绑扎，铅丝预先埋在砖砌体之中，垫木宜分段直接铺放于搁栅之下。

4)安放木搁栅：木搁栅的断面尺寸应根据地垄墙的间距来确定；其布置与地垄墙成垂直方向安放，间距应视房间的具体尺寸、设计要求来确定，一般为400mm，铺设找平后与垫木钉牢即可。

5)设置剪刀撑：剪刀撑布置于木搁栅之间，将每根木隔栅连成一个整体。

6)铺钉毛地板：在木搁栅之上铺钉的一层窄木板条，宜斜向铺设，与木搁栅成30°或45°角。

7)铺订实木复合地板：在毛地板上满铺一层防潮垫，不用打胶；铺装实木复合地板，不用打胶，直接拼铺，实木复合地板拼缝若是普通企口，板材间接缝必须打胶，其他拼缝形式直接拼装，也可打胶进行封闭。

8)木踢脚板安装：粘贴或铺钉均可。

(6)粘贴式施工要点。

1)将基层清理干净，弹好水平标高控制线。

2)在找平层上满铺防潮垫，不用打胶；若采用条铺，可采用点铺方法。

3)在防潮垫上铺装实木复合地板，宜采用点粘法铺设。

4)防潮垫及实木复合地板面层与墙面之间应留不小于10mm空隙，相邻板材接头位置应错开不小于300mm距离。

5)实木复合地板粘铺后可用橡皮锤子敲击使其黏结均匀、牢固。

6)粘贴踢脚板。

5. 中密度（强化）复合地板

(1)作业条件。

1)基层干净、无浮土、无施工废弃物，基层干燥，含水率在8%以下。

2)干燥:应达到或低于当地平衡湿度和含水率,严禁含湿施工,并防止有水源处向地面渗漏,如暖气出水处,厨房和卫生间接口处等。

3)平整:用 2m 靠尺检验应小于 5mm。

4)牢固:基层材料应是优质合格产品,并按序固接在地基上,不松动。

5)伸缩缝:龙骨间、龙骨与墙体间、毛地板间、毛地板与墙体间均应留有伸缩缝。

6)耐腐:用干燥耐腐材(宽度>35mm)作龙骨。严禁用细木工板料做龙骨。用针叶板材、优质多层胶合板(厚度>9mm)作毛地板料,严禁整张使用,必要时须进行涂防腐油漆处理和防虫害处理。

7)与厕浴间、厨房等潮湿场所相邻木地板面层连接处应作防水(防潮)处理。

8)所有中密度(强化)复合地板基层验收,应在木地板面层施工前达到验收合格,否则不允许进行面层铺设施工。

9)严禁在木地板铺设时,与其他室内装饰装修工程交叉混合施工。

(2)施工工艺流程。

基层清理→地垄墙砌筑→垫木铺设→木搁栅铺设→地板铺设。

(3)施工要点。

1)基层清理。基层表面应平整、坚硬、干燥、密实、洁净、无油脂及其他杂质,不得有麻面、起砂裂缝等缺陷。条件允许时,用自流平水泥将地面找平为佳。

2)地垄墙砌筑。地垄墙一般采用红砖、水泥砂浆或混合砂浆砌筑;其厚度应根据架空的高度及使用条件来确定;垄墙与垄墙的间距一般不宜大于 2m,地垄墙的高度应符合设计标高,必要时其顶面层可考虑以水泥砂浆或豆石混凝土找平;地垄墙在砌筑时要预留 120mm×120mm 的通风孔洞,外墙每隔 3~5m 开设 180mm×180mm 的孔洞;如果该架空层内敷设了管道设备,须兼做维修空间时,则需考虑预留进人孔。

3)垫木铺设。在地垄墙与木搁栅(木龙骨)之间用垫木连接,垫木的厚度一般为 50mm;垫木与地垄墙的连接,通常用 18 号铁丝绑扎,铁丝预先埋在砖砌体之中,垫木宜分段直接铺放于搁栅之下;也可用混凝土圈梁或压顶代替垫木,在地垄墙上部现浇混凝土圈梁,并预埋钢筋。

4)木搁栅铺设。木搁栅(木龙骨)的断面尺寸应根据地垄墙的间距来确定;其布置与地垄墙成垂直方向安放,间距应视房间的具体尺寸、设计要求来确定,一般为 400mm,铺设找平后与垫木钉牢即可。

5)地板铺设。

①铺钉毛地板:在木搁栅之上铺钉的一层窄木板条,宜斜向铺设,与木搁栅成 30°或 45°角。

②铺钉强化地板:在毛地板上满铺一层防潮垫,不用打胶;铺装强化地板,不用打胶,直接拼铺,强化地板拼缝若是普通企口,板材间接缝必须打胶,其他拼缝形式直接拼装,也可打胶进行封闭。

四、施工质量要求

1. 实木地板

(1)实木地板面层采用条材和块材实木地板或采用拼花实木地板,以空铺或实铺方式在基层上铺设。

(2)实木地板面层可采用双层面层和单层面层铺设,其厚度应符合设计要求。

(3)铺设实木地板面层时,其木格栅的截面尺寸、间距和稳固方法等均应符合设计要求。木格栅固定时,不得损坏基层和预埋管线。木格栅应垫实钉牢,与墙之间应留出 30mm 的缝隙,表面应平直。

(4)毛地板铺设时，木材髓心应向上，其板间缝隙应不大于 3mm，与墙之间应留 8～12mm 空隙，表面应刨平。

(5)实木地板面层铺设时，面板与墙之间应留 8～12mm 的缝隙。

(6)采用实木制作的踢脚线，背面应抽槽并做防腐处理。

(7)实木地板面层施工质量，见表 5-7。

表 5-7　　实木地板面层施工质量

项次	项目	质量要求
1	主控项目	实木地板面层所采用的材质和铺设时的木材含水率必须符合设计要求，木格栅、垫木和毛地板等必须做防腐、防蛀处理。 检验方法：观察检查和检查材质合格证明文件及检测报告
		木格栅安装应牢固、平直。 检验方法：观察、脚踩检查
		面层铺设应牢固，黏结无空鼓。 检验方法：观察、脚踩或用小锤轻击检查
2	一般项目	实木地板面层应刨平、磨光，无明显刨痕和毛刺等现象，图案清晰、颜色均匀一致。 检验方法：观察、手摸和脚踩检查
		面层缝隙应严密；接头位置应错开、表面洁净。 检验方法：观察检查
		拼花地板接缝应对齐，粘、钉严密，缝隙宽度均匀一致，表面洁净，胶黏无溢胶。 检验方法：观察检查
		踢脚线表面应光滑，接缝严密，高度一致。 检验方法：观察和钢尺检查
		实木地板面层的允许偏差应符合表 5-8 的规定。 检验方法：应按表 5-8 中的检验方法检验

表 5-8　　木、竹面层的允许偏差和检验方法　　mm

项目	允许偏差				检验方法
	实木地板面层			实木复合地板、中密度(强化)复合地板面层、竹地板面层	
	松木地板	硬木地板	拼花地板		
板面缝隙宽度	1.0	0.5	0.2	0.5	用钢尺检查
表面平整度	3.0	2.0	2.0	2.0	用 2m 靠尺和楔形塞尺检查
踢脚线上口平齐	3.0	3.0	3.0	3.0	拉 5m 通线，不足 5m 拉通线和用钢尺检查
板面拼缝平直	3.0	3.0	3.0	3.0	
相邻板材高差	0.5	0.5	0.5	0.5	用钢尺和楔形塞尺检查
踢脚线与面层的接缝			1.0		楔形塞尺检查

2. 实木复合地板

(1)实木复合地板面层采用条材和块材实木复合地板或拼花实木复合地板，以空铺或实铺方式在基层上铺设。

(2)实木复合地板面层的条材和块材应采用具有商品检验合格证的产品，其技术等级及质量要求均应符合国家现行标准《实木复合地板》(GB 18103—2000)的规定。

(3)铺设实木复合地板面层时，其木搁栅的截面尺寸、间距和稳固方法等均应符合设计要求。木搁栅固定时，不得损坏基层和预埋管线。木格栅应垫实钉牢，与墙之间应留出 30mm 缝隙，表面应平直。

(4)毛地板铺设时，木材髓心应向上，其板间缝隙应不大于 3mm，与墙之间应留 8～12mm 空隙，表面应刨平。

(5)实木复合地板面层可采用整贴和点贴法施工，粘贴材料应采用具有耐老化、防水、防菌、无毒等性能的材料，或按设计要求选用。

(6)实木复合地板面层下衬垫的材质和厚度应符合设计要求。

(7)实木复合地板面层铺设时，相邻板材接头位置应错开不小于 300mm 的距离，与墙之间应留不小于 10mm 的空隙。

(8)大面积铺设实木复合地板面层时，应分段铺设，分段缝的处理应符合设计要求。

(9)实木复合地板面层施工质量，见表 5-9。

表 5-9　　实木复合地板面层施工质量

项次	项　目	质　量　要　求
1	主控项目	实木复合地板面层所采用的条材和块材，其技术等级及质量要求应符合设计要求，木格栅、垫木和毛地板等必须做防腐、防蛀处理。 检验方法：观察检查和检查材质合格证明文件及检测报告
		木格栅安装应牢固、平直。 检验方法：观察、脚踩检查
		面层铺设应牢固，粘贴无空鼓。 检验方法：观察、脚踩或用小锤轻击检查
2	一般项目	实木复合地板面层图案和颜色应符合设计要求，图案清晰，颜色一致，板面无翘曲。 检验方法：观察、用 2m 靠尺和楔形塞尺检查
		面层的接头应错开，缝隙严密，表面洁净。 检验方法：观察检查
		踢脚线表面光滑，接缝严密，高度一致。 检验方法：观察和钢尺检查
		实木复合地板面层的允许偏差应符合表 5-8 的规定。 检验方法：应按表 5-8 中的检验方法检验

3. 中密度（强化）复合地板

(1)中密度(强化)复合地板面层的材料以及面层下的板或衬垫等材质应符合设计要求，并采用具有商品检验合格证的产品，其技术等级及质量要求均应符合国家现行标准的规定。

(2)中密度(强化)复合地板面层铺设时，相邻条板端头应错开不小于 300mm 距离；衬垫层及面层与墙之间应留不小于 10mm 空隙。

(3)中密度(强化)复合地板面层施工质量,见表 5-10。

表 5-10　　中密度(强化)复合地板面层施工质量

项次	项　目	质　量　要　求
1	主控项目	中密度(强化)复合地板面层所采用的材料,其技术等级及质量要求应符合设计要求,木格栅、垫木和毛地板等应做防腐、防蛀处理。 检验方法:观察检查和检查材质合格证明文件及检测报告
		木格栅安装应牢固、平直。 检验方法:观察、脚踩检查
		面层铺设应牢固。 检验方法:观察、脚踩检查
2	一般项目	中密度(强化)复合地板面层图案和颜色应符合设计要求,图案清晰,颜色一致,板面无翘曲。 检验方法:观察、用 2m 靠尺和楔形塞尺检查
		面层的接头应错开、缝隙严密、表面洁净。 检验方法:观察检查
		踢脚线表面应光滑,接缝严密,高度一致。 检验方法:观察和钢尺检查
		中密度(强化)复合木地板面层的允许偏差应符合表 5-8 的规定。 检验方法:应按表 5-8 中的检验方法检验

第四节　块材楼地面施工

一、天然石材地面构造

1. 大理石

大理石具有斑驳纹理,色泽鲜艳美丽。大理石的硬度比花岗石稍差,所以它比花岗石易于雕琢磨光。

当大理石暴露于大气中时,由于空气中的二氧化硫遇水时将生成亚硫酸,然后变成硫酸,与大理石中的主要成分方解石起反应,表面生成石膏易溶于水,使大理石表面很快失去光泽,变得粗糙多孔而降低了硬度。因此,大理石不宜用于室外装饰。如果把大理石用于室外装饰,其表面应加涂层处理。

大理石可根据不同色泽、纹理等组成各种图案。通常在工厂加工成 20～30mm 厚的板材,每块大小一般为 300mm×300mm～500mm×500mm。方整的大理石地面,多采用紧拼对缝,接缝不大于 1mm,铺贴后用纯水泥扫缝;不规则形的大理石铺地接缝较大,可用水泥砂浆或水磨石嵌缝。大理石铺砌后,表面应粘贴纸张或覆盖麻袋加以保护,待结合层水泥强度达到 60%～70%后,方可进行细磨和打蜡。

2. 花岗岩

花岗石系天然石材,一般具有抗拉性能差、容重大、传热快、易产生冲击噪声、开采加工困难、运输不便、价格昂贵等缺点，但是由于它们具有良好的抗压性能和硬度、质地坚实、耐磨、耐久、外观大方稳重等优点，所以至今仍为许多重大工程所使用。花岗石属于高档建筑装饰材料。

用于室外地面的花岗石，为了防滑，一般不进行磨光，而是选用凿琢成点状或条纹的表面。由于花岗石硬度大，加工缓慢，铺贴困难，因此它是价格昂贵的地面铺材之一，多用于纪念性建筑或人流很多的公共建筑主出入口等处。

花岗石常加工成条形或块状，厚度较大，约 50～150mm，其面积尺寸是根据设计分块后进行订货加工的。花岗石在铺设时，相邻两行应错缝，错缝为条石长度的 1/2～1/3。

铺设花岗石地面的基层有两种：一种是砂垫层；另一种是混凝土或钢筋混凝土基层。混凝土或钢筋混凝土表面常常要求用砂或砂浆做找平层，厚约 30～50mm。砂垫层应在填缝以前进行洒水拍实整平。

条石多选用紧密或铺砌，条石之间留 5mm 宽缝隙。块石之间多留有较大缝隙，缝隙之间可采用粒径为 15～25mm 卵石或碎石填嵌，经过碾压沉落后，再用粒径为 5～15mm 卵石或碎石填缝，碾压紧密。此外，还可用水泥砂浆嵌缝，或在缝隙间种植草皮。

大理石和花岗石面层是分别采用天然大理石板材和花岗石板材在结合层上铺设而成。其构造做法，如图 5-21 所示。

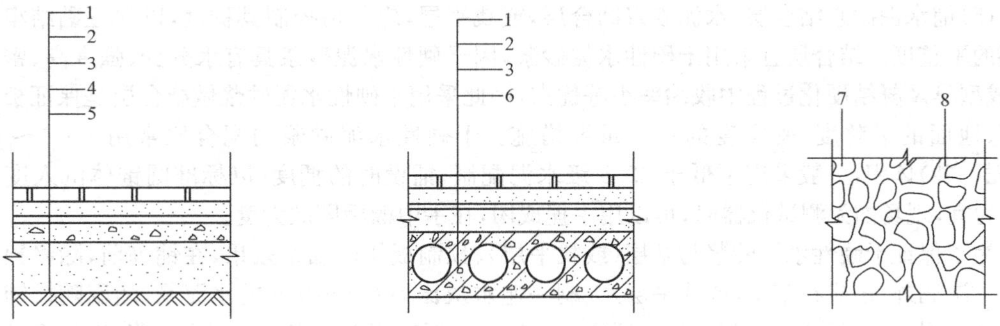

(a)　　(b)　　(c)

图 5-21　大理石、花岗石面层

(a)地面构造；(b)楼层构造；(c)碎拼大理石面层平面

1—大理石(碎拼大理石)、花岗石面层；2—水泥或水泥砂浆结合层；

3—找平层；4—垫层；5—素土夯实；6—结构层(钢筋混凝土楼板)；

7—拼块大理石；8—水泥砂浆或水泥石粒浆填缝

结合层的厚度：当采用水泥砂(其体积比水泥∶砂为 1∶4～1∶6)时应为 20～30mm，当采用水泥砂浆时应为 10～15mm。当采用 1∶4～1∶6 水泥砂结合层时，应洒水干拌均匀。当采用水泥砂浆结合时，宜为干硬性水泥砂浆，并应符合有关规定。

大理石板材不得用于室外地面面层。

二、天然石材施工

1. 施工工艺流程

基层清理→弹线→试拼→石材浸水湿润→安装标准块→摊铺水泥砂浆→铺贴→对缝镶条→灌缝→踢脚板镶贴→打蜡。

2. 施工要点

(1)基层清理。铺贴前先将地面清扫干净,不能有屑、灰尘,以防铺贴后产生空鼓,然后在地面进行弹线分格。大理石铺贴应从居室的中心开始,向四周散射,若中心位要拼花,按照分格线切割大理石,切割时位置要正确。

(2)弹线。根据设计要求,并考虑结合层厚度与板块厚度,确定平面标高位置后,在相应立面弹线。再按板块的尺寸加预留缝放样分块,一般大理石板地面缝宽 1mm,花岗岩石板地面缝宽小于 1mm。与走廊直接相通的门口应与走道地面拉通线,板块布置要以十字线对称,若室内地面与走廊地面颜色不同,其分界线应安排在门口或门窗中间。在十字线交点处对角安放两块标准块,并用水平尺和角尺校正。

(3)试拼。在正式铺设前,对每一房间的大理石或花岗石板块,应按图案、颜色、纹理试拼,试拼后按两个方向编号排列,然后按照编号码放整齐。

(4)石材浸水湿润,对于铺设于水泥砂浆结合层上的板块面层,施工前应将板块料浸水湿润,这是保证面层与结合层黏结牢固,防止空鼓、起壳等质量通病的重要措施。所以在施工前应浸水湿润板块,并阴干码好备用,铺砌时,板块的底面以内潮外干为宜。结合层与基层和面层黏结质量的好与不好,是整个楼面、地面施工质量的关键环节。

(5)铺水泥砂浆结合层,水泥砂浆结合层,或找平层,应严格控制其稠度,以保证黏结牢固及面层的平整度。结合层宜采用干硬性水泥砂浆,因干硬性水泥砂浆具有水分少、强度高、密实度好、成型早及凝结硬化过程中收缩率小等优点,因此采用干硬性水泥砂浆做结合层是保证板块料楼面、地面的平整度、密实度的一个重要措施。干硬性水泥砂浆的配合比常用 1∶1～1∶3(水泥∶砂)体积,一般采用不低于 42.5 级水泥配制,铺设时的稠度(以标准圆锥体沉入度)2～4cm 为宜,现场如无测试仪器时,可以用手捏成团,在手中颠后即散为度。

为了保证干硬性水泥砂浆与基层(或找平层)、预制板块的黏结效果,在铺砌前,除将预制板块浸入湿润外,还应在基层(或找平层)上刷一遍水灰比为 0.4～0.5 的水泥浆,随刷随摊铺水泥砂浆结合层。待板块料试铺合格后,还应在干硬性水泥砂浆上再浇一薄层水泥浆,以保证整个上下层之间黏结牢固。

(6)铺板。在石材板块背面薄抹一层水灰比为 0.4～0.5 的水泥浆,或在结合层上均匀撒布一层干水泥粉,并洒一遍水,同时在板背面洒水,再做正式铺贴。铺装操作时要每行依次挂线,将板块四角对准纵横缝后,同时平稳落下,用橡皮锤(木槌)轻敲振实,并用水平尺找平,锤击板块时注意不要敲砸边角,也不要敲打已铺贴完毕的板块,以免造成空鼓。

(7)对缝及镶条。正式镶铺时,要将板块四角同时平稳下落,对准纵横缝后,用橡胶锤轻敲振实并用水平尺找平。对缝时要根据拉出的对缝控制线进行,并应注意板块的规格尺寸必须一致,其长宽度误差须在 1mm 以内。锤击板块时不要敲砸边角,也不要敲打在已经铺贴完毕的平板上,以免造成饰面的空鼓。

对于要求镶嵌铜条的地面板块铺贴,板块的规格尺寸更要求准确。铜条镶嵌之前,先将相邻的两块板铺贴平整,其拼接间隙略小于镶条宽度,然后向缝隙内灌抹水泥砂浆,灌满后抹平;而后将铜镶条敲入缝隙内,使之外露部略高于板块平面(以手摸稍有凸感为准),然后擦净挤出的砂浆。

(8)灌缝。对于不设镶条的板块地面,应在铺贴完毕 24h 以后再洒水养护。一般在 2d 之后,经检查板块无断裂及空鼓现象,方可进行灌缝。用浆壶将稀水泥浆或 1∶1 稀水泥砂浆(水泥∶细砂)灌入缝内 2/3 高低,并用小木条把流出的水泥浆向缝内刮抹。灌缝面层上溢出的水泥浆或水泥砂浆须在凝结之前予以消除,再用与板面相同颜色的水泥色浆将缝灌满。待缝内的水泥凝结后，再将面层清洗干净，3d 内禁止上人走动。

(9)踢脚板镶贴。预制水磨石及大理石、花岗石踢脚板一般高度为 100～200mm，厚度为 15～20mm。施工有粘贴法和灌浆法两种。

踢脚板施工前要认真清理墙面，提前一天浇水湿润。按需要数量将阳角处的踢脚板的一端，用无齿锯切成 45°，并将踢脚板用水刷净，阴干备用。

镶贴时由阳角开始向两侧试贴，检查是否平直，缝隙是否严密，有无缺边掉角等缺陷，合格后才可实贴。不论采取什么方法安装，均先在墙面两端各镶贴一块踢脚板，其上沿高度应在同一水平线上，出墙厚度要一致，然后沿两块踢脚板上沿拉通线，逐块依顺序安装。

1)粘贴法：

①根据墙面抹灰厚度吊线确定踢脚板出墙厚度，一般 8～10mm。

②用 1∶3 水泥砂浆打底找平并在表面划纹。

③找平层砂浆干硬后，拉踢脚板上口的水平线，把湿润阴干的大理石踢脚板的背面。刮抹一层 2～3mm 厚的素水泥浆(可掺加 10%左右的 108 胶)后，往底灰上粘贴，并用木槌敲实，根据水平线找直。24h 后用同色水泥浆擦缝，将余浆擦净。与大理石地面同时打蜡。

2)灌浆法：

①根据墙面抹灰厚度吊线确定踢脚板出墙厚度，一般 8～10mm。

②在墙两端各安装一块踢脚板，其上楞高度在同一水平线内，出墙厚度一致。然后沿两块踢脚板上楞拉通线，逐块依顺序安装，随时检查踢脚板的水平度和垂直度。相邻两块之间及踢脚板与地面、墙面之间用石膏稳牢。

③灌 1∶2 稀水泥砂浆，并随时把溢出的砂浆擦干净，待灌入的水泥砂浆终凝后把石膏铲掉。

④用棉丝团蘸与大理石踢脚板同颜色的稀水泥浆擦缝。踢脚板的面层打蜡同地面一起进行。踢脚板之间的缝宜与大理石板块地面对缝镶贴。

(10)打蜡。板块铺贴完工后，待其结合层砂浆强度达到 60%～70%即可打蜡抛光。其具体操作方法与现浇水磨石地面面层基本相同，在板面上薄涂一层蜡，待稍干后用磨光机研磨，或用钉有细帆布(或麻布)的木块代替油石装在磨石机上，研磨出光亮后，再涂蜡研磨一遍，直到光滑洁亮为止。

三、碎拼大理石施工

1. 施工工艺流程

基层清理→抹找平层灰→铺贴→浇石渣浆→磨光→压光磨光。

2. 施工要点

(1)基层清理。铺设前要对碎拼大理石进行清理归类，首先是把基层清理干净，无浮灰、砂浆、油污等，然后把颜色、厚薄相近的放在一起施工，板材边长不宜超过 300mm。

(2)抹找平层灰。碎拼大理石应在厚度约为 10～30mm 的 1∶3 水泥砂浆找平层上进行铺贴，大理石间隙应用普通水泥砂浆或用带颜色的水泥砂浆黏结嵌缝。

(3)铺贴。铺贴前，应在铺贴饰面上拉线找方找平，做灰饼，在门口或临界面应注意留出镶贴块材的宽度尺寸。

设计有图案时，应先镶贴图案部位，然后再镶贴其他部位。镶贴时，应随时用直尺找平，注意面层的光洁，随时进行清理，还应注意缝宽基本一致。在镶贴前用切割机进行块材加工。

铺贴时应保持缝隙宽度一致，若是毛边碎块，亦称冰裂纹面层，应先铺贴大块，再根据间隙形状，选用合适的小块补入。大理石贴上后，用木槌或橡皮锤轻轻敲击大理大板，保证大理石粘牢。

(4)浇石渣浆。将缝中积水、杂物清除干净，刷素水泥浆一遍，然后嵌入彩色水泥石渣浆，嵌抹应凸出大理石表面 2mm，面层石渣浆铺设后，在表面要均匀撒一层石渣，用钢抹刀拍实压平，出浆后再用钢抹刀压光，次日养护。

也可用同色水泥砂浆嵌抹间隙做成平缝。

(5)压光磨光。面层石碴浆铺设后，在表面要均匀撒一层石渣，用钢抹刀拍实压平，出浆后再用钢抹刀压光。饰面养护两到三天开始磨光。第一遍用 80～100 号金刚石，第二遍用 100～160 号金刚石，第三遍用 240～280 号金刚石，第四遍用 750 号或更细的金刚石，每一遍的磨光要求和最后上蜡方法均与水磨石面层方法相同。

四、人造石材施工

人造石材又称合成石，具有天然石材的花纹和质感，且有强度高、厚度薄、耐酸、耐碱、抗污染等优点，自重只有天然石材的一半，其色彩和花纹均可根据设计意图制作。水泥型人造石材将在后叙的水泥制品地面施工方法一节中加以介绍，这里主要介绍树脂型人造石材。

人造石材的铺贴用钉法与黏结法。钉法铺贴工艺同木地板铺贴。

1. 黏结法

(1)施工工艺流程。

划线→预排→找平→湿润基层面→粘贴→铺贴。

(2)施工要点。

1)铺贴前，应先划线、预排，使接缝均匀。

2)黏结前用 1∶3 水泥砂浆打底，找平后再划毛。

3)用清水充分浇湿待施工的基层面（地面）。

4)用 1∶2 水泥砂浆粘贴。

5)背面抹一层水泥浆或水泥砂浆后进行对位，在基层上由前往后退，逐一胶粘。

6)水泥砂浆凝固后，板缝或阴阳角部分，用建筑密封胶或用 10∶0.5∶26（水泥∶801 胶水∶水）的水泥浆掺入与板材颜色相同的颜料进行处理，也可用铺贴天然大理石或花岗石的方法进行铺贴，但厚的人造石材才能用此法。

2. 铺贴注意事项

(1)在施工中，人造石材不允许有歪斜、翘曲、空鼓等现象。

(2)在施工中，人造石材不允许有缺棱、掉角和裂缝等缺陷。

(3)在铺贴时，灌浆饱满、嵌缝严密、颜色深浅要一致。

(4)铺贴表面去污用软布沾水或洗衣粉液轻擦，不得用去污粉擦洗。

(5)若饰面有轻度变形，可适当烘干、压烤校正。

五、施工质量要求

(1)大理石、花岗石面层采用天然大理石、花岗石（或碎拼大理石、碎拼花岗石）板材，应在结合层上铺设。

(2)板材有裂缝、掉角、翘曲和表面有缺陷时应予剔除，品种不同的板材不得混杂使用；在铺设前，应根据石材的颜色、花纹、图案、纹理等按设计要求试拼编号。

(3)铺设大理石、花岗石面层前，板材应浸湿、晾干；结合层与板材应分段同时铺设。

(4)大理石面层和花岗石面层施工质量,见表 5-11。

表 5-11　　大理石面层和花岗石面层施工质量

项次	项　目	质量要求
1	主控项目	大理石、花岗石面层所用板块的品种、质量应符合设计要求。 检验方法:观察检查和检查材质合格记录
		面层与下一层应结合牢固,无空鼓。 检验方法:用小锤轻击检查。 注:凡单块板块边角有局部空鼓,且每自然间(标准间)不超过总数的 5%可不计
2	一般项目	大理石、花岗石面层的表面应洁净、平整、无磨痕,且应图案清晰、色泽一致、接缝均匀、周边顺直、镶嵌正确,板块无裂纹、掉角、缺楞等缺陷。 检验方法:观察检查
		踢脚线表面应洁净、高度一致、结合牢固、出墙厚度一致。 检验方法:观察和用小锤轻击及钢尺检查
		楼梯踏步和台阶板块的缝隙宽度应一致、齿角整齐,楼层梯段相邻踏步高度差应不大于 10mm,防滑条应顺直、牢固。 检验方法:观察和用钢尺检查
		面层表面的坡度应符合设计要求,不倒泛水,无积水;与地漏、管道结合处应严密牢固,无渗漏。 检验方法:观察、泼水或坡度尺及蓄水检查
		大理石和花岗石面层(或碎拼大理石、碎拼花岗石)的允许偏差应符合表 5-12 的规定。 检验方法:应按表 5-12 中的检验方法检验

表 5-12　　板、块面层的允许偏差和检验方法　　mm

项目	允许偏差											检验方法
	陶瓷锦砖面层、高级水磨石板、陶瓷地砖面层	缸砖面层	水泥花砖面层	水磨石板块面层	大理石面层和花岗石面层	塑料板面层	水泥混凝土板块面层	碎拼大理石、碎拼花岗石面层	活动地板面层	条石面层	块石面层	
表面平整度	2.0	4.0	3.0	3.0	1.0	2.0	4.0	3.0	2.0	10.0	10.0	用 2m 靠尺和楔形塞尺检查
缝格平直	3.0	3.0	3.0	3.0	2.0	3.0	3.0	—	2.5	8.0	8.0	拉 5m 线和用钢尺检查
接缝高低差	0.5	1.5	0.5	1.0	0.5	0.5	1.5	—	0.4	2.0	—	用钢尺和楔形塞尺检查
踢脚线上口平直	3.0	4.0	—	4.0	1.0	2.0	4.0	1.0	—	—	—	拉 5m 线和用钢尺检查
板块间隙宽度	2.0	2.0	2.0	2.0	1.0	—	6.0	—	0.3	5.0	—	用钢尺检查

第五节　塑料地板地面施工

一、施工技术要求

塑料地板具有清洁、耐磨、绝缘、防滑、色彩丰富和施工方便、维修简单、价格便宜等优点，可以克服地面基层冷、硬、潮、脏等缺陷而起到良好的装饰效果。

(1)塑料地板面层施工时，室内相对湿度不应大于80%。

(2)基层表面要坚硬、平整、光滑、无油脂及其他杂物，对起砂、空鼓、麻面、空隙等缺陷的基层应进行修补找平，符合要求。

(3)塑料板在试铺前，应进行处理。软质聚氯乙烯板宜放入75℃左右的热水中浸泡10～20min，至板面全部松软伸平后取出晾干后待用。半硬质聚氯乙烯板一般用丙酮：汽油(1：8)混合溶液进行脱脂除蜡。

(4)塑料板应待稀释剂挥发后再进行粘贴，塑料贴面上胶黏剂应满涂，四边不漏涂。

(5)同房间、同一部位应用同一品牌、同一批号的塑料板，防止不同品种、不同批号的塑料板混用。

(6)基层与塑料板涂刮的胶黏剂应薄而均匀，厚度控制在1mm左右，且涂刮方向应纵横相交，保证胶层均匀和防止胶液外溢过多，同时外溢胶液应及时清理干净。

(7)拼缝的坡口切割时间不宜过早，切割后应严格防止脏物沾污。

(8)大面积铺贴前，应先作样板间，检查胶黏剂等材料质量和操作质量。

(9)塑料板采用黏结时，接口处做成同向顺坡，搭接长度不小于30mm；采用焊接时，做成“V”形坡口，见图5-22。

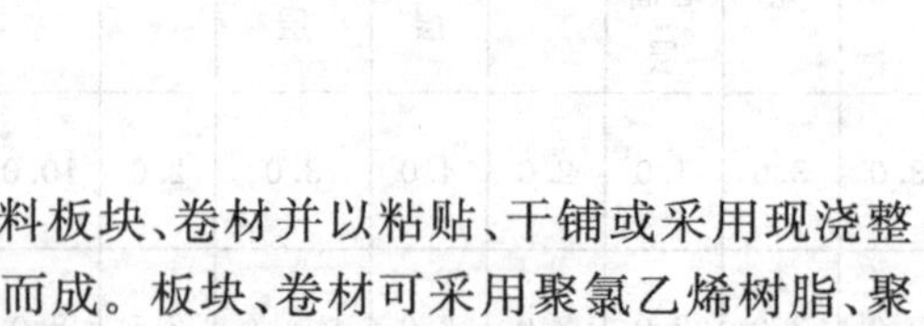

图5-22　接缝坡口处理

二、塑料地板构造

塑料板面层应采用塑料板块、卷材并以粘贴、干铺或采用现浇整体式在水泥类基层上铺设而成。板块、卷材可采用聚氯乙烯树脂、聚氯乙烯——聚乙烯共聚地板、聚乙烯树脂、聚丙烯树脂和石棉塑料板等。现浇整体式面层可采用环氧树脂涂布面层、不饱和聚酯涂布面层和聚酯酸乙烯塑料面层等，构造做法，如图5-23所示。

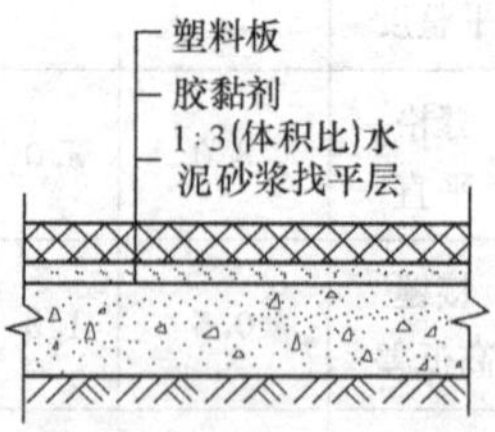

图5-23　塑料板面层

三、塑料地板施工

1. 施工工艺流程

基层处理→弹线→预热处理→脱脂除蜡→试铺→涂刷底子胶→塑料板地面板块铺贴→踢脚板铺贴→抛光上蜡。

2. 施工要点

(1)基层处理。对铺贴基层的基本要求是平整、坚实、干燥、有足够强度,各阴阳角方正,无油脂尘垢和杂质。在混凝土及水泥砂浆类基层上铺贴塑料地板,其表面用 2m 直尺检查的允许空隙不得超过 2mm,基层含水率不应大于 9%。

当表面有麻面、起砂和裂缝等缺陷时,应采用腻子修补并涂刷乳液(表 5-13)。先用石膏乳液腻子做第一道嵌补找平,用 0 号铁砂布打磨;再用滑石粉乳液腻子做第二道修补找平;直至表面平整后,再用稀释的乳液涂刷一遍。也可采用 108 胶水泥腻子及 108 胶水泥乳液。

表 5-13　　腻子及乳液配合比

名　称	配合比	适用范围
石膏乳液腻子	石膏:土粉:聚酯酸乙烯乳液=2:2:1(体积比),加水量根据现场具体情况确定	基层第一道嵌补找平
滑石粉乳液腻子	滑石粉:聚酯酸乙烯乳液:羧甲基纤维素溶液=1:(0.2～0.25):0.1(体积比),加水量根据现场具体情况确定	基层第二道修补找平

(2)弹线。塑料地板的铺贴一般有两种方式,一种是接缝与墙面成 45°,称为对角定位法;另一种是接缝与墙面平行,称为直角定位线,见图 5-24。

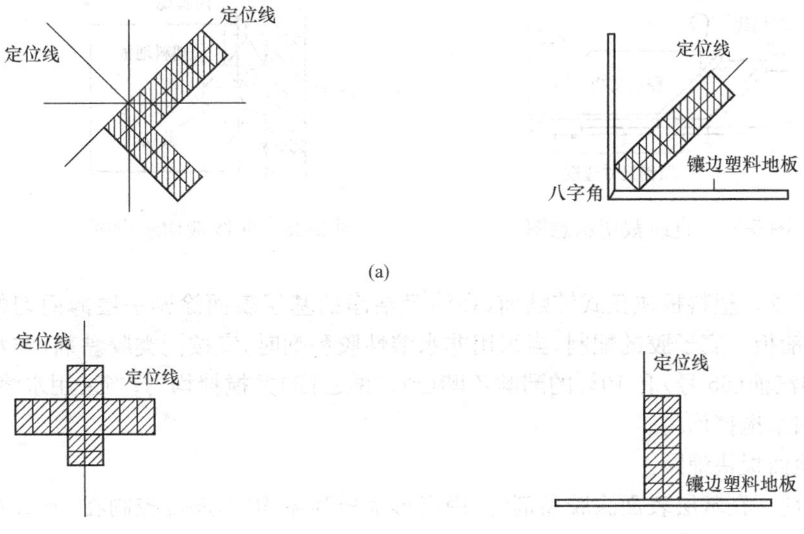

图 5-24　定位方法
(a)对角定位;(b)直角定位

弹线时以房间中心点为中心,弹出相互垂直的两条定位线。定位线有丁字、十字和对角等形式。如整个房间排偶数块,中心线即是塑料地板的接缝;如排奇数块,接缝离中心线半块塑料地板的距离。分格、定位时,如果塑料地板的尺寸与房间长宽方向不合适,应留出距墙边 200～300mm 的尺寸以作镶边。根据塑料地板的规格、图案和色彩,确定分色线的位置,如套间内外房间地板颜色不同,分色线应设在门框踩口线外。分格线应设在门中,使门口地板对称。也不要使门口出现小于1/2的窄条。

(3)预热处理。将每张塑料板放进75℃左右的热水中浸泡10～20min，然后取出平放在待铺贴的房间内一天，晾干待用。

(4)脱脂除蜡。塑料板铺贴前，将粘贴面用细砂纸打磨或用棉砂蘸丙酮与汽油1∶8的混合液擦拭，进行脱脂除蜡处理，以保证塑料板与基层的黏结牢固。

(5)试铺。依照弹线分格情况，在塑料地板脱脂除蜡后即进行试铺。对于靠墙处不是整块的塑料板可按图5-25所示方法进行裁切，其方法是，在已铺好的塑料地板上放一块塑料地板块，再用一块塑料板的一边与墙紧贴，沿另边在塑料地板上划线，按线裁下的部分即为所需尺寸的边框。如墙面为曲线或有凸出物，可用两脚规或划线器划线(突出物不大时可用两角规，突出物较大时用划线器)。

图5-26为两脚规划线的方法，在有突出物处放一块塑料地板，两脚规的一端紧贴墙面，另一端压在塑料地板上，然后沿墙面的轮廓线移动两脚规，移动时注意两脚规的平面始终要与墙面垂直，此时即可在塑料地板块上划出与墙面轮廓完全相同的弧形，再沿线裁切就得到能与墙面密合的边框。使用划线器时，将其一端紧贴墙面上凹得最深的地方，调节划针的位置，使划针对准地板的边缘，然后沿墙面轮廓线移动划线器，要始终保持划线器与墙面垂直，划针即可在塑料板上划出与墙面轮廓完全相同的图形。

塑料地板试铺合格后，应按顺序编号，以备正式铺贴。

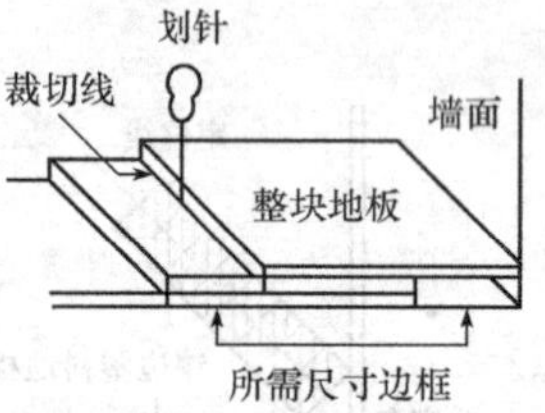

图5-25　直线裁切示意图

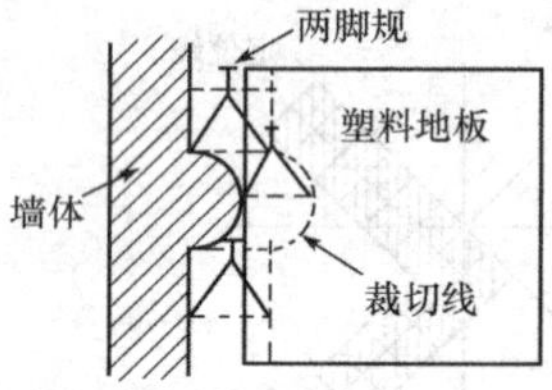

图5-26　曲线裁切示意图

(6)涂刷底子胶。塑料板块正式铺贴前，在清理洁净的基层表面涂刷一层薄而匀的底子胶，待其干燥后方可铺板。底子胶的配制，当采用非水溶性胶黏剂时，宜按同类胶黏剂(非水溶性)加入其重量10%的汽油(65号)和10%的醋酸乙酯(或乙酸乙酯)并搅拌均匀；当采用水溶性胶黏剂时，宜按同类胶加水搅拌均匀。

(7)塑料板地面板块铺贴。

1)涂刷胶黏剂。在基层表面涂胶黏剂时，用齿形刮板刮涂均匀，厚度控制在1mm左右；塑料板粘贴面用齿形刮板或纤维滚筒涂刷胶黏剂，其涂刷方向与基层涂胶方向纵横相交。

在基层涂刷胶黏剂时，不得面积过大，要随贴随刷，一般超出分格线10mm。

胶黏剂涂刮后在室温下暴露于空气中，使溶剂部分挥发，至胶层表面手触不粘手时，即可铺贴，这对于溶剂胶黏剂特别重要。通常室温在10～35℃范围内，暴露时间约在5～15min，低于或高于此温度范围，最好不进行铺贴。

2)塑料板面层铺贴。铺贴时最好从中间定位向四周展开，这样能保持图案对称和尺寸整齐。切勿将整张地板一下子贴下，应先把地板一端对齐黏合，轻轻地用橡胶滚筒将地板平服地粘贴在地面上，使其准确就位，同时赶走气泡，见图5-27。一般每块地板的粘贴面要在80%以上，为使粘贴可靠，应用压滚压实或用橡胶锤敲实(聚氨酯和环氧树脂黏结剂应用砂袋适当压住，直至固化)。用橡胶锤敲打时，应从中心移向四周，或从一边移向另一边。在铺贴到靠墙附近时，用橡胶压边滚筒赶走气泡和压实，见图 5-28。

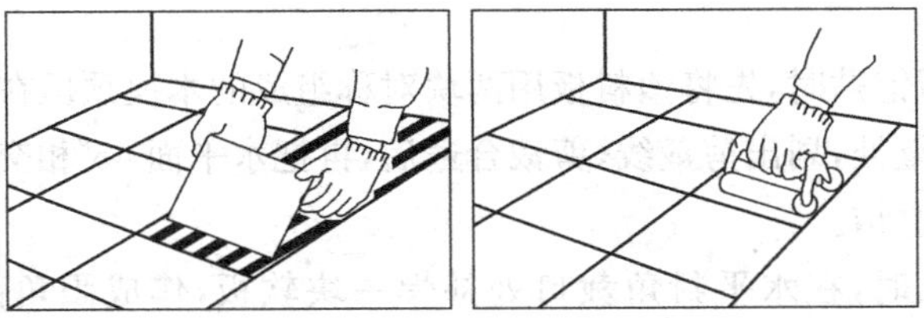

(a)　(b)

图 5-27　粘合与赶实示意图
(a)地板一端对齐黏合；(b)贴平赶实

铺贴时挤出的余胶要及时擦净，粘贴后在表面残留的胶液可使用棉纱蘸上溶剂擦净，水溶型胶黏剂用棉布擦去。

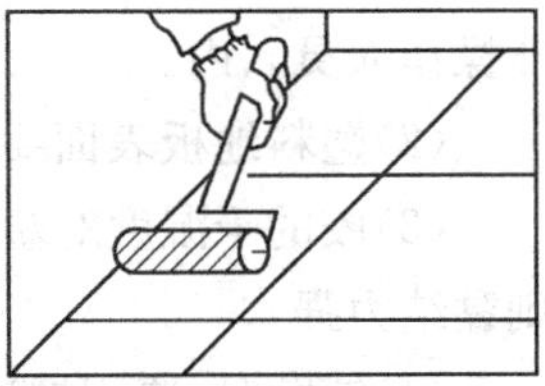

图 5-28　压平边角

铺贴时挤出的余胶要及时擦净，粘贴后在表面残留的胶液可使用棉纱蘸上溶剂擦净，水溶型胶黏剂用棉布擦去。

3)焊接。塑料板粘贴 48h 后，即可施焊。

塑料板拼缝处做 V 形坡口，根据焊条规格和板厚确定坡口角度 β，板厚 10～20mm 时，$\beta=65^\circ\sim75^\circ$；板厚 2～8mm 时，$\beta=75^\circ\sim85^\circ$。采用坡口直尺和割刀进行坡口切割，坡口应平直，宽窄和角度应一致，同时防止脏物污染。

软质塑料板粘贴后相邻板的边缘切割成 V 形坡口，做小块试焊。采用热空气焊，空气压力控制在 0.08～0.1MPa，温度控制在 200～250℃。确保焊接质量，在施焊前检查压缩空气的纯洁度，向白纸上喷射 20～30s，无水迹、油迹为合格，同时用丙酮将拼缝焊条表面清洗干净，等待施焊。

施焊时，按两人一组一人持焊枪施焊一人用压棍推压焊缝。施焊者左手持焊条，右手焊枪，从左向右施焊，用压棍随即压紧焊缝。

焊接时，焊枪的喷嘴、焊条和焊缝应在同一平面内，并垂直于塑料板面，焊枪喷嘴与地板的夹角宜 30°左右，喷嘴与焊条、焊缝的距离宜 5～6mm 左右，焊枪移动速度宜 0.3～0.5m/min。

焊接完后，焊缝冷却至室内常温时，应对焊缝进行修整。用刨刀将突出板面部分(约 1.5～2mm)切削平。操作时要认真仔细，防止将焊缝两边的塑料板损伤。当焊缝有烧焦或焊接不牢的现象时，应切除焊缝，重新焊接。

(8)踢脚板铺贴。地面铺贴完再粘贴踢脚板(图 5-29)。踢脚塑料板与墙面基层涂胶同地面。

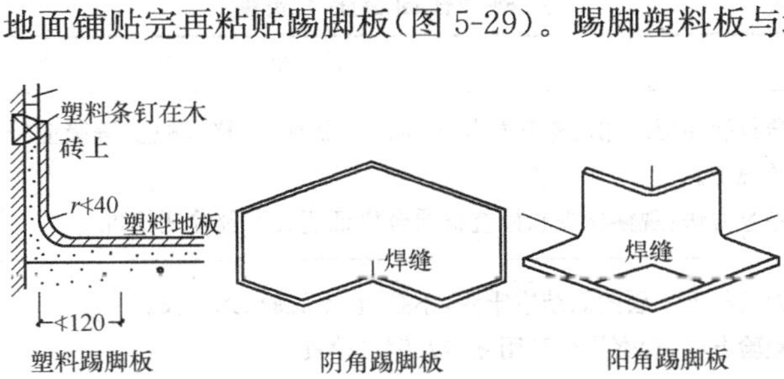

图 5-29　踢脚板铺贴

1)首先将塑料条钉在墙内预留的木砖上，钉距约 40～50cm，然后用焊枪喷烤塑料条，随即将踢脚板与塑料条黏结。

2)阴角塑料踢脚板铺贴时，先将塑料板用两块对称组成的木模顶压在阴角处，然后取掉一块木模，在塑料板转折重叠处，划出剪裁线，剪裁合适后，再把水平面 45°相交处裁口焊好，作成阴角部件，然后进行焊接或黏结。

3)阳角踢脚板铺贴时，在水平封角裁口处补焊一块软板，作成阳角部件，然后进行焊接或黏结。

(9)抛光上蜡。铺贴好塑料地面及踢脚板后，用墩布擦干净，晾干。用软布包好已配好的上光软蜡，满涂一到两遍，光蜡重量配合比为软蜡：汽油＝100：(20～30)，另掺 1%～3%与地板相同颜色的颜料，待烧干后，用干净的软布擦拭，直至表面光滑光亮为止。

3. 施工注意事项

(1)基层必须清理干净，特别注意不能有小砂粒，所以铺贴时应在操作室备用专用鞋，应禁止非操作人员入内。

(2)塑料地板表面要平整、干净，不得有凹凸不平及污染、破损。

(3)胶的干湿度对塑料地板的粘贴有极大影响，若手触不干就铺贴，容易撕开。较干后粘贴，则黏结力强。

(4)铺贴时，要用橡皮锤从中间向四周敲击，将气泡赶净，使塑料地板要贴牢，不得脱胶空鼓。

(5)如使用氯丁橡胶胶黏剂、环氧树脂胶黏剂等有毒性的材料，操作时应开窗通风换气，并戴防毒口罩。在较密闭的房间作业，应安装换气扇或通风扇。

四、施工质量要求

(1)塑料地板面层应采用塑料板块材、塑料板焊接、塑料卷材，以胶黏剂在水泥类基层上铺设。

(2)水泥类基层表面应平整、坚硬、干燥、密实、洁净，无油脂及其他杂质，不得有麻面、起砂、裂缝等缺陷。

(3)胶黏剂选用应符合现行国家标准《民用建筑工程室内环境污染控制规范》(GB 50325—2001)的规定，其产品应按基层材料和面层材料使用的相容性要求，并应通地试验确定。

(4)塑料地板面层施工质量，见表 5-14。

表 5-14 塑料地板面层施工质量

项次	项 目	质 量 要 求
1	主控项目	塑料板面层所用的塑料板块和卷材的品种、规格、颜色、等级应符合设计要求和现行国家标准的规定。 检验方法：观察检查和检查材质合格证明文件及检测报告
		面层与下一层的黏结应牢固，不翘边、不脱胶、无溢胶。 检验方法：观察检查和用敲击及钢尺检查。 注：卷材局部脱胶处面积应不大于 20cm²，且相隔间距不小于 50cm 可不计；凡单块板块料边角局部脱胶处且每自然间(标准间)不超过总数的 5%者可不计

（续）

项次	项　目	质　量　要　求
2	一般项目	塑料板面层应表面洁净，图案清晰，色泽一致，接缝严密、美观。拼缝处的图案、花纹吻合，无胶痕；与墙边交接严密，阴阳角收边方正。 检验方法：观察检查
		板块的焊接，焊缝应平整、光洁，无焦化变色、斑点、焊瘤和起鳞等缺陷，其凹凸允许偏差为±0.6mm，焊缝的抗拉强度不得小于塑料板强度的75%。 检验方法：观察检查和检查检测报告
		镶边用料应尺寸准确、边角整齐、拼缝严密、接缝顺直。 检验方法：用钢尺和观察检查
		塑料板面层的允许偏差应符合表5-12的规定。 检验方法：应按表5-12中的检验方法检验

第六节　砖面层铺贴

一、施工准备

(1)墙面抹灰及墙裙做完。

(2)内墙面弹好水准基准墨线(如：+500mm或+1000mm水平线)并校核无误。

(3)门窗框要固定好，并用1：3水泥砂浆将缝隙堵塞严实。铝合金门窗框边缝所用嵌塞材料应符合设计要求。且应塞堵密实并事先粘好保护膜。

(4)门框保护好，防止手推车碰撞。

(5)穿楼地面的套管、地漏做完，地面防水层做完，并完成蓄水试验办好检验手续。

(6)按面砖的尺寸、颜色进行选砖，并分类存放备用，做好排砖设计。

(7)大面积施工前应先放样并做样板，确定施工工艺及操作要点，并向施工人员交好底再施工。样板完成后必须经鉴定合格后方可按样板要求大面积施工。

(8)砖面层一般是按设计要求的形式铺设，常见的砖面层铺砌形式有直缝式、人字纹式、席纹式、错缝花纹式等(图5-30)。

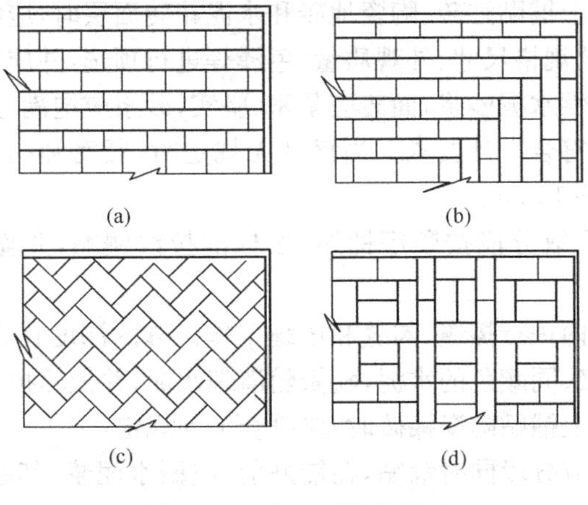

图5-30　砖地面铺砌形式

(a)直缝式；(b)人字纹式；(c)席纹式；(d)错缝花纹式

二、砖面层施工

1. 施工工艺流程

基层处理→找标高→铺结合层砂浆→铺砖控制线→铺砖→勾缝→踢脚板。

2. 施工要点

(1)基层处理。将混凝土基层上的杂物清理掉，并用錾子剔掉楼地面超高、墙面超平部分及砂浆落地灰，用钢丝刷刷净浮浆层。如基层有油污时，应用10%火碱水刷净，并用清水及时将其上的碱液冲净。

(2)找标高。根据水平标准线和设计厚度，在四周墙、柱上弹出面层的上平标高控制线。

(3)铺结合层砂浆。砖面层铺设前应将基底湿润，并在基底上刷一道素水泥浆或界面结合剂，随刷随铺设搅拌均匀的干硬性水泥砂浆。

(4)铺砖控制线。当找平层砂浆抗压强度达到1.2MPa时，开始上人弹砖的控制线。预先根据设计要求和砖板块规格尺寸，确定板块铺砌的缝隙宽度，当设计无规定时，紧密铺贴缝隙宽度不宜大于1mm，虚缝铺贴缝隙宽度宜为5～10mm。

在房间分中，从纵、横两个方向排尺寸，当尺寸不足整砖倍数时，将非整砖用于边角处，横向平行于门口的第一排应为整砖，将非整砖排在靠墙位置，纵向(垂直门口)应在房间内分中，非整砖对称排放在两墙边处，尺寸不小于整砖边长的1/2。根据已确定的砖数和缝宽，在地面上弹纵、横控制线(每隔四块砖弹一根控制线)。

(5)铺砖。

1)在砂结合层上铺设砖面层时，砂结合层应洒水压实，并用刮尺刮平。而后拉线逐块铺砌。施工按下列要求进行：

①黏土砖的铺砌形式一般采用"直行"、"对角线"或"人字形"等铺法(图5-30)。在通道内宜铺成纵向的"人字形"，同时在边缘的一行砖应加工成45°角，并与墙或地板边缘紧密连接。

②铺砌砖时应挂线，相邻两行的错缝应为砖长的1/3～1/2。

③黏土砖应对接铺砌，缝隙宽度不宜大于5mm。在填缝前，应适当洒水并予拍实整平。填缝可用细砂、水泥砂浆或沥青胶结料。用砂填缝时，宜先将砂撒于砖面上，再用扫帚扫于缝中。用水泥砂浆或沥青胶结料填缝时，应预先用砂填缝至一半高度。

2)在水泥砂浆结合层上铺贴缸砖、陶瓷地砖和水泥花砖面层时，应符合下列规定：

①在铺贴前，应对砖的规格尺寸、外观质量、色泽等进行预选，并应浸水湿润后晾干待用。

②铺贴时宜采用干硬性水泥砂浆，面砖应紧密、坚实，砂浆应饱满，并严格控制标高。

③面砖的缝隙宽度应符合设计要求。当设计无规定时，紧密铺贴缝隙宽度不宜大于1mm；虚缝铺贴缝隙宽度宜为5～10mm。

④大面积施工时，应采取分段按顺序铺贴，按标准拉线镶贴，并做各道工序的检查和复验工作。

⑤面层铺贴应在一天内进行擦缝、勾缝和压缝工作。缝的深度宜为砖厚的1/3；擦缝和勾缝应采用同品种、同强度等级、同颜色的水泥，随做随清理水泥，并做养护和保护。

3)在水泥砂浆结合层上铺贴陶瓷锦砖时，应符合下列规定：

①结合层和陶瓷锦砖应分段同时铺贴，在铺贴前，应刷水泥浆，其厚度宜为2～2.5mm，并应随刷随铺贴，用抹子拍实。

②陶瓷锦砖底面应洁净，每联陶瓷锦砖之间、与结合层之间以及在墙角、镶边和靠墙处，均应

紧密贴合，并不得有空隙。在靠墙处不得采用砂浆填补。

③陶瓷锦砖面层在铺贴后，应淋水、揭纸，并应采用白水泥擦缝，做面层的清理和保护工作。

4）在沥青胶结料结合层上铺贴缸砖面层时，其下一层应符合隔离层铺设的要求。缸砖要干净，铺贴时应在摊铺热沥青胶结料后随即进行，并应在沥青胶结料凝结前完成。缸砖间缝隙宽度为3～5mm，采用挤压方法使沥青胶结料挤入，再用胶结料填满。填缝前，缝隙内应予清扫并使其干燥。

5）地砖的铺设，见图5-31。

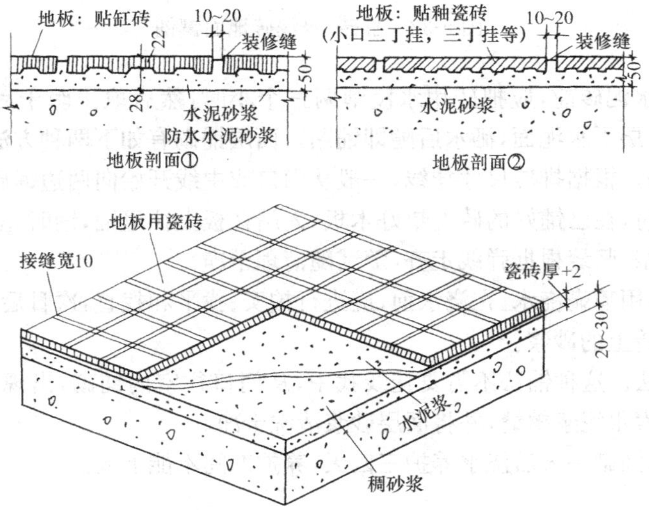

图5-31　地砖的铺设

（6）勾缝。面层铺贴应在一天内进行擦缝、勾缝工作，并应采用同品种、同强度等级、同颜色的水泥。宽缝一般在8mm以上，采用勾缝。若纵横缝为干挤缝，或小于3mm者，应用擦缝。

1）勾缝：用1∶1水泥细砂浆勾缝，勾缝用砂应用窗纱过筛，要求缝内砂浆密实、平整、光滑，勾好后要求缝成圆弧形，凹进面砖外表面2～3mm。随勾随将剩余水泥砂浆清走、擦净。

2）擦缝：如设计要求不留缝隙或缝隙很小时，则要求接缝平直，在铺实修整好的砖面层上用浆壶往缝内浇水泥浆，然后用干水泥撒在缝上，再用棉纱团擦揉，将缝隙擦满。最后将面层上的水泥浆擦干净。

（7）踢脚板。踢脚板用砖，一般采用与地面块材同品种、同规格、同颜色的材料，踢脚板的立缝应与地面缝对齐，铺设时应在房间墙面两端头阴角处各镶贴一块砖，出墙厚度和高度应符合设计要求，以此砖上楞为标准挂线，开始铺贴，砖背面朝上抹黏结砂浆（配合比为1∶2水泥砂浆），使砂浆粘满整块砖为宜，及时粘贴在墙上，砖上楞要跟线并立即拍实，随之将挤出的砂浆刮掉。将面层清擦干净（在粘贴前，砖块材要浸水晾干，墙面刷水湿润）。

三、地砖地面镶铺

在清理好的地面上，找好规矩和泛水，扫一道水泥浆，再按地面标高留出缸砖或水泥砖的厚度，并做灰饼。用1∶（3～4）干硬性水泥砂浆（砂子为粗砂）冲筋、装档、刮平，厚约2cm，刮平时砂浆要拍实（图5-32）。

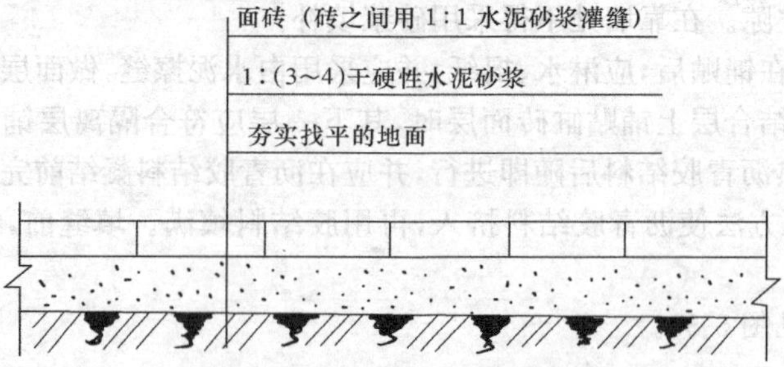

图 5-32　缸砖、水泥砖地面镶铺

在铺砌缸砖或水泥砖前，应把砖用水浸泡两三个小时，然后取出晾干后使用。铺贴面层砖前，在找平层上撒一层干水泥面，洒水后随即铺贴。面层铺砌有如下两种方法：

(1)留缝铺砌法。根据排砖尺寸挂线，一般从门口或中线开始向两边铺砌，如有镶边，应先铺贴镶边部分。铺贴时，在已铺好的砖上垫好木板，人站在板上往里铺，铺时先撒水泥干面，横缝用米厘条铺一皮放一根，竖缝根据弹线走齐，随铺随清理干净。

已铺好的面砖，用喷壶浇水，在浇水前、应进行拍实、找平和找直，次日后用 1：1 的水泥砂浆灌缝。最后清理面砖上的砂浆。

(2)碰缝、铺砌法。这种铺法不需要挂线找中，从门口往室内铺砌，出现非整块面砖时，需进行切割。铺砌后用素水泥浆擦缝，并将面层砂浆清洗干净。

在常温条件下，铺砌一天后浇水养护三四天，养护期间不能上人。

四、瓷砖地面铺砌

(1)在清理好的地面上，找好规矩和泛水，扫好水泥浆，再按地面标高留出瓷砖厚度，并做灰饼，用 1：(3~4)干硬性水泥砂浆(砂为粗砂)冲筋、装档，刮平厚约 2cm，刮平时砂浆要拍实(图 5-33)。

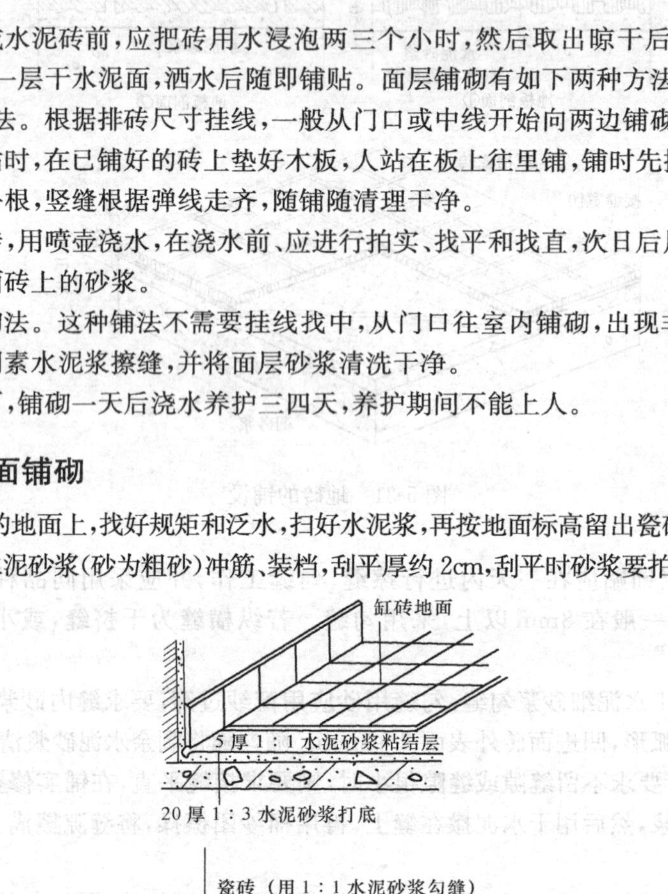

图 5-33　瓷砖地面铺砌

(2)铺瓷砖时,在刮好的底子灰上撒一层薄薄的素水泥,稍撒点水,然后用水泥浆涂抹瓷砖背面,约 2mm 厚,一块一块地由前往后退着贴,贴每块砖时,用小铲的木把轻轻锤击,铺好后用小锤拍板拍击一遍,再用开刀和抹子将缝拨直,再拍击一遍,将表面灰扫掉,用棉丝擦净。

(3)留缝的做法是,刮好底子,撒上水泥后按分格的尺寸弹上线。铺好一皮,横缝将分格条放好,竖缝按线走齐,并随时清理干净,分格条随铺随起。

(4)铺完后第二天用 1∶1 水泥砂浆勾缝。

(5)在地面铺完后一天,严禁被水浸泡。露天作业应有防雨措施。

五、陶瓷锦砖地面镶嵌

(1)在清理好的地面上,找好规矩和泛水,扫好水泥浆,再按地面标高留出陶瓷锦砖厚度做灰饼,用 1∶3～4 干硬性水泥浆(砂为粗砂)冲筋、刮平厚约 2cm,刮平时砂浆要拍实(图 5-34)。

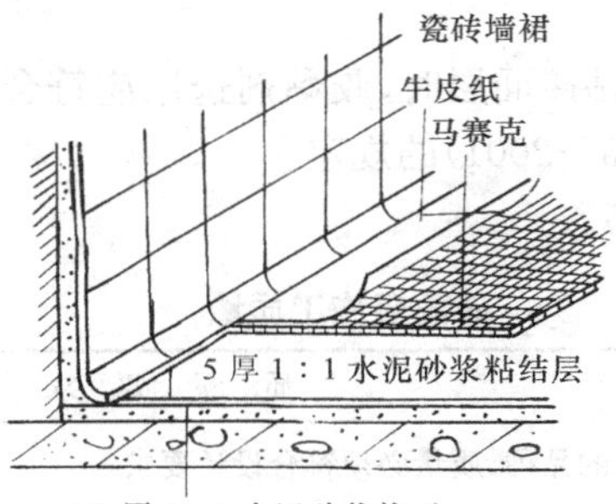

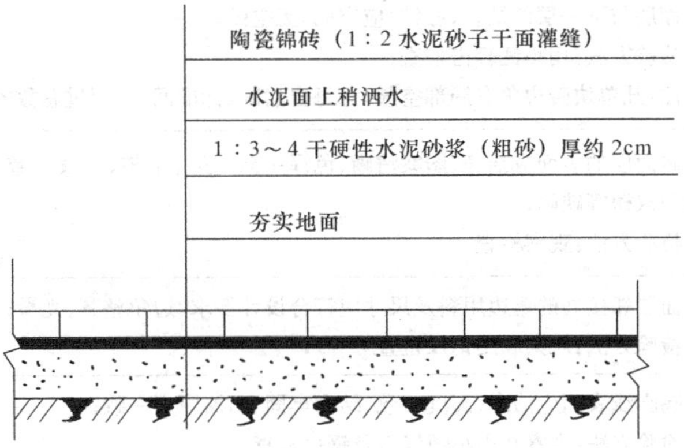

图 5-34　陶瓷锦砖地面镶嵌

(2)刮平后撒上一层水泥面,再稍洒水(不可太多)将陶瓷锦砖铺上。两间相通的房屋,应从门口中间拉线,先铺好一张然后往两面铺;单间的从墙角开始(如房间稍有不方正时,在缝里分均)。有图案的按图案铺贴。铺好后用小锤拍板将地面普遍敲一遍,再用扫帚淋水,约 0.5h 后将护口纸揭掉。

(3)揭纸后依次用 1∶2 水泥砂子干面灌缝拨缝,灌好后用小锤拍板敲一遍用抹子或开刀将缝拨直;最后用 1∶1 水泥砂子(砂子均要过窗纱筛)干面扫入缝中扫严,将余灰砂扫净,用锯末将面层扫干净成活。

(4)陶瓷锦砖宜整间一次镶铺。如果一次不能铺完,须将接槎切齐,余灰清理干净。

(5)交活后第二天铺上干锯末养护,3～4d 后方能上人,但严禁敲击。

六、施工质量要求

(1)砖面层采用陶瓷锦砖、缸砖、陶瓷地砖和水泥花砖,应在结合层上铺设。

(2)有防腐蚀要求的砖面层采用的耐酸瓷砖、浸渍沥青砖、缸砖的材质、铺设以及施工质量验收应符合现行国家标准《建筑防腐蚀工程施工及验收规范》(GB 50212—2002)的规定。

(3)在水泥砂浆结合层上铺贴缸砖、陶瓷地砖和水泥花砖面层时,应符合下列规定:

1)在铺贴前,应对砖的规格尺寸、外观质量、色泽等进行预选,浸水湿润晾干待用。

2)勾缝和压缝应采用同品种、同强度等级、同颜色的水泥,并做养护和保护。

(4)在水泥砂浆结合层上铺贴陶瓷锦砖面层时,砖底面应洁净,每联陶瓷锦砖之间、与结合层之间以及在墙角、镶边和靠墙处,应紧密贴合,在靠墙处不得采用砂浆填补。

(5)在沥青胶结料结合层上铺贴缸砖面层时,缸砖应干净,铺贴时应在摊铺热沥青胶结料上进行,并应在胶结料凝结前完成。

(6)采用胶黏剂在结合层上粘贴砖面层时,胶黏剂选用应符合现行国家标准《民用建筑工程室内环境污染控制规范》(GB 50325—2001)的规定。

(7)砖面层施工质量,见表5-15。

表5-15　　砖面层施工质量

项次	项　目	质　量　要　求
1	主控项目	面层所用的板块的品种、质量必须符合设计要求; 检验方法:观察检查和检查材质合格证明文件及检测报告
		面层与下一层的结合(黏结)应牢固,无空鼓; 检验方法:用小锤轻击检查; 注:凡单块砖边角有局部空鼓,且每自然间(标准间)不超过总数的5%可不计
2	一般项目	砖面层的表面应洁净、图案清晰、色泽一致、接缝平整、深浅一致、周边顺直,板块无裂纹、掉角和缺楞等缺陷; 检验方法:观察检查
		面层邻接处的镶边用料及尺寸应符合设计要求,边角整齐、光滑; 检验方法:观察和用钢尺检查
		踢脚线表面应洁净、高度一致、结合牢固、出墙厚度一致; 检验方法:观察和用小锤轻击及钢尺检查
		楼梯踏步和台阶板块的缝隙宽度应一致、齿角整齐,楼层梯段相邻踏步高度差应不大于10mm,防滑条应顺直; 检验方法:观察和用钢尺检查
		面层表面的坡度应符合设计要求,不倒泛水、无积水;与地漏、管道结合处应严密牢固、无渗漏; 检验方法:观察、泼水或坡度尺及蓄水检查
		砖面层的允许偏差应符合表5-12的规定; 检验方法:应按表5-12中的检验方法检验

第七节　地毯地面施工

一、施工技术要求

(1)水泥类面层或基层的表面应平整、洁净、干燥,无凹坑、麻面、裂缝,并应清除油污、钉头和其他突出物。表面强度符合标准。

(2)地毯面层的铺设宜在室内装饰其他工程项目基本完工后进行。厕浴间、厨房等潮湿场所相邻的地毯面层连接处,应做防水(防潮)处理。

(3)海绵衬垫应铺满平整,地毯拼缝处不漏底衬。

(4)地毯铺设方式可分为固定与不固定两种,同时既可满铺又可局部铺设,如图 5-35 所示。

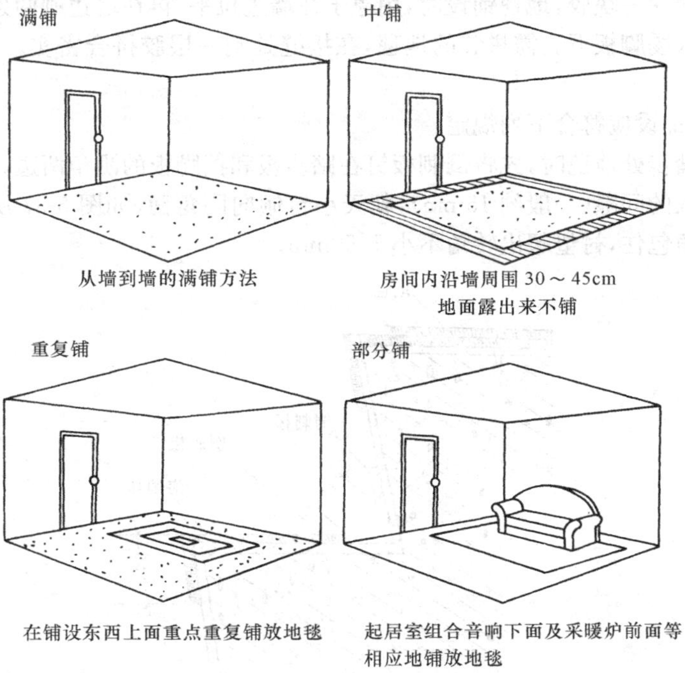

图 5-35　地毯的铺设方式

(5)固定式地毯(满铺毯)铺设应符合下列规定(图 5-36):

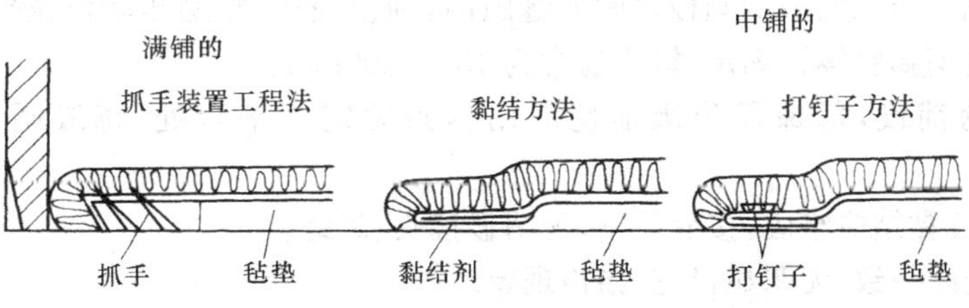

图 5-36　固定式地毯的铺设方法

1)固定式地毯用的金属卡条(倒刺板)、金属压条、专用双面胶带等必须符合设计要求。

2)铺设的地毯张拉应适宜,四周卡条固定牢;门口处应用金属压条等固定。

3)地毯周边应塞入卡条和踢脚线之间的缝中;粘贴地毯应用胶黏剂与基层粘贴牢靠。

(6)活动式地毯(块毯)铺设应符合下列规定:

1)地毯拼成整块后直接铺在洁净的地上,地毯周边应塞入踢脚线下。

2)与不同类型的建筑地面连接处,应按设计要求收口。

3)小方块地毯铺设,块与块之间应挤紧服帖。

(7)用粘贴法固定地毯时,地面一般不再铺垫层,地毯通过胶黏剂的作用,直接固定在地面基层上。刷胶采用满刷与部分刷胶两种方法。人流多的公共场所的地面,应采用满刷胶液;人流少而搁置器物较多的房间地面,可部分刷胶。胶黏剂应选用地板胶,用油刷将胶液涂刷在地面上,静停 5～10min 待溶剂挥发后,即可铺设地毯。部分刷胶铺设地毯时,应根据房间尺寸裁割地毯。先在房间中部地面涂一块胶,地毯铺设时,用撑子往墙边拉平,再在墙边刷两条胶带将地毯压平,并将地毯毛边塞入踢脚板下。需拼装的地毯,在接缝处刮一层胶拼合密实。走廊可顺一个方向铺设地毯。

(8)楼梯地毯铺设应符合下列规定:

1)铺设楼梯踏步处地毯时,先将倒刺板钉在踏步板和挡脚板的阴角两边,两条倒刺板顶角之间应留出地毯塞入的间隙(一般约 15mm),朝天小钉倾向阴角面,如图 5-37 所示。然后,用海绵衬垫把踏面及阴角包住,衬垫超出转角不小于 50mm。

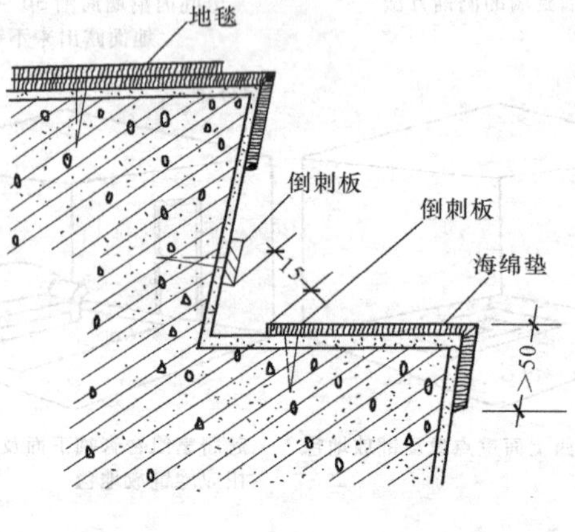

图 5-37　踏步板钉倒刺板

2)地毯铺设由上而下,逐级进行。顶级地毯须用压条钉固于楼梯平台上。在每级阴角处,用扁铲将地毯绷紧后,压入两根倒刺板之间的缝隙内;铺设完毕,将踏步防滑条铺钉在踏步板阳角边缘,然后用不锈钢膨胀螺钉固定,钉距通常为 150～300mm。

(9)楼梯地毯铺设,每梯段顶级地毯应用压条固定于平台处,每级阴角处应用卡条固定牢。

(10)地毯接缝黏结应牢固,接缝严密,无明显接头、离缝。

(11)颜色、光泽一致,无明显错花、错格现象。

(12)地毯四周边与倒刺板嵌挂牢固、整齐。门口、进口处收口顺直、稳固。踢脚板处塞边须严密,封口平整。

二、地毯施工

1. 施工工艺流程

基层处理→分格定位→地毯裁剪→钉木卡条和门口压条→接缝处理→面层铺设→细部收口。

2. 施工要点

(1)基层处理。对于水泥砂浆基层应按《建筑装饰装修工程质量验收规范》(GB 50210—2001)施工,表面无空鼓或宽度大于1mm的裂缝,不得有油污、蜡质等,否则应进行修补(可用108胶水泥砂浆)、清理洁净(可采用松节油或丙酮)或用砂轮机打磨。新浇混凝土必须养护28d左右,现抹水泥砂浆基层施工后14d左右,基层表面含水率小于8%并具一定强度后,方可铺设地毯。

(2)分格定位。严格按照设计图纸对各个房间的铺设尺寸进行度量,检查房间的方正情况,并在地面弹出地毯的铺设基准线和分格定位线。活动地毯应根据地毯的尺寸,在房间内弹出定位网格线。

(3)地毯裁剪。精确测量房间尺寸、铺设地毯的细部尺寸,确定铺设方向,要按房间和用毯型号逐一填表记录。化纤地毯的裁剪长度应比实需尺寸长出20mm,宽度以裁去地毯边缘后的尺寸计算。在地毯背面弹线,然后用手推裁刀从毯背裁切,裁后卷成卷并编号运入对号房间。如系圈绒地毯,裁割时应是从环毛的中间剪断;如系平绒地毯,应注意切口绒毛的整齐。

(4)钉木卡条和门口压条。

1)采用木卡条(倒刺板)固定地毯时,应沿房间四周距墙角10～20mm,将卡条固定于基层上。

2)在门口处,为不使地毯踢起和边缘受损,达到美观的效果,常用铝合金卡条、锑条固定。卡条、锑条内有倒刺扣牢地毯。锑条的长边与地面固定,待铺上地毯后,将短边打下,紧压住地毯面层。

3)卡条及压条可用钉条、螺丝、射钉固定在基层上。

(5)接缝处理。对于加设垫层的地毯,裁切完毕先虚铺于垫层上,然后再将地毯卷起,在需要拼接端头进行缝合。先用直针在毯背面隔一定距离缝几针作临时固定,然后再用大针满缝。背面缝合拼接后,于接缝处涂刷50～60mm宽的一道白乳胶,粘贴布条或牛皮纸带;或采用电熨斗烫成品接缝带的方法。将地毯再次平放铺好,用弯针在接缝处做正面绒毛的缝合,使之不显拼缝痕迹。

(6)面层铺设。

1)用张紧器(或地毯撑子)将地毯在纵横方向逐段推移伸展,使之拉紧、平服,以保证地毯在使用过程中遇到一定的推力而不隆起。张紧器底部有许多小刺,可将地毯卡紧而推移。推力应适当,过大易将地毯撕破,过小推移不平。推移应逐步进行。

2)用张紧器张紧后,地毯四周应挂在卡条上或铝合金条上固定。

3)铺活动地毯时应先在房间中间按照十字线铺设十字控制块,之后按照十字控制块向四周铺设。大面积铺贴时应分段、分部位铺贴。如设计有图案要求时,应按照设计图案弹出准确分隔线,并做好标记,防止差错。

(7)细部收口。地毯铺设的重要收口部位,一般多采用铝合金收口条,可以是L形倒刺收口条,也可以是带刺圆角锑条或不带刺的铝合金压条,以美观和牢固为原则。收口条与楼地面基体的连接,可以采用水泥钉钉固,也可以钻孔打入木楔或尼龙胀塞以螺钉拧紧(图5-38),或选用其他连接方法。

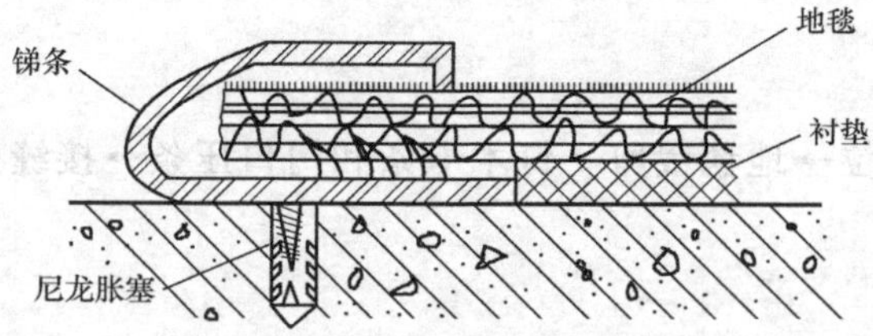

图 5-38 收口处理示例

三、施工质量要求

(1)地毯面层采用方块,卷材地毯在水泥类面层(或基层)上铺设。

(2)水泥类面层(或基层)表面应坚硬、平整、光洁、干燥,无凹坑、麻面、裂缝,并应清除油污、钉头和其他突出物。

(3)海绵衬垫应满铺平整,地毯拼缝处不露底衬。

(4)固定式地毯铺设应符合下列规定:

1)固定地毯用的金属卡条(倒刺板)、金属压条、专用双面胶带等必须符合设计要求。

2)铺设的地毯张拉应适宜,四周卡条应固定牢,门口处应用金属压条等固定。

3)地毯周边应塞入卡条和踢脚线之间的缝中。

4)粘贴地毯应用胶黏剂与基层粘贴牢固。

(5)活动式地毯铺设应符合下列规定:

1)地毯拼成整块后直接铺在洁净的地上,地毯周边应塞入踢脚线下。

2)与不同类型的建筑地面连接处,应按设计要求收口。

3)小方块地毯铺设,块与块之间应挤紧服帖。

(6)楼梯地毯铺设,每梯段顶级地毯应用压条固定于平台上,每级阴角处应用卡条固定牢。

(7)地毯面层施工质量,见表 5-16。

表 5-16 地毯面层施工质量

项次	项 目	质 量 要 求
1	主控项目	地毯的品种、规格、颜色、花色、胶料和辅料及其材质必须符合设计要求和国家现行地毯产品标准的规定。 检验方法:观察检查和检查材质合格记录
		地毯表面应平服、拼缝处粘贴牢固、严密平整、图案吻合。 检验方法:观察检查
2	一般项目	地毯表面不应起鼓、起皱、翘边、卷边、显拼缝、露线和无毛边,绒面毛顺光一致,毯面干净,无污染和损伤。 检验方法:观察检查
		地毯同其他面层连接处、收口处和墙边、柱子周围应顺直、压紧。 检验方法:观察检查

第八节　竹地板地面施工

一、竹地板面层构造

竹地板按加工形式(或结构)可分为三种类型:平压型、侧压型和平、侧压型(工字形);按表面颜色可分为三种类型:本色型、漂白型和碳化色型(竹片再次进行高温高压碳化处理后所形成);按表面有无涂饰可分为三种类型:亮光型、亚光型和素板。竹地板面层构造,如图5-39所示。

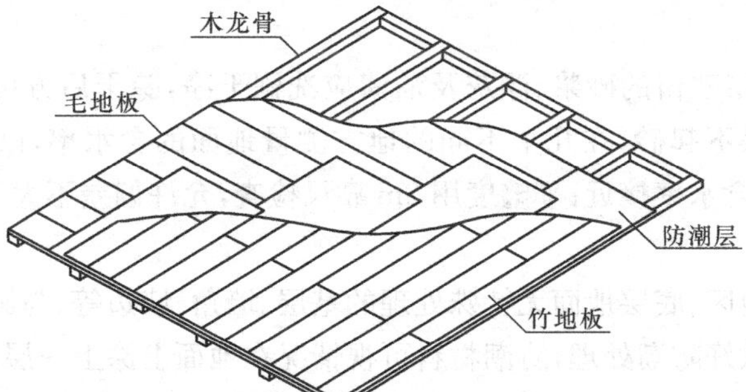

图 5-39　竹地板面层构造

二、施工技术要求

(1)用干燥耐腐蚀的材料做龙骨料(宽度大于35mm),严禁细木工板料做龙骨料;用针叶板材或优质多层胶合板(厚度大于9mm)做毛地板料,严禁整张使用。

(2)竹地板宜顺着室内光线铺设或与进门方向一致铺设,走廊或较小面积的房间竹地板应与较长的墙壁平行,以满足视觉效果。

(3)龙骨、毛地板和垫木等应做防腐、防虫处理。架空竹地板下、龙骨之间严禁留有施工的木屑、刨花等,以防腐防虫。

(4)铺钉竹地板时必须用电钻在竹地板上钻孔后再用钉子或螺丝固定,不能直接铺钉。

(5)地面基层应平整干燥,达到或低于当地平衡湿度和含水率,严禁含湿作业,并防止有水源处向地面渗漏,底层房间、阴雨季节较长地区的房间、与厨卫间等潮湿场所相连的地面应做防潮处理,厨卫间不宜施工竹地板。

(6)竹地板与其他材质地板相连接处应留出伸缩缝,并作“过桥”处理,即用成品金属条嵌入。施工时,竹地板板缝宜控制在1mm左右,可根据季节不同适当调整,冬季铺板不宜太紧,夏季铺板不宜太松。

(7)凡是锯开的竹地板,均要将板的锯开面用油漆封好,以防受潮后因异物附着而发生霉变。素板施工完毕后应上光打蜡。

(8)室内地面工程的竹面层搁栅下架空结构层(或构造层)符合设计和标准要求后方可进行面层的施工。

(9)竹地板面层的通风构造层包括室内通风沟、室外通风窗等,均应符合设计要求。

(10)毛地板铺设时,木材髓心应向上,其板间缝隙不应大于 3mm,与墙之间应留 8～12mm 的空隙,表面应刨平。

(11)木龙骨与地面基层连接可采用预埋的铁丝将其绑扎牢固,但一般地面施工时均无预埋,可用钢钉(50mm)或膨胀螺栓直接将龙骨固定,间距宜在 250mm 左右,端部应钉实。

三、竹地板面层施工

1. 施工工艺流程

基层处理→木龙骨安装→毛板铺设→竹地板安装→踢脚板安装。

2. 施工要点

(1)基层处理。基层残留的砂浆、浮灰及油渍应洗刷干净,晾干后方可进行施工。基层表面应平整坚实、洁净、干燥不起砂,在几个不同的地方测量地面的含水率,以了解整个地面干湿情况,含水率应与竹地板含水率接近;平整度用 2m 靠尺检查,允许偏差不大于 2mm。墙面垂直,阴阳角方正。

阴雨季节较长的地区、底层地面无特殊处理的基层、墙角、墙边等、与厨卫间等潮湿场所相连的部位在铺设前必须做好防潮处理,防潮材料可视情况在地面上涂上一层防潮漆,或使用带塑膜的防水聚乙烯薄膜,防水纸、PE 防潮布、油毡(各种材料界面处应搭接均不小于 100mm)等。靠墙角处的防潮布或漆应折叠至墙角以上不小于 80mm,且保持完好。

(2)木龙骨安装。

1)井字架龙骨铺装法:铺设龙骨时,选用(20～40mm)×(40～50mm)的龙骨(松木或杉木等)在施工地面上用水泥钢钉钉铺成 300mm×300mm 或 250mm×250mm 见方的井字形骨架(一般装修档次要求较高的房间宜采用此种铺设方法,上面通常设置毛板)。

2)条形龙骨铺装法:选用(20～40mm)×(40～50mm)的龙骨按 1/2 竹地板长度为间隔(且间距宜控制在 250mm 左右),用水泥钢钉平行固定于地面上(此方法较为经济、适用)。

3)竹地板直接贴地铺装法:地面平整度较高的地面上可直接贴地铺装竹地板,而不必敷设木龙骨(一般双企口的竹地板可采用此方法)。

(3)毛板铺设。木龙骨铺设安装后,可直接安装竹地板,但宜在木龙骨上铺设一层大于 9mm 的毛板(复合板或大芯板等)。毛板宽度不宜大于 120mm,与木龙骨成 45°或 30°方向铺钉,也可垂直于龙骨铺设,毛板板间缝隙不应大于 3mm,与墙之间应留8～12mm的缝隙。每块毛地板应在每根木龙骨上各钉两个钉子固定,钉距小于 350mm,端部须钉牢。钉子的长度应为板厚的 2～2.5 倍(宜采用 40mm 规格)。钉铺竹地板前,宜在毛板上先铺设一层沥青纸(或油毡),以隔声和防潮用。

(4)竹地板安装。安装前先在木龙骨或毛板上弹出基准线(一般选择靠墙边、远门端的第一块整板作为基准板,其位置线为基准线),靠墙的一块板应该离墙面有 8～12mm 的缝隙(根据各地区干湿度季节性变化量的不同适当调节),先用木块塞住,然后逐块排紧,竹地板固定先在竹地板的母槽里面成 45°用装饰枪钻好钉眼,再用钉子或螺丝斜向钉在龙骨上,钉长为板厚的 2～2.5 倍(宜采用 40mm 规格),钉间距宜在 250mm 左右,且每块竹地板至少钉两个钉,钉帽要砸扁,企口条板要钉牢排紧。板的排紧方法一般可在木龙骨上钉扒钉一只,在扒钉与板之间加一对硬木楔，打紧硬木楔就可以使板排紧。钉到最后一块企口板时，因无法斜着钉，可用明钉钉牢，钉帽要砸扁，冲进板内。企口板的接头要在木龙骨上，接头相互错开，板与板之间应排紧，木龙骨上临时固定的木拉条应随企口板的安装随时拆去，墙边的小木楔应在竹地板安装完毕后再拆除。钉完竹地板后及时清理干净，在拼缝中涂入少许地板蜡即可。

(5)踢脚板安装。安装竹、木踢脚板前，墙上应每隔 750mm 预埋防腐木砖，如墙面有较厚的装修做法，可在防腐木砖外钉防腐木块找平，再把踢脚板用明钉钉牢在防腐木块上(竹地板须预先钻孔)，钉帽砸扁冲入踢脚板内；如无预埋防腐木砖，可在不影响结构的情况下，在墙面上用电锤打孔(交错布置)，间距适当缩小到 450mm 为宜，然后将小木楔(经防腐处理)塞入砸平代替防腐木砖。圆弧形踢角施工时，可将竹木地板按圆弧角度切成相应的梯形，用胶相互黏结，并用钉子钉牢。

踢脚板板面要垂直，上口水平，在踢脚板与地板交角处可钉三角木条(一般用于公用部分大面积竹地板，家庭内一般不采用)，以盖住缝隙。踢角板阴阳角交角处和两块踢角板对接处均应切割成 45°后再进行拼装(竹踢脚板对接有企口)，踢角板的接头应固定在防腐木砖上。踢角板应每隔 1m 钻直径 6mm 的通风孔。

四、施工质量要求

(1)竹地板面层的铺设应按实木地板的规定执行。

(2)竹子具有纤维硬、密度大、水分少、不易变形等优点。竹地板应经严格选材、硫化、防腐、防蛀处理，并采用具有商品检验合格证的产品。

(3)竹地板面层施工质量，见表 5-17。

表 5-17　　竹地板面层施工质量

项次	项　目	质　量　要　求
1	主控项目	竹地板面层所采用的材料，其技术等级和质量要求应符合设计要求，木格栅、毛地板和垫木等应做防腐、防蛀处理。 检验方法：观察检查和检查材质合格证明文件及检测报告
		木格栅安装应牢固、平直。 检验方法：观察、脚踩检查
		面层铺设应牢固，粘贴无空鼓。 检验方法：观察、脚踩或用小锤轻击检查
2	一般项目	竹地板面层品种与规格应符合设计要求，板面无翘曲。 检验方法：观察、用 2m 靠尺和楔形塞尺检查
		面层缝隙应均匀，接头位置错开，表面洁净。 检验方法：观察检查
		踢脚线表面应光滑，接缝均匀，高度一致。 检验方法：观察和用钢尺检查
		竹地板面层的允许偏差应符合表 5-8 的规定。 检验方法：应按表 5-8 中的检验方法检验

本章思考重点

1. 楼地面各构造层的作用是什么？
2. 水泥制品楼地面的施工要点有哪些？
3. 水泥混凝土面层施工要点有哪些？
4. 预制水磨石面层施工要点有哪些？
5. 木质地板的施工要点有哪些？
6. 复合木地板施工要点有哪些？
7. 天然石材的施工要点哪些？
8. 碎拼大理石的施工要点有哪些？
9. 地毯的施工要点有哪些？

第六章　顶棚装饰施工技术

第一节　顶棚概述

一、顶棚作用

顶棚也称天花板，它是在承重层的下部，包括屋面下部承重部分和楼地板下面部分。顶棚是楼板层的最底部构造，也称天花板，它的作用是保证房间清洁、整洁、美观和增强隔声效果。

二、顶棚构造形式

顶棚的构造方法按房间使用功能不同，分为直接抹灰和吊顶两类。

1. 直接抹灰

直接抹灰顶棚是指在楼板的底面直接抹灰、喷浆或者粘贴饰面材料的一种施工方式。该形式构造简单，施工方便，造价较低。直接式顶棚一般用于室内标高较低，装饰性要求不高，无空调通风和消防系统等各种管线布置的顶棚，例如教室、普通办公室等。

2. 吊顶

当楼板底部不平而房间又要求平整，或在楼板底部需隐藏管道，以及房间隔声要求较高等情况下，应设吊顶。吊顶是把棚面下垂至梁和水平管线（如厨房和卫浴室等水平管线）之下，形成一个完整的表面，提高室内的装饰效果，不足之处是增加楼板层的自重，降低了室内净空高度，工程造价较高。

吊顶主要由吊杆（也称吊筋）、龙骨架和饰面板（也称罩面板）三部分组成。吊顶按结构形式可以分为活动式吊顶、固定式吊顶和开敞式吊顶三种类型。

(1)活动式吊顶。是将饰面板直接搁置在龙骨上，通常与T形铝合金龙骨或轻钢龙骨配套使用。龙骨表面可以是外露的，也可以是半露的。这种结构形式不仅拆装方便，而且由于饰面板是活动的，吊顶以上的各种设备检修也十分方便。

(2)固定式吊顶。又称为隐蔽式吊顶，其龙骨是隐蔽的、不外露，饰面板通过螺钉等固结材料固定在龙骨上。

(3)开敞式吊顶。饰面是敞开的，一般有金属构件式、木质构件式等，可以制作成各种造型，装饰效果较好。

三、吊顶龙骨架

龙骨按材质分，可分为木龙骨、轻钢龙骨和铝合金龙骨。其中轻钢龙骨和铝合金龙骨统称为金属龙骨。

龙骨架按受力情况分为：主龙骨（也称大龙骨、承载龙骨）、次龙骨（也称中龙骨、副龙骨、覆面龙骨）、横撑龙骨（也称为覆面龙骨）。主龙骨是吊顶骨架结构中主要的受力构件，它承担饰面部分和次龙骨等的荷载并通过吊杆传到楼板的结构层。次龙骨和横撑龙骨的主要作用是固定饰面板。

1. 木龙骨

木龙骨是中国传统的吊顶龙骨材料，制作方法是将木材加工成方形或长方形条状。因木龙骨易燃、耗费木材较多、难以适应工业化的要求，所以大型公共建筑应尽量减少使用。在金属龙骨无法做出的异形吊顶可以少量采用木龙骨，注意在使用前要防火处理。此外，接触砖石、混凝土的木龙骨需经防腐处理。

2. 轻钢龙骨

轻钢龙骨是用薄壁镀锌钢带、冷轧钢带或彩色喷塑钢带经机械压制而成，其钢带厚度为0.5～1.5mm。具有自重轻、刚度大、防火性能好、安装简便等优点，便于装配化施工。轻钢龙骨按照龙骨的断面形状可以分为U形和T形两种。

3. 铝合金龙骨

铝合金龙骨的型材表面经阳极氧化或氟碳漆喷涂处理后，有较好的装饰效果和耐腐蚀性能，而且它还具有自重轻、加工方便、安装简单等优点。铝合金龙骨一般常用的为T形，如图6-1所示。根据罩面板安装方式的不同，分为龙骨底面外露和不外露两种。

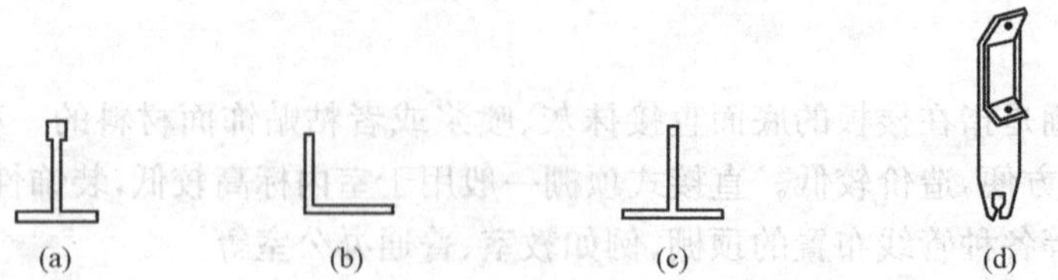

图6-1　T形铝合金龙骨示意图

(a)次龙骨；(b)边龙骨；(c)横撑龙骨；(d)不上人吊挂件

第二节　直接式顶棚装饰施工

所谓直接式顶棚，是直接在顶棚上进行喷(刷、弹)涂料灰浆或粘贴装饰材料的施工，一般用于装饰性要求不高的住宅。由于只在楼板面直接喷浆和抹灰，或粘贴其他装饰材料，因此是一种比较简单实用的装饰形式。

一、顶棚直接抹灰

1. 顶棚直接抹灰

(1)施工工艺流程。

基层处理→找规矩→底、中层抹灰→面层抹灰。

(2)施工要点。

1)基层处理。混凝土顶棚抹灰的基层处理，除应按一般基层处理要求进行处理外，还要检查楼板有无下沉或裂缝。如为预制混凝土楼板，则应检查其板缝是否已用细石混凝土灌实，若板缝灌不实，顶棚抹灰后会顺板缝产生裂纹。近年来无论是现浇或预制混凝土，都大量采用钢模板，故表面较光滑，如直接抹灰，砂浆黏结不牢，抹灰层易出现空鼓、裂缝等现象，为此在抹灰时，应先在清理干净的混凝土表面用茅扫帚刷水后刮一遍水灰比为0.37～0.40的水泥浆进行处理，方可抹灰。

2)找规矩。顶棚抹灰通常不做标志块和标筋，用目测的方法控制其平整度，以无明显高低不平及接槎痕迹为度。先根据顶棚的水平线，确定抹灰的厚度，然后在墙面的四周与顶棚交接处弹出水平线，作为抹灰的水平标准。

3)底、中层抹灰。一般底层砂浆采用配合比为水泥：石灰膏：砂＝1：0.5：1的水泥混合砂浆，底层抹灰厚度为2mm。抹中层砂浆的配合比一般采用水泥：石灰膏：砂＝1：3：9的混合砂浆，抹灰厚度为6mm左右，抹后用软刮尺刮平赶匀，随刮随用长毛刷子将抹印顺平，再用木抹子搓平，顶棚管道周围用小工具顺平。抹灰的顺序一般是由前往后退，并注意其方向必须同基体的缝隙(混凝土板缝)成垂直方向，这样容易使砂浆挤入缝隙牢固结合。抹灰时，厚薄应掌握适度，随后用软刮尺赶平。如平整度欠佳，应再补抹和赶平，但不宜多次修补，否则容易搅动底灰而引起掉灰。如底层砂浆吸水快，应及时洒水，以保证与底层黏结牢固。在顶棚与墙面的交接处，一般是在墙面抹灰完成后再补做；也可在抹顶棚时，先将距顶棚20～30cm的墙面同时完成抹灰，方法是用钢抹子在墙面与顶棚交角处添上砂浆，然后用木阴角器抽平压直即可。

4)面层抹灰。待中层抹灰到六至七成干，即用手按不软但有指印时，再开始面层抹灰。如使用纸筋石灰或麻刀石灰时，一般分两遍成活。其涂抹方法及抹灰厚度与内墙面抹灰相同，第一遍抹得越薄越好，随之抹第二遍。抹第二遍时，抹子要稍平，抹完后等灰浆稍干，再用塑料抹子或压子顺着抹纹压实压光。

2. 灰板条吊顶抹灰

灰板条吊顶可装在屋架下面，起装饰、保温、隔热作用；又可装在楼板下面，起装饰和隔声作用。

(1)施工工艺流程。

清理基层→弹水平线→抹底层灰→抹中层灰→抹面层灰。

(2)施工要点。

1)清理基层。将基层表面的浮灰等杂物清理干净。

2)弹水平线。在顶棚靠墙的四周墙面上，弹出水平线，作为抹灰厚度的标志。

3)抹底层灰。抹底灰时，应顺着板条方向，从顶棚墙角由前向后抹，用钢抹子刮上麻刀石灰浆或纸筋石灰浆，用力来回压抹，将底灰挤入板条缝隙中，使转角结合牢固，厚度约3～6mm。

4)抹中层灰。待底灰约七成干，用钢抹子轻敲有整体声时，即可抹中层灰。抹灰时，用钢抹子横着灰板条方向涂抹，然后用软刮尺横着板条方向找平。

5)抹面层灰。抹面层灰应符合下列规定：

①待中层灰七成干后，用钢抹子顺着板条方向罩面，再用软刮尺找平，最后用钢板抹子压光。

②为了防止抹灰裂缝和起壳，所用石灰砂浆不宜掺水泥，抹灰层不宜过厚，总厚度应控制在15mm以内。

③抹灰层在凝固前，要注意成品保护。若为屋架下吊顶的，不得有人进顶棚内走动；若为钢筋混凝土楼板下吊顶的，上层楼面禁止锤击或振动，不得渗水，以保证抹灰质量。

二、直接粘贴式顶棚

直接粘贴式顶棚造价比直接抹灰略高，效果比较好，是中等以上装饰要求。

(1)饰面使用的板材有干抹灰板、玻璃砖、压型钢板等。施工时，先将装饰材料铺于支模板上，然后现浇混凝土，装饰材料便直接粘在混凝土上，拆膜后即为装饰面层。

(2)饰面使用的材料有石膏板(装饰板和条板)、镭射玻璃、顶棚壁纸、壁布等。施工时，先在混凝土构件上安装拆膜，再用胶黏剂把装饰面层粘上，这是居室装潢中常用方法之一。

第三节　吊顶龙骨安装

一、木龙骨安装

木龙骨吊顶是以木质龙骨为基本骨架，配以胶合板、纤维板等作为饰面材料组合而成的吊顶体系。具有加工方便、造型能力强等优点，但是不适用于大面积吊顶。木龙骨吊顶的构造，如图6-2所示。

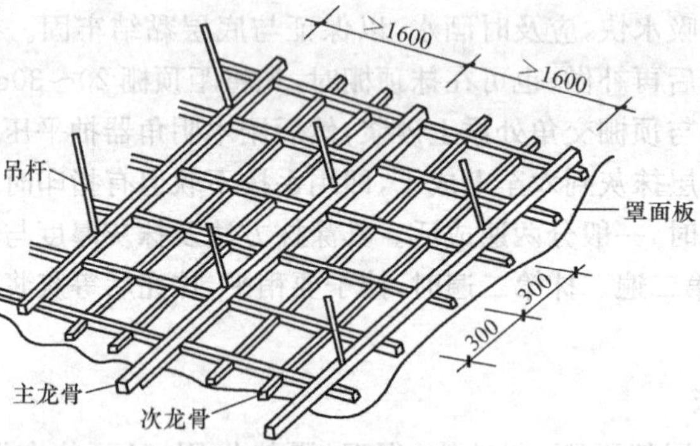

图 6-2　木龙骨吊顶的构造示意图(单位：mm)

1. 施工工艺流程

放线→固定边龙骨→安装吊点紧固件及吊杆→拼装龙骨架→安装龙骨架→龙骨架的调整。

2. 施工要点

(1)放线。放标高线，从室内墙面的 500mm 线向上量出吊顶的高度，四面墙兜方弹出水平线，作为吊顶的下皮标高线。

放框格造型位置线。吊顶造型位置线可先在一个墙面上量出竖向距离，再以此画出其他墙面的水平线，即得到吊顶位置的外框线，然后再逐步找出各局部的造型框架线；若室内吊顶的空间不规则，可以根据施工图纸测出造型边缘距墙面的距离，找出吊顶造型边框的有关基本点，将点再连结成吊顶造型线。

(2)固定边龙骨。传统的固定边龙骨方法是采用木楔铁钉法。其做法是沿标高线以上10mm 处在墙面上钻孔，在孔内打入木楔，然后将沿墙木龙骨钉于墙内木楔上。这种方法由于施工不便现在已经很少采用。目前固定边龙骨主要采用射钉固定，间距为 300～500mm。边龙骨的固定应保证牢固可靠，其底面必须与吊顶标高线保持齐平。

(3)安装吊点紧固件及吊杆。木龙骨吊顶紧固件的安装方法有三种：

1)在楼板底板上按吊点位置用电锤打孔，预埋膨胀螺栓，并固定等边角钢，将吊筋(杆)与等边角钢相连接；

2)在混凝土楼板施工时做预埋吊筋，吊筋预埋在吊点位置上，并垂下在外一定的长度，可以直接作吊筋使用，也可以在其上面再下连吊筋；

3)在预制混凝土楼板板缝内按吊点的位置伸进吊筋的上部并钩挂在垂直于板缝的预先安放好的钢筋段上，然后对板缝进行细石混凝土二次浇注并做地面。

(4)拼装龙骨架。为了便于龙骨的安装，可先在地面上进行分片拼装。其拼装的顺序是：根据吊顶骨架面上分片安装的位置和尺寸，选取纵、横龙骨的型材，然后按所需要的大小片龙骨架进行拼装。

(5)安装龙骨架。安装前先根据吊顶的标高线拉出横、纵的水平基准线,然后分片吊装龙骨,确保与基准线平齐后,即可将其与边龙骨钉固。龙骨架与吊筋的固定方法要根据吊筋(杆)的情况和它们与上部吊点的构造来决定,一般可采取钉固、绑扎及钩挂的方式进行固定连接。分片龙骨架的连接方法是先将对接的端头对正、平齐,然后用短方木在龙骨架的对接处顶面或侧面钉固。

(6)龙骨架的调整。各分片木龙骨架连接固定后,在整个吊顶面的下面拉十字交叉线,以检查吊顶龙骨架的整体平整度。吊顶龙骨架如有不平整,则应再调整吊杆与龙骨架的距离。

对于一些面积较大的木骨架吊顶,为有利于平衡饰面的重力以及减少视觉上的下坠感,通常需要起拱。一般情况下,吊顶面的起拱可以按照其中间部分的起拱高度尺寸略大于房间短向跨度的 1/200 即可。

二、轻钢龙骨安装

轻钢龙骨吊顶是以轻钢龙骨作为吊顶的基本骨架,以轻型装饰板材作为饰面层的吊顶体系,常用的饰面板有纸面石膏板、矿棉装饰吸声板、装饰石膏板等。轻钢龙骨吊顶质轻、高强、拆装方便、防火性能好,广泛地用于大型公共建筑及商业建筑的吊顶。

1. 轻钢龙骨吊顶的特点

(1)自重轻,使建筑物自重大为降低。

(2)装配化施工,干作业,使劳动条件大为改善,有利于实现装修施工工厂化,提高劳动生产率。

(3)具有优良的防火性能和一定的防潮性能,普通石膏板一般不宜用于相对湿度 70%以上的室内工程。

(4)刚度大,安全可靠。

(5)以钢代木,节约木材,这对于木材极度贫乏的我国意义尤为重大,据测算每万平方米建筑面积,可节约木材 $200m^3$。

2. 施工工艺流程

放线→弹线→固定边龙骨→安装吊杆→安装主龙骨→安装次龙骨→安装横撑龙骨。

3. 施工要点

(1)放线。放线包括吊顶标高线、造型位置线、吊点位置线等,其中吊顶标高线和造型位置线的确定方法与木龙骨吊顶相同。

(2)弹线。从内墙面的 500mm 基准线上返找出吊顶的下皮标高,沿房间四周的墙面弹出水平线,再按主龙骨要求的安装间距弹出龙骨的中心线,找出吊点的位置中心(装配式楼板吊点中心应避开板缝),并充分考虑吊点所承受载荷的大小和楼板自身的强度。吊点的间距一般应不超过 1m,距龙骨的端部应不超过 300mm,以防承载龙骨下坠。

(3)固定边龙骨。墙体为砖砌体,边龙骨可直接钉固在预埋的防腐木砖上;混凝土墙体可以钉固在吊顶标高基准线上的预埋木楔内,也可以采取射钉的方法固定。边龙骨固定的钉距控制在 900～1000mm 为宜。

(4)安装吊杆。所有吊点处理好后即可安装吊杆。吊杆与吊点的连接方法因吊点的预埋件不同而异,一般有焊接、拧固、勾挂或其他方法等。若楼板未做预埋件,可以临时采取射钉或电锤打孔,预埋膨胀螺栓的办法解决。

吊杆安装前要计算准确所需要的长度，下端需套制螺纹的应保证螺纹长度留有调节的余地，并要配备好螺母，以备拧固之用。图 6-3 所示为上人吊顶与吊杆的固定；图 6-4 所示为不上人吊顶与吊杆的固定。

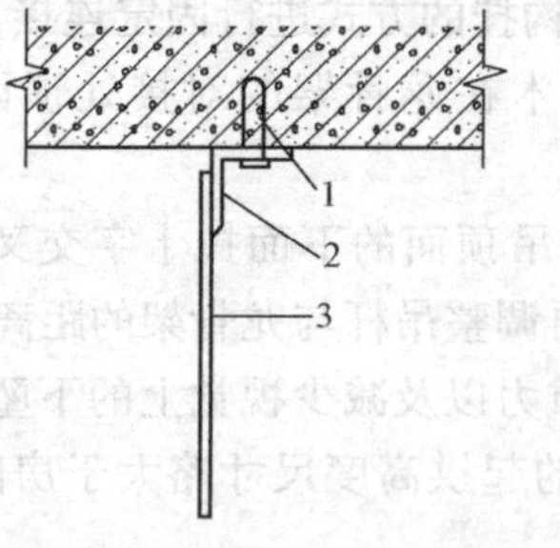

图 6-3 上人吊顶与吊杆的固定

1—射钉(膨胀螺栓)；2—角钢；3—吊杆

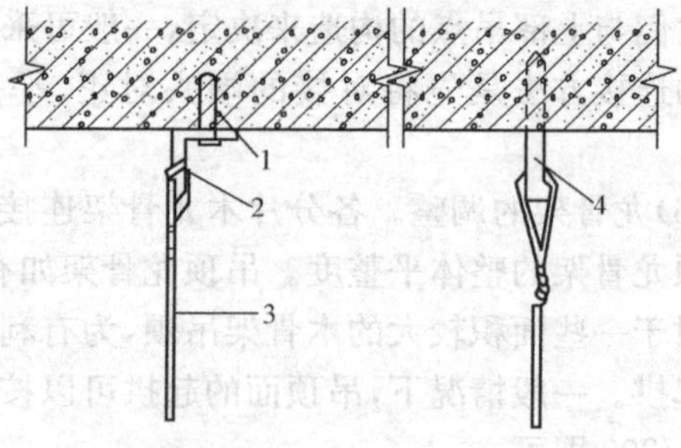

图 6-4 不上人吊顶与吊杆的固定

1—射钉(膨胀螺栓)；2—角钢；3—ϕ4 吊杆；4—带孔射钉

(5)安装主龙骨。主龙骨与吊挂件连接在吊筋上，并拧紧固定螺母。调平的方法可以采用 60mm×60mm 的木方按主龙骨间距钉圆钉，将龙骨卡住做临时固定，按十字和对角拉线，拧动吊杆上的螺母进行升降调整。调平时需注意，主龙骨的中间部分应略有起拱，起拱高度略大于房间短向跨度的 1/200。

(6)安装次龙骨。次龙骨应垂直于主龙骨安装，次龙骨是以吊挂件位于交叉点固定在主龙骨之上。挂件的 U 形腿子用钳子卧入主龙骨内，上端则搭接在主龙骨上。次龙骨的中距应计算准确并经翻样确定。次龙骨的中距计算时，要考虑饰面板安装时要求离缝(缝宽尺寸)还是密缝等。

(7)安装横撑龙骨。用次龙骨截取横撑龙骨，横撑龙骨应与次龙骨呈垂直布置，安装在吊顶罩面板的拼缝处。安装时，将截取合适的次龙骨端头插入挂插件，扣在纵向主龙骨上，用钳子将挂搭弯入主龙骨内。横撑龙骨的间距要根据所选用的饰面板材的规格和尺寸的大小确定。安装好的主龙骨和横撑龙骨的底面，即饰面板的背面应在同一平面内，图 6-5 所示为 U 形轻钢龙骨安装示意图。

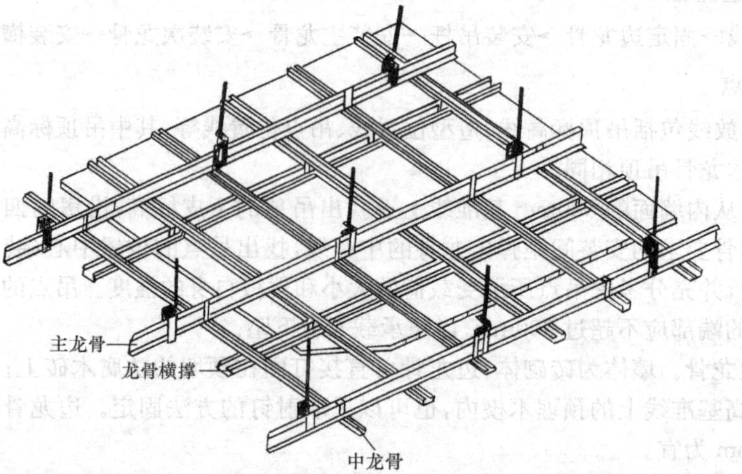

图 6-5 U 形轻钢龙骨吊顶的构造示意图(单位：mm)

4. 安装注意事项

(1)龙骨在运输过程中,不得随便扔摔、碰撞,在室内放置时,应放在平整的地面上,并采取一定的措施防止龙骨变形或生锈。

(2)吊顶施工前,顶棚内所有管线,如空调管道、消防管道、供水管道等必须全部安装就位并基本调试完毕。

(3)吊筋、膨胀螺栓都应采取一定的防锈处理。

(4)龙骨在安装时应留好空调口、灯具等电气设备的位置和尺寸。龙骨接长的接头应错位安装。

(5)各种连接件与龙骨的连接应紧密,不允许有过大的缝隙和松动现象。上人龙骨安装后其刚度应符合设计要求。

(6)顶棚内的轻型灯具可吊装在主龙骨或附加龙骨上,重型灯具或电扇则不得与吊顶龙骨连接,而应与结构层相连。

三、铝合金龙骨安装

铝合金龙骨吊顶属于轻型活动式吊顶,其饰面板用搁置、卡接、黏结等方法固定在铝合金龙骨上。外观装饰效果好,具有良好的防火性能,在大型公共建筑室内吊顶应用较多。

铝合金龙骨吊顶也分有上人和不上人的两种。

1. 施工工艺流程

放线→固定边龙骨→弹线分格→固定吊杆→安装主龙骨→安装次龙骨与横撑龙骨。

2. 施工要点

(1)放线。确定龙骨的标高线和吊点位置线。其标高线的弹设方法与木龙骨的标高线弹设方法相同,其水平偏差也不允许超过±5mm。吊点的位置根据吊顶的平面布置图来确定,一般情况下吊点距离为900～1200mm,注意吊杆距主龙骨端部的距离不得超过300mm,否则应增设吊杆。

(2)固定边龙骨。将角铝边龙骨的底面与事先弹出的吊顶标高线对齐,然后用射钉枪以水泥钉按400～600mm的间距钉固在墙面上。

(3)弹线分格。根据饰面板的尺寸确定出纵、横龙骨中心线的间距尺寸,经实测后先画出分格方案图,标准分格尺寸应置于吊顶中部,不标准的分格应置于顶面不显眼的位置。然后将定位的位置线画到墙面或柱面上,并同时在楼板底面弹出分格线,找出吊点,做上标记。

(4)固定吊杆。吊杆要根据吊顶的龙骨架是否上人来选择固定方式,其固定方法与U形轻钢龙骨的吊杆固定相同。

(5)安装主龙骨。龙骨的安装顺序是先将主龙骨提起略高于标高线的位置并做临时固定,主龙骨全部安装就位后,即可安装横撑龙骨。横撑龙骨与主龙骨的连接方式可以采用配套的钩挂配件。

(6)安装次龙骨与横撑龙骨。如果是上人吊顶,采用专门配套的铝合金龙骨的次龙骨吊挂件,上端挂在主龙骨上,挂件腿卧入T形次龙骨的相应孔内。如果是不上人吊顶,在不安装主龙骨的情况下,可以直接选用T形吊挂件将吊杆与次龙骨连接。

横撑龙骨与次龙骨的固定方法比较简单,横撑龙骨的端部都带有相配套的连接耳可以直接插接在次龙骨的相应孔内。要注意检查其分格尺寸是否正确,交角是否方正,纵横龙骨交接处是否平齐。次龙骨与横撑龙骨的间距要根据吊顶饰面板的规格而定。

3. 安装注意事项

(1)施工时用力不能过大,防止龙骨产生弯曲变形,影响使用和美观。吊顶的平整度应符合要求。

(2)吊顶与柱面、墙面、电气设备的交接处,应按设计节点大样的要求施工,并使节点处具有较好的装饰性。

(3)轻型灯具应吊在主龙骨或附加龙骨上,重型灯具或其他重型吊挂物不得与吊顶龙骨连接,应另设悬吊构造。

第四节 吊顶饰面板安装

一、石膏板安装

1. 安装方法

石膏板的安装方法有三种,搁板(平放)法安装、螺钉拧固法安装、企口咬接法安装。

(1)搁板(平放)法安装。在T形轻钢或铝合金龙骨架上安装石膏装饰板,如果选用的板材板边为直角,可以直接将板材装入T形龙骨组成的框格内即可。

(2)螺钉拧固法安装。吊顶骨架由U形轻金属龙骨组成,石膏装饰板可以用镀锌的自攻螺钉与中、小龙骨拧固。

(3)企口咬接法安装。吊顶骨架系由轻钢暗式龙骨组成,石膏罩面板可以采用企口咬接的方法进行安装。安装时应保证龙骨与带企口的石膏装饰板配套,并使各企口的相互咬接和图案的拼接自然,安装牢固。

2. 螺钉拧固法安装要点

(1)板材应在自由状态下就位进行固定。

(2)石膏板的长边(即包封边)应沿次龙骨铺设。

(3)固定石膏板用5mm×25mm或5mm×35mm的螺钉固定在龙骨上,钉间距一般为150～170mm,螺钉应与板面垂直。

(4)安装双层石膏板时,面层板与基层板的接缝应错开,不得在同一根龙骨上接缝,接缝至少错开300mm。

(5)铺钉纸面石膏板时,应从每块板的中间向板的四边顺序固定,不得多点同时作业。

(6)螺钉要拧入板面0.5～1mm,然后用腻子将钉眼腻平,并用与石膏板同样颜色的色浆将所有的腻眼涂刷一遍,以保证饰面板表面颜色一致。

(7)板缝处理,先将石膏腻子均匀地嵌入板缝,并且在板缝外刮涂大约60mm宽、1mm厚的腻子,随即贴上穿孔纸带或玻璃纤维网格带,用刮刀顺穿孔纸带的方向刮压,将多余腻子挤出并刮平、刮实,不可以留有气泡,再在板缝表面刮一遍约150mm宽的腻子。

3. 安装注意事项

(1)石膏腻子是以精细的半水石膏粉加入一定量的缓凝剂等加工而成,主要用于纸面石膏板的板缝处理及钉眼填平等处。

(2)空气湿度对纸面石膏板的膨胀和收缩影响比较大,为了保证装修质量,在湿度特大的环境下一般不宜嵌缝。

(3)拌制石膏腻子,必须用清洁的水和容器。

二、矿棉装饰吸声板安装

1. 安装方法

矿棉装饰吸声板的安装有三种方法：粘贴法、搁置法、嵌装式法。

(1)粘贴法。喷浆、抹灰顶面或混凝土顶面进行矿棉吸声板装饰时，可以先按板材的规格尺寸在顶面上钉固平顶木筋，然后用适宜的胶黏剂，将板块直接粘贴在平顶木筋(木条)上。

(2)搁置法。顶棚为轻金属T形龙骨吊顶骨架，龙骨架安装完毕并找好了平整度，将与骨架框格尺寸相适应的矿棉装饰吸声板直接平放到龙骨的翼缘上。

(3)嵌装式法。此种安装方法是由饰面板的构造所决定的，板材四周带有企口，有的四边加厚，安装时，T形龙骨的两条边直接插入饰面板企口内，吊顶表面不露龙骨，如图6-6所示。

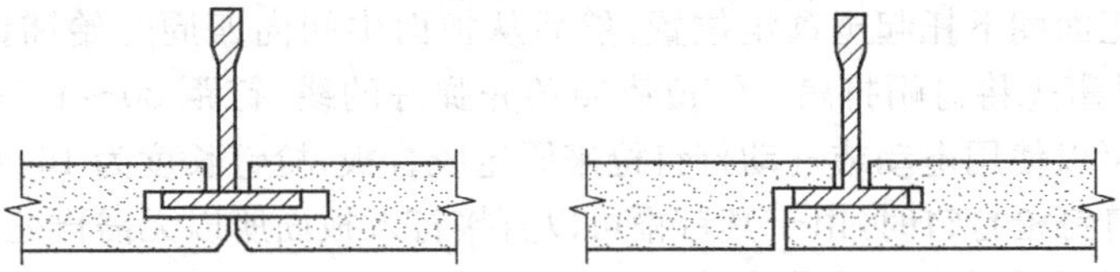

图6-6 矿棉企口装饰吸声板嵌装式安装

2. 节点处理

(1)与墙柱边部连接处理，一般在墙柱安装L形边龙骨，将罩面板搁在L形龙骨上。

(2)灯具、各种孔口等设施的安装，灯具、送风口、上人孔、窗帘盒等设施的安装，一般来说较大设施(如大灯槽、上人孔等)安装在一个标准框格或数个相连框格内；较小设施(如送风口、烟感器及喷淋头等)应按照其大小尽量布置在罩面板中心，另加框边或托盘与龙骨连接固定，四边加铝合金或不锈钢镶边封口。窗帘盒安装应设单独支撑，与顶棚只是面层连接。所有部件总的安装原则是安装要牢固，在罩面板接触处要吻合。

3. 安装注意事项

(1)矿棉装饰吸声板在运输、存放和安装过程中，严禁雨淋受潮，在搬动码放时必须轻拿轻放，以免破损。

(2)粘贴法要求石膏板基层非常平整，否则表面将出现错台、不平整等质量问题。在粘贴时注意：胶黏剂未完全固化前，板材不得有强烈震动，并要保持好室内通风。

(3)采用搁置法安装时，应留有板材安装缝，每边缝隙不宜大于1mm。

(4)安装时，吸声板上不得放置其他材料，防止板材受压变形。

三、胶合板安装

1. 胶合板板材处理

胶合板幅面大而平整光洁、不易翘曲变形，可锯切，加工十分方便。胶合板多安装在木骨架上，一般用铁钉、木螺钉、木压条固定。

(1)板材表面弹线。板面需要弹设的线主要是钉位线，按照吊顶龙骨的分格情况，以骨架中心线尺寸，在胶合板正面弹出钉位线，以保证板材安装时缝隙顺直，同时能将面板准确地固定在木龙骨上。

(2)板块切割。如果设计要求胶合板分格分块铺钉，就按设计尺寸切割胶合板。方形板块应注意找方，保证四角为直角；当设计要求钻孔并形成图案时，应先做样板，再按样板制作。

(3)修边倒角。在胶合板块正面四周，用手工细刨或电动刨刨出45°倒角，宽度2～3mm，以利于通过嵌缝处理，使板缝严密并减小以后的缝隙变形。

(4)防火处理。对有防火要求的木龙骨吊顶，其面板在以上工序完毕后应进行防火处理。通常做法是在面板的反面涂刷或喷涂3遍防火涂料，晾干备用。

2. 胶合板装钉

(1)在铺钉板材前需要预先对板材进行排列布置，将整板居中铺大面，非整块板布置在周边上，以使饰面效果美观。

(2)在吊顶顶棚上的各种设备，例如空调送风口、灯具口等，应根据设计图纸，在吊顶面板上预先开出。也可以将设备的洞口位置先在吊顶面板上画出，待板材就位后再将其开出。

(3)将胶合板正面朝下托起至预定位置，然后从板面中间向四周开始铺钉。铺钉采用25～35mm长的圆钉，并事先将钉帽打扁。钉位依照预先弹好的线，钉距80～150mm，钉帽进入板面0.5～1.0mm。也可以使用电动或气动打钉枪来固定胶合板，枪钉长度为15～20mm。

(4)如果使用打钉枪打钉时，由于其钉帽可以直接打入板面所以无需再处理钉眼。如果用普通圆钉钉板，则钉眼需要用油性腻子抹平。

3. 安装注意事项

(1)在铺钉胶合板时，严禁明火作业。

(2)顶棚四周应钉压缝条，以避免面层板与墙面交接处形成的缝隙不均匀、不顺直、影响装饰效果。

(3)胶合板面如果涂刷清漆时，相邻板面的木纹和颜色应该相近。

四、金属装饰板安装

1. 方板安装

金属装饰方板的安装有两种方法：搁置式安装和嵌入式安装。

(1)搁置式安装。是将金属方板的四边直接搁置在T形轻钢龙骨或铝合金龙骨的次龙骨及横撑龙骨的翼缘上即可，搁置后的吊顶面呈格子式离缝效果。

(2)嵌入式安装。是采用带夹簧的嵌龙骨吊顶骨架，可以使吊顶饰面金属方板很方便地卡入。金属方板的卷边向上，呈缺口式的盒子形，一般的方板边部在加工时轧出凸起的卡口，可以很精确地卡入嵌龙骨夹簧中，包括其边龙骨(半嵌龙骨)同样如此。

2. 条板安装

金属装饰条板吊顶龙骨的吊杆根据吊顶承受荷载的不同可以采用U形轻钢龙骨的配套吊杆，也可以采用T形龙骨吊杆吊件。龙骨可以采用轻钢龙骨也可以采用铝合金龙骨。

(1)条板式吊顶的龙骨可以设U形轻钢主龙骨，主龙骨通过挂件与和条板配套的特制槽形龙骨连接，也可以将吊杆直接与槽形龙骨连接。槽形龙骨顶面和侧面都开有间距相等的孔眼，用以与吊杆吊件的插挂。

(2)安装前应检查复核龙骨是否调平调直，在龙骨调平的基础上，才能安装条板，以保证板面平整。

(3)条形板安装应该从一个方向依次进行安装。

(4)金属条板与龙骨的固定有嵌卡固定和螺钉固定两种方式。金属条板板厚为0.8mm以下、板宽在100mm以下的，采用嵌卡固定方式。安装时将板条托起后，先将板条的一端用力压入槽形龙骨的卡脚，再顺势将另一端压入龙骨卡脚内。由于条板较薄，弹性好，所以可以采用嵌卡的安装方法依靠板的弹性与配套槽形龙骨卡接。

3. 安装注意事项

(1)当采用普通T形龙骨直接搁置时，龙骨框格中心尺寸应比方形板或矩形板外形尺寸稍大，一般每边要留有2mm空隙；当采用专用特制嵌龙骨时，龙骨框格中心尺寸即为方形板或矩形板外形尺寸，不应再留空隙。无论何种龙骨均应先试装一块板，龙骨框格必须方正、平整，框格尺寸必须与罩面板实际尺寸相吻合。

(2)专用特制嵌龙骨的嵌口弹性不好、弯曲变形不直时不得使用。

(3)纵横龙骨十字交叉处必须连接牢固、平整、交角方正。

(4)金属板在安装时应轻拿轻放，保护板面不受碰伤或刮伤。

本章思考重点

1. 吊顶按结构形式可分为几种类型？
2. 顶棚直接抹灰的施工要点是什么？
3. 轻钢龙骨是如何安装的？
4. 胶合板是如何安装的？
5. 胶合板安装的注意事项有哪些？
6. 金属装饰方板如何安装？
7. 金属装饰条板如何安装？

第七章　涂料装饰施工技术

第一节　涂料装饰工程概述

一、涂料基础知识

1. 涂料的功能

(1)美化建筑物或室内空间,建筑装饰涂料色彩丰富,颜色可以按需调配,采用喷、滚、抹、弹、刷涂的方法,使建筑物外观美观,或室内空间富美感,而且可以做出装饰图案,增加质感,起到美化城市、渲染环境艺术效果的作用。

(2)保护功能,涂料涂装在物体表面,形成一层薄膜,能将物体与空气、水分、阳光及其他腐蚀物(如酸、碱)隔开,不使其受到侵蚀与腐蚀,同时物体表面增添一层硬膜,可减轻外力的摩擦与冲击,因而起着一定的机械防护作用。

(3)多功能作用,装饰涂料品种多样。建筑装饰涂料涂饰在主体结构表面,有的可以起到保色、隔声、吸声等作用。

(4)特殊用途,由于有些室内装潢对于防火、防毒、防腐、卫生灭蚊、防静电、发光、发热有特殊要求,为了达到这种特殊功能,在涂料中掺加一些添加剂或调整配方,使生产出来的各种特殊涂料具有特殊功能。如具有阻止和推迟燃烧时间性能的防火涂料;有抑制霉菌生长的防霉涂料;具有吸收某些声波的吸声或隔声涂料;有毒性物质能杀死某些昆虫的杀虫涂料;具有通电后可发热代替取暖器的电热涂料等。

2. 涂料的分类

(1)按材质(成膜物质)分为有机涂料、无机涂料和复合型涂料。其中有机涂料又分为水溶性涂料、乳液涂料、溶剂型涂料等。

(2)按涂膜的厚度和质感分为薄质涂料、厚质涂料、复层涂料、多彩涂料等。

(3)按使用部位分为外墙涂料、内墙涂料、地面(或地板)涂料、顶棚涂料、屋面涂料、木材饰面油漆、金属饰面油漆等。

3. 选择原则

选定涂料后,一定要对该涂料的施工要求与注意事项充分了解,并严格按操作顺序进行施工,以达到预期的效果。选用涂料时,要考虑涂料的经济耐用性,装饰效果性佳的,为此在确定选用内墙涂料时,应遵循以下原则:

(1)色彩丰富。质感细腻,内墙涂料的颜色以浅淡、明亮为宜,根据房间、家具颜色、外界环境及居住者的个人喜爱而选用,因此要求色彩的品种丰富。因内墙涂料层距离居住者的视线比外墙涂层要近,要求内墙涂饰层平滑细腻,或凹凸感强和色彩柔和。

(2)耐碱性、耐水性、耐粉化性好,墙面建筑所用的材料有混凝土、水泥、砂浆、石灰浆、砖、木材、钢铁与塑料等。各种涂料所适用的基层材料是不同的,如混凝土和水泥砂浆、石灰浆、砖等无机硅酸盐的材料,所选用的涂料必须具有较好的耐碱性,并能防止底材的碱分析出膜而影响装饰效果。又因室内湿度常比室外高，同时为保持墙面清洁，涂层常与水接触，就要求涂料有一定的耐水性及耐洗刷性，而且人与室内设施需靠近内墙面，要求涂层不能脱粉，必须具有良好的耐粉化性，还要求涂层不龟裂、不剥落、不变色、不易沾污，即装饰效果持久性好。

(3)有一定的透气性，室内空气含有水汽，用透气性良好的内墙涂料可消除结露、挂水现象，使人们感到居住环境清爽宜人。

(4)涂刷简便、整修容易、经济实惠，为了保持优雅的居住环境，内墙面应经常翻修，因此要求内墙涂料操作简便、涂膜干燥快、整修方便、经济实惠。在基本满足上述要求外，尽量选用价廉物美的涂料，或对不同使用的墙面选择不同的涂料，以达到经济性。

二、施涂前准备工作

1. 材料准备

(1)备好腻子及底、中、面层涂料等。涂饰工程应优先采用绿色环保产品。涂料的品种、颜色应符合设计要求，并应有产品性能检测报告和产品合格证书。

(2)涂饰工程所用腻子的黏结强度应符合国家现行标准的有关规定。

(3)涂料在使用前应搅拌均匀，并应在规定的时间内用完。

2. 工具准备

(1)涂刷工具，主要有排笔、棕刷、料桶等。

(2)喷涂工具，主要有空气压缩机、高压无气喷涂机、手持喷斗、挡板或塑料布(供遮挡门窗等用)、棕刷、半截大桶、小提桶、料勺和软质乳胶手套等。

(3)滚涂工具，主要有长毛绒辊、泡沫塑料辊、橡胶辊及压花和印花辊、硬质塑料辊及料筒等。

(4)弹涂工具，主要有弹涂器等。

(5)喷笔，供在绘画、彩绘、着色、雕刻等工序中喷涂颜料或银浆等用。

(6)其他工具，刮铲、锉刀、钢丝刷、砂纸(布)、尖头锤、钢针除锈机、圆盘打磨机等。

三、基层处理

1. 基层处理要求

为了保证涂料施工质量，要求基层应具备如下条件：

(1)有缺陷的基层应进行修补，经修补后的基层不平整度及连接部错位，应限制在涂料品种、涂装厚度及表面装饰状态等允许的范围之内。

(2)基层表面不应附着灰尘、油脂、锈斑及砂浆和混凝土渗出物等。

(3)基层表面的强度与刚性，应比涂饰后的涂层高。如果基层材料为加气混凝土等疏松表面，应预先涂刷固化交联溶剂型封底涂料(通常为合成树脂乳液封闭底漆)，以加固基层表面。

(4)基层表面修补部位，所用修补砂浆的碱性、含水率及粗糙性等，应与其他部位相同，如有不一致时应加涂封底涂料。

(5)基层含水率应根据所用涂料的种类，在允许的范围之内(一般要求在8%以下)。

(6)基层 pH 值应根据所用涂料的种类，在允许的范围之内(一般要求在10以下)。

(7)在基层上安装的金属件、各种钉件等，应进行防锈处理。

(8)在基层上的各种构件、预埋件，以及水暖、电气、空调等管线，均按设计要求安装就位。

2. 基层的清理

清理基层的目的在于去除基层表面的黏附物，使基层洁净，以利于涂料与基层的牢固黏结。

常见的清理方法，见表 7-1。

表 7-1　常见基层表面黏附物的清理方法

序号	黏附物	清理方法
1	硬化不良或分离脱壳	全部铲除脱壳分离部分，并用钢丝刷除去浮渣
2	粉末状黏附物	用毛刷、扫帚及电吸尘器清理去除
3	电焊喷溅物、砂浆溅物	用刮刀、钢丝刷及打磨机去除
4	油脂、脱模剂、密封胶等黏附物	用有机溶剂或化学洗涤剂清除
5	锈斑	用化学除锈剂清除
6	霉斑	用化学去霉剂清洗
7	表面泛白	用钢丝刷、除尘机清除

3. 基层缺陷的修补

在清理基层后，应及时对其缺陷进行修补。常见基层缺陷及其修补方法，见表 7-2。

表 7-2　基层缺陷的常用修补方法

序号	基层缺陷	修补方法
1	混凝土施工缝等造成的表面不平整	清扫混凝土表面，用聚合物水泥砂浆分层抹平，每遍厚度不大于 9mm，总厚度 25mm，表面用木抹子搓平，养护
2	混凝土尺寸不准或设计变更等原因造成的找平层厚度增加过大	在混凝土表面固定焊敷金属网，将找平层砂浆抹在金属网上
3	水泥砂浆基层空鼓分离而不能铲除者	用电钻钻孔（$\phi5 \sim \phi10$），采用不致使砂浆层分离扩大的压力，将低黏度环氧树脂注入分离空隙内，使之固结。表面裂缝用合成树脂或聚合物水泥腻子嵌平并打磨平整
4	基层表面较大裂缝	将裂缝切成 V 形，填充防水密封材料；表面裂缝用合成树脂或聚合物水泥砂浆腻子嵌平并打磨平整
5	细小裂缝	用基底封闭材料或防水腻子沿裂缝嵌平并打磨平整；预制混凝土板小裂缝可用低黏度环氧树脂或聚合物水泥浆进行压力灌浆压入缝中，表面打磨平整
6	气泡砂孔	孔眼 $\phi3$ 以上者用树脂砂浆或聚合物水泥砂浆嵌填；$\phi3$ 以下者可用同种涂料腻子批嵌，表面打磨平整
7	表面凹凸	凸出部分用磨光机研磨，凹入部分填充树脂或聚合物水泥砂浆，硬化后再行打磨平整
8	表面麻点过大	用同饰面涂料相同的涂料腻子分次刮抹平整
9	基层露出钢筋	清除铁锈作防锈处理；或将混凝土做少量剔凿，对钢筋作防锈处理后用聚合物水泥砂浆补抹平整

4. 基层的检查

基层的状况与涂料施工以及涂饰后涂膜的性能、装饰质量关系重大，因此在涂饰前必须对基层进行全面检查。检查的内容包括基层表面的平整度及裂缝、麻面、气孔、脱壳、分离等现象；粉化、翻沫、硬化不良、脆弱，以及沾污脱模剂、油类物质等；检测基层的含水率和 pH 值等。

5. 基层的复查

在基层检查、清理和必要的修补之后，在涂饰施工之前，还必须对基层进行认真复查，核查其处理质量是否符合建筑涂料的施工要求，以确保涂料施涂后的涂层质量。

第二节　内墙涂料施工

一、多彩花纹内墙涂料施工

多彩花纹内墙涂料属于水包油型涂料，具有立体质感的彩色花纹，色调美观、高雅豪华、优异的耐水洗擦性、耐水、耐碱性、高耐沾污和耐污渍性、抗菌防毒、低挥发性有机化合物（VOC）、施工方便等特点。饰面由底、中、面层涂料复合组成，可使用于混凝土、抹灰面及石膏板面的内墙与顶棚。

1. 施工工艺流程

基层处理→填缝、局部刮腻子→磨平→第一遍满刮腻子→磨平→第二遍满刮腻子→磨光→除尘→涂刷底漆→中层喷涂→喷涂彩片→辊压→清理浮片→涂刷透明面漆。

2. 施工要点

(1)基层处理，施工基层应清洁并充分干燥、结实，无油污、浮灰和疏松等现象。如为新粉墙面，要求夏天养护 10d 以上，冬天养护 20d 以上方可施工。如为老墙面，必须彻底清除原墙面上的油污、石灰或油漆与涂料，并彻底铲除疏松空鼓层。

(2)满刮腻子，第一遍应用胶皮刮板满刮，要求横向刮抹平整、均匀、光滑，密实平整，线角及边棱整齐为度。尽量刮薄，不得漏刮，接头不得留槎，注意不要沾污门窗框及其他部位，否则应及时清理。待第一遍腻子干透后，用粗砂纸打磨平整。注意操作要平稳，保护棱角，磨后用棕扫帚清扫干净。

第二遍满刮腻子方法同第一遍，但刮抹方向与前遍腻子相垂直。然后用细砂纸打磨平整、光滑为止。

(3)涂刷底漆，底漆涂刷一道即可，涂刷前应先将底漆搅拌均匀，涂刷时采用中长毛辊筒自上而下，自左而右进行，涂刷必须均匀，不准漏涂，尤其是阴阳角部位必须用漆刷补到位。

(4)中层喷涂。

1)涂刷第一遍中层涂料。涂料在使用前应用手提电动搅拌枪充分搅拌均匀。如稠度较大，可适当加清水稀释，但每次加水量需一致，不得稀稠不一。然后将涂料倒入托盘，用涂料滚子蘸料涂刷第一遍。滚子应横向涂刷，然后再纵向滚压，将涂料赶开、涂平。滚涂顺序一般为从上到下，从左到右，先远后近，先边角、棱角、小面后大面。要求厚薄均匀，防止涂料过多流坠。滚子涂不到的阴角处，需用毛刷补齐，不得漏涂。要随时剔除沾在墙上的滚子毛。一面墙要一气呵成，避免接槎刷迹重叠现象，沾污到其他部位的涂料要及时用清水擦净。第一遍中层涂料施工后，一般需干燥 4h 以上，才能进行下一道磨光工序。如遇天气潮湿，应适当延长间隔时间。然后，用细砂纸进行打磨，打磨时用力要轻而匀，并不得磨穿涂层。磨后将表面清扫干净。

2)第二遍中层涂料涂刷与第一遍相同，但不再磨光。涂刷后，应达到一般乳胶漆高级刷浆的要求。

(5)喷涂彩片。

1)由于基层材质、龄期、碱性、干燥程度不同,应预先在局部墙面上进行试喷,以确定基层与涂料的相容情况,并同时确定合适的涂布量。

多彩涂料在使用前要充分摇动容器,使其充分混合均匀,然后打开容器,用木棍充分搅拌。注意不可使用电动搅拌枪,以免破坏多彩颗粒。温度较低时,可在搅拌情况下,用温水加热涂料容器外部。但任何情况下都不可用水或有机溶剂稀释多彩涂料。

2)喷涂时,喷嘴应始终保持与装饰表面垂直(尤其在阴角处),距离约为 0.3～0.5m(根据装修面大小调整),喷嘴压力为 0.2～0.3MPa,喷枪呈 Z 字形向前推进,横纵交叉进行。喷枪移动要平稳,涂布量要一致,不得时停时移,跳跃前进,以免发生堆料、流挂或漏喷现象。如图 7-1 所示。

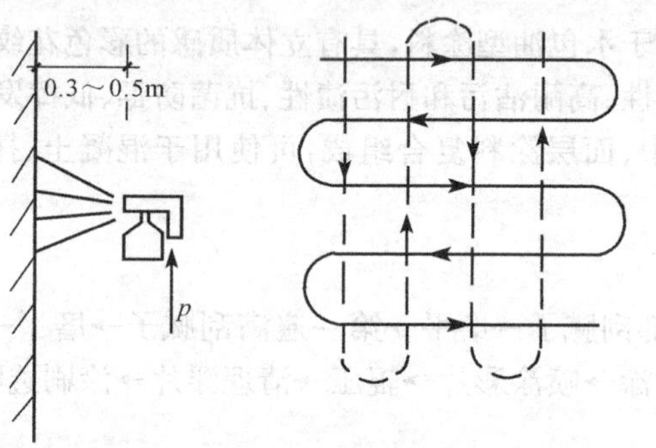

图 7-1 多彩涂料喷涂方法

为提高喷涂效率和质量,喷涂顺序应为:墙面部位→柱面部位→顶面部位→门窗部位。该顺序应灵活掌握,以不增加重复遮挡和不影响已完成的饰面为准。飞溅到其他部位上的涂料应用棉纱随时清理。

3)喷涂完成后,应用清水将料罐洗净,然后灌上清水喷水,直到喷出的完全是清水为止。用水冲洗不掉的涂料,可用棉纱蘸丙酮清洗。现场遮挡物可在喷涂完成后立即清除,注意不要破坏未干的涂层。遮挡物与装饰面连为一体时,要注意扯离方向,已趋于干燥的漆膜,应用小刀在遮挡物与装饰面之间划开,以免将装饰面破坏。

(6)涂刷透明面漆。

1)彩片喷完干燥一天后,必须用专用毛刷轻轻刷除涂层上未粘牢的彩片,方可涂刷透明面漆。

2)涂刷透明面漆前先将面漆搅拌均匀,涂刷要求一道即可,涂刷时应自上而下,自左而右进行,涂刷方向与行程均应一致,涂刷应均匀,不能有气泡,不得漏涂。

3. 施工环境要求

(1)对涂料施工有影响的其他土建及水电安装工程均要求已施工完毕。

(2)混凝土及抹灰墙面不得有起皮、起砂、松散等缺陷,含水率小于 10%(包括各种洞口抹平之后的含水率)。正常温度气候条件下,一般抹灰面龄期不得少于 14d,混凝土基材龄期不得少于 1 个月。

(3)施工场地清洁,无损伤或污染涂料面层的隐患。否则,应有可靠的防护措施。

(4)施工环境温度应高于 15℃。

(5)已完工的楼(地)面、踢脚板,应预先加以覆盖;室内水、暖、电、卫设施及门窗等都需进行必要的遮挡。

(6)施工现场不应有明火。

4. 施工注意事项

(1)若换喷另一种色号的彩片,必须先将喷枪空喷数分钟,清除喷枪及吸料管内可能残余的其他彩片,以免造成混色。

(2)涂刷专用中涂及喷彩片之前,应先关闭门窗,施工人员必须严格按要求进行施工。

(3)腻子、底漆、专用中涂及面漆的施工温度必须在5℃以上、湿度小于85%,并不得掺入其他有机溶剂,以免破坏涂料成分。低温时注意防冻,贮存适宜温度为0～40℃。腻子、底漆、专用中涂及面漆的保质期为两年。

二、合成树脂乳液内墙涂料施工

合成树脂乳液内墙涂料,俗称内墙乳胶漆,是以合成树脂乳胶为基料,与颜料、填料研磨分散后,加入各种助剂配制而成的涂料。具有色彩丰富、施工方便、与基层附着良好、易于翻新、干燥快、耐擦洗、安全无毒等特点。国内外广泛应用于建筑物的内墙装饰。

1. 施工工艺流程

基层处理→填缝、局部刮腻子→磨平→第一遍满刮腻子→磨平→第二遍满刮腻子→磨平→第一遍涂料→复补腻子→磨光→第二遍涂料。

2. 施工要点

(1)基层处理,先清除表面的灰尘、浮渣等杂物,表面有油污,应及时用清洗剂和清水洗净,干燥后再用棕刷将表面灰尘清扫干净。

(2)填缝、局部刮腻子,将墙面麻面、蜂窝、洞眼等缺残用腻子补好。

(3)磨平是等腻子干透后,用开刀将凸起的腻子铲开,用粗砂纸磨平。

(4)第一遍满刮腻子,先用胶皮刮板满刮第一遍腻子,要求横向刮抹平整、均匀、光滑、密实,线角及边棱整齐。满刮时,不漏刮,接头不留槎。不沾污门窗框及其他部位,沾污部位及时清理。腻子干透后用粗砂纸打磨平整。

(5)第二遍满刮腻子与第一遍方向垂直,方法相同,干透后用细砂纸打磨平整、光滑。

(6)涂刷乳胶,涂刷前用手提电动搅拌枪将涂料搅拌均匀,如稠度较大,可加清水稀释,但稠度应控制,不得稀稠不匀。滚涂不到的阴角处,需用毛刷补齐,不得漏涂。要随时剔除墙上的滚子毛。一面墙面要一气呵成,避免出现接槎刷迹重叠,沾污到其他部位的乳胶要及时清洗干净。

(7)磨光,第一遍滚涂乳胶结束四小时后,若天气潮湿,四小时后未干,应延长间隔时间,待干后,用细砂纸磨光。

(8)涂刷乳胶一般为两遍,普通和高级涂饰依情况加减遍数。每遍涂刷应厚薄一致,充分盖底,表面均匀。最后清理预先覆盖在踢脚板、水、暖、电、卫设备及门窗等部位的遮挡物。

除手工滚涂外,还可喷涂。喷涂顺序一般为墙→柱→顶→门窗,也可根据现场需要变更,以不增加重复遮挡和不影响已完成饰面为原则来安排操作顺序。两遍喷涂之间应有足够间隔时间,以让第一遍乳胶漆干燥,间隔时间约为6h,一般喷两遍即可,亦可按质量要求适当增加遍数。

三、聚乙烯醇水玻璃内墙涂料施工

1. 施工工艺流程

基层处理→涂刷→排笔→涂刷。

2. 施工要点

(1)基层处理。

1)对大模混凝土墙面,虽较平整,但存有水气泡孔,必须进行批嵌,或采用 1∶3∶8(水泥∶纸筋∶珍珠岩砂)珍珠岩砂浆抹面。

2)对砌块和砖砌墙面用 1∶3(石灰膏∶黄砂)刮批,上粉纸筋灰面层,如有龟裂,应满批后方得涂刷。

3)对旧墙面,应清除浮灰,保持光洁。表面若有高低不平、小洞或缺陷处,要进行批嵌后再涂刷,以使整个墙面平整,确保涂料色泽一致,光洁平滑。批嵌用的腻子,一般采用 5%羟甲基纤维素加 95%水,隔夜溶解成水溶液(简称化学浆糊),再加老粉调和后批嵌。在喷刷过大白浆或干墙粉墙面上涂刷时,应先铲除干净(必要时要进行一度批嵌)后,方可涂刷,以免产生起壳、翘皮等缺陷。

(2)施工要点。

1)涂料施工温度最好在 10℃以上,由于涂料易沉淀分层,使用时必须将沉淀在桶底的填料用棒充分搅拌均匀,方可涂刷,否则会造成桶内上面料稀薄,包料上浮,遮盖力差,下面料稠厚,填料沉淀,色淡易起粉。

2)涂料的黏度随温度变化而变化,天冷黏度增加。在冬期施工若发现涂料有凝冻现象,可适当进行水溶加温到凝冻完全消失后,再进行施工。若涂料确因蒸发后变稠的,施工时不易涂刷,切勿单一加水,可采用胶结料(乙烯—醋酸乙烯共聚乳液)与温水(1∶1)调匀后,适量加入涂料内以改善其可涂性,并做小块试验,检验其黏结力、遮盖力和结膜强度。

3)施工用的涂料,其色彩应完全一致,施工时应认真检查,发现涂料颜色有深淡,应分别堆放。如果使用两种不同颜色的剩余涂料时,需充分搅拌均匀后,在同一房间内进行涂刷。

4)气温高,涂料黏度小,容易涂刷,可用排笔;气温低,涂料黏度大,不易涂刷,用料要增加,宜用漆刷;也可第一遍用漆刷,第二遍用排笔,使涂层厚薄均匀,色泽一致。操作时用的盛料桶宜用木制或塑料制品,盛料前和用完后,连同漆刷、排笔用清水洗干净,妥善存放。漆刷、排笔亦可浸水存放,切忌接触油剂类材料,以免涂料涂刷时油缩、结膜后出现水渍纹,涂料结膜后,不能用湿布重揩。

四、聚氨酯仿瓷涂料施工

聚氨酯涂料是以聚氨酯-丙烯酸树脂溶液为基料,配以成质钛白粉、助剂等而成的双组分固化型涂料。涂膜外观呈瓷质状,其耐沾污性、耐酸碱性、耐水性及耐候性等性能均较优异。可以涂刷在木质装饰面层、水泥砂浆浆面层及混凝土表面,也可作丙烯酸酯、环氧树脂、聚合物水泥等不同中间层覆盖涂的罩面涂料,具有优良的保护与装饰效果。有的品种的底涂料为溶剂型,中层涂料为厚质水乳型并带凹凸花纹,可做建筑物的高级外墙饰面。

1. 施工工艺流程

基层处理→填缝、局部刮腻子→磨平→第一遍满刮腻子→磨平→第二遍满刮腻子→磨平→施涂封底涂料→施涂主层涂料→滚压→第一遍面层涂料→第二遍面层涂料。

2. 施工要点

聚氨酯覆层涂料的施工,基本原则是覆层涂饰一般为三层,即底涂、中涂和面涂。

(1)基层处理:各类基层表面应平整、坚实、干燥、洁净,表面的蜂窝、麻面和裂缝等缺陷应采用相应的腻子嵌平。金属材料表面应除锈,有油渍斑污者,可用汽油、二甲苯等溶剂清理。处理基层的腻子，一般要求用108胶水调制，也可用环氧树脂，但严禁与其他油漆混合使用。

(2)对于新抹水泥砂浆面层，其常温龄期应大于十天，普通混凝土的常温龄期应大于二十天，一般应待墙体含水率小于10%，方可进行墙面施工。

(3)施涂封底涂料：对于底涂的要求，各种产品不一。有的甚至不要求底涂，并可以直接作为丙烯酸酯、环氧树脂及聚合物水泥等中间层的罩面装饰层；有的产品则包括底涂料，可以采用刷、辊、喷等方法进行底漆。

(4)施涂主层涂料：中涂施工一般均要求采用喷涂。根据不同品种，将其甲乙组分进行辊合调制或直接采用套配中层涂料均匀喷涂，如果涂料太稠时，可加入配套溶剂或醋酸丁酯进行稀释，有的则无需加入稀释剂。

(5)第一遍面层涂料：罩面涂施，一般可用喷涂、滚涂和刷涂随意选择，涂层施工的间隔时间视涂料品种而定，一般都在两至四小时。对于现场以甲乙组分配制的混合涂料，一般要求在规定的时间内用完，不得存放后再用。无论采用何种产品的仿瓷涂料，其涂装施工时的环境温度均不得低于5℃。环境的相对湿度不得大于85%。

(6)成品保护：根据产品说明，其面层涂装一道或二道后，应注意成品保护，一般要求保养三至五天。

第三节　外墙涂料施工

建筑涂料是比瓷砖性能更好的外墙装饰材料。经过科学配制，可得到耐久性高、无污染、色彩丰富、装饰效果优良的建筑涂料。建筑涂料质量轻、安全性好、色彩鲜艳、且不会脱落伤人，是一种比较理想的外墙装饰材料。

一、外墙薄质类涂料施工

薄质涂料，质感细腻，用料较省；也可用于内墙装饰，包括平面涂料，砂壁状、云母状涂料。大部分彩色丙烯酸有光乳胶漆，均系薄质涂料，它是以有机高分子材料苯乙烯丙烯酸酯乳为主要成膜物，加上不同的颜料、填料和骨料而制成的薄涂料。使用哪一种薄质涂料，应按装饰设计要求选定。

1. 施工工艺流程

修补→清扫→填缝、局部刮腻子→磨平→第一遍涂料→第二遍涂料。

2. 施工要点

(1)修补。基层的空鼓必须剔除，连同蜂窝、孔洞等提前两三天用聚合物水泥腻子修补完整。水电及设备预留、预埋件已完成。门窗安装已完成并已施涂一遍底子油(干性油、防锈涂料)。

(2)清扫。施工前，必须将基层表面的灰浆、浮灰、附着物等清除干净，用水冲洗更好。油污、铁锈、隔离剂等必须用洗涤剂洗净，并用水冲洗干净。基层要有足够的强度，无酥松、脱皮、起砂、粉化等现象。

(3)涂饰。

1)新抹水泥砂浆湿度、碱度均高，对涂膜质量有影响。因此，抹灰后需间隔三天以上再行涂饰。混凝土和墙面抹混合砂浆已完成，且经过干燥，表面施涂溶剂型涂料时，其含水率不得大于8%；表面施涂水性和浮液涂料时，其含水率不得大于10%。

2)基层表面应平整,纹路质感应均匀一致,否则因为光影作用,造成颜色深浅不一,影响装饰效果。如采用机械喷涂料时,应将不喷涂的部位遮盖,以防污染。

3)涂料使用前,将涂料搅匀,以获得一致的色彩。大面积施工前,应先做样板,经鉴定合格后,方可组织班组施工。

4)涂料所含水分应按比例调整,使用中不宜加水稀释。如果稠度过大,可用自来水稀释,加水量不能超过10%。涂料中不能掺加其他填料、颜料,也不能与其他品种涂料混合,否则会引起涂料变质。

5)刷涂时,先清洁墙面,一般涂刷两次。如涂料干燥很快,注意涂刷摆幅放小,以求均匀一致。

6)滚涂时,先将涂料按刷涂作法的要求刷在基层上,随即滚涂,滚筒上必须沾少量涂料,滚压方向要一致,操作应迅速。

7)机械喷涂可不受涂料遍数的限制,以达到质量要求为准。采用喷涂施工,空气压缩机压力需保持在0.4~0.7MPa,排气量0.63m^3/s以上,将涂料喷成雾状为准,喷口直径一般为:

①如果喷涂砂粒状,保持在4.0~4.5mm;

②如果喷云母片状,保持在5~6mm;

③如果喷涂细粉状,保持在2~3mm。

喷料要垂直墙面,不可上、下做料,以免出现虚喷发花,不能漏喷、挂流。漏喷及时补上,挂流及时清除。喷涂厚度以盖底后最薄为佳,不宜过厚。

8)如施涂第二遍涂料后装饰效果仍不理想时,可增加一到两遍涂料。

二、104外墙饰面涂料施工

1. 施工要点

(1)基础处理。

1)基层一般要求是混凝土预制板、水泥砂浆或混合砂浆抹面、水泥石棉板、清水砖墙等。

2)基层表面必须坚固,无酥松、脱皮、起壳、粉化等现象;基层表面的泥土、灰尘、油污、油漆等杂物脏迹,必须清除干净。

3)基层要求含水率在10%以下,pH值在10以下,否则会由于基层碱性太大又太湿而使涂料与基层黏结不好,颜色不匀,甚至引起剥落。墙面养护期一般为:现抹砂浆墙面夏季7d以上,冬季14d以上;现浇混凝土墙面夏季10d以上,冬季20d以上。

4)基层要求平整,但又不应太光滑。太光滑的表面对涂料黏结性能有影响;太粗糙的表面,涂料消耗量大。孔洞和不必要的沟槽应提前进行修补。修补材料可采用108胶加水泥(胶与水泥配比为20∶100)和适量的水调成的腻子。

2. 喷涂施工

喷涂施工的方法有刷涂、喷涂、辊涂或弹涂等方法。

(1)手工涂刷时,其涂刷方向和行程长短均应一致。如涂料干燥快,应勤沾短刷,接茬最好在分格缝处。涂刷层次一般不少于两道,在前一道涂层表面干后才能进行后一道涂刷。前后两次涂刷的相隔时间与施工现场的温度、湿度有密切关系,通常不少于3h。

(2)在喷涂施工中,涂料稠度、空气压力、喷射距离、喷枪运行中的角度和速度等方面均有一定的要求。涂料稠度必须适中,太稠不便施工,太稀影响涂层厚度且容易流淌。空气压力在4~8MPa之间选择,压力选得过低或过高,涂层质感差,涂料损耗多。喷射距离一般为40~60cm,喷嘴离被涂墙面过近，涂层厚薄难控制，易出现过厚或挂流等现象；喷嘴距离过远，则涂料损耗多。喷枪运行中，喷嘴中心线必须与墙面垂直，喷枪应与被涂墙面平行移动，运行速度要保持一致，快慢要适中。运行过快，涂层较薄，色泽不均；运行过慢，涂料黏附太多，容易流淌。喷涂施工要连续作业，到分格缝处再停歇。

涂层表面均匀布满粗颗粒或云母片等填料，色彩均匀一致，涂层以盖底为佳，不宜过厚，不要出现“虚喷”、“花脸”、“流挂”、“漏喷”等弊病。

(3)彩弹饰面施工的全过程，必须根据事先设计的样板色泽和涂层表面形状的要求进行。在基层表面先刷一两道涂料，作为底色涂层。待底色涂层干燥后，才能进行弹涂。门窗等不必进行弹涂的部位应予遮挡。弹涂时，手提彩弹机，先调整和控制好浆门、浆量和弹棒，然后开动电机，使机口垂直对正墙面，保持适当距离(一般为 30～50cm)，按一定手势和速度，自上而下、自右至左或自左至右，循序渐进。要注意弹点密度均匀适当，上下左右接头不明显。对于压花型彩弹，在弹涂以后，应有一人进行批刮压花。弹涂到批刮压花之间的时间，间隔视施工现场的温度、湿度及花型等不同而定。压花操作用力要均匀，运动速度要适当，方向竖直不偏斜，刮板和墙面的角度宜在 15°～30°之间，要单方向批刮，不能往复操作。每批刮一次，刮板均须用棉纱擦抹，不得间隔，以防花纹模糊。大面积弹涂后，如出现局部弹点不匀或压花不合要求影响装饰效果时，应进行修补，修补方法有补弹和笔绘两种。修补所用的涂料，应采用与刷底或弹涂同一颜色的涂料。

(4)色彩花纹应基本符合样板要求。对于仿干粘石彩弹，弹点不应有流淌；对于压花型彩弹，压花厚薄要一致，花纹及边界要清晰，接头处要协调，不污染门窗等。

3. 施工注意事项

(1)涂料在施工过程中，不能随意掺水或随意掺加颜料，也不宜在夜间灯光下施工。掺水后，涂层手感掉粉；掺颜色或在夜间施工，会使涂层色泽不均匀。

(2)在施工过程中，要尽量避免涂料污染门窗等不需涂装的部位。万一污染，务必在涂料未干时揩去。

(3)要防止有水分从涂层的背面渗透过来，如遇女儿墙、卫生间、盥洗室等，应在室内墙根处做防水封闭层。否则，外墙正面的涂层容易起粉、发花、鼓泡或被污染，严重影响装饰效果。

(4)施工所用的一切机具、用具等必须事先洗净，不得将灰尘、油垢等杂质带入涂料中。施工完毕或间断时，机具、用具应及时洗净，以备用。

(5)一个工程所需要的涂料，应选同一批号的产品，尽可能一次备足，以免由于涂料批号不同，颜色和稠度不一致而影响装饰效果。

(6)涂料在使用前要充分搅拌，使用过程中仍需不断搅拌，以防涂料厚薄不均、填料结块或色泽不一致。

(7)涂料不能冒雨进行施工，预计有雨时应停止施工。风力四级以上时不能进行喷涂施工。

三、外墙混凝土及抹灰面复层涂料施工

不同涂层种类和不同施工做法的复合涂层涂饰，耐久性和耐污染性较好，保护墙体功能好，具有新颖而丰富的装饰形象，外观美观豪华，能创造出较高品味的涂料装饰艺术效果。

覆层涂料有混凝土及抹灰外墙合成树脂乳液覆层涂料、硅溶胶类覆层涂料、水泥系复层涂料以及反应固化型覆层涂料。

1. 施工工艺流程

修补→清扫→填缝、局部刮腻子、磨平→施涂封底涂料→喷涂主层涂料→滚压→第一遍罩面涂料→第二遍罩面涂料。

2. 施工要点

(1)修补。将基层缺棱掉角处用1∶3水泥砂浆修补好。

(2)清扫。将抹灰面表面上的灰尘、污垢、溅沫和砂浆流痕等清除干净。

(3)填缝、局部刮腻子、磨平。表面麻面及缝隙应用聚醋配乙烯乳液、水泥、水质量比为1∶5∶1调和成的腻子填补齐平,并进行局部刮腻子,腻子干后,用砂纸磨平。

(4)施涂封底涂料。采用喷涂或刷涂方法进行。

如设计分格缝,应吊垂直、套方、找规矩、弹分格缝。必须严格按标高控制,以分格缝,墙的明角处或水落管等为分界线和施工缝,缝格必须是平直、光滑、粗细一致。

(5)喷涂主层涂料。封底涂料干燥后,再喷涂主层涂料。喷涂时,主层涂料点状大小和疏密程度应均匀一致,不得连成片状。点状大小一般为5～25mm。涂层的接槎应留在分格缝处。门窗以及不喷涂料的部位,应认真遮挡。

(6)滚压。如需压平,则在喷后适时用塑料或橡胶辊蘸汽油或二甲苯压平。当需半球形点状造型时,不用进行滚压施工。

(7)施涂罩面涂料。主层涂料干燥后再喷涂饰面层涂料。水泥系主层涂料喷涂后,应先干燥12h,然后洒水养护24h,再干燥12h,才能施涂罩面涂料。罩面涂料采用喷涂的方法进行,待第一遍罩面涂料干燥后,再喷涂第二遍罩面涂料。

施涂罩面涂料时,不得有漏涂和流坠现象。发现有"漏涂"、"透底"、"流坠"等弊病,应立即修整和处理,保证工程质量。

四、外墙彩砂类涂料施工

彩砂类涂料,是粗骨料涂料的一种,它是以一定粒度配比的彩釉砂和普通硅砂为骨料,用合成树脂乳液作胶黏剂,添加适当助剂组成的一种建筑饰面材料。色彩新颖,晶莹绚丽,质感丰富,可以取得类似天然石料的丰富色彩与质感。具有优异的耐候性、耐水性、耐碱性和保色性。

1. 施工工艺流程

基层处理→修补填缝、局部刮腻子→施涂封底涂料→搅拌涂料→喷涂彩砂涂料。

2. 施工要点

(1)基层处理。混凝土墙面抹灰找平时,先将混凝土墙表面凿毛,充分浇水湿润,用1∶1水泥砂浆,抹在基层上并拉毛。待拉毛硬结后,再用1∶2.5水泥砂浆罩面抹光。对预制混凝土外墙麻面以及气泡,需进行修补找平,在常温条件下湿润基层,用水∶石灰膏∶胶黏剂=1∶0.3∶0.3加适量水泥,拌成石灰水泥浆,抹平压实。这样处理过的墙面的颜色与外墙板的颜色近似。

(2)修补填缝、局部刮腻子。用聚合物水泥腻子修补缺棱短角及孔洞、裂缝、麻面,要求基层含水率≤10%,pH值<9。聚合物水泥腻子配比为m(108胶)∶m(水泥)∶m(水)=1∶5∶适量。

(3)施涂封底涂料。基层封闭乳液刷两遍。第一遍刷完待稍干燥后再刷第二遍,不能漏刷。基层封闭乳液干燥后,即可喷黏结涂料。胶厚度在1.5mm左右,要喷匀,过薄则干得快,影响黏结力,遮盖能力低;过厚会造成流坠。接槎处的涂料要厚薄一致,否则也会造成颜色不均匀。

(4)搅拌涂料。涂料浆可预先配制,也可在施工时临时配制,涂料浆的稠度,以喷出后呈雾化状、喷在墙上不流动为原则。涂料搅拌应均匀。

(5)喷涂彩砂涂料。

1)喷黏结涂料和喷石粒工序连续进行,一人在前喷胶,一人在后喷石,不能间断操作,否则会起膜,影响黏石效果和产生明显的接槎。

喷斗一般垂直距墙面40cm左右,不得斜喷,喷斗气量要均匀,气压在0.5～0.7MPa之间,保持石粒均匀呈面状地粘在涂料上。喷石的方法以鱼鳞划弧或横线直喷为宜,以免造成竖向印痕。

水平缝内镶嵌的分格条,在喷罩面胶之前要起出,并把缝内的胶和石粒全部刮净。

2)喷石后5～10min用胶辊滚压两遍。滚压时以涂料不外溢为准,若涂料外溢会发白,造成颜色不匀。第二遍滚压与第一遍滚压间隔时间为2～3min。滚压时用力要均匀,不能漏压。第二遍滚压可比第一遍用力稍大。滚压的作用主要是使饰面密实平整,观感好,并把悬浮的石粒压入涂料中。

3)喷罩面胶(BC-02)。在现场按配合比配好后过铜箩筛子,防止粗颗粒堵塞喷枪(用万能喷漆斗)。喷完石粒后隔2h左右再喷罩面胶两遍。上午喷石下午喷罩面胶,当天喷完石粒,当天要罩面。喷涂要均匀,不得漏喷。罩面胶喷完后形成一定厚度的隔膜,把石渣覆盖住,用手摸感觉光滑不扎手,不掉石粒。

五、丙烯酸有光凹凸乳胶漆施工

1. 施工工艺流程

基层处理→搅拌均匀→调整黏度和压力→遮挡保护→喷底漆后→抹、轧涂层表面。

2. 施工要点

(1)基层处理,丙烯酸有光凹凸乳胶漆可以喷涂在混凝土、水泥石棉板等基体表面,也可以喷涂在水泥砂浆或混合砂浆基层上。其基层含水率不大于10%,pH值在7～10之间。其基层处理要求与前述喷涂无机高分子涂料基层处理方法基本相同。

(2)每道涂料在使用之前都需搅拌均匀后方可施工,厚涂料过稠时,可适当加水稀释。

(3)喷枪口径采用6～8mm,喷涂压力0.4～0.8MPa。先调整好黏度和压力后,由一人手持喷枪与饰面成90°角进行喷涂。其行走路线,可根据施工需要上下或左右进行。花纹与斑点的大小以及涂层厚薄,可调节压力和喷枪口径大小进行调整。一般底漆用量为0.8～1.0kg/m^2。

(4)喷涂时,一定要注意用遮挡板将门窗等易被污染部位挡好。如已污染应及时清除干净。雨天及风力较大的天气不要施工。

(5)喷底漆后,相隔8h(25℃±1℃,相对湿度65%±5%),即用1号喷枪喷涂丙烯酸有光乳胶漆。喷涂压力控制在0.3～0.5MPa之间,喷枪与饰面成90°角,与饰面距离40～50cm为宜。喷出的涂料要成浓雾状,涂层要均匀,不宜过厚,不得漏喷。一般可喷涂两道,一般面漆用量为0.3kg/m^2。

(6)喷涂后,一般在(25±1)℃,相对湿度(65±5)%的条件下停5min后,再由一人用蘸水的铁抹子轻轻抹、轧涂层表面,始终按上下方向操作,使涂层呈现立体感图案,且要花纹均匀一致,不得有空鼓、起皮、漏喷、脱落、裂缝及流坠现象。

3. 施工注意事项

(1)大多数涂料的贮存期为六个月,购买时和使用前应检查出厂日期,过期者不得使用。

(2)基层墙面如为混凝土、水泥砂浆面,应养护7～10d后方可做涂料施工,冬季需20d。

(3)涂料施工温度必须是在5℃以上,涂料的贮存温度需在0℃以上,夏季要避免日光照射,存放于干燥通风之处。

(4)双色型的凹凸复层涂料施工，其一般做法为第一道封底涂料，第二道带彩色的面涂料，第三道喷涂厚涂料，第四道为罩光涂料。具体操作时，应依照各厂家的产品说明进行。在一般情况下，丙烯酸凹凸乳胶漆厚涂料作喷涂后数分钟，可采用专用塑料辊蘸煤油滚压，注意掌握压力的均匀，以保持涂层厚度一致。

第四节 特种涂料施工

一、聚氨酯仿瓷涂料施工

聚氨酯仿瓷涂料施工，应按照各生产厂的产品说明进行操作。基本原则是复层涂装，一般均为底涂、中涂和面涂。对于基层处理、底涂操作、中涂甲乙组分材料按规定比例配合，以及面涂的要求（一般中层与面层的材料相同）和涂层间相隔时间的规定，应严格实施，不可自行选择添加剂、稀释剂及任意混淆涂层材料。

1. 施工工艺流程

基层处理→对底涂的要求→中涂→面涂。

2. 施工要点

(1)基层处理，处理基面的腻子，一般要求用801胶水调制（SJ-801建筑胶黏剂可用于粘贴瓷砖、锦砖、墙纸等，固体含量高，游离醛少，黏结强度大，耐水、耐酸碱、无味无毒），也可采用环氧树脂，但严禁与其他油漆混合使用。对于新抹水泥砂浆面层，其常温龄期应大于10d；普通混凝土的常温龄期应大于20d。

(2)对于底涂的要求，各厂产品不一。有的不要求底涂，并可直接作为丙烯酸树脂、环氧树脂及聚合物水泥等中间层的罩面装饰层；有的产品则包括底涂料。以仿瓷釉涂料为例，其底涂料与面涂料为配套供应（表7-3），可以采用刷、滚、喷等方法进行底漆。沧洁牌冷瓷产品，也附有用作底涂的底漆，要求涂刷底漆后用腻子批平并打磨平整，然后用TH型面漆进行中涂。

表7-3　仿瓷釉涂料的分层涂装

分层涂料	材　料	用料量/(kg/m²)	涂装遍数
底涂料	水乳型底涂料	0.13～0.15	1
面涂料(Ⅰ)	仿瓷釉涂料(A、B色)	0.6～1.0	1
面涂料(Ⅱ)	仿瓷釉清漆	0.4～0.7	1

(3)中涂施工，一般均要求用喷涂。喷涂压力应依照材料使用说明，通常为0.3～0.4MPa或0.6～0.8MPa；喷嘴口径也应按要求选择，一般为4mm。根据不同品种，将其甲乙组分进行混合调制或采用配套中层材料均匀喷涂，如涂料过稠不便施工时，可加入配套溶剂或醋酸丁酯进行稀释，有的则无需加入稀释剂。

(4)面涂施工，一般可用喷涂、滚涂和刷涂任意选择，施涂的间隔时间视涂料品种而定，一般在2～4h之间。不论采用何种品牌的仿瓷涂料，其涂装施工时的环境温度均不得低于5℃，环境的相对湿度不得大于85%。根据产品说明，面层涂装一道或二道后，应注意成品保护，通常要求保养3～5d。

二、“幻彩”涂料复层施工

1. 施工工艺流程

基层处理→底、中涂施工→面涂施工。

2. 施工要点

(1)基层处理。基层必须坚实、平整、干燥、洁净。如果是在旧墙面上做幻彩涂料装饰施工，可视墙面的条件区别处理：

1)旧墙面为油性涂料时，可用细砂布打磨旧涂膜表面，最后清除浮灰和油污等。

2)旧墙面为乳液型涂料时，应检查墙面有无疏松和起皮脱落处，全面清除污灰油污等并用双飞粉和胶水调成腻子修补墙面。

3)旧墙面多裂纹和凹坑时，用白乳胶，再加双飞粉和白水泥调成腻子补平缺陷，干燥后再满批一层腻子抹平基面。

(2)底、中涂施工。待基面处理完毕并干燥后，即可进行幻彩涂料的底、中涂料施工。底涂可用刷子刷涂或用胶辊滚涂，一般是一遍成活，但应注意涂层均匀，不要漏涂。其中涂为彩色涂料，可刷涂也可辊涂，一般为两遍成活，第一遍用40%～50%的用水量比例稀释中涂料；第二遍用30%～40%的用水量比例稀释中涂料。中涂料涂层干燥后再用底涂料在中涂面上涂刷一遍。

(3)面涂施工。幻彩涂料的表面花纹效果，需依靠人工涂刷创作。涂刷花纹的工具可选用刷子、塑料刮片、胶辊或自制小扎把(用布料或皮革片绑扎成刷状)等，其目的是在面涂表面形成美观的纹理和质感效果。

1)手工做面涂施工。首先用刷子或胶辊在约 $1m^2$ 的墙面上均匀地涂上幻彩面涂料；根据需要选择一种工具(刷子、刮板、橡胶或尼龙辊及自制扎把等)在已刷上面涂料的墙面上有规律地进行涂抹，涂抹纹路要互相交错，着力轻柔均匀，可以按 $1m^2$ 为一个单元，涂刷出一种形式的纹理图案，而后再涂刷另一个单元相同效果的花纹，以此类推直至完成整个幻彩涂料装饰面。

2)采用喷枪喷涂做面涂施工。采用喷涂进行幻彩涂料的面涂时，需使用专用喷枪，喷嘴为 $\phi 2.5$，空气压力泵输出压力调到两个大气压。用10%～20%的水稀释面涂料后加入喷枪料斗中。喷涂时，喷嘴距墙面600～800mm，先水平方向均匀喷涂一遍，再垂直方向均匀喷涂一遍。如果需要多种多彩，可在第一遍喷涂未干之时即喷一道另一种颜色的面涂料，使饰面形成多彩的迷幻效果。

三、复层薄抹涂料施工

1. 施工工艺流程

基层处理→涂料混均→薄抹涂层→分格。

2. 施工要点

(1)基层处理，基层表面应平整光洁。若有不平整现象，应以腻子修补。基层应干燥，潮湿基层不能施工。基层表面不得松软，必须具备一定的强度。

(2)涂料混均，采用彩色陶土片为主料的进口薄抹材料，在使用之前应先将黏结材料(多为乳液)倒入清水中，黏结料与水的配合比为每100g黏结剂兑水3L，搅拌均匀后再将碎片主料掺入，再拌合均匀，静置15min后即可用铁抹子进行薄抹施工。需注意涂料的搅拌应使用棒或小铲之类的器具作手工操作，不得采用搅拌机。所配制的薄抹材料需在4h左右用完，超过一定时限后其碎片的塑性状态会受影响，表面开始硬结。对于浆体的稠度可以适当控制，结合基体条件和环境气候条件，可适当增减用水量，以能够顺利操作并保证涂层质量为前提。施工时的气温应在5℃以上，如在寒冷的条件下操作，会使塑体受冻而失去黏结力。

(3)薄抹涂层涂抹后，在常温下需待2d左右才可完全干燥。在其干燥的饰面涂层上，再罩一层透明的疏水防尘剂，可喷涂，也可用毛辊或毛刷进行滚涂和刷涂。涂刷要均匀，避免产生气泡和针眼，一道需罩面涂刷一到两遍，完活后立即用清水洗手和清洗工具。

(4)薄抹复层涂料施于外墙时，可以进行分格，分格缝一般在薄抹之前做完。可以在基层表面锯割出沟槽，也可以在薄抹时加设木分格条，待涂膜干燥后再将其取出。

四、仿天然石涂料施工

1. 施工工艺流程

涂底漆→放样弹线、粘贴线条胶带→喷涂中层→揭除分格线胶带→喷制及镶贴石头漆片→喷涂罩面层。

2. 施工要点

(1)涂底漆。底涂料用量每遍0.3kg/m² 以上，均匀刷涂或用尼龙毛辊滚涂，直到无渗色现象为止。

(2)放样弹线，粘贴线条胶带。为仿天然石材效果，一般设计均有分块分格要求。施工时弹线粘贴线条胶带，先贴竖直方向，后贴水平方向，在接头处可临时钉上铁钉，便于施涂后找出胶带端头。

(3)喷涂中层。中涂施工采用喷枪喷涂，空气压力在6～8kg/m² 之间，涂层厚度2～3mm，涂料用量4～5kg/m²，喷涂面应与事先选定的样片外观效果相符合。喷涂硬化1d，方可进行下道工序。

(4)揭除分格线胶带。中涂后可随即揭除分格胶带，揭除时不得损伤涂膜切角。应将胶带向上拉，而不是垂直于墙面牵拉。

(5)喷制及镶贴石头漆片。此做法仅用于室内饰面，一般是对于饰面要求颜色复杂，造型处理图案多变的现场情况。可预先在板片或贴纸类材料上喷成石头漆切片，待涂膜硬化后，即可用强力胶黏剂将其镶贴于既定位置以达到富立体感的装饰效果。切片分硬版与软版两种，硬版用于平面镶贴，软版用于曲面或转角处。

(6)喷涂罩面层。待中涂层完全硬化，局部粘贴石头漆片胶结牢固后，即全面喷涂罩面涂料。其配套面漆一般为透明搪瓷漆，罩面喷涂用量应在0.3kg/m² 以上。面层喷涂操作中影响表面效果的因素，见表7-4。

表7-4　石头漆面层喷涂对装饰效果的影响因素

项　目	因素	对饰面效果的影响	因素	对饰面效果的影响
风压(高低)	高	花纹较小，出量大，速度快，喷涂均匀	低	花纹较大，出量小，速度慢，均匀性较差
喷涂距离(远近)	远	花纹连续性较差，均匀度差，损耗多，花纹较圆	近	花纹过齐，均匀性较差，纹理效果较平
喷涂出口(大小)	大	花纹较大，出量大，易流坠，耗用量多，涂膜厚	小	花纹较小，出量小，不流坠，耗用量少，涂膜较薄
涂料黏度(大小)	大	花纹颗粒大，纹理粗，耗用量多，出量大，厚度大，易垂流	小	花纹颗粒小，纹理表面较平滑，耗用量小，出量大，涂膜薄，易垂流

五、防水类特种涂料施工

防水涂料，是以橡胶、沥青或聚氨酯等为主要成分，主要用于需要防水的屋面、墙面、地面。有的产品主要用于基层施涂，有的产品也可作为面层使用。

1. 施工工艺流程

基层清理→填孔补洞→涂施防水底层→涂施防水中层→涂施防水面层。

2. 施工要点

(1)基层清理。基层的浮灰、油渍、杂质必须清除干净。基层表面如凹凸不平、松动、空鼓起沙、开裂等缺陷存在，将影响防水工程质量，所以基层表面必须平整，不得有松动、空鼓、起沙、开裂等缺陷，含水率应小于 9%。

(2)填孔补洞。地面垫层中各预埋管线已完成，穿过楼层的立管已立好，管洞已堵塞，地面泛水已完成，泛水坡度应符合设计要求。

(3)防水附加层。渗漏的多发部位有地漏、卫生洁具根部阴阳角、套管等，在做大面积防水施工前先应做好局部防水附加层。防水层应从地面延伸到墙面，高出地面 100mm；浴室墙面的防水层不得低于 1800mm。

(4)涂施防水底层。将聚氨酯甲料、乙料加稀释剂拌匀，再用漆刷涂刷在基层表面，一天固化后，进行下一工序。

(5)涂施防水中层。将聚氨酯甲料、乙料按 1∶1.5 比例配合，用电动搅拌器强力搅匀。先用漆刷将该混合料均匀涂刷在墙裙和阴、阳角等部位，再用塑料或橡胶刮板按顺序均匀地涂刷在底漆面上，其厚度以 2～3mm 为宜，要求涂层平整，颜色一致。与基层相连的管子根部、卫生设备阴、阳角等部位要仔细涂刷，涂层可厚些，以确保防水质量。

(6)涂施防水面层，将聚氨酯罩面漆与固化剂按 100∶(3～5)的比例混合拌均，即可均匀涂刷在干净的防水涂层面上。罩面漆要固化一天以上，经验收合格方可交付使用。中层固化一两天后方可涂刷罩面漆。

(7)涂刷应均匀一致，不得漏刷。总厚度应符合产品技术性能要求。

(8)施工时应设置安全照明，并保持通风。

(9)施工环境温度应符合防水材料的技术要求，并宜在 5℃以上。

(10)防水工程应做两次蓄水试验。

六、防火类特种涂料施工

防火涂料是以蛭石骨料、珍珠岩和胶黏剂为主要成分，或以人工合成材料(氧杂环、丙乳酸乳等)为主要成分组成的涂料。国家对建筑防火的要求是以规范强制性要求，防火涂饰的应用已较为普及。

1. 施工工艺流程

钢构件预处理→涂料配制→第一遍涂料→第二遍涂料→抹光。

2. 施工要点

(1)钢构件预处理。钢结构施工已结束并经过验收，施涂所需的脚手架已完成；将钢件表面处理干净；固定六角孔铅丝网或以底胶水(底胶、水质量比为 1∶5.7)喷于基面。

(2)涂料配制。涂料、水(质量比为 1∶1)在搅拌机搅拌 5～10min 后，即可使用。

(3)涂料。在底胶成膜干燥后进行第一遍喷涂(或刷涂)。大面积施工前应做样板施工，并得到鉴定合格。第一遍厚度控制在 1.5cm，待干后方可喷涂第二遍涂料。涂料固化快，随用随配制，施工时以15～35℃为好，4℃以下不宜施工。喷(刷)施涂。

(4)抹光。最后一遍达到设计要求厚度时，即可手工抹光表面。

第五节 油漆涂饰施工

一、油漆涂饰一般工艺

1. 施工工艺流程

基层处理→腻子嵌批→材质打磨→色漆调配→透明涂饰配色→油漆稠度调配→喷涂。

2. 施工要点

(1)基层处理。

1)手工清除。使用铲刀、刮刀、剁刀及金属刷具等，对木质面、金属面、抹灰基层上的毛刷、飞边、凸缘、旧涂层及氧化铁皮等进行清理去除。

2)机械清除。采用动力钢丝刷、除锈枪、蒸汽剥除器、喷砂及喷水等机械清除方式。

3)化学清除。当基层表面的油脂污垢、锈蚀和旧涂膜等较为坚实牢固时，可采用化学清除的处理方法与打磨工序配合进行。

4)热清除。利用石油液化气炬、热吹风刮除器及火焰清除器等设备，清除金属基层表面的锈蚀、氧化皮及木质基层表面的旧涂膜。

(2)腻子嵌批。嵌、批的要点是实、平、光，即做到密实牢固、平整光洁，为涂饰质量打好基础。嵌、批工序要在涂刷底漆并待其干燥后进行，以防止腻子中的漆料被基层过多吸收而影响腻子的附着性。为避免腻子出现开裂和脱落，要尽量降低腻子的收缩率，一次填刮不要过厚，最好不超过0.5mm。批刮速度宜快，特别是对于快干腻子，不应过多地往返批刮，否则易出现卷皮脱落或将腻子中的漆料挤出封住表面而难以干燥。应根据基层、面漆及各涂层材料的特点选择腻子，注意其配套性，以保持整个涂层物理与化学性能的一致性。

(3)材质打磨。打磨方式分干磨与湿磨。干磨即是用砂纸或砂布及浮石等直接对物面进行研磨。湿磨是由于卫生防护的需要，以及为防止打磨时漆膜受热变软使漆尘黏附于磨粒间而有损研磨质量，将水砂纸或浮石蘸水(或润滑剂)进行打磨。硬质涂料或含铅涂料一般需采用湿磨方法。如果湿磨易吸水基层或环境湿度大时，可用松香水与生亚麻油(3∶1)的混合物做润滑剂打磨。对于木质材料表面不易磨除的硬刺、木丝和木毛等，可采用稀释的虫胶漆[虫胶∶酒精＝1∶(7～8)]进行涂刷待干后再行打磨的方法；也可用湿布擦抹表面使木材毛刺吸水胀起干后再打磨的方法。根据不同要求和打磨目的，分为基层打磨、层间打磨和面层打磨，见表7-5。

表7-5　不同阶段的打磨要求

打磨部位	打磨方式	要求及注意事项
基层打磨	干　磨	用1～1 $\frac{1}{2}$ 号砂纸打磨。线角处要用对折砂纸的边角砂磨。边缘棱角要打磨光滑，去其锐角以利涂料的粘附。在纸面石膏板上打磨，不要使纸面起毛
层间打磨	干磨或湿磨	用0号砂纸、1号旧砂纸或280～320号水砂纸。木质面上的透明涂层应顺木纹方向直磨，遇有凹凸线角部位可适当运用直磨、横磨交叉进行的方法轻轻打磨
面漆打磨	湿　磨	用400号以上水砂纸蘸清水或肥皂水打磨。磨至从正面看去是暗光，但从水平侧面看去如同镜面。此工序仅适用硬质涂层，打磨边缘、棱角、曲面时不可使用垫块，要轻磨并随时查看以免磨透、磨穿

(4)色漆调配。为满足设计要求,大部分成品色漆需进行现场混合调兑,但参与调配的色漆的漆基应相同或能够混溶,否则掺和后会引起色料上浮、沉淀或树脂分离与析出等。选定基本色漆后应先试配小样与样品色或标准色卡比照,尤须注意湿漆干燥后的色泽变化。调配浅色漆时若用催干剂,应在配兑之前加入。试配小样时须准确记录其色漆配比值,以备调配大样时参照。

(5)透明涂饰配色。木质材料面的透明涂饰配色,一般以水色为主,水色常由酸、碱性染料等混合配制。常用的底色有水粉底色、油粉底色、豆腐底色、水色底、血料底等。木质面显木纹透明涂饰的着色分两个步骤,首先嵌批填孔料,根据木材管孔的特点及温度情况掌握水或油与体质颜料的比例,使稠度适宜。然后再采取用水色、油色或酒色对木质材料表面再进行染色。

(6)油漆稠度调配。桶装的成品油漆,一般都较为稠厚,使用时需要酌情加入部分稀料(稀释剂)调节其稠度后方可满足施工要求。但在实际工作中的油漆稠度并非依靠黏度计进行测量定取,而是根据各种施工条件如油漆的性能、环境气温、操作场地、工具及施工方法等因素来决定。稠度又直接影响油漆涂膜质量,情况较为复杂,除机械化固定施工条件之外,油漆的稠度往往是不时变动才可适用。油漆工所依照的固定稠度,或称基本稠度,即是机械化涂装或手工操作的稠度基础,常用涂-4 号黏度计测量决定。常用的油基漆的各种底漆的平均稠度为 35～40s,一般情况下在此稠度范围内较适宜涂刷,油漆对毛刷的浮力与刷毛的弹力相接近。若刷毛软,还需降低稠度;当刷毛硬时则需提高稠度。常用喷涂的稠度一般为 25～30s,在此稠度范围内喷出油漆的速度快,覆盖力强,雾化程度好,中途干燥现象轻微。

(7)喷涂。所用油漆品种应是干燥快的挥发性油漆,如硝基磁漆、过氯乙烯磁漆等。油漆喷涂的类别有空气喷涂、高压无气喷涂、热喷涂及静电喷涂等,在建筑工程中采用最多的是空气喷涂和高压无气喷涂。普通的空气喷涂喷枪种类繁多,一般有吸出式、对嘴式和流出式。高压无气喷涂利用 0.4～0.6MPa 的压缩空气作动力,带动高压泵将油漆涂料吸入,加压到 15MPa 左右通过特制喷嘴喷出,当加过高压的涂料喷至空气中时,即剧烈膨胀雾化成扇形气流冲向被涂物面,此设备可以喷涂高黏度油漆,效率高,成膜厚,遮盖率高,涂饰质量好。

从贮漆罐中带出,再用压缩空气将油漆涂料吹成雾状,喷在被涂物面上(也有直接靠压缩空气的力量将涂料吹出的)。此类喷涂设备简单,操作容易,维修也方便。但也有不足之处:第一,油漆或其他涂料在喷涂前必须稀释,喷涂施工中有相当一部分涂料随着空气的扩散而损耗消失,故此成膜较薄,需反复多遍喷涂才可达到一定厚度;第二,喷涂的渗透性和附着性,大都较刷涂差;第三,喷涂时扩散于空气中的漆料和溶剂,对人体有害;第四,在通风不良的现场喷涂施工,存在着不安全因素,漆雾易引起火灾,而溶剂的蒸汽在空气中达到足够浓度时,有酿成爆炸祸患的可能。

二、木饰面清漆施工

木基层施涂清漆适用于门、窗、木制家具、板壁表面的清色油漆工程,可选用脂胶清漆、酚醛清漆等。

1. 施工工艺流程

基层处理→润色油粉→满刮油腻子→刷油色→刷第一遍清漆→修补腻子→修色→磨砂纸→刷第二遍清漆→刷第三遍清漆。

2. 施工要点

(1)基层处理,先用刮刀或碎玻璃片将基层面上的灰尘、胶迹、污斑点等刮干净,注意不要刮出毛刺。不要刮破抹灰墙面。木门窗基层有小块活翘皮时,可用小刀撕掉。重皮的地方应用小钉子钉牢固，如重皮较大或有烤煳印疤，应由木工修补。

(2)润色油粉，用棉线蘸油粉在木料表面反复擦涂，将油粉擦进木料鬃眼内，然后用麻布或木丝擦净，线角上的余粉用竹片剔除。注意墙面及五金上不得沾染油粉。待油粉干后，用1号砂纸轻轻顺木纹打磨，打到光滑为止。注意保护棱角，不要将鬃眼内油粉磨掉。磨完后，用潮布将磨下的粉末、灰尘擦净。

(3)满刮油腻子，应开刀将腻子刮入钉孔、裂纹、鬃眼内。刮抹时，要横抹竖起，如遇接缝或节疤较大时，应用开刀、牛角板将腻子挤入缝内，然后抹平。腻子要刮光，不留野腻子。待腻子干透后，用1号砂纸轻轻顺纹打磨，先磨线角、裁口，后磨四口平面，注意保护棱角，磨至光滑为止。磨完后用潮布擦净粉末。

(4)刷油色，将铅油(或调和漆)、汽油、光油、清油等混合在一起过罗(颜色同样板颜色)，然后倒在小油桶内，使用时经常搅拌，以免沉淀造成颜色不一致。

1)刷油色时，应从外至内、从左至右、从上至下进行，顺着木纹涂刷。刷到接头处要轻飘，达到颜色一致；因油色干燥较快，刷油色时，动作应敏捷，收刷、理油时都要轻快。要求无缕无节，横平竖直，刷油时，刷子要轻飘，避免出刷绺。

2)刷木窗时，刷好框子上部后再刷亮子；亮子全部刷完后，将铤钩钩住，再刷窗扇；如为双扇窗，应先刷左扇后刷右扇；三扇窗最后刷中间扇；纱窗扇先刷外面后刷里面。

3)刷木门时，先刷亮子后刷门框、门扇背面，刷完后，用木楔将门扇固定，最后刷门扇正面；全部刷好后，检查是否有漏刷。

4)小五金上沾染的油色要及时擦净。刷门窗框时，不得污染墙面。

5)油色涂刷后，要求木材色泽一致而又不盖住木纹，所以每个刷面要一次刷好，不可留有接头，两个刷面交接棱口不要互相沾油，沾油后要及时擦掉，达到颜色一致。

(5)刷第一遍清漆，刷法与刷油色相同，因清漆黏性较大，最好使用已磨出口的旧刷子，刷时要注意不流、不坠，涂刷均均。待清漆完全干透后，用1号或旧砂纸彻底打磨一遍，将头遍清漆面上的光亮基本打磨掉，再用潮布将粉尘擦干净。刷第一遍的清漆应稀些，有利于快干。

(6)修补腻子，一般要求刷油以后不抹腻子，特殊情况下，可以使用油性略大的带色石膏腻子修补残缺不全之处。操作时，必须使用牛角板刮抹，不得损伤漆膜，腻子要收刮干净、平滑，无腻子疤痕(有腻子疤痕，必须点漆片处理)。

(7)修色，木料表面上的黑斑、节疤、腻子疤及材色不一致处，应用漆片、酒精加色调配(颜色同样板颜色)，或用由浅到深清漆调和漆和稀释剂调配，进行修色；材色深的应修浅、浅的应提深，深浅色的木料拼成一色，并绘出木纹。

(8)磨砂纸，使用细砂纸轻轻往返打磨，再用潮布擦净粉末。

(9)刷第二、第三遍清漆，周围环境要整洁，刷油操作同前，但刷油动作要敏捷，多刷多理，涂刷饱满、不流不坠，光亮均匀。刷完后再仔细检查一遍，表面应打磨消光，有毛病时要及时纠正。

三、木地板清漆施工

适用于建筑装饰中的长条及拼花木(楼)地板施涂油漆和打蜡工程。一般涂施选用的材料有：清漆(醇醇清漆、聚氨酯清漆)、调和漆、熟桐油、清油、光油、上光蜡、砂蜡等；石膏、大白粉、地板黄、红土子、黑烟子、甲基纤维素、聚醋酸乙烯乳液等填充料；稀释剂、钴催干剂、耐光、耐湿和耐老化性能较好的矿物颜料等。

1. 施工工艺流程

地板面清理→磨砂纸→刷清油→嵌缝、批刮腻子→磨砂纸→复找腻子→刷第一遍油漆→磨光→刷第二遍清漆→磨光→刷第三遍清漆。

2. 施工要点

(1)地板面清理。将表面的尘土、污物清扫干净,并将其缝隙内的灰砂剔扫干净。

(2)磨砂纸。用1.5号木砂纸磨光,先磨踢脚板,后磨地板面,均应顺木纹打磨,磨至以手摸不扎手为好,然后用1号砂纸加细磨平、磨光,并及时将磨下的粉尘清理干净,节疤处点漆片修饰。

(3)刷清油。清油较稀后,使油渗透到木材内部,防止木材受潮变形及增强防腐作用,并能使后道腻子、刷漆油等能很好地与底层黏结。涂刷时,应先刷踢脚,后刷地面,刷地面时,应从远离门口一方退着刷。一般的房间可两人并排退刷,大的房间可组织多人一起退刷,使其涂刷均匀不甩接槎。

(4)嵌缝、批乱腻子。先配出一部分较硬的腻子,水的掺量可根据腻子的软硬而定。用较硬的腻子来填嵌地板的拼缝、局部节疤及较大缺陷处,腻子干后,用1号砂纸磨平、扫净。再用上述配合拌成较稀的腻子,将地板面及踢脚满刮一道。一室可安排两人操作,先刮踢脚,后刮地板,从里向外退着刮,注意两人接槎的腻子收头不应过厚。腻子干后,经检查,如有坍陷之处,重用腻子补平。等补腻子干后,用1号木砂纸磨平,并将面层清理干净。

(5)在嵌缝、批刮腻子后可选择刷调和漆、清漆。

(6)木地板刷清漆施工要点。

1)刷油色,先刷踢脚,后刷地板。刷油要匀,接槎要错开,且涂层不应过厚和重叠,要将油色用力刷开,使之颜色均匀。

2)刷清漆三道,油色干后(一般为两天),用1号木砂纸打磨,并将粉尘用布擦净,即可涂刷清漆。先刷踢脚后刷地板,漆膜要涂刷厚些,待其干燥后有较稳定的光亮,干后,用0.5号砂纸轻轻打磨刷痕,不能磨穿漆皮,将粉尘清干净后,刷第二遍清漆,依此法再涂刷第三遍交活漆,刷后,要做好成品的保护工作,防止漆膜损坏。

四、木饰面混色油漆施工

适用于木制家具、门窗及木饰表面中的中、高级木饰表面的施涂混色油漆工程。常用混色油漆有磁性调和漆、油性调和漆。

1. 施工工艺流程

基层处理→刷底子油→抹腻子→磨砂纸→刷第一遍混色漆→刷第二遍油漆→刷第三遍清漆→清理。

2. 施工要点

(1)基层处理,除去表面灰尘、油污胶迹、木毛刺等,对缺陷部位进行填补、磨光、脱色处理。清扫、起钉子、除油污、刮灰土,刮时不要刮出木毛并防止刮坏抹灰面层;铲去脂囊,将脂迹刮净,流松香的节疤挖掉,较大的脂囊应用木纹相同的材料用胶镶嵌;磨砂纸,先磨线角后磨四口平面,顺木纹打磨,有小活翘皮用小刀撕掉,有重皮的地方用小钉子钉牢固;点漆片,在木节疤和油迹处,用酒精漆片点刷。

(2)刷底子油,严格按涂刷次序涂刷,做到刷到刷匀。

刷清油一遍:清油用汽油、光油配制,略加一些红土子(避免漏刷不好区分),先从框上部左边开始,顺木纹涂刷,框边涂油不得碰到墙面上,厚薄要均匀,框上部刷好后,再刷亮子。

刷窗扇时,如为两扇窗,应先刷左扇后刷右扇;三扇窗应最后刷中间一扇。窗扇外面全部刷完后，用挺钩钩住，不可关闭，然后再刷里面。

刷门时，先刷亮子，再刷门框，门扇的背面刷完后，用木楔将门扇固定，最后刷门扇的正面。全部刷完后，检查有无遗漏，并注意里外门窗油漆分色是否正确，并将小五金等处沾染的油漆擦净，此道工序亦可在框或扇安装前完成。

(3)抹腻子，清油干透后，将钉孔、裂缝、节疤以及边棱残缺处，用石膏油腻子嵌批平整，腻子要横抹竖起，将腻子刮入钉孔裂纹内。如接缝或裂纹较宽、孔洞较大时，可用开刀将腻子挤入缝洞内，使腻子嵌入后刮平、收净，表面上的腻子要刮光，无野腻子、残渣。上下冒头、榫头等处均应批刮到。

(4)磨砂纸，腻子干透后，用1号砂纸打磨，磨法与底层磨砂纸相同，不要磨穿油膜，保护好棱角，不留松散腻子痕迹。磨完后，应打打干净，并用潮布将散落的粉尘擦净。

(5)刷第一遍混色漆，刷铅油，先将色铅油、光油、清油、汽油、煤油等(冬季可加入适量催干剂)混合在一起搅拌过箩，可使用红、黄、蓝、白、黑铅油调配成各种所需颜色的铅油涂料。其稠度以达到盖底、不流淌、不显刷痕为准。厚薄要均匀。一扇门或窗刷完后，应上下左右观察检查一下，有无漏刷、流坠、裹楞及透底，最后将窗扇打开钩上挺钩，木门窗下口要用木楔固定。

(6)打砂纸，等腻子干透后，用1号以下的砂纸打磨，做法同前，磨好后用潮布将粉尘擦干净。然后安装玻璃。

(7)刷第二遍油漆，刷铅油，做法同前。

用潮布或废报纸将玻璃内外擦干净，注意不得损伤油灰表面和八字角(如打玻璃胶应待胶干透)。然后用1号砂纸或旧细砂纸轻磨一遍。方法同前，不要把底油磨穿，要保护好棱角。磨好后用潮布将粉尘擦干净。

(8)刷第三遍清漆，要注意刷油饱满，不流不坠，光亮均匀，色泽一致。油灰(玻璃胶)要干透。刷完油漆后，要仔细检查一遍，发现有毛病之处，应及时修整。最后用挺钩或木楔子将门窗固定好。

五、美术油漆施工

美术油漆涂饰，是在油漆面层时采用漏花板遮挡或刻花模子滚涂以及彩绘等特殊手段，产生各种图案的施涂方法。

1. 仿木纹油漆涂饰

仿木纹，亦称木丝，一般是仿硬质木材的木纹(如黄菠萝、水曲柳、榆木、核桃楸等)，通过艺术手法用油漆把它涂到室内墙面上，花纹如同镶木墙裙一样，在门窗上亦可用同样的方法涂仿木纹。施工材料主要有：清油、腻子、调和漆、清漆、松节油。

(1)施工工艺流程。

清理基层→弹水平线→涂刷清油→刮腻子→砂纸磨光→刮色腻子→砂纸磨光→涂饰调和漆→再涂饰调和漆→弹分格线→刷面层油→做木纹→用干刷轻扫→划分格线→涂饰清漆。

(2)施工要点。

1)涂饰前测量室内的高度，一般仿木纹墙裙高度为室内净高的1/3左右，但不应高于1.30m，而不低于0.80m。

2)分格时，应注意横、竖木纹板的尺寸比例关系，使之比例和谐，竖木纹约为横木纹的四倍左右。

3)底子的颜色以浅黄色或浅米色为宜，为求底子油漆的颜色和木料的本色接近。

4)面层油漆的颜色，要比底子油漆深，且不得掺快干油，宜选用结膜较慢的清漆，以满足工作黏度的要求。

5)第二遍腻子应加少量石黄,以便和第一遍腻子颜色有区别,可以防止漏刷。但第三遍腻子应比第一遍腻子略稀一些。

6)做木纹、用于刷轻扫,用不等距锯齿橡皮板在面层涂料上作曲线木纹,然后用钢梳或软干毛刷轻轻扫出木纹的棕眼,形成木纹。

7)划分格线,待面层木纹干燥后,划分格线。

8)刷罩面清漆,待所做木纹、分格线干透后,表面涂刷清漆。清漆罩面,要求刷匀刷到、不起皱皮。

2. 仿石纹油漆涂饰

仿石纹是一种高级油漆涂饰工程。亦称假大理石或油漆石纹。用丝锦经温水浸泡后,拧去水分,用手甩开使之松散,以小钉挂在墙面上,并将丝绵理成如大理石各种纹理状。

喷涂大理石纹,可用干燥快磁漆、喷漆;刷涂大理石纹,可用伸展性好的调和漆,因伸展性好,才能化开刷纹。

(1)施工工艺流程。

清理基层→涂刷底油(清油加少量松节油)→刮腻子→砂纸磨光→刮腻子→砂纸磨光→涂饰两遍调和漆→涂喷三遍色→划色线→涂饰清漆。

(2)施工要点。

1)应在第一遍涂料表面上进行。

2)待底层所涂清油干透后,刮两遍腻子,磨两遍砂纸,拭掉浮粉,再涂饰两遍色调和漆,采用的颜色以浅黄色或灰绿色为好。

3)色调和漆干透后,将用温水浸泡的丝绵拧去水分,再甩开,使之松散,以小钉子挂在油漆好的墙面上,用手整理丝绵成斜纹状,如石纹一般,连续喷涂三遍色,喷涂的顺序是浅色、深色,而后喷白色。

4)油色抬丝完成后,需停10～20min,即可取下丝绵,待喷涂的石纹干后再行划线,等线干后再刷一遍清漆。

(3)仿石纹油漆涂饰常做成仿各色大理石和仿粗纹大理石饰面。

1)各色大理石饰面,油漆的颜色一般以底层油漆的颜色为基底,再喷涂深、浅二色。喷涂的顺序是浅色→深色→白色,共为三色。常用的颜色为浅黄、深绿两种,也有用黑色、咖啡色和翠绿色等。喷完后,即将丝绵揭去,墙面上即显出大理石纹。可做成浅绿色底黑绿色花纹的大理石,亦可做成浅棕色底深棕色花纹和浅灰色底墨色花纹大理石等。待所喷的油漆干燥后,再涂饰一遍清漆。

2)粗纹大理石饰面,在底层涂好白色油漆的面上,再涂饰一遍浅灰色油漆,不等干燥就在上面刷上黑色的粗条纹,条纹要曲折不能平直。在油漆将干而未干时,用干净刷子把条纹的边线刷混,刷到隐约可见,使两种颜色充分调和,干后再刷一遍清漆,即成粗纹大理石纹。

3. 套色花饰涂饰

套色花饰,是在墙面涂饰完油漆或涂料工程的基础上,用特制的漏花板,有规律地将各种颜色的油漆或涂料刷(喷)墙面上,产生美术图案。它具有壁纸的艺术效果,亦称假壁纸、仿壁纸油漆。

套色花饰主要用材料有:调和漆(或涂料)、清油、立德粉、色粉、汽油、双飞粉、水胶等。

若用涂料,可选用106胶,聚乙烯醇缩甲醛内墙涂料,硅酸钾无机涂料及硅溶液无机涂料等。

(1)施工工艺流程。

1)油漆套色花饰涂饰工艺流程：

清理基层→弹水平线→刷底油(清油)→刮腻子→砂纸磨光→刮腻子→砂纸磨光→弹分色线→涂饰调和漆→再涂饰调和涂→漏花(几种颜色漏几遍)→划线。

2)涂料套色花饰涂饰工艺流程:清理基层→涂刷底浆→弹线→涂刷色浆→漏花→划线。

(2)施工要点。

1)套色漏花涂饰一般是在油漆工程结束后进行,老墙,应把基层的灰尘、油污除尽,原来的油漆面层已有损坏,应重新涂饰;新墙,基层干燥、清洁,可不作处理,可直接进行涂饰。

2)图案花纹的颜色必须试配,使之深浅适度,协调柔和,并有立体感。

3)漏花时,图案板必须注意找好垂直,每一套色为一个板面,每个板面四角均有标准(俗称规矩),必须对准,不应有位移,更不得将板翻用。

4)宜按喷印方法进行,并按分色顺序喷印。套色漏花时,第一遍油漆干透后,再涂第二遍色油漆,以防混色。

5)各套色的花纹,板要对准、组织严密,不得有漏喷(刷)和漏底子的现象。

6)配料的稠度应适当,过稀易流淌,污染墙面;过稠易堵塞喷油嘴。

7)施工前应对漏花板进行检查,确认无任何损伤缺陷,方能进行施工。并应根据设计要求的颜色做样板试验,试验时,将颜色油漆涂饰在刷白漆的木板或涂饰在玻璃上,干燥结膜后视其是否与要求的颜色相同,以及干燥时间和遮盖程度。

8)漏花板每用3～5次,应用干燥而洁净的布抹去背面和正面的油漆,以防污染墙面。

4. 面层鸡皮皱油漆涂饰

鸡皮皱是一种高级油漆涂饰工程,使用材料有:清油、立德粉、双飞粉(麻斯面)、松节油、柴油、调和漆、颜料等。用拍打鸡皮皱的平板刷拍出的皱皮美丽、疙瘩均匀,可做成各种颜色,具有隔声、协调光的特点(有光但不反射),给人以舒适感。

(1)施工工艺流程。

清理基层→涂刷底油(清油)→刮腻子→砂纸磨光→刮腻子→砂纸磨光→刷调和漆→刷鸡皮皱油→拍打鸡皮皱纹。

(2)施工要点。

1)在涂饰好油漆的底层上,涂上拍打鸡皮皱纹的油漆,其配合比十分重要,否则拍打不成鸡皮皱纹。

2)涂饰面层的厚度约为1.5～2.0mm,比一般涂饰的油漆要厚一些。涂饰鸡皮皱油漆和拍打鸡皮皱纹是同时进行的,应由两人操作,即前面一人涂饰,后面人随着拍打。拍打的刷子(如图7-2)应平行墙面,距离20cm左右,刷子一定要放平,一起一落,拍击成稠密而撒布均匀的疙瘩,犹如鸡皮皱纹一样。

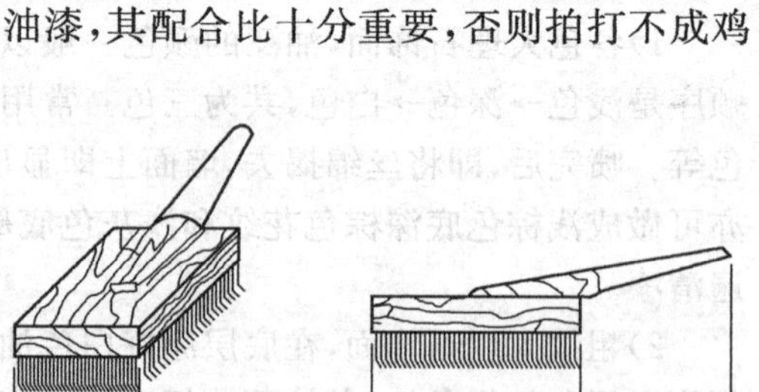

图7-2 平板刷(单位:mm)

5. 滚花油漆涂饰

一般油漆工程完成后,在面层油漆基础上进行的涂饰施工称为滚花涂饰。

(1)施工工艺流程。

清理基层→涂饰底漆→弹线→滚花→划线。

(2)施工要点。

1)涂饰前,在橡胶或软塑料的辊筒上,按设计要求的花纹图案刻制成模子。

2)操作时,应在面层油漆表面弹出垂直粉线,然后沿粉线进行。滚筒的轴必须垂直于粉线,不得歪斜。

3)花纹应均匀一致,图案、颜色调和符合设计要求。

4)滚花完成后,周边应划色线或做花边方格线。

六、金属基层混色油漆施工

适用于建筑装饰中的金属面的中、高级混色油漆工程。可选用油漆有:混色油漆(磁性调和漆、油性调和漆)、清漆、醇酸清漆、醇酸磁漆、防锈漆(红丹防锈漆、铁红防锈漆)等。

1. 施工工艺流程

基层处理→涂防锈漆→刮腻子→磨砂纸→刷第一遍油漆→抹腻子→磨砂纸→刷第二遍油漆→磨砂纸→刷第三遍清漆。

以上是高级金属面的油漆,如果中级油漆工程,则少刷一遍油漆、不满刮腻子。

2. 施工要点

(1)基层处理,清扫、除锈、磨砂纸。将钢门窗和金属表面上浮土、灰浆等打扫干净。已刷防锈漆但出现锈斑的金属表面,须用铲刀铲除底层防锈漆后,再用钢丝刷和砂布彻底打磨干净,补刷一道防锈漆。

金属表面的处理,除去除油脂、污垢、锈蚀外,最重要的是表面氧化皮的清除,常用的办法有三种,即机械和手工清除、火焰清除、喷砂清除。

(2)涂防锈漆,根据不同基层要彻底除锈、满刷(或喷)防锈漆一至两道。

对安装过程的焊点、防锈漆磨损处,进行清除焊渣、除锈,补一至两道防锈漆。防锈漆干透后,将金属表面的砂眼、凹坑、缺棱拼缝等处找补腻子,做到基本平整。

(3)刮腻子,用开刀或胶皮刮板满刮一遍石膏或原子灰腻子,要刮得薄,收得干净,均匀平整,无飞刺。

(4)磨砂纸,打磨时注意保护棱角,达到表面平整光滑,线角平直,整齐一致。用1号砂纸轻轻打磨,将多余腻子打掉,并清理干净灰尘。

(5)刷第一道油漆,要厚薄均匀,线角处要薄一些但要盖底,不现出流淌,不显刷痕。

刷铅油,油的稠度以达到盖底、不流沿、不显刷痕为宜,铅油的颜色要符合样板的色泽。刷铅油时,应从框上部左边开始涂刷,框边刷油时,不得刷到墙上,要注意内外分色,厚薄要均匀一致,上部刷完再刷框子下部。刷窗扇时,如两扇窗,应先刷左扇后刷右扇;三扇窗者,最后刷中间一扇。窗扇外面全部刷完后,用挺钩钩住再刷里面。

要重点检查线角和阴、阳角处有无流坠、漏刷、裹棱、透底等毛病,并应及时修整达到色泽一致。

(6)抹腻子、待油漆干透后,对于底腻子收缩或残缺处,再用石膏腻子补抹。

(7)磨砂纸,待腻子干透后,用1号砂纸打磨,要求同前。磨好后,用潮布将磨下的粉尘擦净。

(8)刷第二遍油漆,方法同刷第一道油漆,但要增加油的总厚度。

(9)磨最后一道砂纸,由于是最后一道,砂纸要轻磨,磨完后用湿布打扫干净。用1号或旧砂纸打磨,达到表面平整光滑,线角平直,整齐一致。

(10)刷最后一道清漆,要多刷多理,刷油饱满,不流不坠,光亮均匀,色泽一致,如有毛病要及时修整。

(11)在油灰上刷油，应等油灰达到一定强度后方可进行，刷油动作要敏捷，刷子要轻飘、油要均匀，不损伤油灰表面光滑，八字见线。

第六节 涂饰工程施工质量要求

一、水性涂料涂饰

(1)水性涂料涂饰工程所用涂料的品种、型号和性能应符合设计要求。

(2)水性涂料涂饰工程的颜色、图案应符合设计要求。

(3)水性涂料涂饰工程应涂饰均匀、黏结牢固，不得漏涂、透底、起皮和掉粉。

(4)水性涂料涂饰工程的基层处理应符合《建筑装饰装修工程质量验收规范》(GB 50210—2001)的要求。

(5)薄涂料的涂饰质量和检验方法应符合表 7-6 的规定。

表 7-6 薄涂料的涂饰质量和检验方法

项目	普通涂饰	高级涂饰	检验方法
颜色	均匀一致	均匀一致	观察
泛碱、咬色	允许少量轻微	不允许	
流坠、疙瘩	允许少量轻微	不允许	
砂眼、刷纹	允许少量轻微砂眼，刷纹通顺	无砂眼，无刷纹	
装饰线、分色线直线度允许偏差(mm)	2	1	拉 5m 线，不足 5m 拉通线，用钢直尺检查

(6)厚涂料的涂饰质量和检验方法应符合表 7-7 的规定。

表 7-7 厚涂料的涂饰质量和检验方法

项 目	普通涂饰	高级涂饰	检验方法
颜色	均匀一致	均匀一致	观察
泛碱、咬色	允许少量轻微	不允许	
点状分布	—	疏密均匀	

(7)复层涂料的涂饰质量和检验方法应符合表 7-8 的规定。

表 7-8 复层涂料的涂饰质量和检验方法

项 目	质量要求	检验方法
颜色	均匀一致	观察
泛碱、咬色	不允许	
喷点疏密程度	均匀，不允许连片	

(8)涂层与其他装修材料和设备衔接处应吻合，界面应清晰。

二、溶剂型涂料涂饰

(1)溶剂型涂料涂饰工程所选用涂料的品种、型号和性能应符合设计要求。

(2)溶剂型涂料涂饰工程的颜色、光泽、图案应符合设计要求。

(3)溶剂型涂料涂饰工程应涂饰均匀、黏结牢固,不得漏涂、透底、起皮和反锈。

(4)溶剂型涂料涂饰工程的基层处理应符合《建筑装饰装修工程质量验收规范》(GB 50210—2001)的要求。

(5)色漆的涂饰质量和检验方法应符合表 7-9 的规定。

表 7-9　　色漆的涂饰质量和检验方法

项　目	普通涂饰	高级涂饰	检验方法
颜色	均匀一致	均匀一致	观察
光泽、光滑	光泽基本均匀光滑无挡手感	光泽均匀一致光滑	观察、手摸检查
刷纹	刷纹通顺	无刷纹	观察
裹棱、流坠、皱皮	明显处不允许	不允许	观察
装饰线、分色线直线度允许偏差(mm)	2	1	拉 5m 线,不足 5m 拉通线,用钢直尺检查

注:无光色漆不检查光泽。

(6)清漆的涂饰质量和检验方法应符合表 7-10 的规定。

表 7-10　　清漆的涂饰质量和检验方法

项　目	普通涂饰	高级涂饰	检验方法
颜色	基本一致	均匀一致	观察
木纹	棕眼刮平、木纹清楚	棕眼刮平、木纹清楚	观察
光泽、光滑	光泽基本均匀光滑无挡手感	光泽均匀一致光滑	观察、手摸检查
刷纹	无刷纹	无刷纹	观察
裹棱、流坠、皱皮	明显处不允许	不允许	观察

(7)涂层与其他装修材料和设备衔接处应吻合,界面应清晰。

三、美术涂饰施工

(1)美术涂饰所用材料的品种、型号和性能应符合设计要求。

(2)美术涂饰工程应涂饰均匀、黏结牢固,不得漏涂、透底、起皮、掉粉和反锈。

(3)美术涂饰工程的基层处理应符合《建筑装饰装修工程质量验收规范》(GB 50210—2001)的要求。

(4)美术涂饰的套色、花纹和图案应符合设计要求。

(5)美术涂饰表面应洁净,不得有流坠现象。

(6)仿花纹涂饰的饰面应具有被模仿材料的纹理。

(7)套色涂饰的图案不得移位,纹理和轮廓应清晰。

本章思考重点

1. 涂料的选择原则是什么？
2. 多彩花纹内墙涂料施工要点是什么？
3. 合成树脂乳液内墙涂料施工要点是什么？
4. 聚乙烯醇水玻璃内墙涂料施工要点是什么？
5. 外墙薄质涂料施工要点是什么？
6. 外墙彩砂类涂料施工要点是什么？
7. 聚氨酯仿瓷涂料施工要点是什么？
8. 仿天然石涂料施工要点是什么？
9. 油漆涂饰一般工艺是什么？

第八章 门窗装饰施工技术

第一节 木门窗安装

一、木门窗安装

木门窗的安装有两种方法:立口法安装和塞口法安装。

1. 立口法安装

立口法安装又称为立樘子,是指将加工合格的门、窗框先立在墙体的设计位置上,再砌两侧的墙体。这种安装方法多用于砖结构或砖混结构的主体。立口之前,先在地面或砌筑好了的墙面(顶面)画出门、窗框的中心线和边线,然后按线将门、窗框立上,接着校正好门、窗框的垂直度及上下槛的水平度,最后以支撑支牢,如图 8-1 所示。

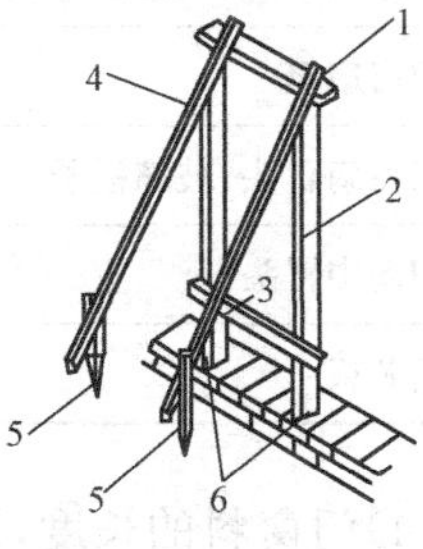

图 8-1 立口法

1—走头;2—框;

3—横撑;4—临时支撑;

5—木桩;6—锯口线

立框时,要注意门、窗的开启方向和墙体的抹灰厚度,各门、窗框都要立在同一水平面和同一垂直面内,并要与地面垂直,各楼层的窗框也要对齐。

砖结构、砖混结构在做主体结构砌筑时,砌筑门、窗框两侧的墙体应按要求预埋木砖,木砖在埋设前应做好防腐处理,每侧墙内预埋木砖的数量不准少于两块。

2. 塞口法安装

塞口法安装门窗框是指在主体结构施工时按设计要求的门窗位置预留出门窗洞口,主体结构施工完毕经验收合格后,再将门窗框塞入并进行固定。塞口法安装门窗墙体结构预留洞口的尺寸应大出 20mm 左右,门窗框塞入后,先用木楔临时固定,校正后应横平、竖直,缝隙宽窄一致,确认无误后,再用钉子将门窗框钉固在墙体的预埋木砖上。

二、木门窗制作与安装

1. 工艺流程

放样→配料、截料→刨料→划线→打眼→开榫、拉肩→裁口和倒棱→拼装→门窗框安装→门窗扇安装→门窗小五金安装。

2. 施工要点

(1)放样。放样是根据施工图纸上设计好的木制品,按照足尺 1∶1 将木制品构造画出来,做成样板(或样棒),样板采用松木制作,双面刨光,厚约 25cm,宽等于门窗樘子梃的断面宽,长比门窗高度大 200mm 左右,经过仔细校核后才能使用,放样是配料和截料、划线的依据,在使用的过程中,注意保持其划线的清晰,不要使其弯曲或折断。

(2)配料、截料。

1)配料前要熟悉图纸,了解门窗的构造、各部分尺寸、制作数量和质量要求,计算出各部分的尺寸和数量，列出配料单，按配料单进行配料。

2)配料时，要先配长料后配短料，先配框料后配扇料，使木料得到充分合理的使用。

3)门窗制作时，需要大量刨削，接装时会有损耗，因此配料须加大尺寸。具体加大量可参考如下：断面尺寸：单面刨光加大1～1.5mm，双面刨光加大2～3mm。机械加工时单面刨光加大3mm，双面刨光加大5mm。门窗构件长度的加工余量，见表8-1。

表 8-1　门窗构件长度的加工余量

构件名称	加工余量
门樘立梃	按图纸规格放长7cm
门窗樘冒头	按图纸放长10cm，无走头时放长4cm
门窗樘中冒头、窗樘中竖梃	按图纸规格放长1cm
门窗扇梃	按图纸规格放长4cm
门窗扇冒头、玻璃棂子	按图纸规格放长1cm
门扇中冒头	在五根以上者，有一根可考虑做半榫
门芯板	按图纸冒头及扇梃内净距放长各2cm

4)门窗料的长度，因门窗框的冒头有走头(加长端)，冒头(门框的上冒头、窗框的上、下冒头)两端各需加长120mm，以便砌入墙的锚固。无走头时，冒头两端各加长20mm，安装时，再根据门洞或窗洞尺寸决定取舍，需埋入地坪60mm，以便入地坪以下使门框牢固。在楼层上的门框只加长20～30mm。一般窗框的梃、门窗冒头、窗棂等可加长10～15mm，门窗扇的梃加长30～50mm。

5)在选配的木料上按毛料尺寸划分出截断，锯开线，考虑到锯解木料时的损耗，一般留出2～3mm的损耗量。锯切时，要注意锯线直，端面平，并注意不要锯锚线，以免造成浪费。

(3)刨料。

1)刨料前，宜选择纹理清晰，无节疤和毛病较少的材面作为正面。对于框梁，任选一个窄面为正面。对于扇料，任选一个宽面为正面。

2)刨料时，应当顺着木纹刨削，以免戗槎。刨削中常用尺寸量测部件的尺寸是否满足要求，不要刨过量，影响门窗的质量。

3)正面刨平直以后，要打上记号，再刨垂直的一面，两个面的夹角必须是90°，一面刨料，一面用角尺测量。然后，以这两个面为准，用勒子在料上画出所需要的厚度和宽度线。整根料刨好，这两根线也不能刨掉。

4)门窗的框料靠墙的面可以不刨光，但要刨出两道灰线。扇料必须四面刨光，划线时才能准确。料刨好后，应按框，扇分别码好，上下对齐，放料的场地要求平整，坚实。

(4)划线。划线是根据门窗的构造要求，在各根刨好的木料上划出榫头线，打眼线等。

划线前，先要弄清楚榫、眼的尺寸和形式，什么地方做榫，什么地方凿眼，弄清图纸要求和样板式样，尺寸、规格必须一致，并先做样品，经审查合格后再正式划线。

门窗樘无特殊要求时，可用平肩插。樘梃宽超过80mm时，要画双实榫；门扇梃厚度超过60mm时，要画双头榫。60mm以下画单榫。冒头料宽度大于180mm者，一般画上下双榫。榫眼厚度一般为料厚的1/4～1/3。半榫眼深度一般不大于料断面的1/4，冒头拉肩应和榫吻合。

成批画线应在画线架上进行。把门窗料叠放在架子上，将螺钉拧紧固定，然后用丁字尺一次画下来，既准确又迅速，并标识出门窗料的正面或看面。所有榫、眼注明是全眼还是半眼，透榫还是半榫。正面眼线画好后，要将眼线画到背面，并画好倒棱、裁口线，这样所有的线就画好了，要求线要画得清楚、准确、齐全。

(5)打眼。

1)凿眼时，要选择与眼的宽度相等的凿子，凿刃要锋利，刃口须磨齐平，中间不能突起成弧形。先凿透眼，后凿半眼，凿透眼时先凿背面，凿到 1/2 眼深，把木料翻过来凿正面，直到把眼凿透。另外，眼的正面边线要凿去半条线，留下半条线，榫头开榫时也留半线，榫、眼合起来为一整线，这样的榫、眼结合才紧密。眼的背面按线凿，不留线，使眼比面略宽，这样的眼状榫头时，可避免挤裂眼口四周。

2)凿好的眼，要求方正，两边要平直，眼内清洁，无木渣。

3)成批生产时，要经常核对，检查眼的位置尺寸，以免发生误差。

(6)开榫、拉肩。开榫又称倒卵，就是按榫头线纵向锯开。拉肩就是锯掉榫头两旁的肩头，通过开榫和拉肩操作就制成了榫头。

拉肩、开榫要留半个墨线。锯出的榫头要方正、平直、榫眼处完整无损，没有被拉肩操作面锯伤。半榫的长度应比半眼的深度少 2～3mm。锯成的榫要求方、正，不能伤榫根。楔头倒棱，以防装楔头时将眼背面顶裂。

(7)裁口和倒棱。倒棱和裁口是在门框梃上做出，倒棱起装饰作用，裁口是对门扇在关闭时起限位作用。倒棱要平直，宽度要均匀；裁口要方正平直，不能有戗槎起毛、凹凸不平的现象，严禁裁口的角上木料未刨净。

(8)拼装。

1)组装门窗框、扇前，应选出各部件的正面，使组装后正面在同一面，把组装后刨不到的面上的线用砂纸打掉。门框组装前，先在两根框梃上量出门高，用细锯锯出一道锯口，或用记号笔划出一道线。这就是室内地坪线，作为立框的标记。

2)门窗框的组装，是把一根边梃的眼里，再装上另一边的梃；用锤轻轻敲打拼合，敲打时要垫木块防止打坏榫头或留下敲打的痕迹。待整个拼好归方以后，再将所有榫头敲实，锯断露出的榫头。拼装先将楔头沾抹上胶再用锤轻轻敲打拼合。

3)门窗扇的组装方法与门窗框基本相同。但木扇有门心板，须先把门心板按尺寸裁好，一般门心板应比门扇边上量得的尺寸小 3～5mm，门心板的四边去棱，刨光净好。然后，先把一根门梃平放，将冒头逐个装入，门心板嵌入冒头与门梃的凹槽内，再将另一根门梃的眼对准榫装入，并用锤垫木块敲紧。

4)门窗框、扇组装好后，为使其成为一个结实的整体，必须在眼中加木楔，将榫在眼中挤紧。木楔长度与榫头一样长，宽度比眼宽窄 2～3mm，楔子头用扁铲顺木纹铲尖。加楔时，应先检查门框、扇的方正，掌握其歪扭情况，以便再加楔时调整、纠正。

5)一般每个榫头内必须加两个楔子。加楔子时，用凿子或斧子把榫头凿出一道缝，将楔子两面抹上胶插进缝内，敲打楔子要先轻后重，逐步撙入，不要用力太猛。当楔子已打不动，孔眼已卡紧饱满时，就不要再敲，以免将木料撴裂。在加楔过程中，对框、肩要随时用角尺或尺杆卡窜角找方正，并校正框、扇的不平处，加楔时注意纠正。

6)组装好的门窗框、扇细刨后用砂纸修平修光。双扇门窗要配好对，对缝的裁口刨好。安装前，门窗框靠墙的一面，均要刷一道沥青，以增加防腐能力。

7)为了防止在运输过程中门窗框变形，在门框下端钉上拉杆，拉杆下皮正好是锯口。大的门窗框，在中贯档与梃间要钉八字撑杆，外面四个角也要钉八字撑杆。

8)门窗框组装、净面后，应按房间编号，按规格分别码放整齐，堆垛下面要垫木块。不准在露天堆放，要用油布盖好，以防止日晒雨淋。门窗框进场后应尽快刷一道底油防止风裂和污染。

(9)门窗框安装。

1)主体结构完工后，复查洞口标高、尺寸及木砖位置。

2)将门窗框用木楔临时固定在门窗洞口内相应位置。

3)用吊线坠校正框的正、侧面垂直度，用水平尺校正框冒头的水平度。

4)用砸扁钉帽的钉子钉牢在木砖上。钉帽要冲入木框内1～2mm，每块木砖要钉两处。

5)高档硬木门框应用钻打孔木螺丝拧固并拧进木框5mm用同等木补孔。

(10)门窗扇安装。

1)安装门、窗扇前，先要检查门窗框上、中、下三部分是否一样宽，如果相差超过5mm，就必须修整。核对门、窗扇的开启方向，并打记号，以免把扇安错。安装扇前，预先量出门窗框口的净尺寸，考虑风缝(松动)的大小，再好进一步确定扇的宽度和高度，并进行修刨。应将门扇固定于门窗框中，并检查与门窗框配合的松紧度。由于木材有干缩湿胀的性质，而且门窗扇、门窗框上都需要有油漆及打底层的厚度，所以安装时要留封。一般门扇对口处竖缝留1.5～2.5mm，窗扇竖缝为2mm。并按此尺寸进行修刨。

2)将修刨好的门窗扇，用木楔临时立于门窗框中，排好缝隙后画出铰链位置。铰链位置距上、下边的距离是门扇宽度的1/10，这个位置对铰链受力比较有利，又可避开头。然后把扇取下来，用扇铲剔出铰链页槽。铰链页槽应外边浅，里边深，其深度应当是把铰链合上后与框、扇平正位准。剔好铰链槽后，将铰链放入，上下铰链各拧一颗螺丝钉把扇挂上，检查缝隙是否符合要求，扇与框是否齐平，扇能否关住。检查合格后，再把螺丝钉全部上齐。

3)门窗扇安装好后要试开，其标准是：以开到哪里就能停到哪里为好，不能有自开或自关的现象。如果发现门窗扇在高、宽上有短缺的情况，高度上应将补钉的板条钉在下冒头下面，宽度上，在安装铰链一边的梃上补钉板条。

(11)门窗小五金安装。

1)所有小五金必须用木螺丝固定安装，严禁用钉子代替。使用木螺丝时，先用手锤钉入全长的1/3，接着用螺丝刀拧入。当木门窗为硬木时，先钻孔径为木螺丝直径0.9倍的孔，孔深为木螺丝全长的2/3，然后再拧入木螺丝。

2)铰链距门窗扇上下两端的距离为扇高的1/10，且避开上下冒头。安好后必须灵活。

3)门锁距地面约高0.9～1.05m，应错开中冒头和边梃的榫头。

4)门窗拉手应位于门窗扇中线以下，窗拉手距地面1.5～1.6m。

5)窗风钩应装在窗框上冒头与窗扇下冒头夹角处，使窗开启后成90°角，并使上下各层窗扇开启后整齐划一。

6)门插销位于门拉手下边。装窗插销时应先固定插销底板，再关窗打插销压痕，凿孔，打入插销。

7)门扇开启后易碰墙的门，为固定门扇应安装门吸。

8)小五金应安装齐全，位置适宜，固定可靠。

三、木门窗安装质量要求

(1)木门窗的木材品种、材质等级、规格、尺寸、框扇的线型及人造木板的甲醛含量应符合设计要求。设计未规定材质等级时，所用木材的质量应符合表8-2、表8-3的规定。

表 8-2　　普通木门窗用木材的质量要求

木材缺陷		门窗扇的立梃、冒头，中冒头	窗棂、压条、门窗及气窗的线脚、通风窗立梃	门心板	门窗框
活节	不计个数，直径/mm	<15	<5	<15	<15
	计算个数，直径	≤材宽的 1/3	≤材宽的 1/3	≤30mm	≤材宽的 1/3
	任 1 延米个数	≤3	≤2	≤3	≤5
死节		允许，计入活节总数	不允许	允许，计入活节总数	
髓心		不露出表面的，允许	不允许	不露出表面的，允许	
裂缝		深度及长度≤厚度及材长的 1/5	不允许	允许可见裂缝	深度及长度≤厚度及材长的 1/4
斜纹的斜率(%)		≤7	≤5	不限	≤12
油眼		非正面，允许			
其他		浪形纹理、圆形纹理、偏心及化学变色，允许			

表 8-3　　高级木门窗用木材的质量要求

木材缺陷		木门扇的立梃、冒头，中冒头	窗棂、压条、门窗及气窗的线脚、通风窗立梃	门心板	门窗框
活节	不计个数，直径/mm	<10	<5	<10	<10
	计算个数，直径	≤材宽的 1/4	≤材宽的 1/4	≤20mm	≤材宽的 1/3
	任 1 延米个数	≤2	0	≤2	≤3
死节		允许，包括在活节总数中	不允许	允许，包括在活节总数中	不允许
髓心		不露出表面的，允许	不允许	不露出表面的，允许	
裂缝		深度及长度≤厚度及材长的 1/6	不允许	允许可见裂缝	深度及长度≤厚度及材长的 1/5
斜纹的斜率(%)		≤6	≤4	≤15	≤10
油眼		非正面，允许			
其他		浪形纹理、圆形纹理、偏心及化学变色，允许			

(2)木门窗应采用烘干的木材，含水率应符合《建筑木门、木窗》(JG/T 122)的规定。

(3)木门窗的防火、防腐、防虫处理应符合设计要求。

(4)木门窗的结合处和安装配件处不得有木节或已填补的木节。木门窗如有允许限值以内的死节及直径较大的虫眼时，应用同一材质的木塞加胶填补。对于清漆制品，木塞的木纹和色泽应与制品一致。

(5)门窗框和厚度大于 50mm 的门窗扇应用双榫连接。榫槽应采用胶料严密嵌合，并应用胶楔加紧。

(6)胶合板门、纤维板门和模压门不得脱胶。胶合板不得刨透表层单板，不得有戗槎。制作胶合板门、纤维板门时，边框和横楞应在同一平面上，面层、边框及横楞应加压胶结。横楞和上、下冒头应各钻两个以上的透气孔，透气孔应通畅。

(7)木门窗的品种、类型、规格、开启方向、安装位置及连接方式应符合设计要求。

(8)木门窗框的安装必须牢固。预埋木砖的防腐处理、木门窗框固定点的数量、位置及固定方法应符合设计要求。

(9)木门窗扇必须安装牢固，并应开关灵活，关闭严密，无倒翘。

(10)木门窗配件的型号、规格、数量应符合设计要求，安装应牢固，位置应正确，功能应满足使用要求。

(11)木门窗表面应洁净，不得有刨痕、锤印。

(12)木门窗的割角、拼缝应严密平整。门窗框、扇裁口应顺直，刨面应平整。

(13)木门窗上的槽、孔应边缘整齐，无毛刺。

(14)木门窗与墙体间缝隙的填嵌材料应符合设计要求，填嵌应饱满。寒冷地区外门窗(或门窗框)与砌体间的空隙应填充保温材料。

(15)木门窗批水、盖口条、压缝条、密封条的安装应顺直，与门窗结合应牢固、严密。

(16)木门窗制作的允许偏差和检验方法应符合表 8-4 的规定。

(17)木门窗安装的留缝限值、允许偏差和检验方法应符合表 8-5 的规定。

表 8-4　木门窗制作允许偏差和检验方法

项次	项目	构件名称	允许偏差/mm		检验方法
			普通	高级	
1	翘曲	框	3	2	将框、扇平放在检查平台上，用塞尺检查
		扇	2	2	
2	对角线长度差	框、扇	3	2	用钢尺检查，框量裁口里角，扇量外角
3	表面平整度	扇	2	2	用 1m 靠尺和塞尺检查
4	高度、宽度	框	0;−2	0;−1	用钢尺检查，框量裁口里角，扇量外角
		扇	+2;0	+1;0	
5	裁口、线条结合处高低差	框、扇	1	0.5	用钢直尺和塞尺检查
6	相邻棂子两端间距	扇	2	1	用钢直尺检查

表 8-5 木门窗安装留缝限值、允许偏差和检验方法

<table>
<tr><th rowspan="2">项次</th><th rowspan="2" colspan="2">项 目</th><th colspan="2">留缝限值/mm</th><th colspan="2">允许偏差/mm</th><th rowspan="2">检 验 方 法</th></tr>
<tr><th>普通</th><th>高级</th><th>普通</th><th>高级</th></tr>
<tr><td>1</td><td colspan="2">门窗槽口对角线长度差</td><td>—</td><td>—</td><td>3</td><td>2</td><td>用钢尺检查</td></tr>
<tr><td>2</td><td colspan="2">门窗框的正、侧面垂直度</td><td>—</td><td>—</td><td>2</td><td>1</td><td>用 1m 垂直检测尺检查</td></tr>
<tr><td>3</td><td colspan="2">框与扇、扇与扇接缝高低差</td><td>—</td><td>—</td><td>2</td><td>1</td><td>用钢直尺和塞尺检查</td></tr>
<tr><td>4</td><td colspan="2">门窗扇对口缝</td><td>1～2.5</td><td>1.5～2</td><td>—</td><td>—</td><td rowspan="6">用塞尺检查</td></tr>
<tr><td>5</td><td colspan="2">工业厂房双扇大门对口缝</td><td>2～5</td><td>—</td><td>—</td><td>—</td></tr>
<tr><td>6</td><td colspan="2">门窗扇与上框间留缝</td><td>1～2</td><td>1～1.5</td><td>—</td><td>—</td></tr>
<tr><td>7</td><td colspan="2">门窗扇与侧框间留缝</td><td>1～2.5</td><td>1～1.5</td><td>—</td><td>—</td></tr>
<tr><td>8</td><td colspan="2">窗扇与下框间留缝</td><td>2～3</td><td>2～2.5</td><td>—</td><td>—</td></tr>
<tr><td>9</td><td colspan="2">门扇与下框间留缝</td><td>3～5</td><td>3～4</td><td>—</td><td>—</td></tr>
<tr><td>10</td><td colspan="2">双层门窗内外框间距</td><td>—</td><td>—</td><td>4</td><td>3</td><td>用钢尺检查</td></tr>
<tr><td rowspan="4">11</td><td rowspan="4">无下框时门扇与地面间留缝</td><td>外门</td><td>4～7</td><td>5～6</td><td>—</td><td>—</td><td rowspan="4">用塞尺检查</td></tr>
<tr><td>内门</td><td>5～8</td><td>6～7</td><td>—</td><td>—</td></tr>
<tr><td>卫生间门</td><td>8～12</td><td>8～10</td><td>—</td><td>—</td></tr>
<tr><td>厂房大门</td><td>10～20</td><td>—</td><td>—</td><td>—</td></tr>
</table>

第二节 金属门窗安装

一、钢门窗安装

1. 钢门窗分类

(1)钢门窗分为实腹钢门窗和空腹钢门窗两种。

(2)实腹钢门窗是将普通低碳钢经热轧成型材，再经过切割下料、冲(钻)孔、焊接并与相应的附件组装而成。

(3)空腹钢门窗是利用冷轧带钢经过高频焊管机组轧制、焊接成各种型材，再经过机械加工组装而成。同实腹钢门窗相比，空腹钢门窗具有用钢量少，自重轻、刚度大，有一定的保温、隔声性能，但耐腐蚀性能差，在一些工业建筑和档次较低的民用建筑门窗还在使用。

(4)钢门窗不仅耐腐蚀性能差，密闭性(气密性、水密性)也不好，导热系数大，热损耗多，所以高级建筑物，特别是有集中空调设备的大型公共建筑已不再采用。

2. 安装准备

对已运到现场的钢门窗规格、尺寸和数量进行检查、核对，是否符合设计要求；检查各门窗有无翘曲变形、脱焊、漏焊及连接不牢固等缺陷，是否符合质量要求；用水平尺、直尺检查钢门的平整度和对角线，要求表面平整、整体方正；钢窗的上下冒头及开启方向不准出现错误。

实腹钢门、钢窗与空腹钢门、钢窗的五件配件各有不同的要求，其详细情况如下：

(1)实腹钢门部分五金配件要求,见表8-6。

表 8-6　　实腹钢门部分五金配件选用表

	序号	代　号	名　称	规格/mm	适用窗料	应用范围	附　注
铁质零件	1	221	纱门拉手	100	32	用于内开纱门	1. 铁质零件表面电镀锌后钝化处理。 2. 409 插销拉手仅用于一般民用宿舍阳台门,不配门锁的钢门
	2	347	门风钩	184	32、40	用于外开阳台门	
	3	407	暗插销	375	32、40	用于双开扇的门	
	4	409	插销拉手	120	32、40	用于单户阳台或不配门锁的钢门	
铜质零件	5	116	平页合页	90	40	用于特殊要求的钢门	钢门弹子锁 32 料钢门配 9471 或 9472,40 料钢门配 9477 或 9478
	6	118	长页合页	90	40		
	7	222	纱门拉手	100	32	用于内开纱门	
	8	408	暗插销	375	32、40	用于双开扇的门	
	9	420A～423B	弹子门锁		32、40		

(2)实腹钢窗部分五金配件要求,见表 8-7。

表 8-7　　实腹钢窗部分五金配件选用表

	序号	代　号	名称	规　格/mm	适用窗料	应用范围	附　注
铁质零件	1	201A 202A	左执手 右执手		25、32	外开启平开窗	1. 铁质零件表面电镀锌后钝化处理。 2. 330、332 双臂外撑和 336 双臂内撑用的 5×16 撑杆和滑动杆,采用冷拉扁钢加工。 3. 330、332 双臂外撑仅用于双层窗的外层向外开启的平开窗。 4. 201-02 斜形轧头由制造厂铆在窗上出厂
	2	201B 202B	左执手 右执手		25、32	内开启的双扇或单扇平开窗	
	3	201C 202C	左执手 右执手		25、32	内开启的带固定的平开窗	
	4	301	上套眼撑	255	25、32	上悬窗	
	5	302	下套眼撑	235～255	25、32	用平页合页或角型合页的外开启平开窗	
	6	330	双臂外撑	240	25、32	用平页合页的外开启平开窗	
	7	332	双臂外撑	280	25、32	用角型合页的外开启平开窗	
	8	336	双臂内撑	240	25、32	用平页合页的内开启平开窗	

（续）

	序号	代　号	名 称	规　格 /mm	适用窗料	应用范围	附　注
铜质零件	9	205A 206A	左执手 右执手		32、40	外开启平开窗	1. 铜质零件表面需打砂抛光，装配后涂特种淡金水一层以免变色；铁质附件表面电镀锌钝化处理。 2. 330、331、332、333 双臂外撑，适用双层窗的外层向外开启的平开窗。 3. 铜质零件亦可用 925 锌合金代用，表面镀铜、镍、铬抛光或做墨色
	10	205B 206B	左执手 右执手		32、40	内开启的双扇或单扇平开窗	
	11	205C 206C	左执手 右执手		32、40	内开启的带固定平开窗	
	12	209A 210A	联动左执手 联动右执手		32、40	窗扇高度在 1500mm 以上的外开启平开窗	
	13	209B 210B	联动左执手 联动右执手		32、40	窗扇高度在 1500mm 以上的双扇或单扇内开启平开窗	
	14	209C 210C	联动左执手 联动右执手		32、40	窗扇高度在 1500mm 以上的带固定的内开启平开窗	
	15	306	上套眼撑	255	32、40	上悬窗	
	16	307	下套眼撑	235～255	32、40	用平页合页或角型合页的外开启平开窗	
	17	330	双臂外撑	240	32	用平页合页的外开启平开窗	
	18	331	双臂外撑	260	40	用平页合页的外开启平开窗	
	19	332	双臂外撑	280	32	用角型合页的外开启平开窗	
	20	333	双臂外撑	310	40	用角型合页的外开启平开窗	
	21	336	双臂外撑	240	32、40	用平页合页的内开启平开窗	

(3)空腹钢门部分五金配件要求，见表 8-8。

表 8-8　　空腹钢门部分五金配件选用表

	序号	代　号	名　称	规格/mm	应用范围
铁质零件	1	ML30-01	平页合页	80	单开,双开,无亮子,带亮子门
	2	ML31-01	上套眼撑	255	单双,双开,带亮子上悬窗门
	3	ML30-02	下悬窗左合页	42	单开,双开,带亮子下悬窗门
	4	ML30-02 右	下悬窗右合页	42	单开,双开,带亮子下悬窗门
	5	ML32-01 左	下悬窗左连杆	240	单开,双开,带亮子下悬窗门
	6	ML32-01 右	下悬窗右连杆	240	单开,双开,带亮子下悬窗门
	7	ML33-01	蝴蝶插销		单开,双开,带亮子下悬窗门
	8	ML36-02	暗插销	500	双开,无亮子门
	9	ML36-01	暗插销	300	双开,无亮子,带亮子上、下悬固定窗门
	10	9441	单头插芯门锁		单开,双开钢门
	11	ML34-01	纱门拉手		单开,双开钢纱门
	12	ML30-03	纱门弹簧合页	46～52	单开,双开钢门纱门

(4)空腹钢窗部分五金配件要求,见表 8-9。

表 8-9　　空腹钢窗部分五金配件选用表

	序号	名　称	规格/mm	适用范围
铁质零件	1	圆心合页	57	用于中悬扇、中悬平开扇
	2	平页合页	57	用于中悬平开扇、平开扇带腰窗扇
	3	角型(或长页)合页	44	用于中悬平开扇、平开扇带腰窗扇
	4	套栓上撑档	260	用于平开扇带腰窗扇
	5	套栓下撑档	235～260	用于中悬平开扇、平开带腰窗扇
	6	外开执手		用于中悬平开扇、平开带腰窗扇
	7	内开执手		用于平开扇、平开带腰窗扇
	8	蝴蝶插销	50～60	用于中悬扇、中悬平开扇
	9	扣窗合页	52	用于平开扇
	10	扣窗扣钩	125～100	用于平开扇
	11	扣窗上撑档	260	用于平开扇
	12	扣窗下撑档(左)	240	用于平开扇
	13	扣窗下撑档(右)	240	用于平开扇

3. 钢门窗安装

(1)工艺流程。

划线定位→钢门窗就位→钢门窗固定。

(2)施工要点。

1)划线定位。按照设计图纸要求,在门窗洞口上弹出水平和垂直控制线,以确定钢门窗的安装位置、尺寸、标高。水平线应从+50cm水平线上量出门窗框下皮标高拉通线;垂直线应从顶层楼门窗边线向下垂吊至底层,以控制每层边线,并做好标志,确保各楼层的门窗上下、左右整齐划一。

2)钢门窗就位。

①钢门窗安装前，应按设计图纸要求核对钢门窗的型号、规格、数量是否符合要求；拼樘构件、五金零件、安装铁脚和紧固零件的品种、规格、数量是否正确和齐全。

②钢门窗安装前，应逐樘进行检查，如发现钢门窗框变形或窗角、窗梃、窗心有脱焊、松动等现象，应校正修复后方可进行安装。

③检查门窗洞口内的预留孔洞和预埋铁件的位置、尺寸、数量是否符合钢门窗安装的要求，如发现问题应进行修整或补凿洞口。

④安装钢门窗时必须按建筑平面图分清门窗的开启方向是内开还是外开，单扇门是左手开启还是右手开启。然后按图纸的规格、型号将钢门窗樘运到安装洞口处，并要靠放稳当。

⑤在搬运钢门窗时，不可将棍棒等工具穿入窗心或窗梃起吊或杠抬，严禁抛、摔，起吊时要选择平稳牢固的着力点。

⑥将钢门窗立于图纸要求的安装位置，用木楔临时固定，将其铁脚插入预留孔中，然后根据门窗边线、水平线及距外墙皮的尺寸进行支垫，并用托线板靠吊垂直。

⑦钢门窗就位时，应保证钢门窗上框距过梁要有 20mm 缝隙，框左右缝宽一致，距外墙皮尺寸符合图纸要求。

3)钢门窗固定。

①钢门窗就位后，校正其水平和正、侧面垂直，然后将上框铁脚与过梁预埋件焊牢，将框两侧铁脚插入预留孔内，用水把预留孔内湿润，用1：2较硬的水泥砂浆或 C20 细石混凝土将其填实后抹平。终凝前不得碰动框扇。

②3d 后取出四周木楔，用 1：2 水泥砂浆把框与墙之间的缝隙填实，与框同平面抹平。

③若为钢大门时，应将合页焊到墙中的预埋件上。要求每侧预埋件必须在同一垂直线上，两侧对应的预埋件必须在同一水平位置上。

二、铝合金门窗安装

1. 主要性能特点

(1)密闭性能好。密闭性能好坏，对门窗是很重要的，它将直接影响到门窗的使用功能和能源的消耗。铝合金门窗的密闭性能之所以明显的优于钢木门窗，主要是因为它的加工精度高，组装的严密性好，并且采用了橡胶压条及性能优良的密封材料封缝，加之在施工验收规范中，对其作了十分严格而具体的技术规定，所以它的密闭性能好。

(2)重量轻、强度高。铝合金的密度仅为钢材密度的 1/3，且由于是空腹薄壁挤压的型材，因而每平方米耗用的铝合金型材质量仅为 8～12kg(每平方米钢门窗耗钢量为 17～20kg)，而其强度却接近普通低碳刚，可达 300MPa 以上。

(3)装饰效果好。铝合金门窗表面都经过阳极氧化及电解着色处理。从引进的国外生产线的产品看，多数产品采用了复合膜层，即阳极氧化后进行电泳涂漆处理，氧化膜厚度在 9μm 以上，漆膜厚度为 7μm 以上，颜色呈银白、古铜等色。这种复合膜不仅耐蚀、耐磨，有一定的耐热和防火能力，而且光泽度很高。若在大面积铝合金门窗上再配装适当的并有一定色彩的热反射玻璃或吸热玻璃，建筑物的立面就更显得挺拔而优雅。

(4)经久耐用。铝合金门窗表面有一层极薄而又坚固的氧化铝薄膜，故不锈蚀、不脱落、不褪色，在使用过程中几乎不需要维修，零、配件的使用寿命也长。

2. 选材要求

(1)材料选购门窗料的选择应当考虑材料的性能及其他各项技术指标。一般情况下，门窗料的表面色彩常用古铜色氧化膜(深古铜色、浅古铜色、银白色氧化膜、金色氧化膜等)。氧化膜的厚度应根据设计上的要求去选购,并根据使用的部位应有所区别。

如室内与室外相比,室外对氧化膜的要求应厚一些。根据所在的地区,对氧化膜的要求也应有所区别,如沿海地区和较干燥的内陆城市相比,沿海由于受海风侵蚀较内陆严重,那么,沿海地区对氧化膜的要求应比内陆厚一些,建筑的等级不同,对氧化膜的厚度往往也不一样。所以,氧化膜厚度的确定,应根据气候条件、使用部位、建筑物的等级等诸因素综合考虑。既要考虑耐久性,同时也要注意经济因素。因为氧化膜厚度增加,型材的造价也相应提高。

(2)门、窗料的断面几何尺寸目前已经系列化,但对断面的板壁厚度往往没有硬性规定。虽然断面是空腹薄壁组合断面,但板壁的宽度对耐久性及工程造价影响较大。如果板壁太薄,尽管是组合断面,但也因太薄而易使表面受损或变形,相应的也影响了门、窗抗风压能力。相反,如果板壁较厚,对耐久性有利,可是型材一吨料所加工的铝合金门、窗面积就会减少,投资效益受到一定的影响。所以,门、窗料的板壁厚度应合理,过厚、过薄都是不妥的。一般建筑所用的窗料板壁厚度不宜小于1.6mm,门的断面板壁厚度不宜小于2mm。

(3)各种配件应按设计要求合理选用。

1)门的地弹簧应为不锈钢面或铜面,使用前进行前后左右、开闭速度的调整。液压部分不漏油,暗插为锌合金压铸件,表面镀铬或覆膜。门锁应为双面可开启的锁,门的推手可因设计要求不同而有所差异。除了满足推、拉使用要求外,其装饰效果占有较大比重。所以,弹簧门的推手常用铝合金、不锈钢等材料制成。造型差异较大,有方的,有圆的。

2)推拉窗的拉锁色彩可按设计要求选定,其规格应与窗的规格配套使用,常用锌合金压铸制品,表面镀铬或覆膜。也可用铝合金拉锁,表面氧化,滑轮常用尼龙轮,滑轮是通过滑轮架固定在窗上,滑轮架为镀锌钢制品。

3)平开窗的窗铰应为不锈钢制品,钢片厚度不宜小于1.5mm,并且有松、紧调节装置。滑块一般为铜制品,执手为锌合金压铸制品,表面镀铬或覆膜。也可用铝合金制品,表面氧化。

除了开启扇以外,固定扇使用也不少。因为在大面积的铝合金带形窗中,使用的角度,有时并不需要全部开启,往往安装一部分固定窗。这样做,不仅可以降低工程造价(因为配件减少,安装简单),同时也为门、窗的维修带来方便。

4)固定扇可以用推拉窗扇料,用螺丝固定在窗框上即可。也可以用铝通做框,然后将小方通或槽形压条用螺丝固定在玻璃两侧,起到镶嵌玻璃凹槽的作用。玻璃与小方通之间留有封缝密封的间隙。在大面积固定扇中,此种办法用得较多,不仅可以降低工程造价,也可因铝通规格较多,刚度好,将窗扇做得较大。如门厅、会议室等面积较大的带形窗,采用这种办法较多。

3. 制作与安装

(1)施工工艺流程。

门窗制作→划线定位→防腐处理→窗框就位→窗框的固定→填缝→门窗扇安装→清理。

(2)施工要点。

1)门窗制作。门扇制作时要求慎重选料与下料。选料时要充分考虑材料表面的色彩、料型、壁厚等因素,以保证足够的刚度、强度与装饰性。在确认材料的特点与适用部位之后,要按照设计尺寸进行下料。

①在一般的家庭住宅装修中,如果没有详细的设计图样,仅有门窗洞口尺寸和门扇划分尺寸,下料时要在门窗洞口尺寸中减去安装缝、门窗框尺寸,其余按照门窗扇数均分调整大小。要先计算、画简图,再按图下料。下料原则是竖向框架要满足门窗扇通长高度需要,横档则是总宽度减去竖向框架的宽度。

②切割时要用切割锯严格按照下料的尺寸准确切割。

③门扇组装时应先在竖梃上拟安装部位用手电钻钻孔，用钢筋螺栓连接。钻孔孔径应大于钢筋直径。角铝连接部位靠上或靠下，视角铝规格而定，角铝规格一般选用 22mm×22mm，钻孔可在上下 10mm 处，钻孔直径小于自攻螺栓。两边梃的钻孔部位应一致，否则会使横档不平。

④门扇各节点的固定，上下横档（也有的地区称之为冒头）多数用套螺纹的钢筋固定，中横档用角铝（亦称为角马子）以自攻螺栓固定。先将角铝用自攻螺栓连接在两个边梃上，上下冒头中穿入套螺纹钢筋，套螺纹钢筋再从钻孔中深入边梃，中横档套在角铝上。接着用扳手将上、下冒头用螺母拧紧，中横档再用手电钻上、下钻孔，用自攻螺栓拧紧即可。

⑤安装锁具与拉手时，应先在拟安装的部位用手电钻钻孔，再用曲线锯切割锁孔洞，随后将锁具安装上去。在门梃边上，门锁两边要对正，为保证安装精度，一般在门扇安装后再安装门锁。

⑥制作门框时要根据门的大小，按照设计尺寸下料。一般都是选择 50mm×70mm、50mm×100mm、100mm×25mm 型材做门框梁，具体做法与门扇制作相同。

⑦门框组装时，应先在门的上框和中框部位的边框上钻孔安装角铝，然后将中、上框套在角铝上，用自攻螺栓固定。最后在门框左右设扁铁连接件，并用自攻螺栓紧固。

⑧铝合金窗的制作与安装方法同样包括材料与机具的准备、窗扇制作、窗框制作、窗扇的安装等工序，其中材料与机具的准备、窗扇的安装等工序与铝合金门的准备与安装方法相同。

⑨窗扇制作包括选料、下料和组装。窗扇制作的选料要求基本与门扇制作相同，选好竖向边梃和上、下冒头的窗料以后，将两侧竖向边梃上、下端铣出榫槽，槽的长度分别等于上、下内框的高度，然后在边梃壁上适当的高度钻孔，用不锈钢螺钉固定角铝。

⑩窗扇组装时将上、下冒头深入边的上、下端榫槽之中（铝合金型材断面在设计时已考虑到使上、下冒头的宽度等于边梃内壁的宽度），在上、下冒头与角铝的搭接处钻孔，用不锈钢螺钉拧入，组装窗扇的四只脚都要垂直，随时调整，经检查无扭曲变形后固定，以防窗扇变形影响安装。

2）划线定位。根据设计图纸和土建施工所提供的洞口中心线及水平标高，在门窗洞口墙体上弹出门窗框位置线。放线时应注意：在同一立面的门窗在水平与垂直方向应做到整齐一致，对于预留洞口尺寸偏差较大的部位，应采取妥善措施进行处理。根据设计，门窗可以立于墙的中心线部位，也可将门窗立于内侧，使门窗框表面与内饰面齐平，但在实际工程中将门窗立于洞口中心线的做法较为普遍，因为这样做便于室内装饰的收口处理（特别是在有内窗台板时）。门的安装须注意室内地面的标高，地弹簧的表面应与地面饰面的标高相一致。

3）防腐处理：

①门窗框四周外表面的防腐处理设计有要求时，按设计要求处理。如果设计没有要求时，可涂刷防腐涂料或粘贴塑料薄膜进行保护，以免水泥砂浆直接与铝合金门窗表面接触，产生电化学反应，腐蚀铝合金门窗。

②安装铝合金门窗时，如果采用连接铁件固定，则连接铁件，固定件等安装用金属零件最好用不锈钢件。否则必须进行防腐处理，以免产生电化学反应，腐蚀铝合金门窗。

4）铝合金门窗框就位。按照弹线位置将门窗框立于洞内，调整正、侧面垂直度、水平度和对角线合格后，用对拔木楔做临时固定。木楔应垫在边、横框能够受力部位，以防止铝合金框料由于被挤压而变形。

5）铝合金门窗框固定：

①当墙体上预埋有铁件时，可直接把铝合金门窗的铁脚直接与墙体上的预埋铁件焊牢，焊接处需做防锈处理。

②当墙体上没有预埋铁件时，可用金属膨胀螺栓或塑料膨胀螺栓将铝合金门窗的铁脚固定

到墙上。

③当墙体上没有预埋铁件时，也可用电钻在墙上打 80mm 深、直径为 6mm 的孔，用 L 形 80mm×50mm 的 6mm 钢筋。在长的一端粘涂 108 胶水泥浆，然后打入孔中。待 108 胶水泥浆终凝后，再将铝合金门窗的铁脚与埋置的 6mm 钢筋焊牢。

④如果属于自由门的弹簧安装，应在地面预留洞口，在门扇与地弹簧安装尺寸调整准确后，要浇筑 C25 级细石混凝土固定。

⑤铝合金门边框和中竖框，应埋入地面以下 20～50mm；组合窗框间立柱上、下端，应各嵌入框顶和框底墙体(或梁)内 25mm 以上；转角处的主要立柱嵌固长度应在 35mm 以上。

6)填缝。铝合金门窗的周边填缝，应该作为一道工序完成。例如推拉窗的框较宽，如果像钢窗框那样，仅靠内外抹灰时挤进一部分灰是不够的，难以塞得饱满。所以，对于较宽的窗框，应专门进行填缝。填缝所用的材料，原则上按设计要求选用。但不论使用何种填缝材料，其目的均是为了密闭和防水。以往用得最多的是 1∶2 水泥砂浆。由于水泥砂浆在塑性状态时呈强碱性，pH 值可达 11～13。所以在这种时候，会对铝合金型材的氧化膜有一定影响，特别是当氧化膜被划破时，碱性材料对铝有腐蚀作用。因此，当使用水泥砂浆作填缝材料时，门窗框的外侧应刷涂防腐剂。根据现行规范要求，铝合金门窗框与洞口墙体应采用弹性连接，框周缝隙宽度宜在 20mm 以上，缝隙内分层填入矿棉或玻璃棉毡条等软质材料。框边须留 5～8mm 深的槽口，待洞口饰面完成并干燥后，清除槽口内的浮灰渣土，嵌填防水密封胶。

7)门窗扇安装：

①门窗扇和门窗玻璃应在洞口墙体表面装饰完工验收后安装。

②推拉门窗在门窗框安装固定后，将配好玻璃的门窗扇整体安入框内滑槽，调整好与扇的缝隙即可。

③平开门窗在框与扇格架组装上墙、安装固定好后再安玻璃，即先调整好框与扇的缝隙，再将玻璃安入扇并调整好位置，最后镶嵌密封条及密封胶。

④玻璃密封和固定。玻璃就位后，应及时用胶条固定。型材镶嵌玻璃的凹槽内，一般有以下三种做法：

(a)用橡胶条挤紧，然后在胶条上面注入硅酮系列密封胶。

(b)用 1cm 左右长的橡胶块，将玻璃挤住，然后再注入硅酮系列密封胶。注胶使用胶枪，要注得均匀、光滑，注入深度不宜小于 5mm。

(c)用橡胶压条封缝，挤紧、表面不再注胶。

⑤地弹簧门应在门框及地弹簧主机入地安装固定后再安门扇。先将玻璃嵌入门扇格架并一起入框就位，调整好框扇缝隙，最后填嵌门扇玻璃的密封条及密封胶。

8)清理。铝合金门、窗完工前，应将型材表面的塑料胶纸撕掉。如果发现塑料胶纸在型材表面留有胶痕和其他污物，可用单面刀片刮除擦拭干净，也可用香蕉水清洗干净。

三、涂色镀锌钢板门窗安装

1. 材料准备

在涂色镀锌钢板门窗及其安装工程中，所涉及的异型材种类较多，作用也相当，是工程施工及质量保证都不可或缺的。为了对这些异型材有个大致的了解，这里将以几种主要的异型材加以说明。

(1)门窗拼框异型材。门窗拼框一般适用于制作大面积门窗的时候。拼框是指将基本窗型中的各种窗加以组合而形成组合窗。此时，就需要使用各种拼框型材，并以此为承力物件，将门窗的各个独立部分上下左右相互连接起来。彩板门窗用的拼框异型材断面，如图 8-2 所示。

在图 8-2 中，D 是为各种类型门窗安装配套的副框型材，必要时可以选用。当选用该型材后，该型材成为直接与门窗洞相连接的承力与传力构件。一般用于门窗洞的上部及左右两侧，即用作上槛和两侧边框。另外，该型材还可作为大面积组合门窗的组合管使用。分别起横档（当需竖向拼框时）和竖梃（当横向拼框时）的作用。A 和 B 分别是用于内、外开门及弹簧门的中冒头和下冒头横撑型材。而 C、E 所示的型材则分别是用于普通内、外开门及推拉门的中冒头横撑型材。F 所示的是专用的组合管，严格地讲，A、B、C、E 四种型材应属于扇料，而不应属于框料，这从上面所述的四种型材的主要使用部位即可看出。但由于它们是作为增强型材而使用的，而型材断面尺寸比较大，必要时，也可用作横挡和竖梃。所以，上面把这四种型材也归在了拼框型材之列。

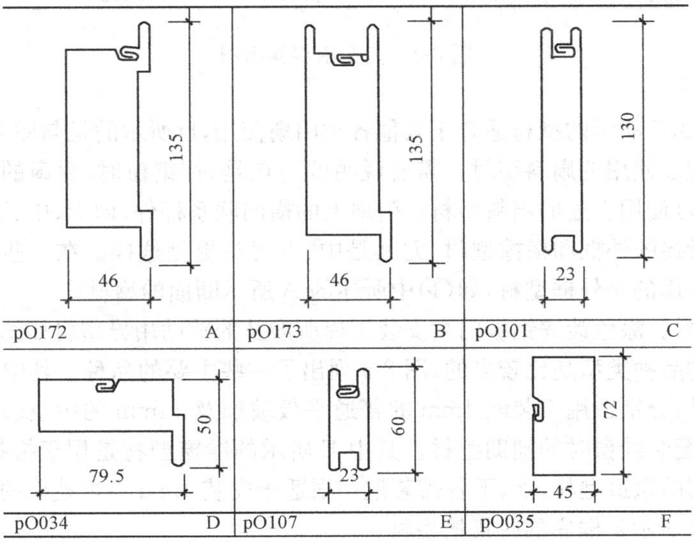

图 8-2　拼框异型材

(2)门窗框异型材。门窗框异型材可算作一般意义上的基本型材，彩板门窗外框型材类型，如图 8-3 所示。

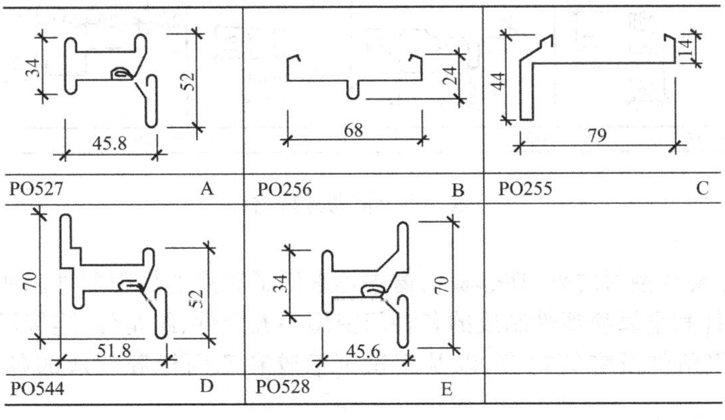

图 8-3　彩板门窗外框型材

图 8-3 中，A 是用于推拉门窗的一种外框型材，可用于门窗周边，型材为内斜结构。B 和 C 为另一种推拉门窗的外框型材，其中 B 所示的型材用于门窗的上部及左、右两侧的外框。而 C 所示的型材是用在推拉门窗下部的外框型材。D 是 SP 系列门窗的外框型材。可用于门窗的周边，也可配合 A 所示的型材作为底部框料，E 则是又一种 SP 系列门窗外框型材，主要用于外开门窗。此外，该种型材还可用作普通门窗的中槛、木梃及窗心子等。

(3)门窗扇异型材。图 8-4 是涂色镀锌玻璃门常用的门窗扇料异型材，主要有四种。

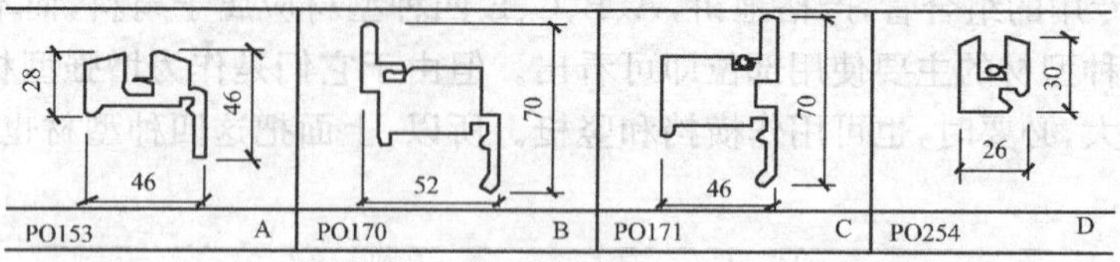

图 8-4　门窗扇料异型材

图 8-4 中，A、B、C 所示的型材适合于其他各类门扇使用，D 所示的是与图 8-2 中 B、C 所示的推拉门窗异型材配套使用的扇料型材。需要说明的一点是，在组窗时，窗扇的四周，即两侧的边梃及上、下冒头均可使用上述的扇料型材。门扇上的横向联系杆件，即上、中、下冒头则常常采用上述(1)和(2)中所述的外框和横撑型材，尤其是中、下冒头更是这样。在一些特殊情况下，甚至连门扇的边梃也采用的是外框型材，如(1)中所述的 A 所示断面的型材。

(4)辅助异型材。涂色镀锌钢板门窗安装工程所涉及的辅助用异型材如图 8-5 所示。

辅助异型材的品种类型是比较多的，图 8-5 列出了一些主要的品种。其中，A、B 所示两种异型材均为玻璃压条，分别适用于装配 4mm 的普通平板玻璃及 14mm 的中空玻璃。而 C、D、E 所示的异型材，都是配装纱窗时的辅助型材。其中 E 所示的纱窗型材是用于推拉窗的。F 所示的型材是推拉门窗用的轨道型材，上、下各需装配一根适于安装 4mm 平板玻璃的扇内玻璃分格条，或称为玻璃背。H 所示是框底的收集槽型材。

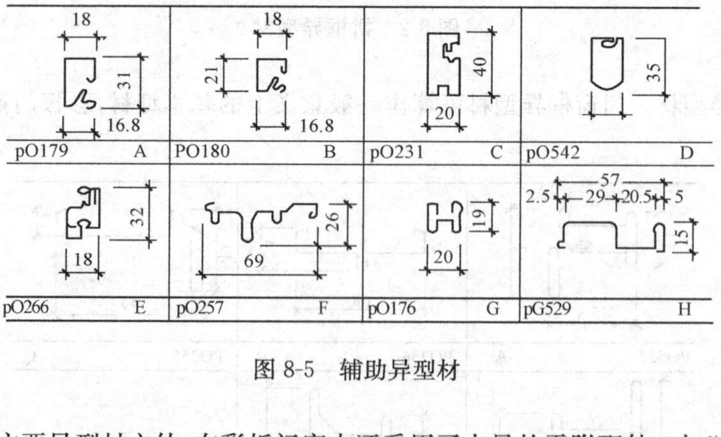

图 8-5　辅助异型材

除了上述的主要异型材之外，在彩板门窗中还采用了大量的零附配件。如以不锈钢、镀锌钢板、锌铝合金压铸件和金属喷塑件制成的各种门窗用小五金件、组角件、连接板，以注塑件制成的各种堵头、法兰、组角件及螺钉衬套，以及用氯丁橡胶和乙丙橡胶制成的各种密封条、纱窗压条等。

2. 彩色涂层钢板门窗安装

(1)带副框彩色涂层钢板门窗安装。

1)按门窗图纸尺寸在工厂组装好副框，运到施工现场，用 TC4.2mm×12.7mm 的自攻螺钉，将连接件铆固在副框上。

2)将副框装入洞口的安装线上，用对拔楔初步固定。

3)校对副框正、侧面垂直度和对角线合格后，对拔楔应固定牢靠。

4)将副框的连接件，逐件电焊焊牢在洞口预埋件上(图 8-6)。

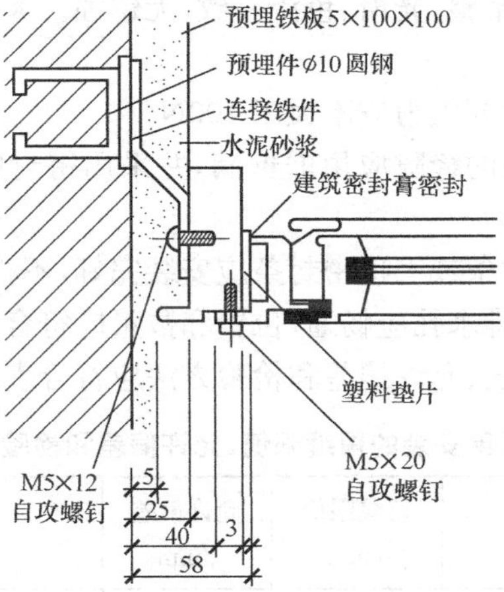

图 8-6　带副框彩色涂层钢板门窗安装节点图

5)粉刷内、外墙和洞口、副框底粉刷时，应嵌入硬木条或玻璃条。副框两侧预留槽口，粉刷干燥后，清除浮灰、尘土、注密封膏防水。

6)室内、外墙面和洞口装饰完毕干燥后，在副框与门窗外框接触的顶、侧面贴上密封胶带，将门窗装入副框内，适当调整，用 TP4.8mm×22mm 自攻螺钉将门窗外框与副框连接牢固，扣上孔盖。安装推拉窗时，还应调整好滑块。副框与外框、外框与门窗之间的缝隙，应填充密封膏。

(2)不带副框彩色涂层钢板门窗工程。

1)室内、外及洞口应粉刷完毕。洞口粉刷后的成型尺寸应略大于门窗处框尺寸，其间隙宽度方向 3～5mm，高度方向 5～8mm。

2)按设计图的规定在洞口内弹好门窗安装线。

3)按门窗处框上膨胀螺栓的位置，在洞口相应位置的墙体上钻膨胀螺栓孔。

4)将门窗装入洞口安装线上，调整门窗的垂直度、水平度和对角线合格后，以木楔固定，门窗与洞口用膨胀螺栓连接，盖上螺钉盖，门窗与洞口之间的缝隙，用建筑密封膏密封，如图 8-7 所示。

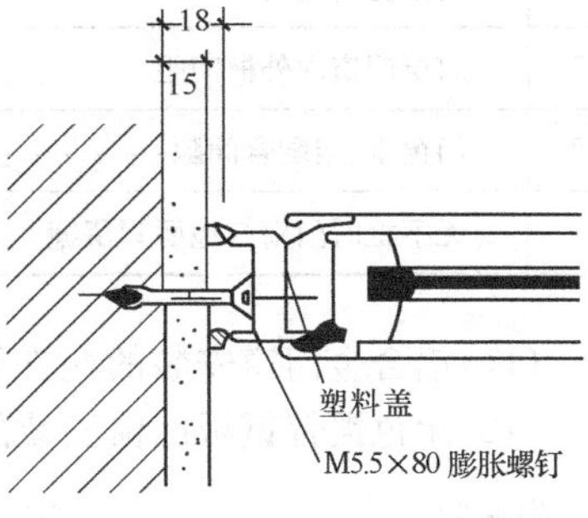

图 8-7　不带副框彩色涂层钢板门窗安装节点图

四、金属门窗安装质量要求

(1)金属门窗的品种、类型、规格、尺寸、性能、开启方向、安装位置、连接方式及铝合金门窗的型材壁厚应符合设计要求。金属门窗的防腐处理及填嵌、密封处理应符合设计要求。报告、进场验收记录和复验报告；检查隐蔽工程验收记录。

(2)金属门窗框和副框的安装必须牢固。预埋件的数量、位置、埋设方式、与框的连接方式必须符合设计要求。

(3)金属门窗扇必须安装牢固,并应开关灵活、关闭严密,无倒翘。推拉门窗扇必须有防脱落措施。

(4)金属门窗配件的型号、规格、数量应符合设计要求,安装应牢固,位置应正确,功能应满足使用要求。

(5)金属门窗表面应洁净、平整、光滑、色泽一致,无锈蚀。大面应无划痕、碰伤。漆膜或保护层应连接。

(6)铝合金门窗推拉门窗扇开关力应不大于100N。

(7)金属门窗框与墙体之间的缝隙应填嵌饱满,并采用密封胶密封。密封胶表面应光滑、顺直,无裂纹。

(8)金属门窗扇的橡胶密封条或毛毡密封条应安装完好,不得脱槽。

(9)有排水孔的金属门窗,排水孔应畅通,位置和数量应符合设计要求。

(10)钢门窗安装的留缝限值、允许偏差和检验方法应符合表8-10的规定。

表8-10　钢门窗安装的留缝限值、允许偏差和检验方法

项次	项　目		留缝限值/mm	允许偏差/mm	检验方法
1	门窗槽口宽度、高度	≤1500mm	—	2.5	用钢尺检查
		>1500mm	—	3.5	
2	门窗槽口对角线长度差	≤2000mm	—	5	用钢尺检查
		>2000mm	—	6	
3	门窗框的正、侧面垂直度		—	3	用1m垂直检测尺检查
4	门窗横框的水平度		—	3	用1m水平尺和塞尺检查
5	门窗横框标高		—	5	用钢尺检查
6	门窗竖向偏离中心		—	4	用钢尺检查
7	双层门窗内外框间距		—	5	用钢尺检查
8	门窗框、扇配合间隙		≤2	—	用塞尺检查
9	无下框时门扇与地面间留缝		4~8	—	用塞尺检查

(11)铝合金门窗安装的允许偏差和检验方法应符合表8-11的规定。

(12)涂色镀锌钢板门窗安装的允许偏差和检验方法应符合表8-12的规定。

表8-11　铝合金门窗安装的允许偏差和检验方法

项次	项　目		允许偏差/mm	检验方法
1	门窗槽口宽度、高度	≤1500mm	1.5	用钢尺检查
		>1500mm	2	
2	门窗槽口对角线长度差	≤2000mm	3	用钢尺检查
		>2000mm	4	

（续）

项次	项　目	允许偏差/mm	检验方法
3	门窗框的正、侧面垂直度	2.5	用垂直检测尺检查
4	门窗横框的水平度	2	用 1m 水平尺和塞尺检查
5	门窗横框标高	5	用钢尺检查
6	门窗竖向偏离中心	5	用钢尺检查
7	双层门窗内外框间距	4	用钢尺检查
8	推拉门窗扇与框搭接量	1.5	用钢直尺检查

表 8-12　　涂色镀锌钢板门窗安装的允许偏差和检验方法

项次	项　目		允许偏差/mm	检 验 方 法
1	门窗槽口宽度、高度	≤1500mm	2	用钢尺检查
		>1500mm	3	
2	门窗槽口对角线长度差	≤2000mm	4	用钢尺检查
		>2000mm	5	
3	门窗框的正、侧面垂直度		3	用垂直检测尺检查
4	门窗横框的水平度		3	用 1m 水平尺和塞尺检查
5	门窗横框标高		5	用钢尺检查
6	门窗竖向偏离中心		5	用钢尺检查
7	双层门窗内外框间距		4	用钢尺检查
8	推拉门窗扇与框搭接量		2	用钢直尺检查

第三节　塑料门窗安装

一、塑料门窗特点

1. 密闭性

塑料门窗使用经挤压成型的中空异型材，尺寸准确，且型材的侧面带有嵌固弹性密封条的凹槽，密封条嵌装后，门窗的气密性和水密性能大大提高。试验证明，当风速为 40km/h 时，门窗空气的泄漏量仅为 0.0283m^3/min。

2. 可加工性

塑料材料具有易加工成型的优点，根据设计要求的不同，只要改变成型的模具，即可挤压出适合不同的风压强度及建筑功能要求的复杂断面的中空型材，并为在一个框、扇上安装两层以上的玻璃创造了条件。

3. 装饰性

塑料门窗一次挤压成型，尺寸准确，外形挺拔秀丽、线条流畅，且可以装饰要求进行着色。从国外引进的“共挤出成型”的先进技术，即将耐久性好的彩色丙烯酸酯和白色的 PVC 共同挤出，使窗子的外侧力彩色的丙烯酸酯，而室内一侧为洁白色的 PVC 型材，因而满足了不同色调的装饰要求。

4. 经久耐性

我国长江以南湿度大的地区，沿海盐雾大的地区以及环境潮湿、有腐蚀性介质的建筑中，使用钢木门窗极易锈蚀和腐朽；寒冷地区窗上冷凝水严重，常要在双层玻璃窗之间的窗台上铺一层锯末吸水，这种做法不仅有碍卫生，冷凝水又加速了钢窗的锈蚀、木窗的变形；由于窗面上出现大面积霜冻，透光、透视的效果也受到严重的影响。而塑料门窗的耐水、耐蚀的性能好，掺用氯化聚乙烯等改性成分的改性 PVC 塑料门窗还具有优异的耐候性和耐风化的性能。

二、安装前准备

1. 门窗检查

安装前对运到现场的塑料门窗应检查其品种、规格、开启方式等是否符合设计要求；检查门窗型材有无断裂、开焊和连接不牢固等现象，发现不符合设计要求或被损坏的门窗，应进行及时修复或更换。

2. 门窗放置

按门窗预留洞口所需要安装的门窗分发、运输到位。搬运时要防止门窗相互撞击与磨损，存放时要竖直排放，远离热源，不准直接受日晒、雨淋。

3. 找准线

用水准仪找平，用墨线在洞口四周弹线，洞口中线的弹法，若为多层建筑时，应从顶层一次垂吊。

三、塑料门窗制作

一般而言，塑料门窗都在专门的组装厂组装成成品。甚至在国外将玻璃都在组装厂安装好后才送往施工现场安装。国内一些较为高档的产品，也常常采取这种方式供货。但因国内目前塑料门窗组装厂的网点还比较少，而且组装后的门窗经长途转运损耗又太大，客观上还存在着一些施工企业购买异型材自行组装的情况。因此，就高级施工人员而言，了解塑料门窗的组装工艺在目前情况下仍然是必须的。

(1)工艺流程。塑料门窗的制作包含两个主要方面，即塑料门的制作和塑料窗的制作。但实际上，两者在制作工艺上基本相同。所以在这里我们以塑料窗的制作为介绍内容，塑料门的制作可以此作为参考。塑料窗组装生产线常采用的工艺流程，如图 8-8 所示。

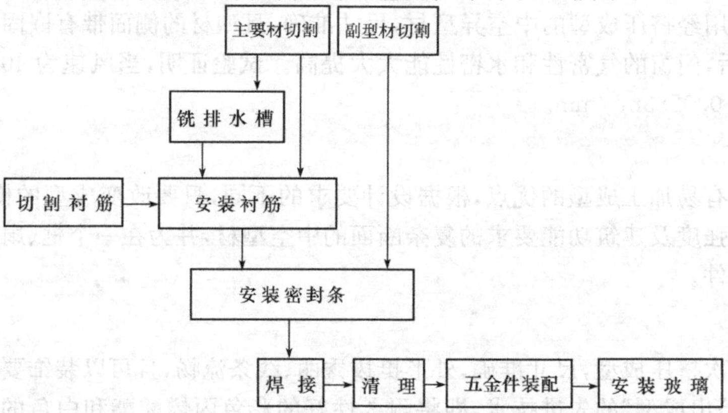

图 8-8 塑料窗组装流程示意图

(2)型材的定长切割。组成窗框的每段型材都是按预先计算好的下料尺寸,用切割锯截成带有角度的料段。这道工序是在一台双角切割锯上进行,将型材加工成双 45°角、双尖角或双直角的料段。

(3)型材的"V"口切割。"V"口加工要注意两点:一是"V"口深度;二是"V"口的定位尺寸。这两点往往是影响窗型尺寸的主要因素。

(4)安装增强型材。安装增强型材是为了增加塑料型材的刚度。众所周知,由于塑料的刚性较钢、木要差一些,因此,对于大面积的窗或当 PVC 窗被用于风压较大的地区(或部位)时,均需设法增加窗的刚度。但一般不采用增大截面的办法,而是采用在异型材内衬加增强型材的方法解决。一般认为,当窗框异型材的长度>1.6m 窗扇异型材的长度>1m 时,就必须衬用增强型材。

一般情况下,塑料窗的增强型材以钢为主要造用对象。不过在某些特殊场合也可使用铝合金型材等来增强。增强型材的长度,应比框扇异型材的长度稍短一些,以不妨碍端部的角接操作为宜。在实践中,多取为框扇型材长度的 87%左右。增强型材的位置,是在门窗异型材的主要中空腔室内,插入后用螺钉固定。当增强型材和门窗异型材的材质不同时,应使增强型材较宽松的插在中空腔室中,不能太紧,以适应不同材料温度变型的需要。

(5)焊接。塑料门窗的焊接应当采用塑料异型材专用焊接机进行,这是为了保证焊接质量的基本要求。自动焊接机的组成,主要包括三个部分:第一,夹具。是用来固定和调节异型材位置的部件,以使异型材能被准确地固定在焊接位置上。第二,焊头。焊头由电热板及调控装置构成。电热板大小及其形状可根据异型材的尺寸及焊接位置差异而更换。电热板的位置可以调节,以适应焊接不同规格窗的需要。此外,还附有一套调控电热板温度的自动装置。第三,焊接过程自动控制装置。它的作用是指挥整个焊接过程。

目前用得比较多的是四点自动焊接机,此外,还有两点自动焊接机和单点自动焊接机等。自动焊接机的原理是将需要焊接的两段异型材在一定的压力下同时与电热板接触,通过控制适当的压力、温度和接触时间,使两段异型材在表面塑料达到一定熔深时对接在一起。

用于塑料焊接的方法很多,如超声波焊接、线振动焊接、旋压焊接、无线电频率焊接、电磁感应焊接、激光焊接、热气体焊接、热板焊接等。对聚氯乙烯窗框异型材,多采用热板焊接。这种焊接对于各种不规则断面的异型材均可获得较高的焊角强度。其原理是将待焊接的窗框型材紧贴于被加热的铝合金焊板的两侧,在一定的温度下,型材受热熔融,而后两段型材在外力作用下对接,冷却后便连成一体。

焊接的工艺条件根据型材的壁厚及原料配方而定。对于聚氯乙烯窗框异型材其焊接温度可在 240～260℃,熔融时间和焊接时间均为 30s。

(6)焊角清理。型材焊接后,在焊接处会留有凸起的焊渣,这些焊渣不但会影响窗的外观,有些还会直接影响窗的使用功能,所以必须加以清除。清理设备可用自动清角机和气动工具。

(7)密封。塑料窗根据使用要求可加单层密封、双层密封或三层密封,常用的为双层密封。窗的不同位置所采用的密封条型式也不相同。密封条的材料一般有橡胶、塑料或橡塑混合体 3 种。密封条的装配很容易,可用一小压轮便可直接将其嵌入槽中。

(8)排水槽及五金装配。窗框的排水槽是 $\phi5\times20$mm 的槽孔。在多腔室的型材中,排水槽不应开在加筋的空腔内,以免腐蚀衬筋。单腔型材不宜开排水孔。进水口和出水口的位置应错开,间距一般为 120mm 左右。排水孔的加工可用气动工具或和五金孔加工一样,在专用设备上进行。

五金装配需要很高的加工精度,是在带有定位、夹紧、铣孔和自动供钉、上钉装置等的设备上进行。

(9)玻璃的安装。在制作塑料窗时,玻璃的安装通常采用干法安装,即先在窗扇异型材一侧中空肋的凹槽内嵌入密封条,并在窗玻璃位置先放置好底座和玻璃垫块,然后将玻璃安装到位,最后将已镶好密封条的玻璃压条在中空肋对侧的预留位置上嵌固固定。如果是安装单层玻璃、三层玻璃或中空玻璃,只需换用适当的辅助异型材即可,方法是一样的。

四、塑料门窗安装

1. 施工工艺流程

门窗洞口质量检查→固定片安装→安装位置确定→门窗框与墙体的连接→框与墙间缝隙处理→玻璃安装。

2. 施工要点

(1)门窗洞口质量检查。门窗洞口质量检查,即按设计要求检查门窗洞口的尺寸。若无设计要求,一般应满足下列规定:门洞口宽度加 50mm;门洞口高度为门框高加 20mm;窗洞口宽度为窗框宽加 40mm;窗洞口高度为窗框高加 40mm。门窗洞口尺寸的允许偏差值为:洞口表面平整度允许偏差 3mm;洞口正、侧面垂直度允许偏差 3mm;洞口对角线长度允许偏差 3mm。

1)检查洞口的位置、标高与设计要求是否相符。

2)检查洞口内预埋木砖的位置、数量是否准确。

3)按设计要求弹好门窗安装位置线。

(2)固定片安装。在门窗的上框及边框上安装固定片,其安装应符合下列要求:

1)检查门窗框上下边的位置及其内外朝向,并确认无误后,再安固定片。安装时应先采用直径为 $\phi3.2$ 的钻头钻孔,然后将十字槽盘端头自攻 M4×20 拧入,严禁直接锤击钉入。

2)固定片的位置应距门窗角、中竖框、中横框 150～200mm,固定片之间的间距应不大于 600mm。不得将固定片直接装在中横框、中竖框的挡头上。

(3)安装位置确定。根据设计图纸及门窗扇的开启方向,确定门窗框的安装位置,并把门窗框装入洞口,并使其上下框中线与洞口中线对齐。安装时应采取防止门窗变形的措施。无下框平开门应使两边框的下脚低于地面标高线 30mm。带下框的平开门或推拉门应使下框低于地面标高线 10mm。然后将上框的一个固定片固定在墙体上,并应调整门框的水平度、垂直度和直角度,用木楔临时固定。当下框长度大于 0.9m 时,其中间也用木楔塞紧。然后调整垂直度、水平度及直角度。

(4)门窗框与墙体的连接。塑料门窗框与墙体的固定方法,常见的有连接件法、直接固定法和假框法三种。

1)连接件法:这是用一种专门制作的铁件将门窗框与墙体相连接,是我国目前运用较多的一种方法。其优点是比较经济,且基本上可以保证门窗的稳定性。连接件法的做法是先将塑料门窗放入窗洞口内,找平对中后用木模临时固定。然后,将固定在门窗框异型材靠墙一面的锚固铁件用螺钉或膨胀螺丝固定在墙上。

2)直接固定法:在砌筑墙体时先将木砖预埋入门窗洞口内,当塑料门窗安入洞口并定位后,用木螺钉直接穿过门窗框与预埋木砖连接,从而将门窗框直接固定于墙体上。

3)假框法:先在门窗洞口内安装一个与塑料门窗框相配套的镀锌铁皮金属框,或者当木门窗换成塑料门窗时,将原来的木门窗框保留,待抹灰装饰完成后,再将塑料门窗框直接固定在上述框材上,最后再用盖口条对接缝及边缘部分进行装饰。

(5)框与墙间缝隙处理。由于塑料的膨胀系数较大,故要求塑料门窗框与墙体间应留出一定宽度的缝隙,以适应塑料伸缩变形的安全余量。框与墙间的缝隙宽度,可根据总跨度、膨胀系数、年最大温差计算出最大膨胀量,再乘以要求的安全系数求出,一般取10~20mm。

门窗框与门窗洞口之间缝隙的处理方法如下:

1)普通单玻璃窗、门:洞口内外侧与门窗框之间用水泥砂浆或麻刀白灰浆填实抹平;靠近铰链一侧,灰浆压住门窗框的厚度以不影响扇的开启为限,待水泥砂浆或麻刀灰浆硬化后,外侧用嵌缝膏进行密封处理。

2)保温、隔声门窗:洞口内侧与窗框之间用水泥砂浆或麻刀白灰浆填实抹平;当外侧抹灰时,应用片材将抹灰层与门窗框临时隔开,其厚度为5mm,抹灰层应超出门窗框,其厚度以不影响扇的开启为限。待外抹灰层硬化后,撤去片材,将嵌缝膏挤入抹灰层与门窗框缝隙内。

不论采用何种填缝方法,均要求做到以下两点:

1)嵌填封缝材料应能承受墙体与框间的相对运动而保持密封性能。

2)嵌填封缝材料不应对塑料门窗有腐蚀、软化作用,沥青类材料可能使塑料软化,故不宜使用。嵌填密封完成后,就可以进行墙面抹灰。工程有要求时,最后还需加装塑料盖口条。

(6)玻璃安装。

1)玻璃不得与玻璃槽直接接触,应在玻璃四边垫上不同厚度的玻璃垫块。边框上的垫块应用聚氯乙烯胶加以固定。

2)将玻璃装进框扇内,然后用玻璃压条将其固定。

3)安装双层玻璃时,玻璃夹层四周应嵌入隔条,中隔条应保证密封,不变形、不脱落;玻璃槽及玻璃内表面应干燥、清洁。

4)镀膜玻璃应装在玻璃的最外层;单面镀膜层应朝向室内。

五、塑料门窗安装质量要求

(1)塑料门窗的品种、类型、规格、尺寸、开启方向、安装位置、连接方式及填嵌密封处理应符合设计要求,内衬增强型钢的壁厚及设置应符合国家现行产品标准的质量要求。

(2)塑料门窗框、副框和扇的安装必须牢固。固定片或膨胀螺栓的数量与位置应正确,连接方式应符合设计要求。固定点应距窗角、中横框、中竖框150~200mm,固定点间距应不大于600mm。

(3)塑料门窗拼樘料内衬增强型钢的规格、壁厚必须符合设计要求,型钢应与型材内腔紧密吻合,其两端必须与洞口固定牢固。窗框必须与拼樘料连接紧密,固定点间距应不大于600mm。

(4)塑料门窗扇应开关灵活、关闭严密,无倒翘。推拉门窗扇必须有防脱落措施。

(5)塑料门窗配件的型号、规格、数量应符合设计要求,安装应牢固,位置应正确,功能应满足使用要求。

(6)塑料门窗框与墙体间缝隙应采用闭孔弹性材料填嵌饱满,表面应采用密封胶密封。密封胶应黏结牢固,表面应光滑、顺直、无裂纹。

(7)塑料门窗表面应洁净、平整、光滑,大面应无划痕、碰伤。

(8)塑料门窗扇的密封条不得脱槽。旋转窗间隙应基本均匀。

(9)塑料门窗扇的开关力应符合下列规定:

1)平开门窗扇平铰链的开关力应不大于80N;滑撑铰链的开关力应不大于80N,并不小于30N。

2)推拉门窗扇的开关力应不大于100N。

(10)玻璃密封条与玻璃及玻璃槽口的接缝应平整,不得卷边、脱槽。

(11)排水孔应畅通,位置和数量应符合设计要求。

(12)塑料门窗安装的允许偏差和检验方法应符合表 8-13 的规定。

表 8-13　　塑料门窗安装的允许偏差和检验方法

项次	项　目		允许偏差/mm	检验方法
1	门窗槽口宽度、高度	≤1500mm	2	用钢尺检查
		＞1500mm	3	
2	门窗槽口对角线长度差	≤2000mm	3	用钢尺检查
		＞2000mm	5	
3	门窗框的正、侧面垂直度		3	用 1m 垂直检测尺检查
4	门窗横框的水平度		3	用 1m 水平尺和塞尺检查
5	门窗横框标高		5	用钢尺检查
6	门窗竖向偏离中心		5	用钢直尺检查
7	双层门窗内外框间距		4	用钢尺检查
8	同樘平开门窗相邻扇高度差		2	用钢直尺检查
9	平开门窗铰链部位配合间隙		+2;−1	用塞尺检查
10	推拉门窗扇与框搭接量		+1.5;−2.5	用钢直尺检查
11	推拉门窗扇与竖框平行度		2	用 1m 水平尺和塞尺检查

第四节　特种门安装

一、卷帘门窗安装

卷帘门窗具有结构紧凑、造型美观新颖、密闭性好、防风、防尘、启闭灵敏、刚度好、防盗、防火、坚固耐用、不占地面面积,且操作简便等特点。

防卷帘门的安装。

1. 施工工艺流程

预留洞口→预埋件安装→安装与调试。

2. 施工要点

(1)预留洞口。防火卷帘门的洞口尺寸,可根据 $3M_0$ 模制选定。一般洞口宽度不宜大于 5m,洞口高度也不宜大于 5m。

(2)预埋件安装。防火卷帘门洞口预埋件安装,见图 8-9。

(3)安装与调试。

1)按设计型号,查阅产品说明书和电气原理图。检查产品表面处理和零附件;量测产品各部位基本尺寸;检查门洞口是否与卷帘门尺寸相符;导轨、支架的预埋件位置、数量是否准确。

2)测量洞口标高,弹出两导轨垂线及卷筒中心线。

3)将垫板电焊在预埋铁板上,用螺丝固定卷筒的左右支架,安装卷筒。卷筒安装后应转动灵活。

4)安装减速器和传动系统。

5)安装电气控制系统。

6)空载试车。

7)将事先装配好的帘板安装在卷筒上。

8)安装导轨。按图纸规定位置，将两侧及上方导轨焊牢于墙体预埋件上，并焊成一体，各导轨应在同一垂直平面上。

9)安装水幕喷淋系统，并与总控制系统联结。

10)试车。先手动试运行，再用电动机启闭数次，调整至无卡住、阻滞及异常噪声等现象为止，全部调试完毕，安装防护罩。

11)粉刷或镶砌导轨墙体装饰面层。

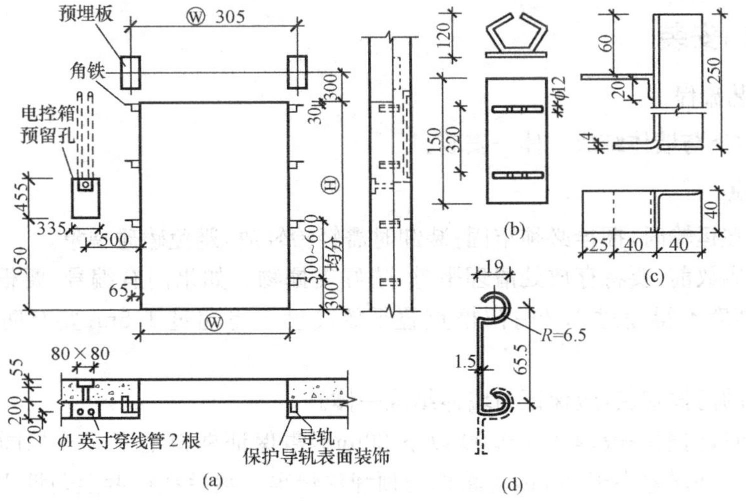

图 8-9　防火卷帘门洞口预埋件安装图(单位:mm)

(a)门口预埋件位置;(b)支架预埋铁板;(c)导轨预埋角铁;(d)帘板连接

二、金属转门安装

1. 主要特点

(1)稳定性好，金属转门的门扇多为逆时针旋转，转动平稳性好，且清洁和维修也方便。

(2)密闭性好，钢结构转门的玻璃厚度为 6mm，用油面腻子与活扇固定；铝合金结构转门的玻璃厚度为 5～6mm，采用合成橡胶密封固定，活扇与转壁之间的密封黏结有聚丙烯毛刷条，具有较好的密闭性、抗震和耐老化的性能。

(3)门扇旋转主轴下部安装有可调节的阻尼装置，用来控制门扇因惯性产生偏快的转速，以确保运行平稳。转门需关闭时，只要将门扇插销插入在地面上预埋的插壳内即可。

2. 施工工艺流程

安装前检查→固定桁架→安装转固定底座→装圆转门顶与转壁→调整→固定→安装玻璃喷交活漆。

3. 施工要点

(1)安装前检查。开箱后，检查各类零部件是否正常，门樘外形尺寸是否符合门洞口尺寸，以及转壁位置、预埋件位置和数量是否正常。

(2)固定木桁架。木桁架按洞口左右、前后位置尺寸与预埋件固定,并保证水平。一般转门与弹簧门、铰链门或其他固定扇组合,就可先安装其他组合部分。

(3)装转轴,固定底座。底座下要垫实,不允许下沉。临时点焊上轴承座,使转轴垂直于地平面。

(4)装圆转门顶与转壁。转壁不允许预先固定,便于调整与活扇之间隙;装门扇,保持90°夹角,旋转转门,保证上下间隙。

(5)调整。调整转壁位置,以保证门扇与转壁之间有合适的间隙。

(6)固定。先焊上轴承座,用混凝土固定底座,埋插销下壳固定转壁。

(7)安装玻璃喷交活漆。安装玻璃进行试运转,做最终检查;钢转门要最后进喷漆处理。

三、防火门安装

1. 施工工艺流程

运输→码放→与墙体结成一体→安装。

2. 施工要点

(1)防火门在运输时,捆拴必须牢固;装卸时需轻抬轻放,避免磕碰现象。

(2)防火门码放前,要将存放处清理平整,垫好支撑物。如果门有编号,要根据编号码放;码放时面板叠放高度不得超过1.2m;门框重叠平放高度不得超过1.5m;要有防晒、防风及防雨措施。

(3)防火门的门框安装,应保证与墙体结成一体。

(4)在安装时,门框一般埋入±0.00以下20mm,需保证框口上下尺寸相同,允许误差小于1.5mm,对角线允许误差小于2mm,再将框与预埋件焊牢。然后在框两上角墙上开洞,向框内灌注M10水泥素浆,待其凝固后方可装配门扇。

(5)安装后的防火门,要求门框与门扇配合部位内侧宽度尺寸偏差不大于2mm,高度尺寸偏差不大于2mm,两对角线长度之差小于3mm。门扇关闭后,其配合间隙须小于3mm。门扇与门框表面要平整,无明显凹凸现象,焊点牢固,门体表面喷漆无喷花、斑点等。门扇启闭自如,无阻滞、反弹等现象。

(6)冬期施工应注意防塞,水泥素浆浇注后的养护期为21d。

(7)为保证消防安全,应采用防火门锁,该类门锁在927℃高温下仍可照常开启。

四、全玻璃门安装

玻璃门在现代建筑装饰中有着相当大的功用,已被越来越多施工单位所采用。现代装饰玻璃门所用玻璃多为厚度在12mm以上的厚质平板白玻璃、雕花玻璃、钢化玻璃及彩印图案玻璃等,有的设有金属扇框,有的活动门扇除玻璃之外只有局部的金属边条。框、扇、拉手等细部的金属装饰多是镜面不锈钢、镜面黄铜等展示高级豪华气派的材料。

1. 施工工艺流程

安装玻璃板→注胶封口→玻璃板之间的对接→玻璃活动门扇安装。

2. 施工要点

(1)安装玻璃板。用玻璃吸盘将玻璃板吸紧,然后进行玻璃就位。应先把玻璃板上边插入门框底部的限位槽内，然后将其下边安放于木底托上的不锈钢包面对口缝内。

在底托上固定玻璃板的方法为：在底托木方上钉木板条，距玻璃板面 4mm 左右；然后在木板条上涂刷万能胶，将饰面不锈钢板片粘卡在木方上。

(2)注胶封口。玻璃门固定部分的玻璃板就位以后，即在顶部限位槽处和底部的底托固定处，以及玻璃板与框柱的对缝处等各缝隙处，均注胶密封。首先将玻璃胶开封后装入打胶枪内，即用胶枪的后压杆端头板顶住玻璃胶罐的底部，然后用一只手托住胶枪身，另一只手握着注胶压柄不断松压循环地操作压柄，将玻璃胶注于需要封口的缝隙端。由需要注胶的缝隙端头开始，顺缝隙匀速移动，使玻璃胶在缝隙处形成一条均匀的直线。最后用塑料片刮去多余的玻璃胶，用棉布擦净胶迹。

(3)玻璃板之间的对接。门上固定部分的玻璃板需要对接时，其对接缝应有 2～3mm 的宽度，玻璃板边部要进行倒角处理。当玻璃块留缝定位并安装稳固后，即将玻璃胶注入其对接的缝隙，用塑料片在玻璃板对缝的两面把胶刮平，用布擦净胶料残迹。

(4)玻璃活动门扇安装。全玻璃活动门扇的结构没有门扇框，门扇的启闭由地弹簧实现，地弹簧与门扇的上下金属横档进行铰接。

玻璃门扇的安装方法与步骤如下：

1)门扇安装。先将地面上的地弹簧和门扇顶面横梁上的定位销安装固定完毕，两者必须同一装轴线，安装时应吊垂线检查，做到准确无误，地弹簧转轴与定位销为同一中心线。

2)画线并连接相应物件。在玻璃门扇的上下金属横档内画线，按线固定转动销的销孔板和地弹簧的转动轴连接板。具体操作可参照地弹簧产品安装说明。

3)裁割玻璃。玻璃门扇的高度尺寸，在裁割玻璃板时应注意包括插入上下横档的安装部分。一般情况下，玻璃高度尺寸应小于测量尺寸 5mm 左右，以便于安装时进行定位调节。

4)安装横档。把上下横档(多采用镜面不锈钢成型材料)分别装在厚玻璃门扇上下两端，并进行门扇高度的测量。如果门扇高度不足，即其上下边距门横框及地面的缝隙超过规定值，可在上下横档内加垫胶合板条进行调节。如果门扇高度超过安装尺寸，只能由专业玻璃工将门扇多余部分裁去。

5)固定横档。门扇高度确定后，即可固定上下横档，在玻璃板与金属横档内的两侧空隙处，由两边同时插入小木条，轻敲稳实，然后在小木条、门扇玻璃及横档之间形成的缝隙中注入玻璃胶。

6)进行门扇定位安装。先将门框横梁上的定位销本身的调节螺钉调出横梁平面 1～2mm，再将玻璃门扇竖起来，把门扇下横档内的转动销连接件的孔位对准地弹簧的转动销轴，并转动门扇将孔位套入销轴上。然后把门扇转动 90°使之与门框横梁成直角，把门扇上横档中的转动连接件的孔对准门框横梁上的定位销，将定位销插入孔内 15mm 左右(调动定位销上的调节螺钉)。

7)安装门拉手。全玻璃门扇上的拉手孔洞，一般是事先订购时就加工好的，拉手连接部分插入孔洞时不能很紧，应略有松动。安装前在拉手插入玻璃的部分涂少许玻璃胶；如若插入过松，可在插入部分裹上软质胶带。拉手组装时，其根部与玻璃贴靠紧密后再拧紧固定螺钉。

五、自动门安装

1. 施工工艺流程

地面导向轨道安装→横梁安装。

2. 施工要点

(1)地面导向轨道安装。铝合金自动门和全玻璃自动门地面上装有导向性下轨道。异型钢管自动门无下轨道。有下轨道的自动门土建做地坪时，须在地面上预埋50～75mm方木条一根。自动门安装时，撬出方木条便可埋设下轨道，下轨道长度为开启门宽的两倍。图8-10为自动门下轨道埋设示意图。

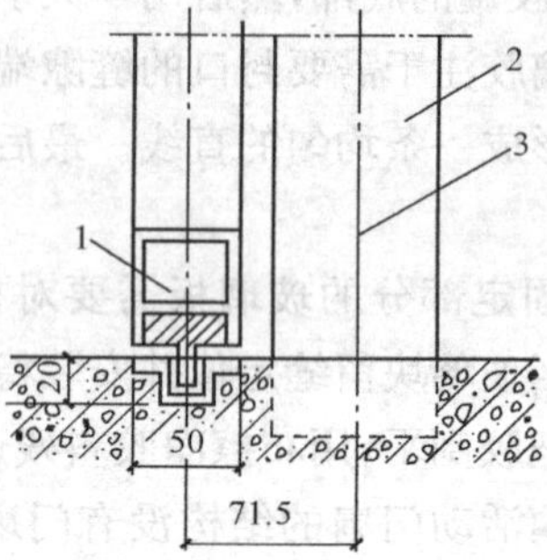

图8-10 自动门下轨道埋设示意图(单位：mm)

1—自动门扇下帽；2—门柱；3—门柱中心线

(2)横梁安装。自动门上部机箱层主梁是安装中的重要环节。由于机箱内装有机械及电控装置，因此，对支撑梁的土建支撑结构有一定的强度及稳定性要求。常用的有两种支撑节点(图8-11)，一般砖结构宜采用图8-11(a)式，混凝土结构宜采用图8-11(b)式。

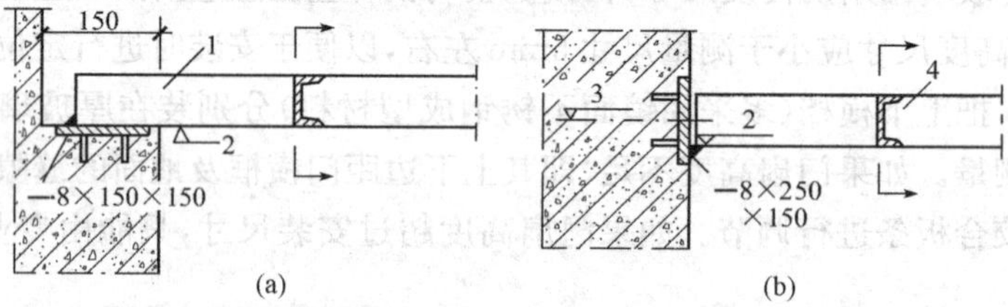

图8-11 机箱横梁支撑节点(单位：mm)

1—机箱层横梁(18号槽钢)；2—门扇高度；

3—门扇高度＋90mm；4—18号槽钢

六、特种门安装质量要求

(1)特种门的质量和各项性能应符合设计要求。

(2)特种门的品种、类型、规格、尺寸、开启方向、安装位置及防腐处理应符合设计要求。

(3)带有机械装置、自动装置或智能化装置的特种门，其机械装置、自动装置或智能化装置的功能应符合设计要求和有关标准的规定。

(4)特种门的安装必须牢固。预埋件的数量、位置、埋设方式、与框的连接方式必须符合设计要求。

(5)特种门的配件应齐全，位置应正确，安装应牢固，功能应满足使用要求和特种门的各项性能要求。

(6)特种门的表面装饰应符合设计要求。

(7)特种门的表面应洁净、无划痕、碰伤。

(8)推拉自动门安装的留缝限值、允许偏差和检验方法应符合表 8-14 的规定。

(9)推拉自动门的感应时间限值和检验方法应符合表 8-15 的规定。

(10)旋转门安装的允许偏差和检验方法应符合表 8-16 的规定。

表 8-14　推拉自动门安装的留缝限值、允许偏差和检验方法

项次	项　目		留缝限值/mm	允许偏差/mm	检验方法
1	门槽口宽度、高度	≤1500mm	—	1.5	用钢尺检查
		>1500mm	—	2	
2	门槽口对角线长度差	≤2000mm	—	2	用钢尺检查
		>2000mm	—	2.5	
3	门框的正、侧面垂直度		—	1	用 1m 垂直检测尺检查
4	门构件装配间隙		—	0.3	用塞尺检查
5	门梁导轨水平度		—	1	用 1m 水平尺和塞尺检查
6	下导轨与门梁导轨平行度		—	1.5	用钢尺检查
7	门扇与侧框间留缝		1.2～1.8	—	用塞尺检查
8	门扇对口缝		1.2～1.8	—	用塞尺检查

表 8-15　推拉自动门的感应时间限值和检验方法

项次	项　目	感应时间限值/s	检验方法
1	开门响应时间	≤0.5	用秒表检查
2	堵门保护延时	16～20	用秒表检查
3	门扇全开启后保持时间	13～17	用秒表检查

表 8-16　旋转门安装的允许偏差和检验方法

项　次	项　目	允许偏差/mm		检验方法
		金属框架玻璃旋转门	木质旋转门	
1	门扇正、侧面垂直度	1.5	1.5	用 1m 垂直检测尺检查
2	门扇对角线长度差	1.5	1.5	用钢尺检查
3	相邻扇高度差	1	1	用钢尺检查
4	扇与圆弧边留缝	1.5	2	用塞尺检查
5	扇与上顶间留缝	2	2.5	用塞尺检查
6	扇与地面间留缝	2	2.5	用塞尺检查

本章思考重点

1. 木门窗如何安装？
2. 钢门窗如何安装？
3. 铝合金门窗的特点有哪些？
4. 铝合金门窗如何制作？
5. 彩色涂层钢板门窗如何安装？
6. 塑料门窗的特点是什么？
7. 塑料门窗如何制作？
8. 防火门的施工要点是什么？

第九章　住宅装饰中的特殊施工

第一节　窗帘盒、窗台板和暖气罩安装

一、窗帘盒安装

1. 挂窗帘的方式

窗帘盒设置在窗的上口，主要用来吊挂窗帘，并对窗帘导轨等构件起遮挡作用，所以它也有美化居室的作用。窗帘盒的长度一般以窗帘拉开后不影响采光面积为准，一般为：洞口宽度＋300mm左右（洞口两侧各150mm左右）；深度（即出挑尺寸）与所选用的窗帘材料的厚薄和窗帘的层数有关，一般为120～200mm，保证在拉扯每层窗帘时互不牵动。

吊挂窗帘的方式有三种：软线式、棍式和轨道式。

（1）软线式。选用14号铅丝或包有塑料的各种软线吊挂窗帘。软线易受气温的影响产生热胀冷缩而出现松动，或者由于窗帘过重而出现下垂。因此，可在端头设元宝螺帽加以调节。这种方式多用于吊挂较轻质的窗帘或跨度在1.0～1.2m以内的窗口。

（2）棍式。采用ϕ10钢筋、铜棍、铝合金棍等吊挂窗帘布。这种方式具有较好的刚性，当窗帘布较轻时，适用于1.5～1.8m宽的窗口。跨度增加时，可在中间增设支点。

（3）轨道式。采用以铜或铝制成的窗帘轨，轨道上安装小轮来吊挂和移动窗帘。这种方式具有较好的刚性，可用于大跨度的窗子。由于轨道上设有小轮，拉扯窗帘方便，因而特别适宜于重型窗帘布。

窗帘盒的支架应固定在窗过梁或其他结构构件上。当层高较低或者窗过梁下沿与顶棚在同一标高时，窗帘盒可以隐蔽在顶棚上，其支架固定在顶棚搁栅上。另外，窗帘盒还可以与照明灯槽、灯具结合成一体。窗帘盒的构造，如图9-1、图9-2所示。单轨明窗帘盒结构尺寸，见图9-3；单轨暗窗帘盒结构尺寸，见图9-4。

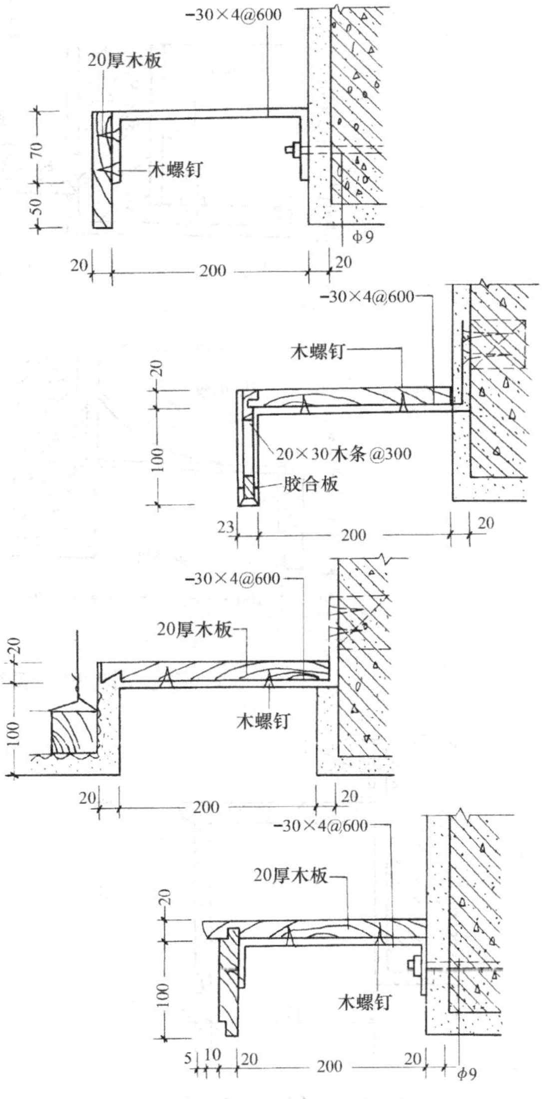

图9-1　窗帘盒构造（一）

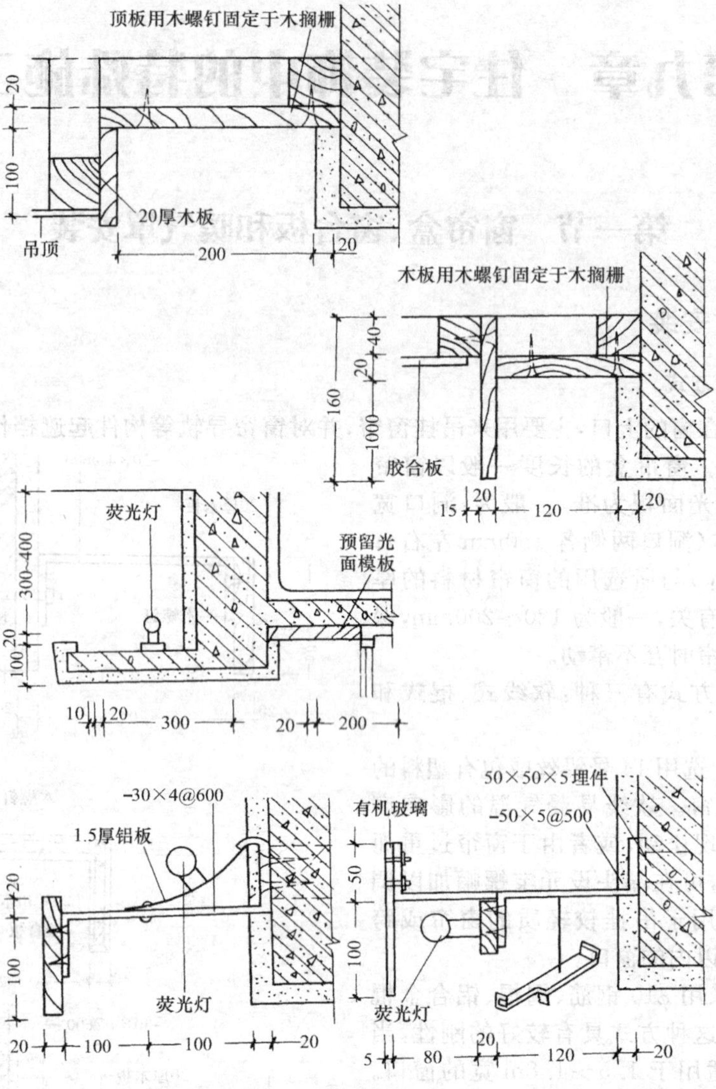

图 9-2 窗帘盒构造(二)

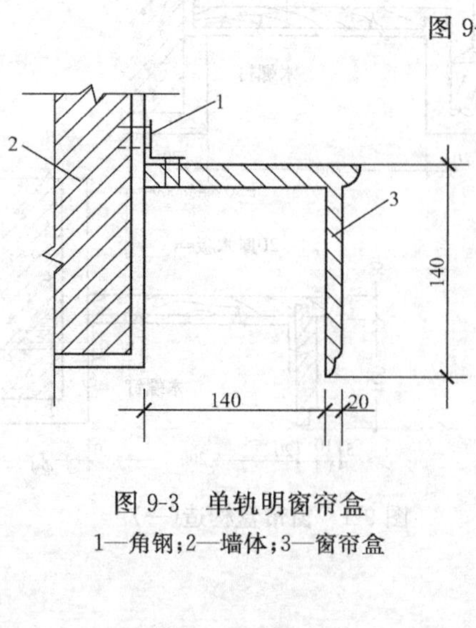

图 9-3 单轨明窗帘盒

1—角钢;2—墙体;3—窗帘盒

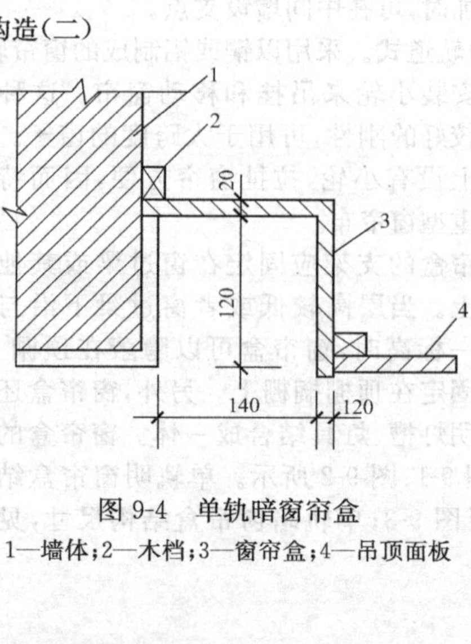

图 9-4 单轨暗窗帘盒

1—墙体;2—木档;3—窗帘盒;4—吊顶面板

2. 窗帘盒制作

(1)木窗帘盒制作时，首先根据施工图或标准图的要求，进行选料、配料，先加工成半成品，再细致加工成型。

(2)在加工时，多层胶合板按设计施工图要求下料，细刨净面。需要起线时，多采用粘贴木线的方法。线条要光滑顺直、深浅一致，线型要清秀。

(3)根据图纸进行组装。组装时，先抹胶，再用钉条钉牢，将溢胶及时擦净。不得有明榫，不得露钉帽。

(4)如采用金属管、木棍、钢筋棍作窗帘杆时，在窗帘盒两端头板上钻孔，孔径大小应与金属管、木棍、钢筋棍的直径一致。镀锌铁丝不能用于悬挂窗帘。

(5)目前窗帘盒常在工厂用机械加工成半成品，在现场组装即可。

3. 窗帘盒安装

(1)施工准备。

1)窗帘轨道在安装前，先检查是否平直，如果有弯曲应调直后再安装，使其在一条直线上，以便于使用。明窗帘盒宜先安装轨道，暗窗帘盒可后安装轨道。当窗宽大于 1.2m 时，窗帘轨中间应断开，断头处 揻弯错开，弯曲度应平缓，搭接长度不少于 200mm。

2)根据室内 50cm 高的标准水平线往上量，确定窗帘盒安装的标高。在同一墙面上有几个窗帘盒，安装时应拉通线，使其高度一致。将窗帘盒的中线对准窗洞口中线，使其两端伸出洞口的长度尺寸相同。用水平尺检查，使其两端高度一致。窗帘盒靠墙部分应与墙面紧贴，无缝隙。如墙面局部不平，应刨盖板加以调整。根据预埋铁件的位置，在盖板上钻孔，用平头机螺栓加垫圈拧紧。如果挂较重的窗帘时，明装窗帘盒安装轨道采用平头机螺丝钉；暗装窗帘盒安装轨道时，小角应加密，木螺丝钉不应小于 1¼英寸。

3)窗帘盒的尺寸包括净宽度和净高度，在安装前，根据施工图中对窗帘层次的要求来检查这两个净尺寸。如果宽度不足时，会造成布窗帘过紧，不好拉动闭启；反之，宽度过大，窗帘与窗帘盒间因空隙过大破坏美观。如果净高度不足时，不能起到遮挡窗帘上结构的作用；反之，高度过高时，会造成窗帘盒的下坠感。

4)下料时，单层窗帘的窗帘盒的净宽度一般为 100～120mm，双层窗帘的窗帘盒净宽度一般为 140～160mm。窗帘盒的净高度要根据不同的窗帘来定。一般布料窗帘，其窗帘盒的净高为 120mm 左右，垂直百页窗帘和铝合金百页窗帘的窗帘盒净高度一般为 150mm 左右。

窗帘盒的长度由窗洞口的宽度来决定。一般窗帘盒的长度比窗洞口的宽度大 300mm 或 360mm。

(2)明窗帘盒安装。明窗帘盒以木作占多数，也有用塑料、铝合金的。明窗帘盒一般用木楔铁钉或膨胀螺栓固定于墙面上。

1)施工工艺流程。

下料→刨光→放线定位→打孔→制作卯榫→固定窗帘盒→修正砂光。

2)施工要点。

①下料。按图纸要求截下的不见料要长于要求规格 30～50，厚度大于 3mm，宽度要大于 5mm。

②刨光。刨光时要顺木纹操作，先刨削出相邻两个基准面，并做上符合标记，再按规定尺寸加工完另外两个基础面，要求光洁、无戗槎。

③放线定位。将窗帘盒的安装位置按要求在墙上放线弹出。

④打孔。用冲击钻在墙面画线位置打孔。如用 M6 膨胀螺钉固定窗帘盒，需用ϕ8.5冲击孔头，孔深大于 40mm。如用木楔木螺钉固定，其打孔直径必须大于 ϕ18，孔深大于 50mm。

⑤制作卯榫。最佳结构方式是采用 45°全暗燕尾卯榫，也可采用 45°斜角钉胶结合，但钉帽一定要砸扁后打入木内。上盖面可加工后直接涂胶钉入下框体。

⑥固定窗帘盒。常用固定窗帘盒的方法是膨胀螺栓或木楔配木螺钉固定法。膨胀螺栓是将连接于窗帘盒上面的铁脚固定在墙面上，而铁脚又用木螺钉连接在窗帘盒的木结构上。一般情况下，塑料窗帘盒、铝合金窗帘盒都自身具有固定耳，可通过固定耳将窗帘盒用膨胀螺栓或木螺钉固定于墙面。常见固定窗帘盒的方法，如图 9-5 所示。

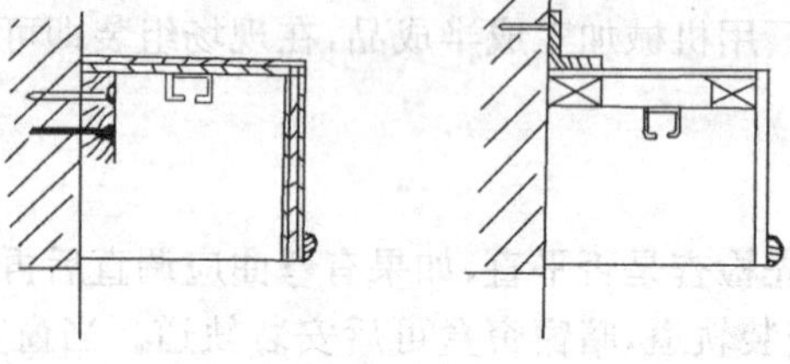

图 9-5 窗帘盒的固定

⑦修正砂光。结构固化后可修正砂光。用 0 号砂纸磨掉毛刺、棱角、立槎，注意不可逆木纹方向砂光，要顺木纹方向砂光。

(3)暗装窗帘盒。

1)施工工艺流程。

定位→固定角铁→固定窗帘盒。

2)施工要点。暗装形式的窗帘盒，主要特点是与吊顶部分结合在一起，常见的有内藏式和外接式。

①定位。窗帘盒主要形式是在窗顶部位的吊顶处，与吊顶一起施工，做出一条凹槽，在槽内装好窗帘轨。

②固定角铁。外接式窗帘盒是在吊顶平面上，做出一条贯通墙面长度的遮挡板，在遮挡板内吊顶平面上装好窗帘轨。遮挡板可采用木结构架双包镶，并把底边做封板边处理。遮挡板与顶棚交接线要用棚角线压住。底挡板的固定法可采用射钉固定，也可采用预埋木楔、圆钉固定，或膨胀螺栓固定。

③固定窗帘盒。暗装内藏式窗帘盒。窗帘盒需要在吊顶施工时一并做好，其主要形式是在窗顶部位的吊顶处作出一条凹槽，以便在此安装窗帘导轨，如图 9-6 所示。

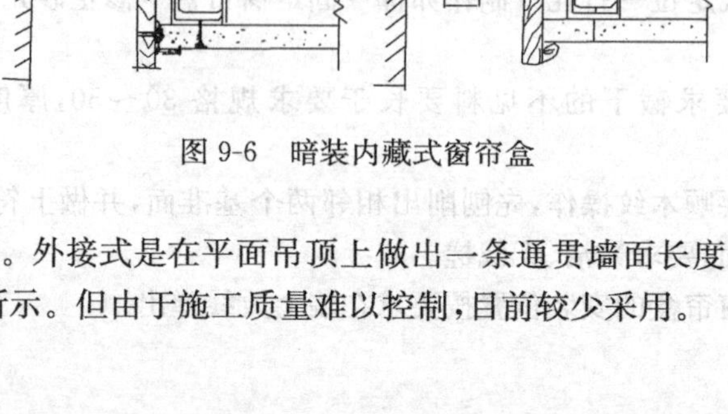

图 9-6 暗装内藏式窗帘盒

暗装外接式窗帘盒。外接式是在平面吊顶上做出一条通贯墙面长度的遮挡板，窗帘就装在吊顶平面上，如图 9-7 所示。但由于施工质量难以控制，目前较少采用。

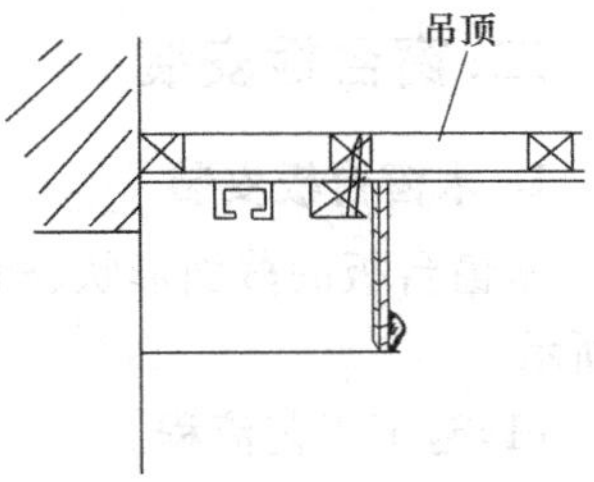

图 9-7 暗装外接式窗帘盒

(4)落地窗帘盒安装。落地窗帘盒是利用三面墙和顶棚，再在正面设立板组成的。

1)施工工艺流程。

钉木楔→制作骨架→贴里层面板→钉垫板→安窗帘杆→安装骨架→钉外层面板→装饰。

2)施工要点。

①钉木楔。沿立板与墙、顶棚中心线每隔 500mm 作一标记，在标记处用电钻钻孔，孔径 14mm，深 50mm，再打入直径 16mm 木楔，用刀切平表面。

②制作骨架。木骨架由 24mm×24mm 上下横方和立方组成，立方间距 350mm。制作时横方与立方用 65mm 铁钉结合。骨架表面要刨光，不允许有毛刺和锤印。横、立方向应互相垂直，对角线偏差不大于 5mm。

③贴里层面板。骨架面层分里、外两层，选用三层胶合板。根据已完工的骨架尺寸下料，用净刨将板的四周刨光，接着可上胶贴板。为方便安装，先贴里层面板。安装过程如下：清除骨架、面层板表面的木屑、尘土，随后各刷一层白乳胶，再把里层面板贴上，贴板后沿四边用 10mm 铁钉临时固定，铁钉间距 120mm，以避免上胶后面板翘曲、离缝。

④钉垫板。垫板为 100mm×100mm×20mm 木方，主要用作安装窗帘杆，同样采用墙上预埋木楔铁钉固定做法，每块垫板下两个木楔即可。

⑤安装窗帘杆。窗帘杆可到市场购买成品。根据家庭喜好可装单轨式或双轨式。单轨式比较实用。窗帘杆安装简便，用户一看即明白。如房间净宽大于 3.0m 时，为保持轨道平面，窗帘轨中心处需增设一支点。

⑥安装骨架。先检查骨架里层面板，如粘贴牢固，即可拆除临时固定的铁钉，起钉时要小心，不能硬拔。再检查预留木楔位置是否准确，然后拉通线安装，骨架与预埋木楔用 75mm 铁钉固定。先固定顶棚部分，然后固定两侧。安装后，骨架立面应平整，并垂直顶棚面，不允许倾斜，误差不大于 3mm，做到随时安装随时修正。

⑦钉外层面板。外层面板与骨架四周应吻合，保持整齐、规正。其操作方法与钉里层面板同。

⑧装饰。只需对落地窗帘盒立板进行装饰。可采用与室内顶棚和墙面相同做法，使窗帘盒成为顶棚、墙面的延续，如贴壁纸、墙布或作多彩喷涂。但也可根据自己的爱好，对室内家具、顶棚和墙面的色彩做油漆涂饰。

(5)施工注意事项。

1)单层窗帘的窗帘盒净宽(厚)一般为 100～120mm，双层为 140～160mm。

2)窗帘盒的净高，应根据不同的窗帘来定，一般在 120～150mm。

3)明窗帘盒的长度一般比窗洞口的宽度大 300mm 或 360mm，应考虑窗帘拉开后，不减少窗的采光，其中心线应与窗洞口的中心线重合。

4)窗帘盒过长容易出现接缝开裂现象，应采用 45°斜接或采用背面加背板施工方法，可防止接缝开裂。

5)窗帘盒与墙体连接部位应作防腐处理，可防止面漆翘皮。装饰板与背板之间不宜采用水性胶粘贴。

二、窗台板安装

1. 木窗台板安装

木窗台板的截面形状、构造尺寸应按施工图施工，如图 9-8 所示。

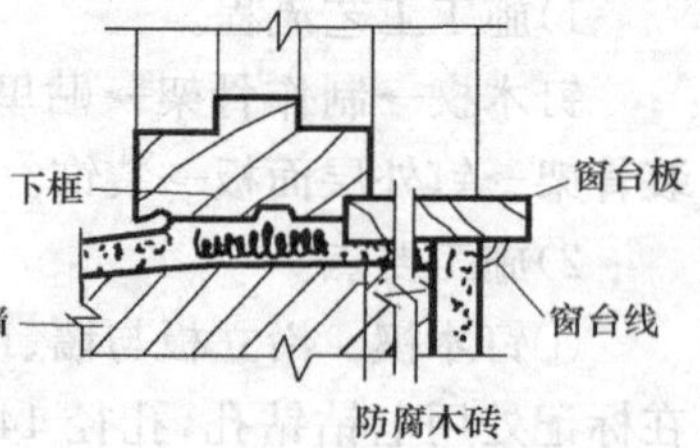

图 9-8　木窗台板装钉示意图

(1)施工工艺流程。

窗台板制作→砌入防腐木砖→窗台板刨光→定位→拼接→固定。

(2)施工要点。

1)窗台板制作。按图纸要求加工，木窗台表面应光洁，其净料尺寸厚度在 20～30mm，比准备安装的窗长 240mm，板宽视窗口深度而定，一般要突出窗口 60～80mm，台板外沿要倒楞或超线。台板宽度大于 150mm。需要拼接时，背面必须穿暗带防止翘曲，窗台板背面要开卸力槽。

2)砌入防腐木砖。在窗台墙上，预先砌入木砖间距 500mm 左右的防腐木砖，每镗窗不少于两块，在窗框的下坎裁口或打槽(深 12mm，宽 10mm)。

3)窗台板刨光。将窗台板刨光起线后，放在窗台墙顶上居中，里边嵌入槽内。

4)定位。在木砖处横向钉梯形断面木条(窗宽大于 1m 时，中间应以间距 500mm 左右加钉横向木条)，用以找平窗台板底线。

5)拼接。如果窗台板的宽度过大，如大于 150mm 时，窗台板需要拼接时，背面应钉衬条以防止翘曲。

6)固定。在窗框的下框裁口或打槽(宽 10mm，深 12mm)，将已刨光起线后的窗台板放在窗台墙面上居中，里边嵌入下框槽内。窗台板的长度一般比窗樘宽度长 120mm 左右，两端伸出长度应一致，同一室内的窗台板应拉通线找平找齐，使标高一致，伸出墙面尺寸应一致。一般窗台板应向室内倾斜 1%坡度(泛水)。用扁钉帽的铁钉将窗台板钉在木条上，钉帽冲入板面 2mm。在窗台板下面与墙阴角处钉阴角木线条。

(3)施工注意事项。

1)窗台板在最后固定之前，应用水平尺测量好其水平度，并临时固定好。再进行最后的固定安装。

2)应在最后固定施工时，用水平尺监测水平度。

3)应根据设计要求和实际尺寸确定窗台板加工尺寸，窗台板出墙部分应长度相等，避免不对称，影响观感质量。

2. 石材窗台板安装

(1)施工工艺流程。

窗台板制作→拉水平线、找平→安装→勾缝。

(2)施工要点。

1)窗台板制作。按图纸要求加工，如：水磨石窗台板应用范围为 600～2400mm，窗台板净跨比洞口少 10mm，板厚为 40mm。应用于 240mm 墙时，窗台板宽 140mm；应用于 360mm 墙时，窗台板宽为 200mm 或 260mm；应用于 490mm 墙时，窗台板宽度为 330mm。

石材窗台表面应平整、边角整齐，不能缺楞掉角，各窗台板色泽要求基本一致，不能有较大色差。

2)拉水平线、找平。安窗台时,应先校正窗台的水平度,确定窗台的找平层厚度,在窗台两边按图纸要求的尺寸在墙上剔槽。在同一房间内同标高的窗台板应拉线找平、找齐,使其标高一致,并应考虑窗台室外水平的总体效果。窗台板的长度一般比窗樘宽度长 120mm 左右,两端伸出的长度应一致。

3)安装。窗台板接槎处注意平整,并与窗下槛同一水平。清除窗台上的垃圾杂物,洒水湿润,再用 1∶3 的干硬性水泥砂浆或细石混凝土抹找平层,以刮尺刮平,均匀地撒上干水泥粉,待干水泥粉充分吸水呈水泥浆状态,再将湿润后的板材平稳的安上,用木槌轻击,使其平整并与找平层良好的黏结。如窗台板在横向排出墙面尺寸较大时,应先在窗台板下预埋件,以便对窗台板绑扎固定。安装时,先在后面端将窗台板绑扎在预埋件上,然后在窗台面抹水泥砂浆,并留出其前面的预埋件位置,待窗台饰面板就位固定后,再将预埋件用水泥浆填满找平。

大理石或磨光花岗石窗台板,厚度为 35mm,采用1∶3水泥砂浆固定,如图 9-9 所示。

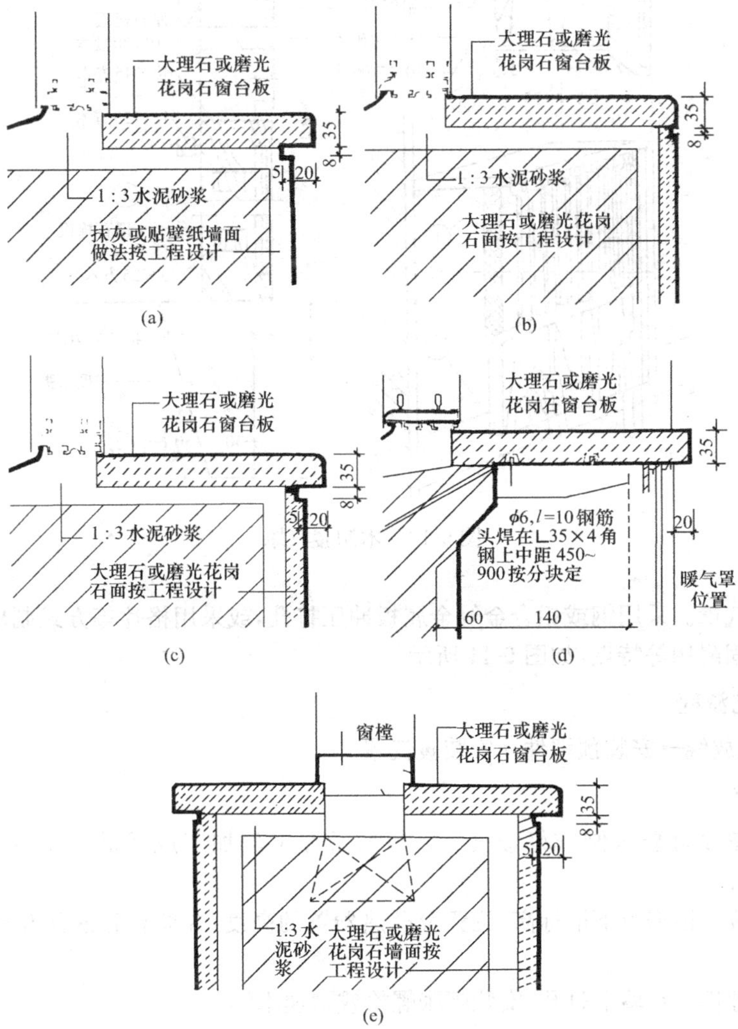

适用于内墙

图 9-9　大理石或磨光花岗石窗台细部做法(单位:mm)

4)勾缝。安装完后,用水泥砂浆或细石混凝土勾缝。

三、暖气罩安装

1. 暖气罩分类

暖气散热器多设于窗前,暖气罩多与窗台板等连在一起。常用的布罩方法有窗台下式、沿墙式、嵌入式和独立式等几种。暖气罩既要能保证室内均匀散热,又要造型美观,具有一定的装饰效果。暖气罩常用的做法有以下几种:

(1)木制暖气罩。采用硬木条、胶合板等作成格片状,也可以采用上下留空的形式。木制暖气罩舒适感较好,如图 9-10 所示。

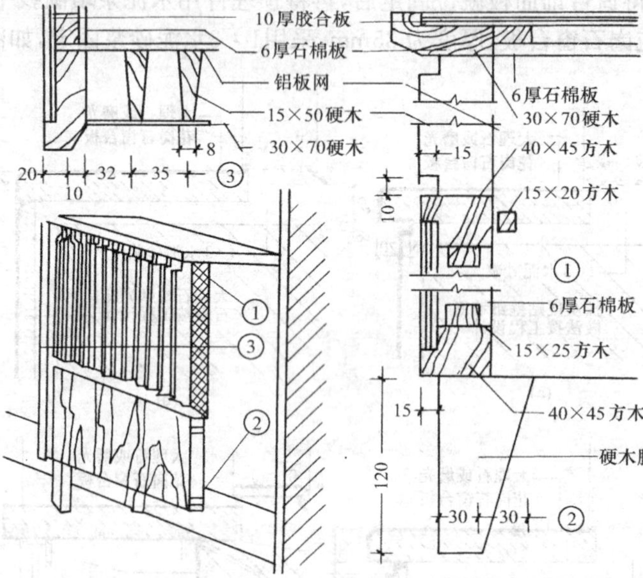

图 9-10　木制暖气罩

(2)金属暖气罩。采用钢或铝合金等金属板冲压打孔,或采用格片等方式制成暖气罩。它具有性能良好、坚固耐用等特点,如图 9-11 所示。

2. 施工工艺流程

制作→定位放线→安装预埋件→安装暖气罩。

3. 施工要点

(1)制作。按设计要求制作好暖气罩。目前常在工厂加工成成品或半成品,在现场组装即可。

(2)定位放线。根据窗下框标高、位置及散热器罩的高度,在窗台板底面和地面上放出安装位置线。

(3)安装预埋件。在墙上打孔,安装膨胀螺栓或预埋木楔。

(4)安装暖气罩。按窗台板底面和地面上划好的位置线进行定位安装,分块板式散热器罩接缝应平、顺直、对齐。上下边棱高度、水平度应一致,上边棱应位于窗台板底外棱内。

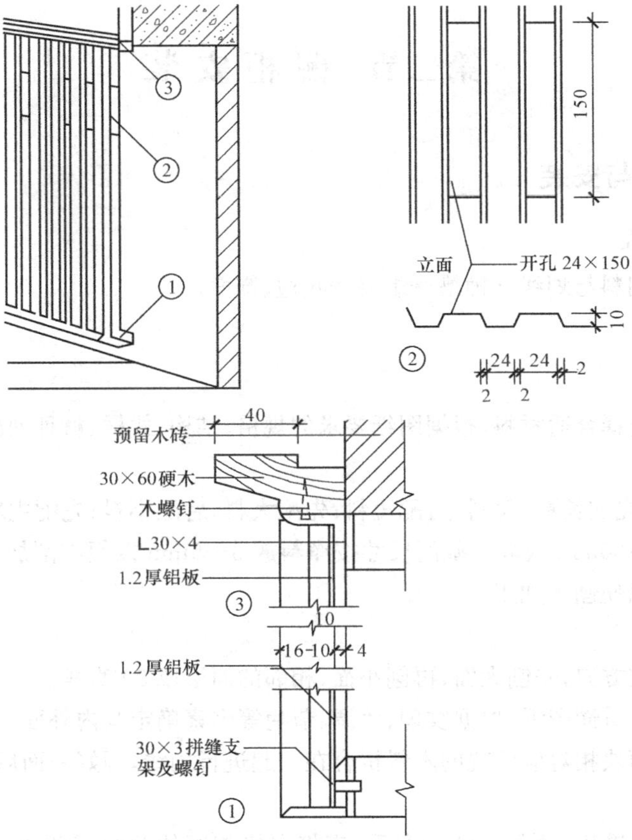

图 9-11　金属暖气罩

四、安装质量要求

(1)窗帘盒、窗台板和散热器罩制作与安装所使用材料的材质和规格、木材的燃烧性能等级和含水率、花岗石的放射性及人造木板的甲醛含量应符合设计要求及国家现行标准的有关规定。

(2)窗帘盒、窗台板和散热器罩的造型、规格、尺寸、安装位置和固定方法必须符合设计要求。窗帘盒、窗台板和散热器罩的安装必须牢固。

(3)窗帘盒配件的品种、规格应符合设计要求,安装应牢固。

(4)窗帘盒、窗台板和散热器罩表面应平整、洁净、线条顺直、接缝严密、色泽一致,不得有裂缝、翘曲及损坏。

(5)窗帘盒、窗台板和散热器罩与墙面、窗框的衔接应严密,密封胶缝应顺直、光滑。

(6)窗帘盒、窗台板和散热器罩安装的允许偏差和检验方法应符合表 9-1的规定。

表 9-1　　窗帘盒、窗台板和散热器罩安装的允许偏差和检验方法

项　目	允许偏差/mm	检验方法
水平度	2	用 1m 水平尺和塞尺检查
上口、下口直线度	3	拉 5m 线,不足 5m 拉通线,用钢直尺检查
两端距窗洞口长度差	2	用钢直尺检查
两端出墙厚度差	3	用钢直尺检查

第二节 橱柜安装

一、橱柜制作与安装

1. 施工工艺流程

选料与配料→刨料与划线→榫槽→组装→收边、饰面。

2. 施工要点

(1)选料与配料。

1)按设计图纸选择合适材料，根据图纸要求的规格、结构、式样、材种列出所需木方料及人造木板材料。

2)配坯料时，应先配长料、宽料，后配短料；先配大料，后配小料；先配主料后配次料。木方料长向按净尺寸放30～50mm截取。截面尺寸按净料放3～5mm以便刨削加工。板料坯向横向按净尺寸放3～5mm以便刨削加工。

(2)刨料与划线。

1)刨料应顺木纹方向，先刨大面，再刨小面，相邻的面形成90°直角。

2)划线前应认真看懂图纸，根据纹理、色调、节疤等因素确定其内外面。

3)可将两根或两块相对应位置的木料拼合在一起进行划线，画好一面后，用直角尺把线引向侧面。

4)所画线条必须准确、清楚。划线之后，应将空格相等的两根或两块木料颠倒并列进行校对，检查划线和空格是否准确相符，如有差别，既说明其中有错，应及时查对校正。

(3)榫槽。

1)无专用机械设备时，选择合适榫眼的杠凿，采用“大凿通”的方法手工凿眼。

2)榫头与榫眼配合时，榫眼长度比榫头短1mm左右，使之不过紧又不过松。

3)榫的种类主要分为木方连接榫和木板连接榫两大类，但其具体形式较多，分别适用于木方和木质板材的不同构件连接。

4)在室内家具制作中，采用木质板材较多，如台面板、厨面板、搁板、抽屉板等，都需要拼缝结合。常采用的接缝结合形式有以下几种：高低缝、平缝、拉拼缝、马牙缝。板式家具的连接方法较多，主要分为固定式结构连接与拆装式结构连接两种。

(4)组(拼)装。

橱柜组(拼)装前，应将所有的结构件用细刨刨光，然后按顺序逐件依次装配。

(5)收边、饰面。

对外露端口用包边木条进行装饰收口，用相同材种、纹理相似、色调相近的尤佳。饰面板在大部位的材种应相同，纹理相似并通顺，色调相同无色差的尤佳。

3. 施工注意事项

(1)橱柜的单体拼装后，手扳无松动、摇晃现象，并能承受经起设计的荷载要求。

(2)吊装后的橱柜，经手扳无松动、摇晃现象，可做能承受设计荷载的两倍试验，下皮标高应在2.0m以上，三种柜的深度一般不宜超过650mm。

(3)橱柜门扇用手扳无松动、摇晃现象,开启、关闭灵活。垂直度偏差不得超过 2mm,钉距不得超过 20cm,夹角拼缝应严密,不得有空隙。

二、橱柜安装质量要求

(1)橱柜制作与安装所用材料的材质和规格、木材的燃烧性能等级和含水率、花岗石的放射性及人造木板的甲醛含量应符合设计要求及国家现行标准的有关规定。

(2)橱柜安装预埋件或后置埋件的数量、规格、位置应符合设计要求。

(3)橱柜的造型、尺寸、安装位置、制作和固定方法应符合设计要求。橱柜安装必须牢固。

(4)橱柜配件的品种、规格应符合设计要求。配件应齐全,安装应牢固。

(5)橱柜的抽屉和柜门应开关灵活、回位正确。

(6)橱柜表面应平整、洁净、色泽一致,不得有裂缝、翘曲及损坏。

(7)橱柜裁口应顺直、拼缝应严密。

(8)橱柜安装的允许偏差和检验方法应符合表 9-2 的规定。

表 9-2　　橱柜安装的允许偏差和检验方法

项　目	允许偏差/mm	检验方法
外形尺寸	3	用钢尺检查
立面垂直度	2	用 1m 垂直检测尺检查
门与框架的平行度	2	用钢尺检查

第三节　护栏与扶手安装

一、栏杆、扶手

(1)栏杆可分为空心栏杆和实心栏杆两种,如图9-12所示。

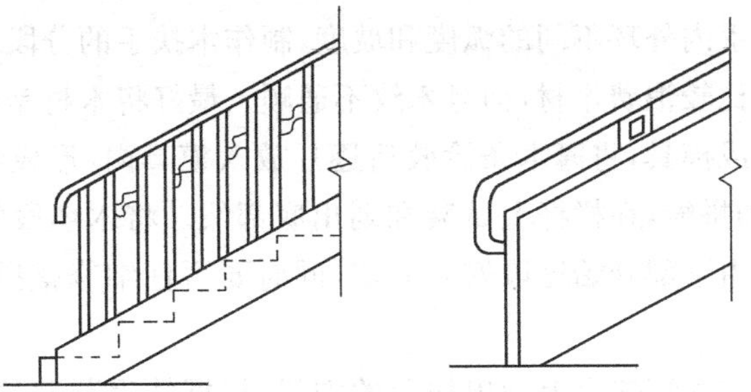

(a)　　(b)

图 9-12　栏杆的分类

(a)空心栏杆;(b)实心栏杆

(2)扶手可分为五种,包括金属栏杆木扶手、木板扶手、塑料扶手、磨光花岗石扶手、不锈钢(或铜)扶手,具体构造,如图 9-13 所示。

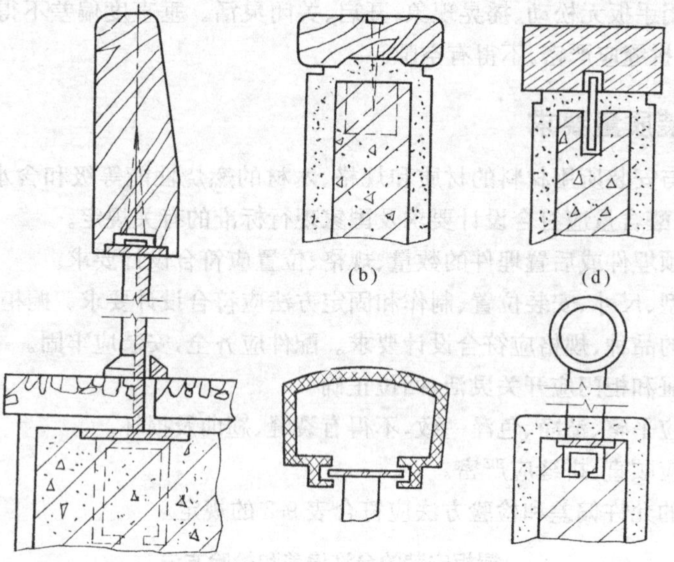

图 9-13 扶手构造示意图

(a)金属栏杆木扶手；(b)木板扶手；(c)塑料扶手；

(d)磨光花岗石扶手；(e)不锈钢(或铜)扶手

二、扶手制作

螺旋楼梯的木扶手是螺旋曲线，而且内外圈的曲线半径和坡度都不相同，尤其当螺旋楼梯的平面半径较小时，就更难用平面圆弧曲线段来近似代替，我国目前还没有工厂能直接用机器加工螺旋曲线型的木扶手，还只能依靠手工在现场加工。

(1)首先应按设计图纸要求将金属栏杆就位和固定，安装好固定木扶手的扁钢，检查栏杆构件安装的位置和高度，扁钢安装要平顺和牢固。

(2)按照螺旋楼梯扶手内外环不同的弧度和坡度，制作木扶手的分段木坯。木坯可在厚木板上裁切出近似弧线段，但比较浪费木材，而且木纹不通顺。最好将木材锯成可弯曲的薄木条并双面刨平，按照近似圆弧做成模具，将薄木条涂胶后逐片放入模具内，形成组合木坯段。将木坯段的底部刨平按顺序编号和拼缝，在栏杆上试装和划出底部线。将木坯段的底部按划线铣刨出螺旋曲面和槽口，按照编号由下部开始逐段安装固定，同时要再仔细修整拼缝，使接头的斜面拼缝紧密。

(3)用预制好的模板在木坯扶手上画出扶手的中线，根据扶手断面的设计尺寸，用手刨由粗至细将扶手逐次成型。

(4)对扶手的拐点弯头应根据设计要求和现场实际尺寸在整料上画线，用窄锯条锯出雏形毛坯，毛坯的尺寸约比实际尺寸大 10mm 左右，然后用手工锯和刨逐渐加工成型。一般拐点弯头要由拐点伸出 100～150mm。

(5)用抛光机、细木锉和手砂纸将整个扶手打磨砂光。然后刮油漆腻子和补色，喷刷油漆。

三、护栏、扶手安装

1. 木栏杆及扶手安装

(1)施工工艺流程。

放线定位→弯头配置→连接→固定→整修。

(2)施工要点。

1)放线定位。对安装扶手的固定件的位置、标高、坡度定位校正后,放出扶手纵向中心线,放出扶手折弯或转角线,放线确定扶手直线段与弯头、折弯断点的起点和位置,放线确定扶手斜度、高度和栏杆间距。扶手高度应大于1050mm,栏杆间距应小于150mm。

2)弯头配制。按栏板或栏杆顶面的斜度,配好起步弯头,一般木扶手,可用扶手料割配弯头,采用割角对缝黏接,在断块割配区段内最少要考虑三个螺钉与支撑固定件连接固定。大于70mm断面的扶手接头配置时,除黏接外还应下面作暗榫或用铁件结合。

3)连接。

①木扶手末端与墙或柱的连接必须牢固,不能简单将木扶手伸入墙内,因为水泥砂浆不能和木扶手牢固结合,水泥砂浆的收缩裂缝会使木扶手入墙部分松动。建议按图9-14所示方法固定。

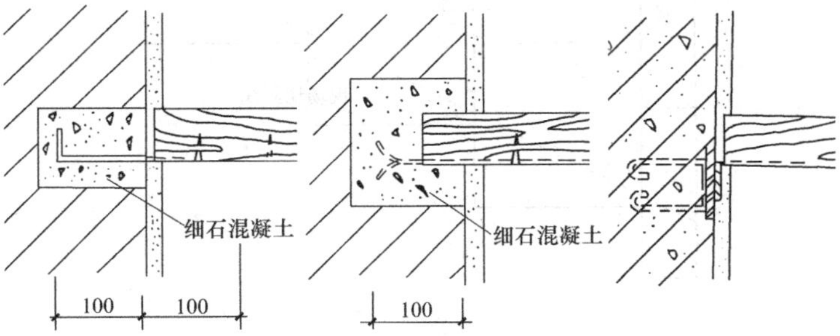

图9-14 木扶手与墙(柱)的连接(单位:mm)

②沿墙木扶手的安装方法基本同前,因为连接扁钢不是连续的,所以在固定预埋铁件和安装连接件时必须拉通线找准位置,并且不能有松动。常用木扶手的安装方法,见图9-15。

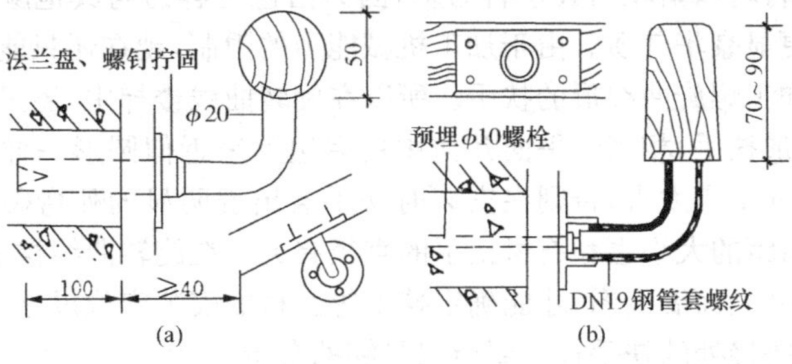

图9-15 常用木扶手的安装方法(单位:mm)

(a)圆木扶手;(b)高木扶手

4)固定。分段预装检查无误,进行扶手与栏杆(栏板)上固定件,用木螺丝拧紧固定,固定间距控制在400mm以内,操作时,应在固定点处先将扶手料钻孔,再将木螺丝拧入。

5)整修。木扶手安装好后,应仔细检查,对不平整处要用小刨清光,弯头连接不平顺,应用细木锉锉平,找顺磨光,然后刮腻子补色,最后按设计要求刷漆。

2. 石材栏板安装

现在许多装饰设计中很少绘制楼梯栏板内外立面图,对旋转曲线楼梯内外圈的开展平面图也不相同。所以应根据装饰设计图和实测尺寸绘制各个内外侧面展开图,并将栏板石材进行合理的分格。一般分格宽度不宜大于1000mm,并应考虑所选用石材品种大板的规格尺寸。外侧栏板最好先不切割成斜边,以便在施工时可方便支撑在支撑木上,上端最好也适当留出裕量,以便施工时可以拼对花纹和调整尺寸,在最后才统一弹线现场切割,见图9-16。

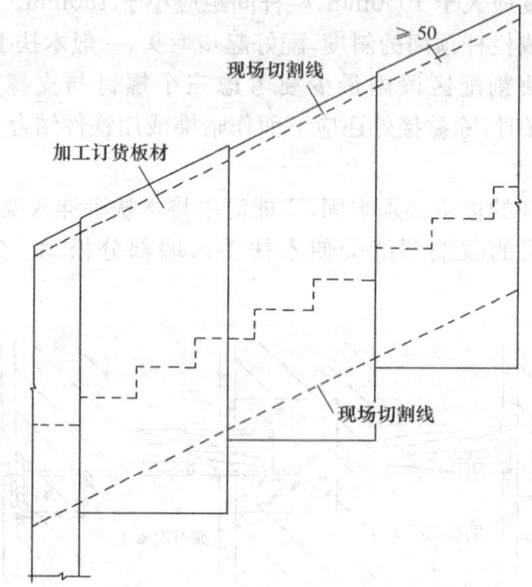

图9-16　楼梯栏板外侧立板示意图(单位:mm)

3. 石材扶手安装

石材楼梯或柱杆扶手现在仅在少数豪华宾馆内使用,采用比较多的是圆形断面,这主要取决于石材加工的方便。材料以雪花白大理石为多,因为白色更容易与其他颜色相配。加工后的大理石扶手细腻光滑,更显豪华气质。由于加工机械能力的限制,现在还只能加工直线形和圆弧曲线形的扶手,还不能加工螺旋曲线形的扶手。所以在旋转曲线楼梯中,还只能用圆弧曲线形扶手来近似替代螺旋曲线形扶手,相当于平面几何中用多边形来近似圆形一样。应当注意的是圆弧曲线形扶手的分段尺寸不宜太大,否则在安装时扶手会出现明显的死弯硬角。扶手立柱支点的排列要均匀美观,其间距的大小也和石材扶手的直径有关。在旋转曲线楼梯,内外圈栏板(杆)和扶手要分别绘制出内外立面展开图,才能确定扶手等石材的安装定位尺寸。实际订货时,对起始和拐折处需现场加工拼接处的扶手长度要留出足够的余量。

四、护栏、扶手安装质量要求

(1)护栏和扶手制作与安装所使用材料的材质、规格、数量和木材、塑料的燃烧性能等级应符合设计要求。

(2)护栏和扶手的造型、尺寸及安装位置应符合设计要求。

(3)护栏和扶手安装预埋件的数量、规格、位置以及护栏与预埋件的连接节点应符合设计要求。

(4)护栏高度、栏杆间距、安装位置必须符合设计要求。护栏安装必须牢固。

(5)护栏玻璃应使用公称厚度不小于12mm的钢化玻璃或钢化夹层玻璃。当护栏一侧距楼地面高度为5m及以上时，应使用钢化夹层玻璃。

(6)护栏和扶手转角弧度应符合设计要求，接缝应严密，表面应光滑，色泽应一致，不得有裂缝、翘曲及损坏。

(7)护栏和扶手安装的允许偏差和检验方法应符合表9-3的规定。

表9-3　　护栏和扶手安装的允许偏差和检验安装

项　目	允许偏差/mm	检验方法
护栏垂直度	3	用1m垂直检测尺检查
栏杆间距	3	用钢尺检查
扶手直线度	4	拉通线，用钢直尺检查
扶手高度	3	用钢尺检查

第四节　花格与花饰安装

一、花格与花饰制作

1. 水泥制品花格制作

(1)水泥砂浆花格制作：

1)支模。将按设计尺寸制作好的模板放置于平整场地上，检查模板各部位的连接是否可靠，然后在模板上刷脱膜剂。

2)安放钢筋。将已制作成型的钢筋或钢筋网片放置于模板中，钢筋不能直接放在地上，要先垫砂浆或混凝土后再放入，使得浇灌后钢筋不外漏。

3)灌注砂浆。用铁抹子将砂浆注入模板中，随注随用钢筋棒捣实，待注满后用铁抹子抹平表面。

4)拆模。水泥砂浆初凝后即可拆模，以拆模后构件不变形为度。拆模后的构件要浇水养护。

(2)混凝土花格制作：

1)混凝土花格的制作方法基本同水泥砂浆花格。

2)常选用C20混凝土预制，断面最小宽度尺寸应在25mm以上。其配筋除设计有注明外一般采用ϕ4冷拔低碳钢丝，水泥用42.5级普通硅酸盐水泥。

3)水泥初凝时拆模，拆模后如发现局部有麻面、掉角现象，应用水泥砂浆修补。

(3)水磨石花格制作：

1)水磨石花格多用于室内，要求表面平整光洁。

2)制作材料可选用1∶(1.25～2)水泥石渣浆，浇灌后石渣浆表面要经过铁抹子多次刮压，使石渣排列均匀，表面出浆。

3)水泥初凝后即可拆模，然后浇水养护。

4)待水泥石渣达一定强度后即可打磨,打磨前应在同批构件中选样试磨,以打磨时不掉石子为度。

2. 玻璃花格制作

银光玻璃加工制作。平板玻璃表面经过磨砂和裱贴、腐蚀、喷涂等处理可以制成磨砂玻璃、银光玻璃、彩色玻璃。下面仅介绍银光玻璃的加工制作方法。

(1)银光玻璃的加工程序:涂沥青→贴锡箔→贴纸样→刻纹样→腐蚀→洗涤→磨砂。

(2)加工方法:

1)涂沥青:先将玻璃洗净,干燥后涂一层厚沥青漆。

2)贴锡箔:待沥青漆干至不粘手时,将锡箔贴于沥青漆上,要求粘贴平整,尽量减少皱纹和空隙,以防漏酸。

3)贴纸样:将绘在打字纸上的设计图样,用浆糊裱在锡箔上。

4)刻纹样:待纸样干透后,用刻刀按纹样刻出要求腐蚀的花纹,并用汽油或煤油将该处的沥青洗净。

5)腐蚀:用木框封边,涂上石蜡,用1∶5浓度的氢氟酸倒于需要腐蚀的玻璃面,并根据刻花深度的要求控制腐蚀时间。

6)洗涤:倒去氢氟酸后,用水冲洗数次,把多余的锡箔及沥青漆用小铁铲铲去,并用汽油擦掉,再用水冲洗干净为止。

7)磨砂:将未进行腐蚀的部分用金刚砂打磨,打磨时加少量的水,最终做成透光而不透视线的乳白色玻璃。

3. 木花饰制作

(1)制作工序。选料、下料→刨面、做装饰线→开榫→做连接件、花饰。

(2)制作方法:木花饰要求轻巧、纤细,因此,必须严格按以下方法制作:

1)选料、下料。按设计要求选择合适的木材。选材时,毛料尺寸应大于净料尺寸3～5mm,按设计尺寸锯割成段,存放备用。

2)刨面、做装饰线。用木工刨将毛料刨平、刨光,使其符合设计净尺寸,然后用线刨做装饰线。

3)开榫。用锯、凿子在要求连接部位开榫头、榫眼、榫槽,尺寸一定要准确,保证组装后无缝隙。

4)做连接件、花饰。竖向板式木花饰常用连接件与墙、梁固定,连接件应在安装前按设计做好,竖向板间的花饰也应做好。

4. 石膏花饰制作

制作石膏花饰的工艺流程是:塑制花饰实样(阳模)→翻阳模→用阴模翻浇花饰。

(1)塑制实样(阳模)。塑制实样是花饰预制的关键,塑制实样前要审查图纸,领会花饰图案的细节,塑好的实样要求在花饰安装后不存水,不易断裂,没有倒角。

1)塑制实样一般有刻花、垛花和泥塑三种:

①刻花。按设计图纸做成实样即可满足要求。一般采用石膏灰浆,或采用木材雕刻。

②垛花。一般用较稠的纸筋灰按设计花样轮廓垛出,用钢片或黄棉木做成的塑花板雕塑而成。由于纸筋灰的干缩率大,垛成的花样轮廓会缩小,因此,垛花时应比实样大出2%左右。

③泥塑。用石膏灰浆或纸筋灰按设计图做成实样即可。

2)塑料实样注意事项:

①阳模干燥后，表面应刷凡立水(或油脂)两至三遍，若阳模是泥塑的，应刷三至五遍。每次刷凡立水，必须待前一次干燥后才能涂刷，否则凡立水易起皱皮，影响阳模及花饰的质量。刷凡立水的作用：其一是作为隔离层，使阳模易于在阴模中脱出；其二，在阴模中的残余水分，不致在制作阴模时蒸发，使阴模表面产生小气孔，降低阴模的质量。

②实样(阳模)做好后，在纸筋灰或石膏实样上刷三遍漆片(为防止尚未蒸发的水分)，以使模子光滑，再抹上调合好的油(黄油掺煤油)，用明胶制模。

(2)浇制阴模。浇制阴模的方法有两种：一种是软模，适用于塑造石膏花饰；一种是硬模，适用于塑造水泥砂浆、水刷石、斩假石等花饰。花饰花纹复杂和过大时要分块制作，一般每块边长不超过 50cm，边长超过 50cm 时，模内需加钢筋网或 8 号铅丝网。

1)软模浇制：

①材料。浇制软模的常用材料为明胶，也有用石膏浇制的。

②明胶的配制。先将明胶隔水加热至 30℃，明胶开始溶化，温度达到 70℃时停止加热，并调拌均匀稍凉后即可灌注。其配合比：明胶：水：工业甘油＝1：1：0.125。

③软模的浇制方法。当实样硬化后，先刷三遍漆片，再抹上掺煤油的黄油调和油料，然后灌注明胶。灌注要一次完成，灌注后约 8～12h 取出实样，用明矾和碱水洗净。

④灌注成的软模，如出现花纹不清、边棱残缺、模型变样、表面不平和发毛等现象，需重新浇制。

⑤用软模浇制花饰时，每次浇制前在模子上需撒上滑石粉或涂上其他无色隔离剂。

⑥石膏花饰适用于软模制作。

2)硬模浇制：

①在实样硬化后，涂上一层稀机油或凡士林，再抹 5mm 厚素水泥浆，待稍干收水后放好配筋，用 1：2 水泥砂浆浇灌。也有采用细石混凝土的。

②一般模子的厚度要考虑硬模的刚度，最薄处要比花饰的最高点高出 2cm。

③阴模浇灌后 3～5d 倒出实样，并将阴模花纹修整清楚，用机油擦净，刷三遍漆片后备用。

④初次使用硬模时，需让硬模吸足油分。每次浇制花饰时，模子需要涂刷掺煤油的稀机油。

⑤硬模适用于预制水泥砂浆、水刷石、斩假石等水泥石渣类花饰。

(3)花饰浇制。

1)花饰中的加固筋和锚固件的位置必须准确。加固筋可用麻丝、木板或竹片，不宜用钢筋，以免其生锈时，石膏花饰被污染而泛黄。

2)明胶阴模内应刷清油和无色纯净的润滑油各一遍，涂刷要均匀，不应刷得过厚或漏刷，要防止清油和油脂聚积在阴模的低凹处，造成烧制的石膏花饰出现细部不清晰和孔洞等缺陷。

3)将浇制好的软模放在石膏垫板上，表面涂刷隔离剂不得有遗漏，也不可使隔离剂聚积在阴模低洼处，以防花饰产生孔眼。下面平放一块稍大的板子，然后将所用的麻丝、板条、竹条均匀分布放入，随即将石膏浆倒入明胶模，灌后刮平表面。待其硬化后，用尖刀将背面划毛，使花饰安装时易与基层黏结牢固。

4)石膏浆浇注后，一般经 10～15min 即可脱模，具体时间以手摸略有热度时为准。脱模时还应注意从何处着手起翻比较方便，又不致损坏花饰，脱模后需修理不齐之处。

5)脱模后的花饰，应平放在木板上，在花脚、花叶、花面、花角等处，如有麻洞、不齐、不清、多角、凸出不平现象，应用石膏补满，并用多式凿子雕刻清晰。

二、花格与花饰安装

1. 花格的安装

(1)施工工艺流程。

预埋→连接→安装花格。

(2)施工要点。

1)预埋。竖向板与墙体或梁连接时,在上下连接点要根据竖板间间距尺寸埋入预埋件或留好安装凹槽。若花格插入竖向板间,板上也应埋预埋件或留槽。

2)连接。将竖板立起,用线坠吊直,并与墙、梁上埋件连接在一起,连接节占可采用焊接、螺栓拧接等方法。竖板连接在凹槽上,应灌浆饱满密实。

3)安装花格。竖板中加花格也采用焊接、螺栓拧接和插入槽口的方法。焊接、拧接可在竖板安装固定好后进行,插入凹槽应与立装竖板同时进行,经过处理后的玻璃,安装在木框或金属框上。其安装方法,见图 9-17。

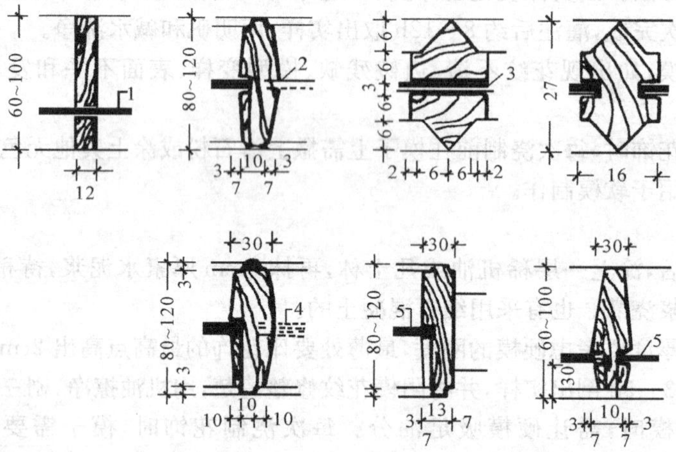

图 9-17　玻璃花格安装示意图(单位:mm)

2. 花饰的安装

(1)施工工艺流程。

基层处理→放线定位→选择试样→花饰钻孔→安装→补缝→表面装饰。

(2)施工要点。

1)基层处理。花饰安装前应将基层、基底清理干净,处理平整,达到安装花饰的施工条件。

2)放线定位。按设计要求,放出花饰安装位置确定的安装位置线。在基层已确定的安装位置打入木楔。

3)选择试拼。预制花饰在安装前,应对花饰的规格、颜色、观感质量等进行比对和挑选,并在放样平台进行试拼,满足设计要求质量标准及效果后(复杂的花饰拼装应按顺序进行编号后),再进行正式安装。

4)花饰钻孔。将石膏花饰按设计要求钻孔(花饰产品已有预先加工好安装孔的,对几何尺寸不大、质量轻的花饰可不钻孔直接粘贴)。孔洞应开在不显眼的边角处,应尽可能不要破坏花饰表面图案。

5)安装。一般轻型预制花饰采用粘贴法进行安装,粘贴材料根据花饰材料的品种选用。水泥砂浆花饰和水泥水刷石花饰,使用水泥砂浆或聚合物水泥砂浆粘贴;石膏花饰采用石膏灰或水泥浆粘贴;木制花饰和塑料花饰采用胶黏剂粘贴,也可用木螺丝固定的方法;金属花饰宜采用螺丝固定,也可采用焊接安装。

6)补缝。用新拌制的腻子(石膏粉拌水搅拌均匀)填补花饰与基层的连接缝,要求填充均匀、圆滑。用新拌制的腻子修补安装孔洞和花饰表面缺陷,修补花饰与花饰之间的连接缝(连接要求对花)。修补要求尽可能还原花饰原貌。

7)表面装饰。待石膏花饰和修补缝完全干燥后,涂刷两至三遍乳胶漆。

3. 花饰安装的质量要求

(1)花饰制作与安装所使用材料的材质、规格应符合设计要求。

(2)花饰的造型、尺寸应符合设计要求。

(3)花饰的安装位置和固定方法必须符合设计要求,安装必须牢固。

(4)花饰表面应洁净,接缝应严密吻合,不得有歪斜、裂缝、翘曲及损坏。

(5)花饰安装的允许偏差和检验方法应符合表 9-4 的规定。

表 9-4　　花饰安装的允许偏差

项　目		允许偏差/mm		检验方法
		室内	室外	
条型花饰的水平度或垂直度	每米	1	2	拉线和用 1m 垂直检测尺检查
	全长	3	6	
单独花饰中心位置偏移		10	15	拉线和用钢直尺检查

第五节　厨房、厕浴间施工

一、卫生器具安装

厕浴间卫生器具剖面图,如图 9-18 所示。

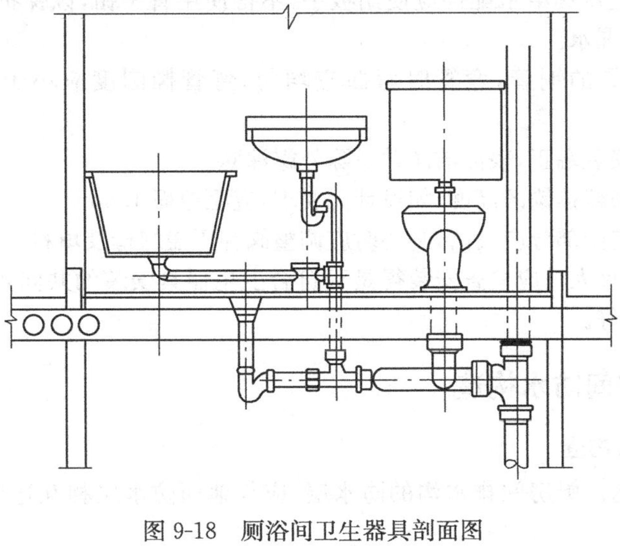

图 9-18　厕浴间卫生器具剖面图

1. 小便器安装

(1)小便器上水管一般要求暗装,用角阀与小便器连接。

(2)角阀出水口中心应对准小便器进出口中心。

(3)配管前应在墙面上划出小便器安装中心线,根据设计高度确定位置,划出十字线,按小便器中心线打眼、楔入木针或塑料膨胀螺栓。

(4)用木螺钉加尼龙热圈轻轻将小便器拧靠在木砖上,不得偏斜、离斜。

(5)小便器排水接口为承插口时,应用油腻子封闭。

2. 洗脸盆(洗涤盆)安装

(1)根据洗脸盆中心及洗脸盆安装高度划出十字线,将支架用带有钢垫圈的木螺钉固定在预埋的木砖上。

(2)安装多组洗脸盆时,所有洗脸盆应在同一水平线上。

(3)洗脸盆与排水栓连接处应用浸油石棉橡胶板密封。

(4)洗涤盆下有地漏时,排水短管的下端,应距地漏不小于100mm。

3. 地漏安装

(1)核对地面标高,按地面水平线采用0.02的坡度,再低5~10mm为地漏表面标高。

(2)地漏安装后,用1∶2水泥砂浆将其固定。

4. 排水管道安装

(1)连接卫生器具的铜管应保持平直,尽可能避免弯曲,如需弯曲,应采用冷弯法,并注意其椭圆度不大于10%;卫生器具安装完毕后,应进行通水试验,以无漏水现象为合格。

(2)大便器、小便器的排水出口承插接头应用油灰填充,不得用水泥砂浆填充。

5. 给水配件安装

(1)管道或附件与卫生器具的陶瓷件连接处,应垫以胶皮、油灰等填料和垫料。

(2)固定洗脸盆、洗手盆、洗涤盆、浴盆等排水口接头等,应通过旋紧螺母来实现,不得强行旋转落水口,落水口与盆底相平或略低于盆底。

(3)需装设冷水和热水龙头的卫生器具,应将冷水龙头装在右手侧,热水龙头装在左手侧。

(4)安装镀铬卫生器具给水配件应使用扳手,不得使用管子钳,以保护镀铬表面完好无损。接口应严密、牢固、不漏水。

(5)镶接卫生器具的铜管,弯管时弯曲应均匀,弯管椭圆度应小于8%,并不得有凹凸现象。

(6)给水配件应安装端正,表面洁净并清除外露油麻。

(7)浴盆软管淋浴器挂钩的高度,如设计无要求,应距地面1.8m。

(8)给水配件的启闭部分应灵活,必要时应调整阀杆压盖螺母及填料。

(9)安装完毕,监理人员应检查安装得是否符合卫生器具安装的共同要求:平、稳、准、牢、不漏、使用方便,性能良好。

二、厨房、厕浴间防水构造

1. 厨房细部防水构造

(1)厨房间排水沟。厨房间排水沟的防水层,应与地面防水层相互连接,其构造,如图9-19所示。

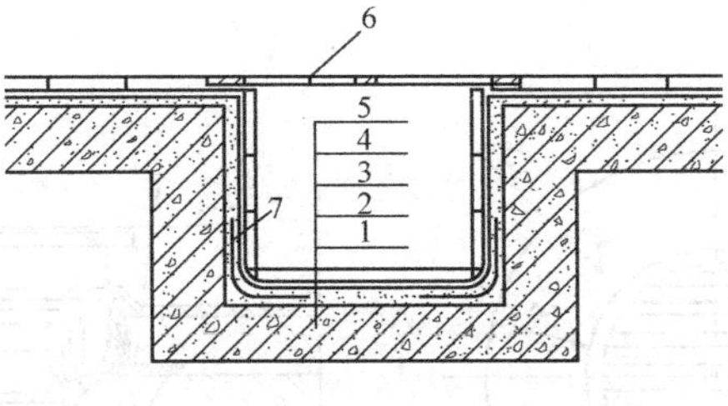

图 9-19　厨房间排水沟防水构造层

1—结构层；2—刚性防水层；3—柔性防水层；
4—黏结层；5—面砖层；6—铁箅子；7—转角处卷材附加层

(2)厨房间洗涤池排水管。厨房间洗涤池排水管用传统方法进行排水处理，由于管道狭窄，常因菜渣等杂物堵塞而排水不畅，甚至完全堵塞，疏通很困难，周而复始的“堵塞—疏通”，给用户带来很大烦恼。用图 9-20 所示的排水方法，残剩菜渣储存在贮水罐中，不会堵塞排水管，但长期贮存，会腐烂变质发生异味，所以应经常清理。吸水弯管头可以卸下，以便于清理。

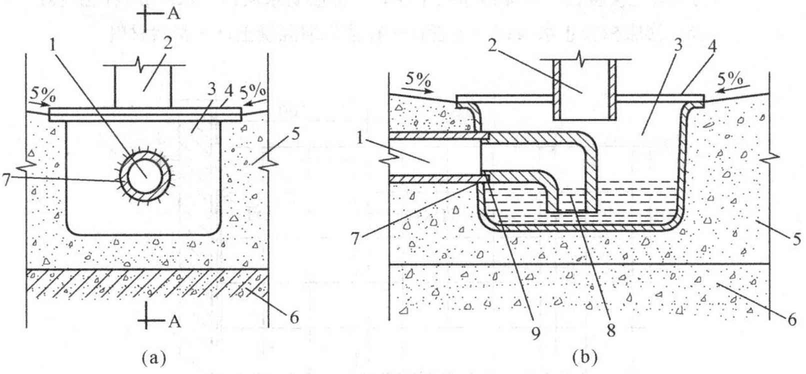

图 9-20　洗涤池贮水灌排水管排水构造

(a)侧面；(b)A—A 剖面

1—金属排水管；2—洗涤池排水管；3—金属贮水罐；4—带孔盖板；5—200 厚 C20
细石混凝土台阶；6—楼板；7—满焊连接；8—吸水弯管头；9—插卸式连接

2. 厕浴间细部防水构造

(1)地漏。

1)地漏一般在楼板上预留管孔，然后再安装地漏。地漏立管安装固定后，将管孔四周混凝土松动石子清除干净，浇水湿润，然后板底支模板，灌 1∶3 水泥砂浆或 C20 细石混凝土，捣实、堵严、抹平，细石混凝土宜掺微膨胀剂。

2)厕、浴间垫层向地漏处找 1%～3% 坡度，垫层厚度小于 30mm 时用水泥混合砂浆；大于 30mm 时用水泥炉渣材料或用 C20 细石混凝土一次找坡、找平、抹光。

3)地漏上口四周用 20mm×20mm 密封材料封严，上面做涂膜防水层，如图 9 21 所示。

4)地漏口周围、直接穿过地面或墙面防水层管道及预埋件的周围与找平层之间应预留宽 10mm、深 7mm 的凹槽，并嵌填密封材料，地漏离墙面净距离宜为 50～80mm。

(2)小便槽。

1)小便槽防水构造，见图 9-22。

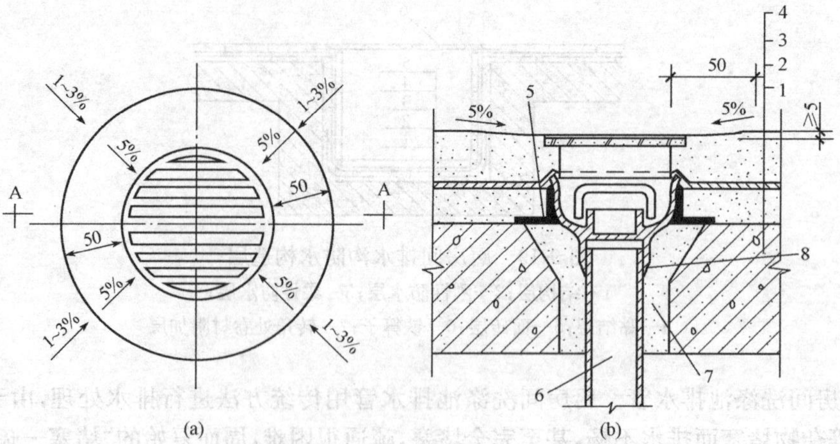

图 9-21　地漏口防水做法示意图(单位:mm)

(a)平面;(b)A—A 剖面

1—钢筋混凝土楼板;2—水泥砂浆找平层;3—涂膜防水层;4—水泥砂浆保护层;

5—膨胀橡胶止水条;6—主管;7—补偿收缩混凝土;8—密封材料

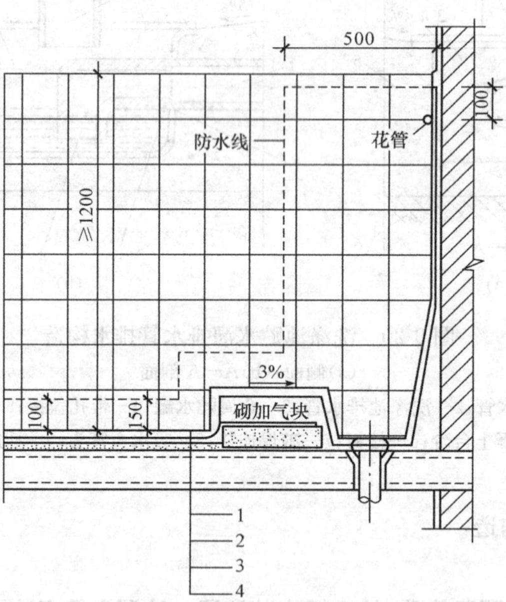

图 9-22　小便槽防水剖面图(单位:mm)

1—面层材料;2—涂膜防水层;3—水泥砂浆找平层;4—结构层

2)楼地面防水做在面层下面,四周卷起至少 250mm 高。小便槽防水层与地面防水层交圈,立墙防水做到花管处以上 100mm,两端展开 500mm 宽。

3)小便槽地漏作法,见图 9-23。

4)防水层宜采用涂膜防水材料及作法。

5)地面泛水坡度为 1%～2%,小便槽泛水坡度为 2%。

(3)大便器。

1)大便器立管安装固定后,与穿楼板立管作法一样用 C20 细石混凝土灌孔堵严抹平,并在立管接口处四周用密封材料交圈封严,尺寸为 20mm×20mm,上面防水层做至管顶部,见图9-24所示。

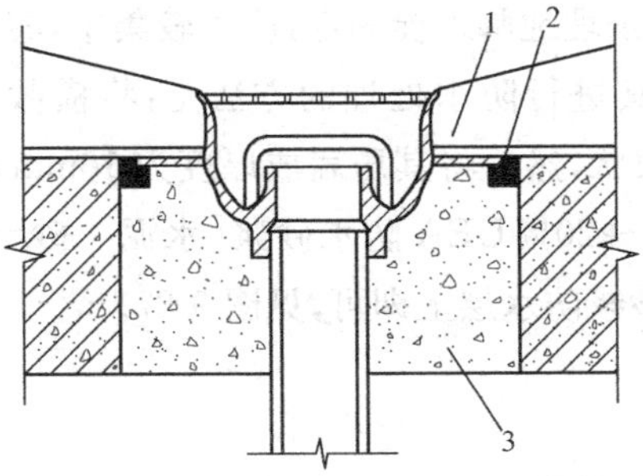

图 9-23　小便槽地漏处防水托盘

1—防水托盘；2—20mm×20mm 密封材料封严；3—细石混凝土灌孔

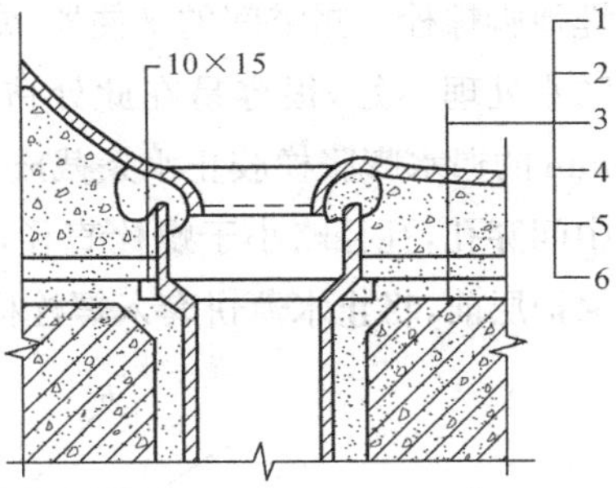

图 9-24　蹲式大便器防水剖面(单位：mm)

1—大便器底；2—1∶6 水泥焦渣垫层；3—水泥砂浆保护层；4—涂膜防水层；5—水泥砂浆找平层；6—楼板结构层

2)蹲便器与下水管相连接的部位最易发生渗漏，应用与两者(陶瓷与金属)都有良好黏结性能的密封材料封闭严密，见图 9-25，下水管穿过钢筋混凝土现浇板的处理方法与穿楼板管道防水做法相同，膨胀橡胶止水条的粘贴方法与穿楼板管道箍贴膨胀橡胶止水条防水做法相同。

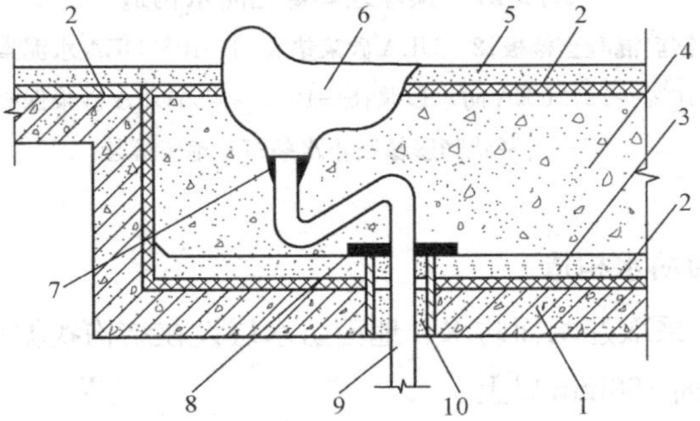

图 9-25　蹲便器下水管防水构造

1—钢筋混凝土现浇板；2—10%UEA 水泥素浆；3—20 厚 10%～12%UEA 水泥砂浆防水层；4—轻质混凝土填充层；5—15 厚 10%～12%UEA 水泥砂浆防水层；6—蹲便器；7—密封材料；8—遇水膨胀橡胶止水条；9—下水管；10—15%UEA 管件接缝填充砂浆

3)采用大便器蹲坑时，在大便器尾部进水处与管接口用沥青麻丝及水泥砂浆封严，外抹涂膜防水保护层。大便器蹲坑根部防水作法，如图 9-26 所示。

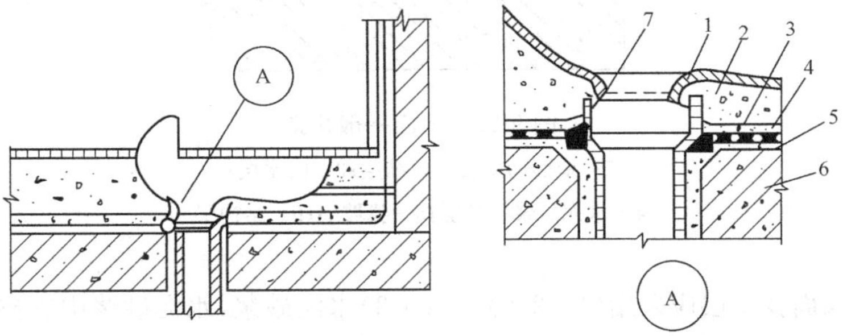

图 9-26　大便器蹲坑防水构造

1—大便器底；2—1∶6 水泥炉渣垫层；3—15mm 厚 1∶2.5 水泥砂浆保护层；4—涂膜防水层；5—20mm 厚 1∶2.5 水泥砂浆找平层；6—结构层；7—20mm×20mm 密封材料交圈封严

(4)预埋地脚螺栓。厕浴间的坐便器，常用细而长的预埋地脚螺栓固定，应力较集中，容易造成开裂，如防水处理不好，很容易在此处造成渗漏。对其进行防水处理的方法是：将横截面为20mm×30mm的遇水膨胀橡胶止水条截成30mm长的块状，然后将其压扁成厚度为10mm的扁饼状材料，中间穿孔，孔径略小于螺栓直径，在铺抹10%～20%UEA防水砂浆[水泥∶砂＝1∶(2～2.5)]保护层前，将止水薄饼套入螺栓根部，平贴在砂浆防水层上即可，见图9-27。

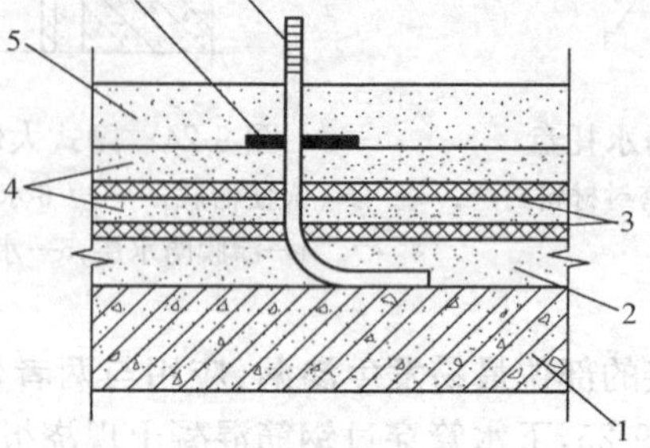

图9-27 预埋地脚螺栓防水构造

1—钢筋混凝土楼板；2—UEA砂浆垫层；3—10%UEA水泥素浆；
4—10%～12%UEA防水砂浆；5—10%～12%UEA砂浆保护层；
6—扁平状膨胀橡胶止水条；7—地脚螺栓

3. 厨房、厕浴间地面防水构造

(1)厨房、厕浴间一般采取迎水面防水。地面防水层设在结构找坡找平层上面并延伸至四周墙面边角，至少需高出地面150mm以上。

(2)厨房、厕浴间地面构造一般作法，如图9-28所示。

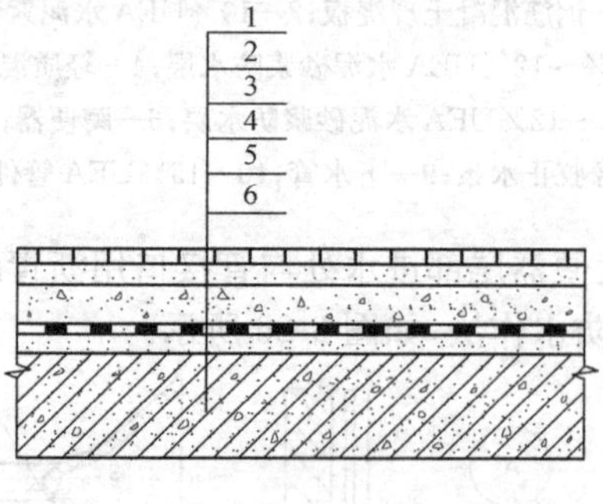

图9-28 地面一般构造

1—地面面层；2—黏结层；3—防水层；
4—水泥砂浆找平层；5—找坡层；6—结构层

(3)地面及墙面找平层应采用(1∶2.5)～(1∶3)水泥砂浆，水泥砂浆中宜掺外加剂，或地面找坡、找平采用C20细石混凝土一次压实、抹平、抹光。

(4)地面防水层宜采用涂膜防水材料，根据工程性质及使用标准选用高、中、低档防水材料，其基本遍数、用量及适用范围，见表9-5。

表 9-5　　涂膜防水基本遍数、用量及适用范围

防水涂料	三遍涂膜及厚度	一布四涂及厚度	二布六涂及厚度	适用范围
高档	1.5mm 厚(约 1.2～1.5kg/m²)	1.8mm 厚(约 1.5～1.8kg/m²)	2.0mm 厚(约 1.8～2.0kg/m²)	如聚氨酯防水涂料等；用于旅馆等公共建筑
中档	(约 1.2～1.5kg/m²)	(约 1.5～2.0kg/m²)	(约 2.0～2.5kg/m²)	如氯丁胶乳沥青防水涂料等；用于较高级住宅工程
低档	(约 1.8～2.0kg/m²)	(约 2.0～2.2kg/m²)	(约 2.2～2.5kg/m²)	如 SBS 橡胶改性沥青防水涂料；用于一般住宅工程

卫生间采用涂膜防水时，一般应将防水层布置在结构层与地面面层之间，以便使防水层受到保护。卫生间涂膜防水层的一般构造，见表 9-6。

表 9-6　　卫生间涂膜防水层的一般构造

构造种类	构造简图	构造层次
卫生间水泥基防水涂料防水	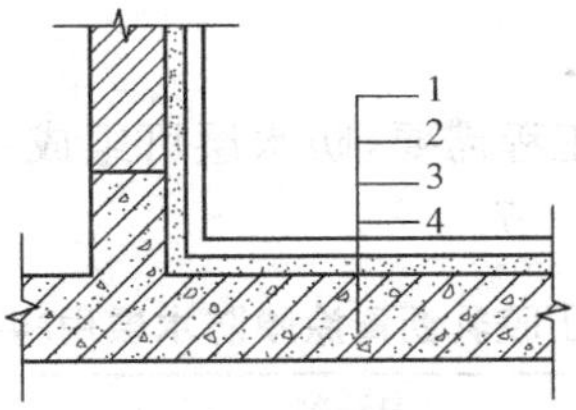	1—面层； 2—聚合物水泥砂浆； 3—找平层； 4—结构层
卫生间涂膜防水	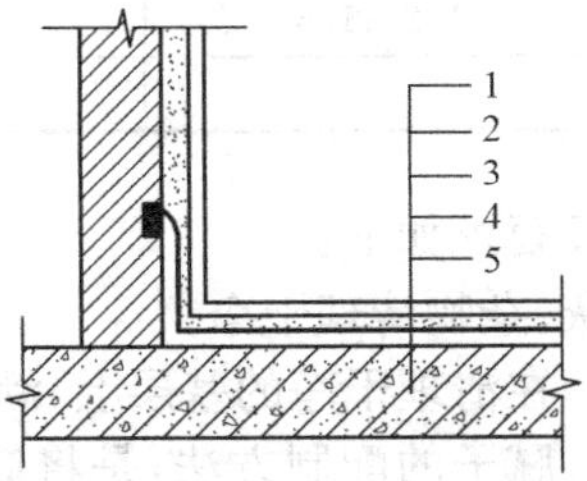	1—面层； 2—黏结层(含找平层)； 3—涂膜防水层； 4—找平层； 5—结构层

(5)凡有用水要求的房间地面，如面积超过两个开间，在板支承端处的找平层和刚性防水层上，均应设置宽为 10～20mm 的分格缝，并嵌填密封材料。地面宜采取刚性材料和柔性材料复合防水的做法。

(6)厕、浴、厨房间的墙裙可贴瓷砖，高度应不低于 1500mm；上部可做涂膜防水层，或满贴瓷砖。

(7)厕、浴、厨房间的地面标高，应低于门外地面标高不少于 20mm。

(8)墙面的防水层应由顶板底做至地面，地面为刚性防水层时，应在地面与墙面交接处预留 10mm×10mm 凹槽，嵌填防水密封材料。地面柔性防水层应覆盖墙面防水层 150mm。

(9)对洁具、器具等设备以及门框、预埋件等沿墙周边交界处，均应采用高性能的密封材料密封。

(10)穿出地面的管道，其预留孔洞应采用细石混凝土填塞，管根四周应设凹槽，并用密封材料封严，且应与地面防水层相连接。

三、厨房、厕浴间防水施工

1. 基层要求

(1)厕浴间现浇混凝土楼面必须振捣密实，随抹压光，形成一道自身防水层，这是十分重要的。

(2)穿楼板的管道孔洞、套管周围缝隙用掺膨胀剂的豆石混凝土浇灌严实抹平，孔洞较大的，应吊底模浇灌。禁用碎砖、石块堵填。一般单面临墙的管道，离墙应不小于50mm，双面临墙的管道，一边离墙不小于50mm，另一边离墙不小于80mm。

(3)为保证管道穿楼板孔洞位置准确和灌缝质量，可采用手持金刚石薄壁钻机钻孔，经应用测算，这种方法的成孔和灌缝工效比芯模留孔方法提高工效1.5倍。

(4)在结构层上做厚20mm的1∶3水泥砂浆找平层，作为防水层基层。

(5)基层必须平整坚实，表面平整度用2m长直尺检查，基层与直尺间最大间隙不应大于3mm。基层有裂缝或凹坑，用1∶3水泥砂浆或水泥胶腻子修补平滑。

(6)基层所有转角做成半径为10mm均匀一致的平滑小圆角。

(7)所有管件、地漏或排水口等部位，必须就位正确，安装牢固。

(8)基层含水率应符合各种防水材料对含水率的要求。

2. 氯丁胶乳沥青防水涂料施工

氯丁胶乳沥青防水涂料，根据工程需要，防水层可组成一布四涂、二布六涂或只涂三遍防水涂料的三种作法，其用料参考，见表9-7。

表9-7　氯丁胶乳沥青涂膜防水层用料参考

材　料	三遍涂料	一布四涂	二布六涂
氯丁胶乳沥青防水涂料(kg/m^2)	1.2～1.5	1.5～2.2	2.2～2.8
玻璃纤维布(m^2/m^2)		1.13	2.25

以一布四涂为例，其施工程序及要求如下：

(1)清理基层。将基层上的浮灰、杂物清理干净。

(2)刮氯丁胶乳沥青水泥腻子。在清理干净的基层上，满刮一遍氯丁胶乳沥青水泥腻子。管道根部和转角处要厚刮，并抹平整。腻子的配制方法，是将氯丁胶乳沥青防水涂料倒入水泥中，边倒边搅拌至稠浆状，即可刮涂于基层表面，腻子厚度约2～3mm。

(3)涂刷第一遍涂料。待上述腻子干燥后，再在基层上满刷一遍氯丁胶乳沥青防水涂料(在大桶中搅拌均匀后再倒入小桶中使用)。操作时涂刷不得过厚，但也不能漏刷，以表面均匀，不流淌、不堆积为宜。立面需刷至设计高度。

(4)做附加增强层。在阴阳角、管道根、地漏、大便器等细部构造处分别做一布二涂附加增强层，即将玻璃纤维布(或无纺布)剪成相应部位的形状铺贴于上述部位，同时刷氯丁胶乳沥青防水涂料，要贴实、刷平，不得有折皱、翘边现象。

(5)铺贴玻璃纤维布同时涂刷第二遍涂料。待附加增强层干燥后，先将玻璃纤维布剪成相应尺寸铺贴于第一道涂膜上，然后在上面涂刷防水涂料，使涂料浸透布纹网眼并牢固地粘贴于第一道涂膜上。玻璃纤维布搭接宽度不宜小于100mm，并顺流水接槎，从里面往门口铺贴，先做平面后做立面，立面应贴至设计高度，平面与立面的搭接缝留在平面上，距立面边宜大于200mm，收口处要压实贴牢。

(6)涂刷第三遍涂料。待上遍涂料实干后(一般宜24h以上)，再满刷第三遍防水涂料，涂刷要均匀。

(7)涂刷第四遍涂料。上遍涂料干燥后,可满刷第四遍防水涂料,一布四涂防水层施工即告完成。

(8)蓄水试验。防水层实干后,可进行第一次蓄水试验。蓄水24h无渗漏水为合格。

(9)饰面层施工。蓄水试验合格后,可按设计要求及时粉刷水泥砂浆或铺贴面砖等饰面层。

(10)第二次蓄水试验。方法与目的同聚氨酯防水涂料。

3. 聚氨酯防水涂料施工

(1)清理基层。将基层清扫干净;基层应做到找坡正确,排水顺畅,表面平整、坚实,无起灰、起砂、起壳及开裂等现象。涂刷基层处理剂前,基层表面应达到干燥状态。

(2)涂刷基层处理剂。将聚氨酯甲、乙两组分与二甲苯按1∶1.5∶2的比例配合搅拌均匀即可使用。先在阴阳角、管道根部用滚动刷或油漆刷均匀涂刷一遍,然后大面积涂刷,材料用量为0.15～0.2kg/m^2。涂刷后干燥4h以上,才能进行下一工序施工。

(3)涂刷附加增强层防水涂料。在地漏、管道根、阴阳角和出入口等容易漏水的薄弱部位,应先用聚氨酯防水涂料按甲∶乙=1∶1.5的比例配合;均匀涂刮一次做附加增强层处理。按设计要求,细部构造也可做带胎体增强材料的附加增强层处理。胎体增强材料宽度300～500mm,搭接缝100mm,施工时,边铺贴平整,边涂刮聚氨酯防水涂料。

(4)涂刮第一遍涂料。将聚氨酯防水涂料按甲料∶乙料=1∶1.5的比例混合,开动电动搅拌器,搅拌3～5min,用胶皮刮板均匀涂刮一遍。操作时要厚薄一致,用料量为0.8～1.0kg/m^2,立面涂刮高度不应小于100mm。

(5)涂刮第二遍涂料。待第一遍涂料固化干燥后,要按上述方法涂刮第二遍涂料。涂刮方向应与第一遍相垂直,用料量与第一遍相同。

(6)涂刮第三遍涂料。待第二遍涂料涂膜固化后,再按上述方法涂刮第三遍涂料,用料量为0.4～0.5kg/m^2。

3遍聚氨酯涂料涂刮后,用料量总计为2.5kg/m^2,防水层厚度不小于1.5mm。

(7)第一次蓄水试验。待涂膜防水层完全固化干燥后,即可进行蓄水试验。蓄水试验24h后观察无渗漏为合格。

(8)饰面层施工。涂膜防水层蓄水试验不渗漏,质量检查合格后,即可进行粉抹水泥砂浆或粘贴陶瓷锦砖、防滑地砖等饰面层。施工时应注意成品保护,不得破坏防水层。

(9)第二次蓄水试验。厕浴间装饰工程全部完成后,工程竣工前还要进行第二次蓄水试验,以检验防水层完工后是否被水电或其他装饰工程损坏。蓄水试验合格后,厕浴间的防水施工才算圆满完成。

4. 地面刚性防水层施工

(1)基层处理。施工前应对楼面板基层进行清理,除净浮灰杂物,对凹凸不平处用10%～12%UEA(灰砂比为1∶3)砂浆补平,并应在基层表面浇水,使基层保护湿润,但不能积水。

(2)铺抹垫层。按1∶3水泥砂浆垫层配合比,配制灰砂比为1∶3UEA垫层砂浆,将其铺抹在干净湿润的楼板基层上。铺抹前,按照坐便器的位置,准确地将地脚螺栓预埋在相应的位置上。垫层的厚度为20～30mm,必须分2～3层铺抹,每层应揉浆、拍打密实,垫层厚度应根据标高而定。在抹压的同时,应完成找坡工作,地面向地漏口找坡2%,地漏口周围50mm范围内向地漏中心找坡5%,穿楼板管道根部位向地面找坡为5%,转角墙部位的穿楼板管道向地面找坡为5%。分层抹压结束后,在垫层表面用钢丝刷拉毛。

(3)铺抹防水层。待垫层强度能达到上人时,把地面和墙面清扫干净,并浇水充分湿润,然后铺抹4层防水层,第一、第三层为10%UEA水泥素浆,第二、第四层为10%～12%UEA(水泥∶砂=1∶2)水泥砂浆层。铺抹方法如下:

第一层先将UEA和水泥按1∶9的配合比准确称量后,充分干拌均匀,再按水灰比加水拌合成稠浆状，然后就可用滚刷或毛刷涂抹，厚度为 2～3mm。

第二层灰砂比为 1∶2，UEA 掺量为水泥重量的 10%～12%，一般可取 10%。待第一层素灰初凝后，即可铺抹，厚度为 5～6mm，凝固 20～24h 后，适当浇水湿润。

第三层掺 10%UEA 的水泥素浆层，其拌制要求、涂抹厚度与第一层相同，待其初凝后，即可铺抹第四层。

第四层 UEA 水泥砂浆的配合比、拌制方法、铺抹厚度均与第二层相同。铺抹时应分次用铁抹子压 5～6 遍，使防水层坚固密实，最后再用力抹压光滑，经硬化 12～24h，就可浇水养护 3d。

以上 4 层防水层的施工，应按照垫层的坡度要求找坡，铺抹的操作方法与地下工程防水砂浆施工方法相同。

(4)管道接缝防水处理。待防水层达到强度要求后，拆除捆绑在穿楼板部位的模板条，清理干净缝壁的乳渣、碎物，并按节点防水做法的要求涂布素灰浆和填充 UEA 掺量为 15%的水泥∶砂＝1∶2 管件接缝防水砂浆，最后灌水养护 7d。蓄水期间，如不发生渗漏现象，可视为合格；如发生渗漏，找出渗漏部位，及时修复。

(5)铺抹 UEA 砂浆保护层。保护层 UEA 的掺量为 10%～12%，灰砂比为 1∶2～2.5，水灰比为 0.4。铺抹前对要求用膨胀橡胶止水条作防水处理的管道、预埋螺栓的根部及需用密封材料嵌填的部位及时作防水处理。然后就可分层铺抹厚度为 15～25mm 的 UEA 水泥砂浆保护层，并按坡度要求找坡，待硬化 12～24h 后，浇水养护 3d。最后根据设计要求铺设装饰面层。

四、穿楼板管节点防水施工

1. 基本规定

(1)穿楼板管道一般包括冷、热水管、暖气管、污水管、煤气管、排气管等。一般均在楼板上预留管孔或采用手持式薄壁钻机钻孔成型，然后再安装立管。管孔宜比立管外径大 40mm 以上，如为热水管、暖气管、煤气管时，则需在管外加设钢套管，套管上口应高出地面 20mm，下口与板底齐平，留管缝 2～5mm。

(2)一般来说，单面临墙的管道，离墙应不小于 50mm，双面临墙的穿道，一边离墙不小于 50mm，另一边离墙不小于 80mm，如图 9-29 所示。

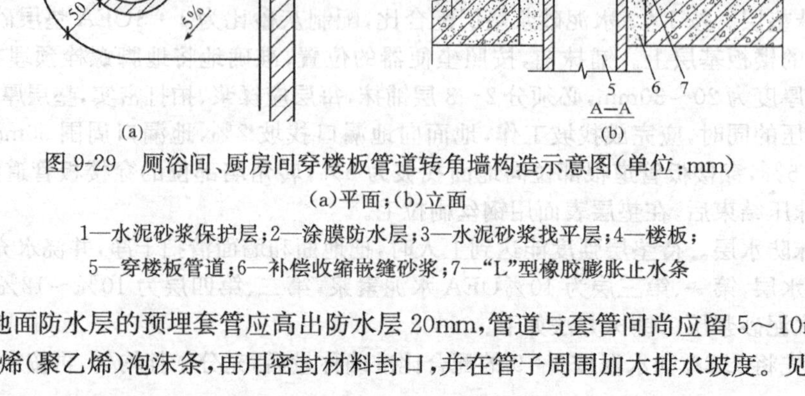

图 9-29 厕浴间、厨房间穿楼板管道转角墙构造示意图(单位：mm)

(a)平面；(b)立面

1—水泥砂浆保护层；2—涂膜防水层；3—水泥砂浆找平层；4—楼板；
5—穿楼板管道；6—补偿收缩嵌缝砂浆；7—“L”型橡胶膨胀止水条

(3)穿过地面防水层的预埋套管应高出防水层 20mm，管道与套管间尚应留 5～10mm 缝隙，缝内先填聚苯乙烯(聚乙烯)泡沫条，再用密封材料封口，并在管子周围加大排水坡度。见图 9-30。

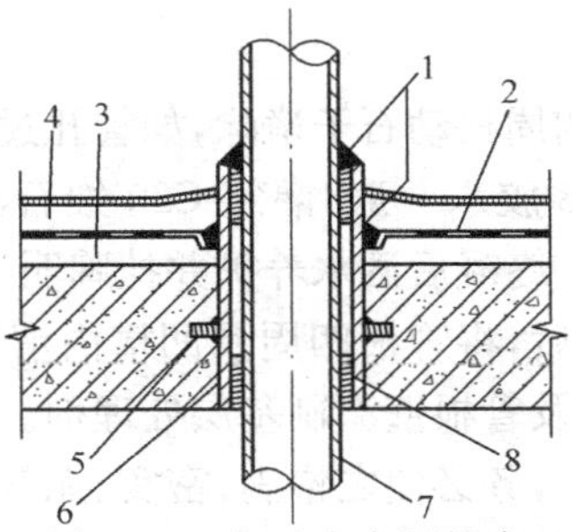

图 9-30 穿过防水层管套

1—密封材料；2—防水层；3—找平层；4—面层；5—止水环；
6—预埋套管；7—管道；8—聚苯乙烯(聚乙烯)泡沫

2. 防水做法

穿楼板管道的防水做法有两种处理方法。一种是在管道周围嵌填UEA管件接缝砂浆；另一种是在此基础上，在管道外壁箍贴膨胀橡胶止水条，如图9-31、图9-32所示。

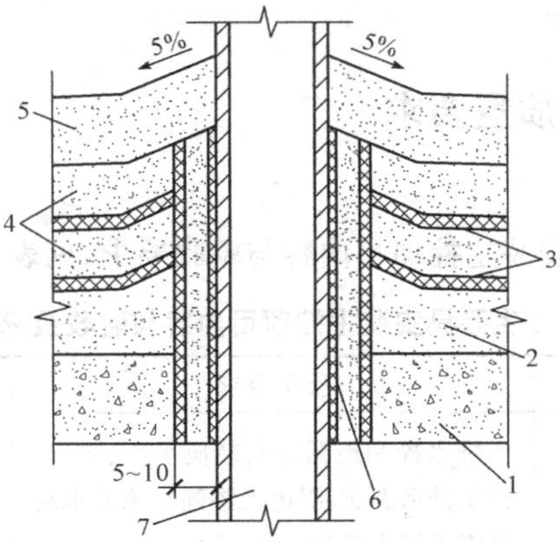

图 9-31 穿楼板管道填充UEA管件接缝砂浆防水构造(单位：mm)

1—钢筋混凝土楼板；2—UEA砂浆垫层；3—10%UEA水泥素浆；
4—(10%～12%UEA)1∶2防水砂浆；5—(10%～12%UEA)1∶(2～2.5)砂浆保护层；
6—(15%UEA)1∶2管件接缝砂浆；7—穿楼板管道

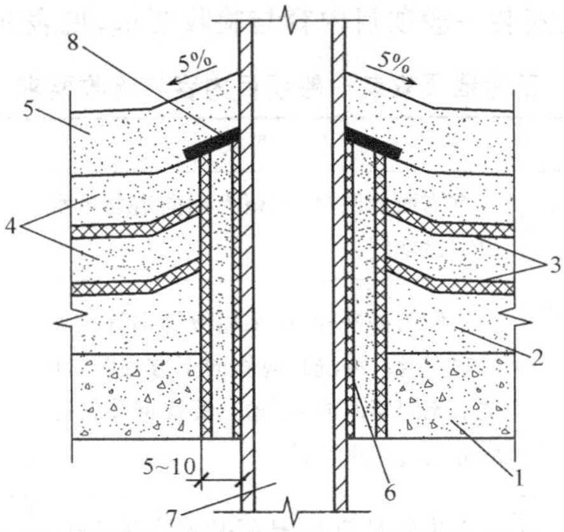

图 9-32 穿楼板管道箍贴膨胀橡胶止水条防水构造(单位：mm)

1—钢筋混凝土楼板；2—UEA砂浆垫层；3—10%UEA水泥素浆；4—(10%～12%UEA)1∶2防水砂浆；5—(10%～12%UEA)1∶(2～2.5)砂浆保护层；6—15%UEA1∶2管件接缝砂浆；7—穿楼板管道；8—膨胀橡胶止水条

3. 施工要求

(1)立管安装固定后，将管孔四周松动石子凿除，如管孔过小时则应按规定要求凿大，然后在板底支模板，孔壁洒水湿润，刷108胶水一遍，灌筑C20细石混凝土，比板面低15mm并捣实抹平。细石混凝土中宜掺微膨胀剂。终凝后洒水养护并挂牌明示，2d内不得碰动管子。

(2)待灌缝混凝土达一定强度后，将管根四周及凹槽内清理干净并使之干燥，凹槽底部垫以牛皮纸或其他背衬材料，凹槽四周及管根壁涂刷基层处理剂。然后将密封材料挤压在凹槽内，并用腻子刀用力刮压严密与板面齐平，务必使之饱满、密实、无气孔。

(3)地面施工找坡、找平层时，在管根四周均应留出15mm宽缝隙，待地面施工防水层时再二次嵌填密封材料将其封严，以便使密封材料与地面防水层连接。

(4)将管道外壁200mm高范围内，清除灰浆和油污杂质，涂刷基层处理剂，然后按设计要求涂刷防水涂料。

如立管有钢套管时，套管上缝应用密封材料封严。

(5)地面面层施工时，在管根四周50mm处，最少应高出地面5mm成馒头形。当立管位置在转角墙处，应有向外5%的坡度。

五、厨房、厕浴间施工质量要求

1. 卫生器具安装

(1)主控项目。卫生器具安装主控项目内容与验收要求，见表9-8。

表9-8　卫生器具安装主控项目内容与验收要求

项次	项目内容	质量要求	检验方法
1	排水栓与地漏的安装	排水栓和地漏的安装应平正、牢固，低于排水表面，周边无渗漏。地漏水封高度不得小于50mm	试水观察检查
2	卫生器具满水试验和通水试验	卫生器具交工前应做满水和通水试验	满水后各连接件不渗不漏；通水试验给、排水畅通

(2)一般项目。卫生器具安装一般项目内容与验收要求，见表9-9。

表9-9　卫生器具安装一般项目内容与验收要求

项次	项目内容	质量要求	检验方法
1	浴盆检修门、小便槽冲洗管安装	有饰面的浴盆，应留有通向浴盆排水口的检修门	观察检查
		小便槽冲洗管，应采用镀锌钢管或硬质塑料管。冲洗孔应斜向下方安装，冲洗水流同墙面成45°角。镀锌钢管钻孔后应进行二次镀锌	观察检查
2	卫生器具的支、托架	卫生器具的支、托架必须防腐良好，安装平整、牢固，与器具接触紧密、平稳	观察和手扳检查

(3)卫生器具安装的允许偏差和检验方法，见表9-10。

表 9-10　　　　卫生器具安装的允许偏差和检验方法

项次	项目		允许偏差/mm	检验方法
1	坐标	单独器具	10	拉线、吊线和尺量检查
		成排器具	5	
2	标高	单独器具	±15	
		成排器具	±10	
3	器具水平度		2	用水平尺和尺量检查
4	器具垂直度		3	吊线和尺量检查

2. 卫生器具排水管道安装

(1)主控项目。卫生器具排水管道安装主控项目内容与验收要求，见表 9-11。

表 9-11　　　　排水管道安装主控项目内容与验收要求

项次	项目内容	质量验收要求	检验方法
1	器具受水口与立管，管道与楼板接合	与排水横管连接的各卫生器具的受水口和立管均应采取妥善可靠的固定措施；管道与楼板的接合部位应采取牢固可靠的防渗、防漏措施	观察和手扳检查
2	连接排水管应严密，其支托架安装	连接卫生器具的排水管道接口应紧密不漏，其固定支架、管卡等支撑位置应正确、牢固，与管道的接触应平整	观察及通水检查

(2)一般项目。卫生器具排水管道安装的允许偏差及检验方法，见表 9-12。

表 9-12　　　　卫生器具排水管道安装的允许偏差及检验方法

项次	检查项目		允许偏差/mm	检验方法
1	横管弯曲度	每 1m 长	2	用水平尺量检查
		横管长度≤10m，全长	<8	
		横管长度>10m，全长	10	
2	卫生器具的排水管口及横支管的纵横坐标	单独器具	10	用尺量检查
		成排器具	5	
3	卫生器具的接口标高	单独器具	±10	用水平尺和尺量检查
		成排器具	±5	

(3)连接卫生器具的排水管管径和最小坡度，见表 9-13。

表 9-13　　　　连接卫生器具的排水管管径和最小坡度

项次	卫生器具名称		排水管管径/mm	管道的最小坡度(‰)
1	污水盆(池)		50	25
2	单、双格洗涤盆(池)		50	25
3	洗手盆、洗脸盆		32～50	20
4	浴盆		50	20
5	淋浴器		50	20
6	大便器	高、低水箱	100	12
		自闭式冲洗阀	100	12
		拉管式冲洗阀	100	12

（续）

项次	卫生器具名称		排水管管径/mm	管道的最小坡度(‰)
7	小便器	手动、自闭式冲洗阀	40～50	20
		自动冲洗水箱	40～50	20
8	化验盆(无塞)		40～50	25
9	净身器		40～50	20
10	饮水器		20～50	10～20
11	家用洗衣机		50(软管为30)	

3. 卫生器具给水配件安装

(1)主控项目。给水配件安装主控项目内容与验收要求，见表9-14。

表9-14　给水配件安装主控项目内容与验收要求

项目内容	质量验收要求	检验方法
卫生器具给水配件检查	卫生器具给水配件应完好无损伤，接口严密，启闭部分灵活	观察及手扳检查

(2)一般项目。给水配件安装一般项目内容与验收要求，见表9-15。

表9-15　给水配件安装一般项目内容与验收要求

项目内容	质量验收要求	检验方法
浴盆淋浴器挂钩高度	浴盆软管淋浴器挂钩的高度，如设计无要求，应距地面1.8m	尺量检查

(3)卫生器具给水配件安装标高的允许偏差和检验方法，见表9-16。

表9-16　卫生器具给水配件安装标高的允许偏差和检验方法

项次	项　目	允许偏差/mm	检验方法
1	大便器高、低水箱角阀及截止阀	±10	尺量检查
2	水嘴	±10	
3	淋浴器喷头下沿	±15	
4	浴盆软管淋浴器挂钩	±20	

4. 涂料防水层

(1)主控项目。涂料防水层主控项目内容与验收要求，见表9-17。

表9-17　涂料防水层主控项目内容与验收要求

项次	项目内容	质 量 要 求	检验方法
1	涂料质量及配合比	涂料防水层所用材料及配合比必须符合设计要求	检查出厂合格证、质量检验报告、计量措施和现场抽样试验报告
2	细部做法	涂料防水层及其转角处、变形缝、穿墙管道等细部做法均须符合设计要求	观察检查和检查隐蔽工程验收记录

(2)一般项目。一般项目内容与验收要求，见表9-18。

表 9-18　　涂料防水层一般项目内容与验收要求

项次	项目内容	质量要求	检验方法
1	基层质量	涂料防水层的基层应牢固，基面应洁净、平整，不得有空鼓、松动、起砂和脱皮现象；基层阴阳角处应做成圆弧形	观察检查和检查隐蔽工程验收记录
2	表面质量	涂料防水层应与基层黏结牢固，表面平整、涂刷均匀，不得有流淌、皱折、鼓泡、露胎体和翘边等缺陷	观察检查
3	涂料层厚度（设计厚度）	涂料防水层的平均厚度应符合设计要求，最小厚度不得小于设计厚度的 80%	针测法或割取 20mm×20mm 实样用卡尺测量
4	保护层与防水层黏结	侧墙涂料防水层的保护层与防水层黏结牢固，结合紧密，厚度均匀一致	观察检查

5. 水泥砂浆防水层

(1)主控项目。水泥砂浆防水层主控项目内容与验收要求，见表 9-19。

表 9-19　　水泥砂浆防水层主控项目内容与验收要求

项次	项目内容	质量要求	检验方法
1	原材料及配合比	水泥砂浆防水层的原材料及配合比必须符合设计要求	检查出厂合格证、质量检验报告、计量措施和现场抽样试验报告
2	结合牢固	水泥砂浆防水层各层之间必须结合牢固，无空鼓现象	观察和用小锤轻击检查

(2)一般项目。水泥砂浆防水层一般项目内容与验收要求，见表 9-20。

表 9-20　　水泥砂浆防水层一般项目内容与验收要求

项次	项目内容	质量要求	检验方法
1	表面质量	水泥砂浆防水层表面应密实、平整，不得有裂纹、起砂、麻面等缺陷；阴阳角处应做成圆弧形	观察检查
2	留槎、接槎	水泥砂浆防水层施工缝留槎位置应正确，接槎应按层次顺序操作，层层搭接紧密	观察检查和检查隐蔽工程验收记录
3	防水层厚度（设计值）	水泥砂浆防水层的平均厚度应符合设计要求，最小厚度不得小于设计值的 85%	观察和尺量检查

本章思考重点

1. 窗帘盒怎样制作？
2. 落地窗帘盒如何安装？
3. 暖气罩如何安装？
4. 橱柜如何制作与安装？
5. 怎样安装木扶手？
6. 怎样制作木花饰？
7. 怎样安装水泥制品、木、石膏花饰？
8. 如何安装厕浴间的卫生器具？
9. 简述穿楼板管道节点防水施工的要求。

参考文献

[1] 李继业,刘福臣.盖文梯.现代建筑装饰工程手册[M].北京:化学工业出版社,2006.

[2] 杨南方.建筑装饰施工[M].北京:中国建筑工业出版社,2005.

[3] 杨天佑.简明装饰装修施工与质量验收手册[M].北京:中国建筑工业出版社,2004.

[4] 王萱、王旭光.建筑装饰构造[M].北京:化学工业出版社,2005.

[5] 杨嗣信.建筑装饰装修施工技术手册[M].北京:中国建筑工业出版社,2005.

[6] 吴之昕.建筑装饰工长手册[M].北京:中国建筑工业出版社,2005.

[7] 陈晋楚.建筑装饰经理安全手册[M].北京:中国建筑工业出版社,2005.

[8] 刘锋.室内装饰施工工艺[M].上海:上海科学技术出版社,2004.